Wissenschaftsforschung

Sozialwissenschaftliche Einführungen

Herausgegeben von
Rainer Schützeichel

Band 5

Wissenschafts-forschung

Herausgegeben von
David Kaldewey

DE GRUYTER
OLDENBOURG

ISBN 978-3-11-071375-6
e-ISBN (PDF) 978-3-11-071380-0
e-ISBN (EPUB) 978-3-11-071388-6
ISSN 2570-0529
e-ISSN 2570-0537

Library of Congress Control Number: 2023931743

Bibliografische Information der Deutschen Nationalbibliothek
Die Deutsche Nationalbibliothek verzeichnet diese Publikation in der Deutschen
Nationalbibliografie; detaillierte bibliografische Daten sind im Internet über
http://dnb.dnb.de abrufbar.

© 2023 Walter de Gruyter GmbH, Berlin/Boston
Satz: Integra Software Services Pvt. Ltd.
Druck und Bindung: CPI books GmbH, Leck

www.degruyter.com

Vorwort

Einführungen in die Wissenschaftsforschung beginnen gerne mit Hinweisen auf die enorme Bedeutung der Wissenschaft für die heutige Wissensgesellschaft, ihre lebensweltliche Allgegenwart und ihre unverzichtbare Rolle in allen gesellschaftlichen Bereichen, von der Politik über die Wirtschaft bis in die Erziehung und den Sport. Diesen Teil möchte ich hier kurz halten, weil ich davon ausgehe, dass es niemanden groß weiterbringt, wenn noch einmal erklärt wird, dass das Endgerät, auf dem dieser Text möglicherweise digital gelesen wird, ein ganz erstaunliches Produkt von Wissenschaft und Technologie ist, oder dass heute viele von uns mit einem Impfstoff gegen ein Virus geimpft sind, von dessen Existenz wir noch nichts wussten zum Zeitpunkt, als die Idee dieses Lehrbuches entstand.

Ein anderes Motiv, das bei der Lektüre von älteren Einführungsbüchern auffällt, sind wahrgenommene Vertrauens- und Legitimationskrisen. So findet sich immer wieder die Diagnose, dass die Wissenschaft nicht nur Probleme löst, sondern auch Probleme schafft. Ulrike Felt, Helga Nowotny und Klaus Taschwer etwa schreiben in den 1990er Jahren über das „wachsende Bewußtsein, daß Wissenschaft und Technik selbst jene Probleme produziert haben, zu deren Lösung sie jetzt beitragen sollen" (Felt et al. 1995: 17). Heute dagegen mehren sich die Anzeichen einer grundlegenden Verschiebung der öffentlichen Wahrnehmung der Wissenschaft. Auf der einen Seite werden die Ursachen für Großprobleme wie den Klimawandel oder die Corona-Pandemie – zu Recht oder zu Unrecht – kaum noch unmittelbar der Wissenschaft zugeschrieben, und auf der anderen Seite wird der Wissenschaft – wiederum zu Recht oder zu Unrecht – zunehmend die Rolle der Problemlöserin zugetraut: Wissenschaft im 21. Jahrhundert bearbeitet die „grand challenges" der Weltgesellschaft und wird nicht zuletzt deshalb durch die Politik gefördert (Kaldewey 2018). „Follow the Science", heißt es prominent etwa bei *Fridays for Future*, unabhängig davon, dass es aus wissenschaftlicher Perspektive kaum plausible Gründe dafür gibt, anzunehmen, dass sich aus der unstrittigen wissenschaftlichen Erkenntnis einer anthropogen verursachten Erderwärmung eine konsensfähige politische Handlungsempfehlung ableiten ließe (Sarewitz 2004; Strohschneider 2020). Und auch in den jüngsten Entwicklungen der Corona-Pandemie wurden die notwendigen Maßnahmen von Politik und Öffentlichkeit rhetorisch eng an die „Empfehlungen" der Wissenschaft gekoppelt, ohne dass es eine Rolle gespielt hätte, dass es – wiederum aus wissenschaftlicher Perspektive beziehungsweise aus der Perspektive der Wissenschaftsforschung – keine Wissenschaft im Singular gibt, die in der Lage wäre, der Politik eindeutige und gleichzeitig wissenschaftliche begründete Strategien vorzugeben (Bogner 2021; Hirschi 2021).

https://doi.org/10.1515/9783110713800-202

Man könnte also die Diagnose riskieren, dass das Misstrauen in die Wissenschaft, welches die frühe Wissenschaftsforschung geprägt hatte und ein wichtiges Motiv war, die *black box* der Wissensproduktion zu öffnen und nach der Entzauberung der Welt zur Entzauberung der Wissenschaft beizutragen (siehe auch dazu Felt et al. 1995: 8), heute wieder einem größeren Zutrauen gewichen ist. Vielleicht hat auch, um kurz noch bei den beiden großen Krisen – Klima und Pandemie – zu bleiben, der nicht unbeträchtliche Einfluss von sogenannten Wissenschaftsleugner*innen und Verschwörungstheoretiker*innen dazu geführt, bei den Freunden der Wissenschaft die Reihen zu schließen. Stärker als noch im späten 20. Jahrhundert befinden wir uns gegenwärtig in einer Situation, in der diejenigen, die nicht *für* die Wissenschaft sind, in den Verdacht geraten, *gegen* sie zu sein. Diese Entwicklung könnte sich fundamental auf das Selbstverständnis der Wissenschaftsforschung und auf ihr Verhältnis zu ihrem Gegenstand auswirken – doch dieser Prozess ist noch so neu, dass er vermutlich erst in zukünftigen Einführungen aufgearbeitet sein wird.

Diese Vorbemerkungen zu den Krisensituationen, in deren Kontext das Verhältnis von Wissenschaft und Gesellschaft unter verschärfte Beobachtung gerät, ist für das vorliegende Buch auch insofern naheliegend, als es unter Bedingungen der Pandemie geschrieben wurde. Die erste Anfrage durch Rainer Schützeichel, dem Herausgeber der Reihe „Sozialwissenschaftliche Einführungen" bei De Gruyter Oldenbourg, erreichte mich im Juni 2019, ein erstes Konzept entstand im Dezember 2019, aber erst im April 2020 begann ich mit der Rekrutierung der Beiträge. Mit einer gewissen Verwunderung erinnere ich mich an meine eigene Naivität, denn kurzzeitig hatte sich der Gedanke eingestellt, dass ein Lehrbuch ein sinnvolles „Lockdown"-Projekt sein könnte – so als ob dieser Lockdown eine Gelegenheit wäre, das eigene Forschungsfeld mit etwas Ruhe und Distanz zusammenzufassen, anstatt immer nur neue Projekte zu beginnen. So einfach war es natürlich nicht, der damals aufgestellte ambitionierte Zeitplan wurde mehrfach gerissen und es stellte sich eher der Eindruck ein, dass die Herausgabe eines Sammelbandes in einer Situation zunehmender gesellschaftlicher Erschöpfung eine gewisse Zumutung ist – sowohl gegenüber den beitragenden Autor*innen wie auch gegenüber mir selbst und meinem Umfeld. Um so mehr bedanke ich mich bei allen Beteiligten für die intensive Arbeit, die sie in ihre Kapitel gesteckt haben, bis hin zum Endspurt im Dezember 2022. Dank gebührt auch Maximilian Geßl, dem zuständigen Herausgeber bei de Gruyter, für die Geduld angesichts der immer wieder verschobenen Manuskripteinreichung.

Was will nun dieses Buch leisten – und was nicht? Gedacht ist es als Einführungs- und Lehrbuch für alle, die sich für die wissenschaftliche Erforschung der Wissenschaft interessieren. Es richtet sich dabei gleichermaßen an Studierende, die sich in das Feld einarbeiten und an Lehrende, die Themen der Wissenschafts-

forschung unterrichten. Ebenso richtet es sich an Wissenschaftler*innen aus
allen Disziplinen, die in ihrer eigenen Forschung oder auch in ihrer praktischen Erfahrung im Wissenschaftssystem auf Fragen und Probleme stoßen, bei
deren Bearbeitung die Wissenschaftsforschung hilfreich sein kann. Schließlich
sind auch Leser*innen angesprochen, die in ihrer professionellen Praxis mit
dem Wissenschaftssystem zu tun haben und es deshalb besser verstehen möchten – etwa Wissenschaftsmanager* innen, Wissenschaftspolitiker*innen oder
Wissenschaftsjournalist*innen. Um diese heterogenen Publika zu adressieren,
sind alle Kapitel so gestaltet, dass sie zum einen als Einführungstext zu einem
bestimmten Thema oder einer bestimmten Frage gelesen werden können, zum
anderen aber auch Hinweise und Empfehlungen auf die relevante weiterführende Literatur enthalten. Hierbei wurde darauf geachtet, dass nicht nur auf
die altbekannten Klassiker und all die Bücher verwiesen wird, die man gelesen
haben sollte. Stattdessen finden sich am Ende jedes Kapitels drei bis fünf „Empfehlungen für Seminarlektüren", die auf handhabbare Texte, also Aufsätze
oder Ausschnitte aus Büchern verweisen, die sich zur Vertiefung des jeweilen
Themas sowie für Diskussionen in Seminaren und Arbeitsgruppen eignen.

Grundsätzlich ist die Wissenschaftsforschung kein typisches „grundständiges"
Fach, das, wie etwa die Soziologie, die Geschichtswissenschaft oder die Philosophie,
auf BA-Ebene unterrichtet und dann auf MA-Ebene vertieft wird. Vielmehr handelt
es sich um ein interdisziplinäres Feld mit offenen Enden und Grenzen. Es zeichnet
sich aus durch Schnittflächen mit verschiedenen weiteren interdisziplinären
Gebieten, etwa der Hochschulforschung, der Innovationsforschung oder auch
der Forschung über Wissenschafts-, Technologie- und Innovationspolitik. Es gibt
in Deutschland mittlerweile eine Reihe von Masterstudiengängen, in denen
Wissenschaftsforschung mit unterschiedlichen Schwerpunkten unterrichtet
wird, etwa in Aachen, Berlin, Hannover, München oder Speyer, doch dürfen
diese institutionalisierten Formen nicht darüber hinwegtäuschen, dass die
Wissenschaftsforschung aufgrund ihres Querschnittscharakters auch in unzähligen sonstigen institutionellen Kontexten und Forschungszusammenhän-
gen eine Heimat hat und zudem von vielen Wissenschaftler*innen gepflegt
wird, die sich selbst nicht primär als Wissenschaftsforscher*innen positionieren.
Die Grundsatzfrage, ob und wie Wissenschaftsforschung sich überhaupt lehren
lässt, wird am Ende des Buches von Martin Reinhart reflektiert (Kapitel 16), der
hierbei auf seine Erfahrungen mit dem entsprechenden Studiengang an der HU
Berlin zurückgreifen kann.

Während die Problematik, wie genau das Gebiet der Wissenschaftsforschung
abgesteckt werden soll, im ersten Kapitel ausführlich behandelt wird, sind vorweg zumindest ein paar Anmerkungen dazu notwendig, welche Territorien das
vorliegende Buch abzudecken beansprucht und welche Territorien ausgeblendet

werden mussten. Zunächst ist hervorzuheben, dass das Buch bewusst auf deutsch geschrieben wurde und damit auch in inhaltlicher Hinsicht bestimmte Schwerpunkte und Traditionslinien des deutschsprachigen Wissenschaftsraums betont. Das betrifft etwa die Anbindung an soziologische Theorien, und hier insbesondere an die soziologische Differenzierungstheorie, das besondere Interesse an historischen Perspektiven oder auch die enge Verbindung von Wissenschafts- und Hochschulforschung. In diesem Zusammenhang ist auch erwähnenswert, dass bis heute relativ wenig deutschsprachige Einführungen und Handbücher zur Wissenschaftsforschung beziehungsweise zur Wissenschaftssoziologie vorliegen (siehe aber Felt et al. 1995; Weingart 2003; Maasen et al. 2012). Die meisten Einführungen der letzten zwanzig Jahre sind, naheliegenderweise, auf englisch verfasst (siehe z.B. Bucchi 2004; David 2005; Yearley 2005; Fuller 2007; Sismondo 2010), wobei hier wiederum zu beachten ist, dass sich in der Zwischenzeit der Überbegriff *Science and Technology Studies* (STS) durchgesetzt hat. Davon zeugt auch das regelmäßig neu aufgelegte internationale Standardwerk, dessen erste Version unter dem Titel „Science, Technology and Society" erschien (Spiegel-Rösing & Price 1977), seit den 1990er Jahren aber unter dem Titel „Handbook of Science and Technology Studies" herausgegeben wird (Jasanoff et al. 1995; Hackett et al. 2008; Felt et al 2017). Nun hat die in diesen Titeln angezeigte Verbindung von Wissenschafts- und Technikforschung auch in Deutschland Tradition, etwa in der Sektion „Wissenschafts- und Technikforschung" der Deutschen Gesellschaft für Soziologie (DGS) oder in der „Gesellschaft für Wissenschafts- und Technikforschung" (GWTF). Allerdings konnte man gerade im Kontext dieser Fachgesellschaften über lange Zeit beobachten, dass bei aller Verwandtschaft der Gegenstandsbereiche die meisten Forschenden jeweils eher an der einen oder der anderen Seite interessiert waren und sich damit entweder als „Wissenschaftsforscher*innen" oder als „Technikforscher*innen" positionierten. Auch im vorliegenden Einführungsbuch gibt es eine entsprechende Asymmetrie: Der Schwerpunkt liegt auf der Wissenschaftsforschung und nicht auf der Technikforschung. Zwar tauchen in einigen Kapiteln techniksoziologische Fragen auf, doch es wurde aus zwei Gründen auf eine systematische Ausweitung des Gegenstandsbereiches verzichtet. Zum einen, weil dann eine ganze Reihe weiterer Beiträge notwendig gewesen wären, die den Rahmen des Bandes gesprengt hätten. Zum anderen aufgrund der Vermutung, dass die techniksoziologische Tradition weitgehend in der auch in Deutschland mittlerweile gut etablierten STS-Community aufgegangen ist. Das zeigt sich etwa am 2013 gegründeten Nachwuchsnetzwerk „Interdisciplinary Network for Studies Investigating Science and Technology (INSIST) oder am 2020 etablierten „STSing"-Verein, der die STS-Forschenden im deutschen Sprachraum zusammenbringen möchte.

Die Etablierung des STS-Labels in Deutschland zeigt sich auch beim Blick in den Buchmarkt. In den letzten zehn Jahren sind mehrere Bücher erschienen, die bewusst auf das STS-Label und damit auf das entsprechend zugeschnittene Forschungsfeld verweisen (Beck et al. 2012; Lengersdorf & Wieser 2014; Wiedmann et al. 2020). Erwähnenswert ist insbesondere der Reader „Science and Technology Studies: Klassische Positionen und aktuelle Perspektiven" (Bauer et al. 2017), der deutschsprachige Übersetzungen von klassischen Texten mit ergänzenden Überblicksdarstellungen kombiniert. Das STS-Feld ist mit diesen Publikationen gut umrissen, und insofern kann es sich der vorliegende Band leisten, einen stärker auf andere und teilweise auch traditionellere Strömungen der Wissenschaftsforschung fokussierten Zuschnitt zu wählen. Dass es Überschneidungen gibt, wird niemanden überraschen, denn es geht nicht darum, ein Fachgebiet exklusiv unter dem einen oder anderen Titel laufen zu lassen. Einige Themen des vorliegenden Bandes würden gut auch in eine STS-Einführung passen: etwa die theoretischen und praktischen Perspektiven der Geschlechterforschung (Kapitel 3, Paulitz und Meier-Arendt), die Soziologie der Expertise (Kapitel 6, Schubert), die Soziologie des Labors (Kapitel 7, Groß), die Soziologie der Innovation (Kapitel 8, Böschen), die aktuellen wissenschaftspolitischen Debatten um die Bewertung wissenschaftlicher Forschung (Kapitel 10, Reinhart) oder die Vermessung der gesellschaftlichen Relevanz von Forschung (Kapitel 11, Hamann & Schubert). Andere Themen wiederum sind zwar auch für die STS relevant, werden dort aber – teils aus kontingenten, teils aus theoriegeschichtlich erklärbaren Gründen – eher vernachlässigt, so etwa die Disziplinen und Kulturen der Wissenschaft (Kapitel 4, Roth), die Orte und Organisationen der Wissenschaft (Kapitel 5, Hölscher & Marquardt), die Soziologie der Universität (Kapitel 9, Hüther & Kosmützky) oder die Wissenschaftskommunikation (Kapitel 12, Wormer). Bei Methodenfragen wiederum macht es wenig Sinn, sie eher dem einen oder dem anderen Feld zuzuordnen, da sie in ihrer Logik quer dazu stehen. Interessant ist allerdings auch hier wieder, dass die ausgewählten methodologischen Perspektiven, die im vierten Teil des vorliegenden Buches diskutiert werden, in den STS eher stiefmütterlich behandelt werden: Die Bibliometrie etwa (Kapitel 13, Gauch) findet man selten repräsentiert in der Einführungsliteratur; in den erwähnten STS-Handbüchern taucht sie gar nicht auf beziehungsweise wird als zu „unkritisch" abgetan (Edge 1995: 7). Eine systematisch vergleichende Wissenschaftsforschung (Kapitel 14, Kosmützky & Wöhlert) kommt zwar vor, hat ihre Heimat bislang aber eher in der Hochschulforschung sowie in der Innovations- und Wissenschaftspolitikforschung als in den Kernbereichen der STS. Die Diskursanalyse und historische Semantik schließlich (Kapitel 15, Schauz & Kaldewey) greift auf den etablierten Werkzeugkasten der Geistes- und Kulturwissenschaften zurück, wird sowohl in den STS wie in der historischen Wissenschaftsforschung bislang aber wenig eingesetzt – mit der Folge, dass die eigene Nomenklatur oft unhinterfragt bleibt (Schauz 2014).

Ob Wissenschaftsforschung und STS zukünftig noch mehr ineinander überge-hen oder ob es wieder zu stärkeren Spezialisierungen kommt, kann hier nicht prognostiziert werden. Das vorliegende Buch versteht sich als Dialogangebot und vermittelt nicht nur zwischen diesen grob abgesteckten Fachkulturen, sondern auch zwischen sonstigen angrenzenden Forschungsgebieten. Welche Grundbe-griffe, welche Traditionen, welche Theorien, und welche methodologischen Per-spektiven sich im Kontext bestimmter Fragestellungen als hilfreich und fruchtbar erweisen, kann am Ende nur durch die diese Fragen bearbeitenden Forscher*innen geklärt werden.

Zum Abschluss bedanke ich mich nochmal bei allen Autor*innen für die Unter-stützung dieses Bandes durch ihre jeweiligen Kapitel. Ebenfalls Dank gebührt Pascal Berger, Frauke Domgörgen, Lena Krzeminski und Doris Westhoff, die Teile des Ma-nuskripts begutachtet, kommentiert und korrekturgelesen haben. Erwähnen möchte ich weiter Julika Griem, Oliver Ruf, Holger Wormer, Volker Stollorz und Franco Zotta, mit denen ich parallel zu diesem Buchprojekt das „Rhine Ruhr Center for Sci-ence Communication" aufbauen durfte. Die in dieser Gruppe geführten Diskussionen darüber, wie das Wissen der Wissenschaftsforschung an verschiedene Publika kom-muniziert werden kann und warum das notwendig ist, um die in der Gegenwart häufig diagnostizierte „Krise der Faktizität" zu bearbeiten, waren eine beständige He-rausforderung aber auch Quelle der Inspiration. Eine nicht zu unterschätzende Rolle bei der Entstehung des Buches spielten schließlich Christine Müller, die den ganzen Prozess beratend begleitet hat, sowie Enno Küsters, der mich kurz vor Abgabe des Manuskripts nochmal auf die Kontingenz der Auswahl der Themen aufmerksam ge-macht hat durch den Hinweis, dass ich ja auch ein Buch über Komodo-Warane hätte schreiben können.

Bonn, im Dezember 2022
David Kaldewey

Literatur

Bauer, S., T. Heinemann & T. Lemke (Hrsg.), 2017: *Science and Technology Studies. Klassische Positionen und aktuelle Perspektiven*. Berlin: Suhrkamp.

Beck, S., J. Niewöhner & E. Sørensen, 2012: *Science and Technology Studies. Eine sozialanthropologische Einführung*. Bielefeld: transcript.

Bogner, A., 2021. *Die Epistemisierung des Politischen. Wie die Macht des Wissens die Demokratie gefährdet*. Stuttgart: Reclam.

Bucchi, M., 2004: *Science in Society. An Introduction to Social Studies of Science*. London: Taylor & Francis.

David, M., 2005: *Science in Society*. Houndmills, Basingstoke: Palgrave Macmillan.

Edge, D., 1995: Reinventing the Wheel. In: Jasanoff, S. et al. (Hrsg.), *Handbook of Science and Technology Studies*. Thousand Oaks, CA: Sage, S. 3–23.

Felt, U., H. Nowotny & K. Taschwer, 1995: *Wissenschaftsforschung. Eine Einführung*. Frankfurt, New York: Campus.

Felt, U., R. Fouché, C.A. Miller, & L. Smith-Doerr (Hrsg.), 2017: *The Handbook of Science and Technology Studies*. Fourth Edition. Cambridge, MA: MIT Press.

Fuller, S., 2007: *New Frontiers in Science and Technology Studies*. Cambridge: Polity Press.

Hackett, E., O. Amsterdamska, M. Lynch & J. Wajcman (Hrsg.), 2008: *The Handbook of Science and Technology Studies*. Third Edition. Cambridge, MA: MIT Press.

Hirschi, C., 2021: Expertise in der Krise. Zur Totalisierung der Expertenrolle in der Euro-, Klima-und Coronakrise. *Leviathan* 49: 161–185.

Jasanoff, S., G. E. Markle, J. C. Petersen & T. Pinch (Hrsg.), 1995: *Handbook of Science and Technology Studies*. Second Edition. Thousand Oaks, CA: Sage.

Kaldewey, D., 2018: The Grand Challenges Discourse. Transforming Identity Work in Science and Science Policy. *Minerva* 56: 161–182.

Lengersdorf, D. & M. Wieser (Hrsg.), 2014: *Schlüsselwerke der Science & Technology Studies*. Wiesbaden: Springer VS.

Maasen, S., M. Kaiser, M. Reinhart & B. Sutter (Hrsg.), 2012: *Handbuch Wissenschaftssoziologie*. Wiesbaden: Springer VS.

Sarewitz, D., 2004: How Science Makes Environmental Controversies Worse. *Environmental Science & Policy* 7: 385–403.

Schauz, D., 2014: Wissenschaftspolitische Sprache als Gegenstand von Forschung und disziplinärer Selbstreflexion. Das Programm des Forschungsnetzwerks CASTI. *Forum Interdisziplinäre Begriffsgeschichte* 3: 49–61.

Sismondo, S., 2010: *An Introduction to Science and Technology Studies*. Second edition. Chichester: Wiley Blackwell.

Spiegel-Rösing, I. D. d. S. Price(Hrsg.), 1977: *Science, Technology and Society. A Cross-Disciplinary Perspective*. Beverly Hills, CA: Sage.

Strohschneider, P., 2020: *Zumutungen. Wissenschaft in Zeiten von Populismus, Moralisierung und Szientokratie*. Hamburg: kursbuch edition.

Weingart, P., 2003: *Wissenschaftssoziologie*. Bielefeld: transcript.

Wiedmann, A., K. Wagenknecht, P. Goll & A. Wagenknecht (Hrsg.), 2020: *Wie forschen mit den „Science and Technology Studies"? Interdisziplinäre Perspektiven*. Bielefeld: transcript.

Yearley, S., 2005: *Making Sense of Science. Understanding the Social Study of Science*. London: Sage.

Inhaltsverzeichnis

Teil I: **Grundlagen und Grundbegriffe**

David Kaldewey und Désirée Schauz

1 Die Wissenschaft als Gegenstand von Wissenschaft

Die Wissenschaftsforschung, das ist zunächst trivial, erforscht die Wissenschaft. Damit wird die Wissenschaft Gegenstand von Wissenschaft. Beobachterin und Beobachtetes, Subjekt und Objekt, fallen ineinander. Um diese Zirkularität aufzulösen und sinnvolle Forschung betreiben zu können, müssen beide Seiten der Unterscheidung immer wieder neu scharf gestellt werden. Auf der Seite der *beobachtenden* Wissenschaft kann gefragt werden, welche Wissenschaft als Beobachterin auftritt und welche Konzepte, Theorien und Methoden sie dabei verwendet. Beobachtet wird die Wissenschaft etwa von der Wissenschaftssoziologie als Subdisziplin der Soziologie, von der Wissenschaftstheorie als Subdisziplin der Philosophie, von der Wissenschaftsgeschichte als Subdisziplin der Geschichtswissenschaft oder auch von einem interdisziplinären Konglomerat, das mit Sammelbegriffen wie „Wissenschaftsforschung" oder „Science Studies" benannt wird. Auf der Seite der *beobachteten* Wissenschaft wiederum muss präzisiert werden, was mit „Wissenschaft" eigentlich gemeint ist und wie der angedeutete Objektbereich genau abgesteckt ist. Geht es um *die* Wissenschaft im Sinne eines Kollektivsingulars, eines Systems oder einer gesellschaftlichen Institution? Oder muss man zunächst einen Plural der Wissenschaften ansetzen und sich dann *eine* Wissenschaft, etwa eine spezifische Disziplin, herausgreifen (siehe auch Kapitel 4, Roth)? Geht es um wissenschaftliches Wissen als eine besondere Form von Wissen, um eine besondere wissenschaftliche Praxis, etwa im Sinne eines theoretisch angeleiteten und methodisch kontrollierten Forschungshandelns, oder geht es einfach um das, was Wissenschaftler*innen „tun"? Oder richtet sich das Interesse darauf, was Wissenschaft in der Summe bewirkt, wie sie die Gesellschaft, die alltägliche Lebenswelt und die natürliche Umwelt verändert (siehe auch Kapitel 2, Kaldewey)?

Ausgehend von der Unterscheidung von Beobachterin und Beobachtetem richtet sich der Blick im ersten Abschnitt dieses Kapitels auf die Pluralität der Beobachtungsperspektiven, das heißt auf das institutionalisierte Feld der Wissenschaftsforschung und die darin etablierten Teildisziplinen. Es wird gezeigt, dass die verschiedenen Forschungsfelder und Forschungstraditionen nicht von bestimmten historischen und kulturellen Kontexten getrennt werden können. Gerade die soziologisch geprägten Strömungen der Wissenschaftsforschung sind relativ jung, sie haben erst im Verlauf der zweiten Hälfte des 20. Jahrhunderts eine gewisse Sichtbarkeit gewonnen. Im Prozess ihrer Institutionalisierung reagierten sie nicht nur auf die älteren Traditionen der Wissenschaftsgeschichte

https://doi.org/10.1515/9783110713800-001

und Wissenschaftstheorie, sondern auch auf die komplexen gesellschaftlichen Entwicklungen des 20. Jahrhunderts – und, ganz praktisch, auf Erwartungen aus ihrer Umwelt, etwa von Seiten der Politik, der Wirtschaft oder der Zivilgesellschaft. Die Tatsache, dass die institutionalisierte Wissenschaftsforschung noch jung ist, bedeutet allerdings nicht, dass sie das Rad ganz neu erfunden hätte. Im zweiten Abschnitt gehen wir deshalb bewusst einen Schritt weiter in die Geschichte und Vorgeschichte der Wissenschaftsforschung hinein und beschreiben Vorläufer einer Wissenschaft der Wissenschaft. Der dritte Abschnitt wechselt dann zur Gegenstandsseite und widmet sich dem Wissenschaftsbegriff selbst. Ausgehend von einem kurzen begriffsgeschichtlichen Aufriss illustrieren wir, wie sehr das, was zu einer gegebenen Zeit als Wissenschaft verstanden wurde, einem stetigen Wandel unterliegt. Dies gilt es zu berücksichtigen, wenn definiert werden soll, was genau unter Wissenschaft zu verstehen ist. Im vierten Abschnitt wird, nun stärker soziologisch-analytisch als historisch argumentierend, eine idealtypische Unterscheidung von drei Dimensionen des Wissenschaftsbegriffs vorgestellt: Wissenschaft kann erstens verstanden werden als eine besondere Form von Wissen, zweitens als eine besondere Praxis und drittens als eine besondere soziale Institution. Das Kapitel schließt mit der Frage, ob sich der Fokus der Wissenschaftsforschung primär auf das Eigen- und Innenleben der Wissenschaft oder auf die Innen/Außen-Beziehungen, das heißt auf die gesellschaftliche Einbettung und die gesellschaftlichen Effekte der Wissenschaft richtet. Im Ausblick auf weitere Kapitel des vorliegenden Bandes wird vorgeschlagen, die Außenperspektiven oder System/Umwelt-Perspektiven als vierte Dimension des Wissenschaftsbegriffs zu konzeptionalisieren.

Das multidisziplinäre Feld der Wissenschaftsforschung

Die Bezeichnung „Wissenschaftsforschung" wird im Allgemeinen als Überbegriff für diejenigen Subdisziplinen und Forschungstraditionen verwendet, die sich reflexiv mit Wissenschaft auseinandersetzen. Frühere Bezeichnungen wie „Wissenschaftswissenschaft" oder „Metawissenschaft", die in den 1960er und 1970er Jahren eine gewisse Konjunktur hatten, sind mittlerweile nicht mehr gebräuchlich. Dies gilt auch für den angelsächsischen Sprachraum, in dem sich um 1970 die Selbstbeschreibung *Science Studies* etabliert hatte, welche dann in den 1990er Jahren durch die erweiterte Kategorie der *Science and Technology Studies* (STS) abgelöst wurde. Die im Englischen und Deutschen unter diesen Begriffen gefassten wissenschaftlichen Gemeinschaften sind allerdings nicht identisch. Zwar wird hier wie dort Interdisziplinarität betont, doch sind unter *Science Studies* oder STS schwerpunktmäßig sozialwissenschaftliche Disziplinen subsumiert.[1] Während der deutsche Ausdruck „Wissenschaftsforschung" traditionell gleichermaßen die in der Philosophie verankerte Wissenschaftstheorie,[2] die Wissenschaftsgeschichte und die Wissenschaftssoziologie beinhaltet, hat sich im Anglo-Amerikanischen die etwas ältere Paarung von *History and Philosophy of Science* (HPS) eine gewisse Eigenständigkeit bewahrt und blieb auf Distanz zu sozialwissenschaftlichen Zugängen (Daston 2009).

Die geographischen Unterschiede spiegeln zumindest zum Teil die Varianz der historisch gewachsenen Wissenschaftskulturen wider – sowohl auf der Ebene der beobachtenden als auch der beobachteten Wissenschaften. Trotz globaler Perspektiverweiterung und des der Wissenschaft zugeschriebenen Universalismus blieb die Mehrzahl der Arbeiten lange Zeit den jeweilig eigenen nationalen oder kulturellen Rahmungen verhaftet. Um bei den deutsch-anglo-amerikanischen Differenzen zu bleiben, hier nur ein Beispiel: Dem breiteren, alle Disziplinen umfassenden deutschen Wissenschaftsbegriff entsprechend war das Interesse der deutschsprachigen Wissenschaftsforschung nie auf die exakten Wissenschaften („sciences") begrenzt, wie es teilweise bei Beiträgen in der Tradition von HPS, den *Science Studies* und in den STS der Fall war.

Im Blick auf die Gegenwart des akademischen Feldes in Deutschland kann man feststellen, dass die Bezeichnung „Wissenschaftsforschung" nicht einheitlich verwendet wird. Zugleich hat sie Konkurrenz bekommen oder wird teilweise überlagert durch die international institutionalisierten und mittlerweile auch in Deutschland gut etablierten STS. Einige Akteure in diesem Feld setzen Wissenschaftsforschung und STS weitgehend gleich, wofür es gute Gründe gibt, etwa weil beide Bezeichnungen als Meta-Kategorien funktionieren. Andererseits sollten gerade aus der Perspektive der soziologischen Wissenschaftsforschung die feinen Unterschiede zwischen diesen akademischen Gemeinschaften nicht vorschnell unter den Teppich gekehrt werden. Hier sei nur ein zentraler Unterschied hervorgehoben: Die Wissenschaftsforschung ist am besten als *multidisziplinär* zu begreifen. Sie stützt sich damit sowohl in ihren Theorien wie Methoden auf die „Mutterdisziplinen" der Soziologie, der Philoso-

---

1 Deutlich wird dies etwa an der 1975 gegründeten „Society for Social Studies of Science" (4S) und deren Zeitschrift, „Science, Technology, & Human Values". Auch die 1970 gegründete Zeitschrift „Social Studies of Science" (bis 1975 noch unter dem Titel „Science Studies") versteht sich zwar als Plattform für philosophische, historische und soziologische Forschung, wird aber von Sozialwissenschaftler*innen dominiert.
2 Zu beachten sind auch hier unterschiedliche Traditionen in den verschiedenen Sprachräumen: Im Englischen fungiert der Ausdruck „philosophy of science" als Überbegriff für verschiedene philosophische Perspektiven auf die Wissenschaft, im Deutschen spricht man traditionell nicht von „Wissenschaftsphilosophie", sondern von „Wissenschaftstheorie".

phie, der Geschichtswissenschaften sowie weiterer Kulturwissenschaften. Die STS dagegen können als konsequenter *interdisziplinär* begriffen werden und haben ihr eigenes konzeptionelles Fundament ausgebildet. Der Nachteil der damit gewonnen Freiheit ist, dass gelegentlich das Rad neu erfunden wird, etwa weil im Rahmen der STS neue Gesellschaftstheorien und neue Epistemologien erzeugt werden, deren innovative Aura darüber hinwegtäuscht, dass und wenn ja welche alternativen Theorien und Konzepte im Rahmen der klassischen Disziplinen bereits formuliert und teilweise über Jahrzehnte weiterentwickelt wurden.[3]

Innerhalb der stark mit ihrer jeweiligen Mutterdisziplin verbundenen Wissenschaftsphilosophie, Wissenschaftsgeschichte und Wissenschaftssoziologie können weitere Differenzierungen vorgenommen werden. So ist die Wissenschaft nicht nur Gegenstand der theoretischen, sondern auch der praktischen Philosophie, die ihrerseits wissenschaftsethische Probleme erörtert und nach der Verantwortung von Wissenschaftler*innen für die Folgen ihrer Forschung fragt (Forge 2008). Ebenso bestehen naheliegende Verknüpfungen – aber auch Spannungen – zwischen historischen Teildisziplinen, etwa zwischen Wissenschaftsgeschichte und Universitätsgeschichte (Paletschek 2011) oder zwischen Wissenschaftsgeschichte und Technikgeschichte (Mayr 1976; Forman 2007). Während sich die Wissenschaftsgeschichte aus den vorwiegend naturwissenschaftlichen Fächern heraus im Sinne einer disziplinären Selbstvergewisserung entlang der großen Entdeckungen und Entdecker entwickelte, thematisiert die Universitätsgeschichte Wissenschaft in erster Linie als Bildungsgeschichte. Die Technikgeschichte nimmt ihrerseits in Abgrenzung zur Wissenschaftsgeschichte für sich in Anspruch, weit mehr zu sein als die Geschichte angewandter Naturwissenschaften, da sie sich für wirtschaftliche und unternehmerische Bedingungen von Technik ebenso wie Konsum und konkrete Nutzung von Technik interessiert.

In der Wissenschaftssoziologie wiederum wird traditionell unterschieden zwischen institutionalistischen und wissenssoziologischen Zugängen (Collins 1983; Schimank 1995). Letztere sind radikaler, insofern sie nicht nur die sozialen Strukturen der Wissenschaften (Rollen, Werte, Gemeinschaften, Organisationen) soziologisch betrachten, sondern das wissenschaftliche Wissen selbst „soziologisieren". Theoriegeschichtlich zeigt sich das in den 1970er Jahren mit der Etablierung einer *Sociology of Scientific Knowledge* (SSK) durch britische Soziologen wie David Bloor, Barry Barnes und Harry Collins, die sich von der älteren, vor allem durch den amerikanischen Soziologen Robert K. Merton geprägten institutionalistischen *Sociology*

---

3 So kommt beispielsweise die für viele STS-Studien als Theoriegrundlage verwendete These einer Koproduktion von Wissenschaft und gesellschaftlicher Ordnung (Jasanoff 2004) ganz ohne Bezüge zur in Deutschland und Frankreich lange zurückreichenden Tradition der soziologischen Differenzierungstheorien aus.

of Science abgrenzten. Diese beiden Hauptströmungen können demnach mit einem geografischen Index versehen werden: Noch in den späten 1980er Jahren hatte Harriet Zuckerman festgehalten, dass das wissenssoziologische Paradigma eher in Europa, das institutionalistische Paradigma dagegen vor allem in den USA verankert sei (Zuckerman 1988: 512 f.).

Radikal war die wissenssoziologische Erweiterung der Wissenschaftssoziologie, weil mit ihr nach der sozialen Bedingtheit jeglichen Wissens – also auch desjenigen der „harten" Natur- und Technikwissenschaften – gefragt wurde. In seiner Radikalität stieß das wissenssoziologische Programm aber auch wiederholt auf Widerspruch. Diese Kritik wiederum ist vor dem Hintergrund früherer Kontroversen zu sehen, die in der Wissenschaftsgeschichte als Internalismus-Externalismus-Debatte bekannt sind (Shapin 1992). Zugespitzt formuliert, erklärt eine *internalististische* Perspektive den Erkenntnisfortschritt durch die Strukturen der Wissenschaft selbst, während eine *externalistische* Perspektive davon ausgeht, dass auch das wissenschaftliche Wissen wesentlich durch die gesellschaftliche Umwelt geprägt wird. Auch diese Debatte hat im Übrigen eine räumlich-politische Dimension, da sie zumindest phasenweise, zwischen den 1930er und 1950er-Jahren, durch marxistische und teilweise der Sowjetunion nahestehende Historiker und Soziologen – etwa Boris Hessen, Edgar Zilsel oder John Desmond Bernal (siehe dazu Shapin 1992: 338 f.) – geprägt wurde, die eine historisch-materialistische Gegenposition zum angeblich naiv-idealistischen westlichen Wissenschaftsverständnis ins Feld führten.

In den 1980er Jahren gerieten sowohl der institutionalistische Zugang wie der einseitige Fokus auf die Wissensdimension in die Kritik. Die Perspektive verschob sich, dem damals in der Luft liegenden *practice turn* folgend, auf eine Konzeption von „Science as Practice and Culture" (Pickering 1992). Damit gewannen kulturwissenschaftliche, insbesondere anthropologische und ethnographische Ansätze und Fragestellungen an Bedeutung. Bei den Studien zur Wissensproduktion und vor allem im Rahmen der sogenannten Laborstudien (siehe auch Kapitel 7, Groß) wurden die materiellen Grundlagen der Forschungspraxis (Instrumente, Apparate und Vermittlungsmedien) sowie die über die Wissenschaft hinausgehenden personalen Netzwerke und Ressourcenallokationen (Knorr Cetina 1981; Latour 1987) in den Blick genommen. In Folge der praxeologischen Wende verlor schließlich das Label *Sociology of Scientific Knowledge* an Relevanz. Es wird heute nicht mehr oft verwendet, obwohl die wissenssoziologische und sozialkonstruktivistische Programmatik dahinter für weite Teile der Wissenschaftsforschung – inklusive der STS – prägend geblieben ist.

Wesentlich grundlegender als die praxeologische Wende erwies sich jedoch, dass sich in den 1980er und 1990er Jahren der Fokus von der Wissenschaft „an sich" auf ihr Verhältnis zur gesellschaftlichen Umwelt verschob. Die Soziologisierung der Wissenschaft ist damit sozusagen zum Abschluss gekommen und der Gegenstandsbereich der Wissenschaftssoziologie deckt seither auch das komplexe Beziehungsgeflecht von Wissenschaft, Politik, Wirtschaft, Medien und anderen gesellschaftlichen Sphären ab (siehe auch Kapitel 2, Kaldewey). Mit der Perspektiverweiterung glaubte die Wissenschaftssoziologie Realien einer veränderten Wissenschaftsinfrastruktur und Forschungspraxis im späten 20. Jahrhundert Rechnung tragen zu müssen (Gibbons et al. 1994; Ziman 2000). Unter die laufenden Versuche, diesen Wandel theoretisch-reflexiv einzuholen, mischen sich allerdings durchaus Diagnosen, in denen Ökonomisierung, Politisierung oder Medialisierung als Gefährdung der Wissenschaft „an sich" thematisiert werden (Weingart 2001; Weingart & Taubert 2016).

Letztlich sind auch die STS Ergebnis dieser grundlegenden Interessenverlagerung, infolge derer die technischen Potenziale und damit die gesellschaftliche Wirkmächtigkeit von Forschung, einschließlich ihrer nicht-intendierten Nebenfolgen, zu einem zentralen Untersuchungsgegenstand geworden sind. Noch deutlicher zum Ausdruck bringt diese Verschiebung die jüngere Umdeutung des STS-Labels, das inzwischen häufig für *Science and Technology in Society* steht und neueren Studiengängen und Instituten ihren Namen gibt. Weit entfernt von einem Krisendiskurs sehen die STS ihre Aufgabe darin, den politischen und gesellschaftlichen Aushandlungsprozess rund um wissenschaftlich-technische Innovationen und deren Implementierung analytisch zu begleiten. So schlug etwa Steve Fuller (2007: 3f.) vor, die STS sollten sich als „political player" etablieren und im Dienst der Gesellschaft aktiv in die Wissenschaftsentwicklung eingreifen. Eine solche Neuorientierung, so Sergio Sismondo (2008: 20), stehe im Übrigen nicht im Widerspruch zur epistemischen Durchdringung des Gegenstandes; vielmehr sei ein „engaged program" der STS denkbar, das die gesellschaftliche Konstruktion von Wissenschaft und Technologie theoretisch durchdringe, gleichzeitig aber politische Werte vertrete.

Weitere eigenständige und bis heute erfolgreiche Linien der Wissenschaftsforschung finden sich in der Szientometrie und Bibliometrie (siehe dazu ausführlicher Kapitel 13, Gauch). Diese Forschungsfelder sind zwar eng mit der institutionalistischen Wissenschaftssoziologie verknüpft, haben aber eine eigene Geschichte und wichtige Vorläufer, unter anderem auch in der früheren Sowjetunion (Wouters 1999). Für die westliche Wissenschaftsforschung besonders einflussreich waren Derek de Solla Price, der in den 1960er Jahren vorgeschlagen hatte, die Wissenschaft und ihre historische Entwicklung mit ihren eigenen, das heißt vor allem quantifizierenden Methoden zu analysieren (Price 1963), und Eugene Garfield, der Erfinder des *Science Citation Index*, der seit den 1950er Jahren an Verfahren zur Analyse von Publikationen und Zitationen gearbeitet hatte (Garfield 1955). Die Grundidee hinter diesen radikal quantitativen Formen der Wissenschaftsforschung ist, dass sich die Struktur der Wissenschaft auflösen lässt in ein dynamisches Netzwerk von Publikationen und Zitationen. Die Beobachtung dieses

Forschungsfeldes durch andere Wissenschaftsforscher*innen zeugt früh schon gleichermaßen von Faszination und Misstrauen (siehe Diemer 1976). Joseph Agassi (1981:
57) kritisierte die Bibliometrie als extreme Form des Externalismus, in dem es nur
noch um die Form, nicht mehr um den Inhalt des wissenschaftlichen Wissens gehe.
Die Frage nach den Motiven und Nebenfolgen der quantitativen Vermessung und darauf aufbauenden Bewertung von Wissenschaft ist bis heute Gegenstand nicht nur
der Wissenschaftsforschung, sondern auch wissenschaftspolitischer Debatten (siehe
Kapitel 10, Reinhart; Kapitel 11, Hamann & Schubert); auch innerhalb der Bibliometrie selbst wird diese Frage kritisch reflektiert (siehe Kapitel 13, Gauch).

Parallel zu den theoriegeschichtlichen Hauptlinien haben sich seit den 1960er
Jahren mehrere praxisorientierte Forschungsfelder etabliert, die oft wichtige
Schnittmengen mit der Wissenschaftsforschung haben. Zu nennen ist erstens die
Hochschulforschung (*Higher Education Studies*, *Higher Education Research*), die
mit besonderem Fokus auf Universitäten als Organisationen sowie im Blick auf
Sozialstrukturen und Lebensläufe von Studierenden und Forschenden eine Verknüpfung zwischen Bildungsforschung und Wissenschaftsforschung leistet (siehe
dazu Kapitel 9, Hüther & Kosmützky). Auffallend ist hier wiederum eine Eigenart
der deutschen Forschungslandschaft, da mit dem Ausdruck „Wissenschafts- und
Hochschulforschung" zwei Forschungsfelder zusammengezogen und institutionell verbunden werden, die in anderen Ländern stärker getrennt sind (Hamann
et al. 2018; Kosmützky & Krücken 2021).[4] In den STS beispielsweise spielt, anders
als in der deutschen Tradition der Wissenschaftsforschung, die Universität als
Forschungsgegenstand traditionell keine zentrale Rolle.

Unter diesem Gesichtspunkt der Praxisorientierung zu nennen sind zweitens
die unter Namen wie *Science Policy Studies* und *Innovation Studies* bekannten,
durch management-, politik- und wirtschaftswissenschaftliche Zugänge geprägten
Forschungsfelder, die das Zusammenspiel von Wissenschaft, Politik und Industrie
untersuchen und dabei nicht nur die akademische Gemeinschaft, sondern auch
Stakeholder aus dem Wissenschaftsmanagement und aus der Wissenschafts- und
Innovationspolitik adressieren. Auffallend ist, dass diese Forschungstraditionen
in Deutschland relativ schwach institutionalisiert sind und sich vielleicht auch
deshalb keine Übersetzung ihrer Selbstbeschreibungen durchgesetzt hat. Im vorliegenden Lehrbuch wird vorgeschlagen, diese Felder aus soziologischer Sicht
neu zu beleuchten und sie damit systematischer an die akademische Wissenschaftsforschung zu binden – ohne dass damit der Praxisbezug gekappt werden

---

4 Siehe dazu auch das Positionspapier des Wissenschaftsrates (2014), mit welchem die Gründung
des Deutschen Zentrums für Hochschul- und Wissenschaftsforschung (DZHW) begleitet wurde.

soll. Wenn später also von einer Soziologie der Expertise (Kapitel 6, Schubert) und von einer Soziologie der Innovation (Kapitel 8, Böschen) die Rede ist, dann handelt es sich dabei nicht um etablierte Bezeichnungen, sondern um einen Übersetzungsversuch, der sich noch bewähren muss.[5]

Die Liste mit Teildisziplinen und Forschungstraditionen im engeren Umfeld der sozialwissenschaftlichen Wissenschaftsforschung ließe sich verlängern. Gerade an den Schnittstellen zwischen der Wissenschaft und ihren gesellschaftlichen Umwelten entsteht immer neuer Bedarf an Wissen über die jeweilige Konstellation. Zu denken ist etwa an die Technikfolgenabschätzung und Risikoforschung, an Public Health Studies und Gesundheitswissenschaften oder an die Nachhaltigkeitsforschung. Von grundlegendem Erkenntnisinteresse für all diese Schnittstellen ist auch die Frage, wie sich die Kommunikation zwischen Wissenschaft und ihrer gesellschaftlichen Umwelt – sei es in Bezug auf die fachliche Expertise oder übergeordnete wissenschaftlichen Belange gestaltet, weswegen die Wissenschaftsforschung Kommunikationsprozessen und ihrer sprachlichen Ausgestaltung in den letzten Jahren vermehrt Aufmerksamkeit schenkt. Seit den 1950er Jahren hat sich schrittweise ein eigenständiges kommunikationswissenschaftliches Forschungsfeld entwickelt und dann ab den 1980er Jahren breit etabliert. Zunächst wurde es mit Formeln wie „public understanding of science" (PUS) oder „public engagement with science and technology" (PEST) ausgeflaggt, in der Zwischenzeit hat sich aber, nicht zuletzt wegen der Kurzlebigkeit dieser Formeln, die Bezeichnung Wissenschaftskommunikationsforschung (*Science Communication Research*) konsolidiert (siehe Kapitel 12, Wormer).

Historische Vorläufer einer Wissenschaft der Wissenschaft

Wenn sich in einer Gesellschaft Wissenschaft als spezifische Praxis institutionalisiert beziehungsweise als soziales System ausdifferenziert, kann sie, wie andere gesellschaftliche Entwicklungen auch, selbst zum Gegenstand von Wissenschaft werden – und zwar in verschiedener Weise. Ab wann nahmen Wissenschaftler*innen die Wissenschaft als Forschungsgegenstand in den Blick? Begriffe wie „Wissenschaftskunde", „Wissenschaftslehre" und „Wissenschaft der Wissenschaften" kamen um 1800 auf,

---

5 Vor diesem Hintergrund ist bemerkenswert, dass die *Science Policy and Innovation Studies* erstaunlich wenig Schnittmengen mit den *Science and Technology Studies* haben – wie Ben Martin et al. (2012) unter anderem mit bibliometrischen Analysen zeigen.

als sich die moderne Wissenschaft mit ihrem Forschungsethos an den Universitäten zu professionalisieren und disziplinär auszudifferenzieren begann. Die Philosophie, die zu dieser Zeit zur neuen universitären Leitdisziplin aufstieg, betrachtete es als ihre Aufgabe, der Wissenschaft das theoretische Fundament zu bereiten. Johann Gottlieb Fichte definierte die Wissenschaftslehre als Metawissenschaft, als „eine Wissenschaft von der Wissenschaft überhaupt" (1794: 16). Diese war zuallererst eine Erkenntnislehre, das heißt, sie ergründete Bedingungen und Formen menschlicher Erkenntnis. Neu war gegenüber älteren erkenntnistheoretischen Reflexionen und Lehren der Logik, dass sich die Wissenschaftslehre nun selbst als *eine* Wissenschaft definierte, weil es ihr um eine allgemeingültige, umfassende erkenntnistheoretische Grundlegung menschlichen Wissens ging. Zudem setzte sie sich im Zeichen des deutschen Idealismus zum Ziel, die Gesamtheit der Wissenschaften (hierarchisch) zu ordnen und (systematisch) zueinander in Beziehung zu setzen. Das schloss auch die Naturforschung ein, die sich erst seit dem späten 18. Jahrhundert nach und nach an den Universitäten in Form einer wachsenden Zahl von Disziplinen etablierte.

Die Wissenschaftstheorie blieb kein exklusives Feld der Philosophie. Ab der zweiten Hälfte des 19. Jahrhunderts brachten die Naturwissenschaften ihre ganz eigenen Perspektive ein, die sich zu einem gewissen Grad als eine Ver*natur*wissenschaftlichung der Wissenschaftstheorie beschreiben lässt. Vor dem Hintergrund ihrer empirisch-experimentellen Forschungspraxis diskutierten Physiologen wie Hermann von Helmholtz (1855) und Emil Heinrich Du Bois-Reymond (1872) die Bedingungen sinnlicher Wahrnehmung und stießen Fragen über das Bewusstsein und kognitive Grenzen des Menschen an. Diese selbstreflexiven Vorstöße in die Wissenschaftstheorie waren Teil einer weitergehenden Entwicklung, bei der sich die Naturwissenschaften gegenüber der philosophisch dominierten Wissenschaftskultur zu emanzipieren versuchten – ein spannungsreicher Prozess, der sich im ausgehenden 19. und frühen 20. Jahrhundert unter anderem an der Gründung eigener naturwissenschaftlich-mathematischer Fakultäten an den Universitäten ablesen lässt.[6] Die Naturforscher traten zwar nicht mit einem ähnlich umfassenden Anspruch auf wie die philosophischen Begründer der Wissenschaftslehre, doch gerade die spezifischen erkenntnistheoretischen Probleme der Naturwissenschaften brachten auch im 20. Jahrhundert ihre Vertreter*innen dazu, sich mit epistemischen Fragen zu beschäftigen und mitunter ganz in die Wissenschaftsphilosophie zu wechseln. Der Chemiker Michael Polanyi mit seinen Arbeiten zu personalem und implizitem Wissen (Polanyi 1966) und der Physiker Thomas S. Kuhn, bekannt für seine Thesen zum wissenschaftlichen Paradigmenwechsel (Kuhn 1962), sind

---

6 Die Naturwissenschaften waren zunächst mehrheitlich an den philosophischen Fakultäten und in kleinerem Umfang auch an den medizinischen Fakultäten angesiedelt.

hier nur zwei Beispiele dafür, welche Rolle Naturwissenschaftler für die Wissenschaftsphilosophie und, darüber hinaus, für die Entwicklung und Institutionalisierung einer sozialkonstruktivistischen Wissenschaftsforschung gespielt haben (Nye 2011). Von einer spezifisch naturwissenschaftlich geprägten Wissenschaftstheorie lässt sich gleichwohl angesichts der Vielfalt der vertretenen Positionen und Ansätze nicht sprechen.

Auf die erkenntnistheoretischen Anfänge der Wissenschaftsforschung aus dem Schoße der Philosophie folgte eine erste Phase der Soziologisierung der die Wissenschaft beobachtenden Wissenschaft. Nach erfolgter Professionalisierung im 19. Jahrhundert richtete sich um die Wende zum 20. Jahrhundert der Blick auf die Wissenschaft als spezifisches Berufs- und Betätigungsfeld sowie die Organisation von Forschung. Beobachtet wurde die Wissenschaft damit nicht mehr nur als ein disziplinär ausdifferenziertes und methodisch-theoretisch fundiertes System des Wissens, sondern auch als ein soziales System und institutionelles Gefüge. Diese Perspektivverschiebung ist vor dem historischen Hintergrund zu sehen, dass zu diesem Zeitpunkt die gesellschaftliche Relevanz von Wissenschaft nicht mehr primär über deren Bildungswert definiert wurde wie noch zu Beginn der Professionalisierung an den Universitäten, sondern vermehrt über die Forschungsleistung der Wissenschaft. Die Erwartung, dass die Wissenschaft stetig neues Wissen hervorbringe, und dass dieses Wissen gesellschaftliche und technische Anwendungen nach sich ziehen würde, markierte den Beginn einer über die Hochschulpolitik hinausgehenden Wissenschafts- beziehungsweise Forschungspolitik sowie, damit einhergehend, die Einrichtung außeruniversitärer Forschungseinrichtungen (Stichweh 2013: 135–139; Schauz 2020: 282–288).

Diese Entwicklungen wurden von den einflussreichen (Natur-)Wissenschaftlern[7] dieser Zeit beobachtet und kommentiert; manche von ihnen wurden damit zu Wissenschaftsforschern *avant la lettre*. Ein gutes Beispiel ist Wilhelm Ostwald, der 1909 den Nobelpreis für Chemie erhielt und zur ersten Generation moderner Wissenschaftsorganisatoren zählte. Neben wissenschaftstheoretischen Beiträgen, in denen er die stark angewachsene Zahl der Disziplinen ganz in der Tradition der idealistischen Wissenschaftslehre zu ordnen versuchte, schrieb er zunehmend auch über wissenschaftliche Organisationsprinzipien und „wissenschaftliche Massenarbeit", einschließlich ihrer materiellen Grundlagen, die „Biologie des Forschers" sowie über Eigenschaften von (wissenschaftlichen) „Entdeckern" und (technischen) „Erfindern" (Ostwald 1911). Neben einem anthropologischen Zugang ist erkenntlich, dass bei

---

7 Wir verzichten in der historischen Darstellung gelegentlich auf die inklusive Form „Wissenschaftler*-innen", da es sich bei den hier behandelten Beispielen nur um Männer handelt und die gegenderte Form insofern falsche Tatsachen vorspielen würde.

Ostwald vermehrt soziale und institutionelle Dimensionen der Wissenschaft ins Gesichtsfeld rückten.[8] Der Chemiker verfolgte freilich nicht explizit ein neues Programm für eine Wissenschaft der Wissenschaften. Seine metawissenschaftlichen Studien entsprangen eher dem Bedürfnis des Naturwissenschaftlers, sich im Sinne der eigenen professionellen Identitätsarbeit in der universitären Gelehrtenwelt zu positionieren. Zum Teil sind sie als konkrete Vorschläge für eine effektivere Organisation der gesamten „geistigen Arbeit" zu verstehen, wobei Ostwald letztlich weit über den Bereich der Forschung hinausging und Wissenschaftlichkeit zu einem allgemeinen Leitbild gesellschaftlicher Organisation erhob. Seine Beiträge bezeugen den naturwissenschaftlichen Fortschrittsglauben seiner Zeit und thematisierten Wissenschaft damit zugleich als wirkmächtigen gesellschaftlichen Veränderungsfaktor.

Im frühen 20. Jahrhundert entstehen zudem erste soziologische Studien, die man heute als Vorläufer der sozialwissenschaftlichen Wissenschaftsforschung lesen kann. Ein Anstoß hierfür waren das Wachstum und die neuen Größenordnungen der Wissenschaft: aus der zunehmend kapital-, material- und personalintensiven Forschung ergaben sich neue organisatorische Herausforderungen. Die Zeitgenossen sprachen vom „Großbetrieb" der Wissenschaft, womit zunächst geisteswissenschaftliche Editionsprojekte, dann aber vor allem die Arbeit in den naturwissenschaftlichen Laboren gemeint war (Harnack 2001 [1905]). In einem frühen wissenssoziologischen Kompendium, herausgegeben von Max Scheler, beschrieb Helmuth Plessner (1924) diese Entwicklung als eine „Industrialisierung" der Wissenschaft, die sich in der fortgeschritten Arbeitsteiligkeit und komplexen materiellen Infrastruktur der Forschung – ihren „Produktionsmitteln" also – bemerkbar mache. Plessner interessierte sich wie Ostwald für die veränderte Organisation der Forschung, wobei der Soziologe ebenfalls primär die zunehmend technisierte naturwissenschaftliche Forschung vor Augen hatte. Von einer Analyse der Forschungspraktiken, wie wir sie aus der neueren Wissenschaftsforschung kennen, kann allerdings noch nicht die Rede sein.

Einen zweiten wichtigen Anstoß für diese frühen soziologischen Analysen gab der Diskurs über die Krise der wissenschaftlichen Arbeit, der sich im Zuge des Ersten Weltkrieges und seinen sozio-ökonomischen Folgen entwickelte. Einer der bekanntesten und weit über die Wissenschaftssoziologie hinaus wirkmächtigen historischen Referenztexte ist Max Webers „Wissenschaft als Beruf" (1968 [1919]), in dem universitäre Karrieremuster und das spezifische Berufsethos des Wissenschaftlers herausge-

---

8 Ostwald ging es unter anderem um Voraussetzungen wie eigenständiges Denken usw. für die wissenschaftliche Arbeit, die er im Diktum der Zeit im Spannungsverhältnis von (biologischer) Anlage und (sozialer) Umwelt diskutierte. Vorstellungen wie die eines dem Menschen eigenen „Bildungstriebs" waren durchaus schon älter und wurden im späten 19. Jahrhundert als spezifischer „Forschungstrieb" der Wissenschaftler umgedeutet (Schauz 2020: 146 f.).

arbeitet wird. Dieses Ethos, welches insbesondere bestimmt werde durch „die Inkommensurabilität der geistigen Arbeit mit praktischen Werten", erwies sich nach Alfred Weber (1923: 7 f.) – dem jüngeren Bruder von Max Weber – allerdings zunehmend als Problem in einer Zeit der Not, „in der sich alles anscheinend auf das Praktische und daher Meßbare einschränkt und zurückführt".

Eine weitergehende Soziologisierung der wissenschaftlichen Beobachtung der Wissenschaft deutete sich bis Mitte des 20. Jahrhundert zwar an, aber manche dieser Entwicklungslinien wurden aus verschiedenen Gründen erst mit großer Verzögerung von der sich in der zweiten Hälfte des 20. Jahrhunderts institutionalisierenden Wissenschaftsforschung aufgegriffen. So erweiterte etwa der Mikrobiologe Ludwik Fleck seine wissenschaftstheoretische Arbeit um die soziale Dimension der Denkkollektive. Die heute zu den Klassikern der historischen Epistemologie gehörende Studie „Entstehung und Entwicklung einer wissenschaftlichen Tatsache" (Fleck 1937) wurde jedoch erst viele Jahre später breit rezipiert. Auch Versuche einer systematisierenden Analyse der gesellschaftlichen Einbettung der Wissenschaft gab es bereits. Der britische Forscher und Experte für Kristallografie und biologische Strukturanalyse John D. Bernal (1939) beschrieb nicht nur veränderte Organisationsformen universitärer wie außeruniversitärer Forschung, sondern analysierte diese auch vor dem Hintergrund der sich wandelnden „sozialen Funktion" der modernen Wissenschaft. Insbesondere die Relevanz naturwissenschaftlich-technischer Forschung für die Rüstung im Ersten Weltkrieg erscheint hier als eine einschneidende Zäsur. Obwohl Bernal als anerkannter wissenschaftspolitischer Berater fungierte, rückten die metawissenschaftlichen Studien des Linksintellektuellen im Klima des Kalten Kriegs und der Renaissance eines idealisierten Wissenschaftsverständnis in der westlichen Wissenschaftsforschung in den Hintergrund.

Der Begriff der Wissenschaft in historischer Perspektive

Ein Blick zurück zu den Anfängen der modernen Wissenschaftsforschung hat gezeigt, dass die Professionalisierung der Wissenschaft und die institutionelle Ausbildung ihrer Disziplinen, die sich seit dem späten 18. Jahrhundert vorrangig an der Universität vollzog, den zentralen Anstoß gab. Der fortlaufende Wandel von Wissenschaft und Forschung veränderte allerdings auch die Perspektiven auf den Gegenstand. Es scheint daher fast schon banal, dass das Wissenschaftsverständnis ebenfalls einem historischen Wandel unterliegt. Was zu einer bestimmten Zeit als Wissenschaft verstanden wird, prägt zugleich die Perspektive der Beobachter*-innen. Begriffsgeschichten sind allerdings komplex. Ältere und neuere Bedeutungen können sich überlagern; der semantische Wandel hat seine eigene Temporalität und hinkt mitunter strukturellen Veränderungen hinterher (siehe auch Kapitel 15, Schauz & Kaldewey).

Für eine vollständige Geschichte des Begriffs der Wissenschaft ist hier nicht der Raum und schon die Frage, wann man eine solche Geschichte sinnvollerweise beginnen würde, ist schwer zu beantworten. Es gibt Versuche, Ursprünge und Traditionen in der antiken griechischen Philosophie und später in der lateinischsprachigen Tradition zu rekonstruieren (Meier-Oeser 2004), die jedoch eine partikulare, eurozentrische Perspektive repräsentieren. Eine weitere Herausforderung liegt darin, die Entwicklung in verschiedenen Sprachen zurückzuverfolgen. Aus der deutschen Perspektive etwa muss immer wieder daran erinnert werden, dass die an die lateinische Wurzel (*scientia*) anschließenden Wissenschaftsbegriffe der romanischen Sprachen (etwa *ciencia* im Spanischen, *science* im Französischen) und des Englischen (*science*) anders gelagert sind als das Kompositum *Wissenschaft*, welches sich neben dem Deutschen auch in anderen germanischen Sprachen (etwa *wetenschap* im Niederländischen oder *videnskab* im Dänischen) findet. Aus etymologischer Sicht steht dieses Kompositum, so Waltraud Bumann (1970: 64), für „den Zustand des Gesehen- und Beobachtethabens und zugleich das Verhältnis der beobachteten Dinge zueinander". Das erste Vorkommen des Wortes „wizzen(t)schaft" datiert sie auf das Jahr 1392; betont aber, dass das Wort wenig üblich war und erst zu Beginn des 17. Jahrhunderts von den Lexikographen aufgenommen wurde. Damit einher ging eine Bedeutungsausweitung von einem „subjektiven Wissenschaftsbegriff" zu einem „objektiven Wissenschaftsbegriff" (Bumann 1970: 67f.): Ersterer meint die Kenntnis, die ein individuelles Subjekt von einzelnen Dingen bis hin zum gelehrten Wissen auf bestimmten Gebieten haben kann. Mit letzterem beschreibt Bumann die Bedeutung von Wissenschaft als anerkannter Wissensbestand in einem bestimmten Gebiet. Die ältere, subjektive Bedeutung, so Bumann, verlor sich im Verlauf des 18. und 19. Jahrhunderts.

Vor dem Hintergrund solch komplexer Vorgeschichten betonen viele Wissenschaftsphilosoph*innen und Wissenschaftshistoriker*innen, dass der Wissenschaftsbegriff, wie wir ihn heute verwenden, noch relativ jung ist, sich also erst mit den „wissenschaftlichen Revolutionen" (Shapin 1996) der Neuzeit herausbildete und gegen Ende des 18. Jahrhunderts zu stabilisieren begann. Mit Rudolf Stichweh kann diese Entwicklung dahingehend zusammengefasst werden, dass sich erst ab 1800 mit der Rede von *der* Wissenschaft ein „Kollektivsingular" durchsetzte und seither per Definition auf eine über das subjektive Wissen des Individuums hinausgehende objektive Einheit des Wissens verweist (Stichweh 2003; 2007). Im Folgenden skizzieren wir anhand von Enzyklopädien und Lexika aus dem 18. und 19. Jahrhundert, wie sich der Wissenschaftsbegriff und das in diesem jeweils verdichtete Wissenschaftsverständnis veränderten. Diese Darstellung muss kursorisch bleiben, kann aber illustrieren, dass aus der Sicht einer interdisziplinären Wissenschaftsforschung die historischen Bedeutungsschichten immer mitgedacht werden müssen, bevor Versuche unternommen werden, den Begriff – und sei es nur für die Gegenwart – analytisch scharf zu stellen.

Im 18. Jahrhundert nimmt der Wissenschaftsbegriff eine zentrale Stellung im Aufklärungsdiskurs ein. Das Zedlersche Universal-Lexikon, die zentrale deutschsprachige Enzyklopädie aus der Zeit der Frühaufklärung, widmete im 1751 erschienen 57. Band den Begriffen „Wissenschafft" und „Wissenschafften" insgesamt 179 Spalten. Wissenschaft wurde unter Verweis auf den lateinischen Begriff „scientia" in seiner doppelten Bedeutung angegeben: als eine Erkenntnis und als eine Lehre. Behandelt wurde Wissenschaft im Hinblick auf verschiedene Formen der Erkenntnis und Erkenntnisgewinnung ebenso wie hinsichtlich der Gegenstandsbereiche, auf die sich die Erkenntnis bezieht. Einleitend präsentiert der Eintrag einen historischen Abriss erkenntnistheoretischer Positionen von antiken Autoren wie Aristoteles bis hin zu damals aktuellen Debatten über Rationalismus und Empirismus. Im Sinne von Lehren war das Wissenschaftsverständnis wesentlich weiter gefasst als heute: von der „heiligen Wissenschafft", über die „Natur-Wissenschafft" bis hin zur „Kupfer-Druck-Wissenschafft" oder „Mühlen-Wissenschafft". Unterschieden wurden Wissenschaften aber auch nach der Art, wie die Erkenntnis gewonnen wurde und welche Form der Erkenntnis sie hervorbringen („Anschauungs-Wissenschafft", praktische und theoretische Wissenschaften). Wissenschaften wurden als Lehren definiert, deren Wahrheit anerkannt sei, ohne dabei jedoch die zugleich bestehenden „Ungewissenheiten" zu verschweigen. Es sei vielmehr die Aufgabe der Gelehrten, die Wissenschaften zu „verbessern". Die Idee des Erkenntnisfortschritts war bereits in der frühen Neuzeit ein Leitbild, das während der Aufklärung dann zum gesellschaftlichen Programm erhoben wurde. Universitäten, die sich vorrangig der Vermittlung der anerkannten Lehren widmeten, wurden allerdings zu diesem Zeitpunkt noch nicht als geeigneter Ort angesehen, um die Wissensbestände zu erweitern und zu vervollkommnen. Die Idee der Forschungsuniversität sollte erst im 19. Jahrhundert bestimmend werden (siehe auch Kapitel 9, Hüther & Kosmützky).

Die Einträge in Zedlers Universallexikon beschreiben Wissenschaft(en) jedoch nicht nur als eine Dimension des Wissens oder des Wissenserwerbs. Dem für Enzyklopädien charakteristischen Totalitätsanspruch entsprechend wurden alle bekannten Institutionen aufgezählt, an denen Wissenschaften betrieben wurden und die – wie die Akademien und Gelehrtengesellschaften – den Begriff im Namen führten.[9] Ebenso zu finden ist eine Auflistung der verschiedenen Beweggründe, aus denen heraus Wissenschaften betrieben werden können: von der individuellen Verstandesbildung über das Ziel, Aber- und Wunderglauben zu überwinden, bis hin zu materiellen und ökonomischen Verbesserungen etwa im Bereich der Landwirtschaft oder des Bergbauwesens. Mathematik und Sprachen galten als nützlich, weil sie andere Wissenschaft(en) und damit Erkenntniszuwachs beförderten. Für die einzelnen Wissensgebiete wurden die verschiedenen Nützlichkeitserwartungen regelrecht ausbuchstabiert und die verschiedenen Dimensionen (eigennützig/gemeinnützig, materiell/immateriell) vermessen. Die ontologische Bestimmung von Wissenschaft(en) beinhaltete damit im 18. Jahrhundert auch die gesellschaftliche Relevanz von Wissenschaft(en) (siehe auch Kapitel 11, Hamann & Schubert).

Von dieser umfassenden Wesensbestimmung der Wissenschaft(en) in der Aufklärungszeit wichen die im 19. Jahrhundert folgenden lexikalischen Bestandsaufnahmen deutlich ab. Sie orientierten sich am philosophischen Wissenschaftsverständnis, wie es etwa an Immanuel Kants (1786: IV) Definition festzumachen ist: „Eine jede Lehre, wenn sie ein System, d.i. ein nach Prinzipien geordnetes Ganze der Erkenntnis sein soll, heißt Wissenschaft [...]". Bei weitem nicht alle Wissenschaften, die noch im 18. Jahrhundert im Zedler als solche bezeichnet wurden, konnten diesem Kriterium standhalten. Wissenschaft wurde entsprechend in den Lexika als ein System von Erkenntnissen definiert, das in seiner erkenntnistheoretischen Untergliederung sowie nun vor allem auch in seiner universitären Ordnung nach Fakultäten differenziert wurde (z. B. Pierer's Universal-Lexikon 1865). Als Lemma findet sich in den Konversationslexika des 19. Jahrhunderts nun nur noch der Begriff der Wissenschaft. Mit der Durchsetzung des Kollektivsingulars wurde die Vorstellung einer Einheit des wissenschaftlichen Wissens auch auf der begrifflichen Ebene zum Ausdruck gebracht. Die Binnendifferenzierung der Wissenschaft und die Versuche, diese Differenzierung durch neue und weitere Klassifizierungen zu ordnen, nahmen gleichzeitig zu. Die Gegenüberstellung oder auch Abgrenzung von Natur- und Geisteswissenschaften etablierte sich allerdings erst gegen Ende des 19. Jahrhunderts (Eislers Wörterbuch der Philosophischen Begriffe 1904), als sich die Naturwissenschaften nach und nach aus der Philosophischen Fakultät herauslösten. Diese Begriffsgeschichten bilden freilich spezifische kulturelle Entwicklungen ab. Bei der Semantik des englischen Begriffs „science" zeichneten sich bereits im 18. Jahrhundert Differenzen zum deutschen Sprachgebrauch ab, was zunächst vor allem auf die unterschiedlichen erkenntnistheoretischen und philosophischen Traditionen zurückzuführen war (Meyer 2012).

---

9 Unter dem Lemma „Universität, Academie, Hohe Schule" (Zedler, Bd. 49) werden auch die Universitäten als Orte der Wissenschaften genannt, allerdings gehörten viele der aufgelisteten Wissenschaften – insbesondere die Naturwissenschaften – noch nicht zum universitären Curriculum.

Angesichts der Diskursmächtigkeit der Philosophie spielte die institutionelle Dimension der Wissenschaft in der lexikalischen Bestimmung in der Regel bis zum Beginn des 20. Jahrhunderts keine explizite Rolle mehr. Gleichwohl lassen die Klassifikationen der Disziplinen und die Diskussion über das Ordnungssystem der Fakultäten deutlich erkennen, dass die Universitäten im 19. Jahrhundert als der zentrale Ort der sich professionalisierten Wissenschaft galten. Die Professionalisierung lässt sich außerdem an der zunehmenden Verwendung der Bezeichnung des „Wissenschaftlers" und dem ihm zugeschriebenen Ethos erkennen. Dies lässt sich ebenso im Englischen, wenn auch leicht verzögert, für den „scientist" beobachten (Ross 1962). Allerdings blieb im deutschen Sprachgebrauch der Begriff des Gelehrten, dessen Bedeutung neben dem „Fakultätsgelehrten" immer noch den Autodidakten mit abdeckte, im 19. Jahrhundert weiterhin gebräuchlich (Pierer's Universal-Lexikon, Bd. 7, 1859: 106 f.). Neben epistemischen Tugenden wie Skeptizismus zeichnete den Wissenschaftler beziehungsweise Universitätsgelehrten seit dem 19. Jahrhundert sein Forschungsethos aus. Gemeint war zum einen die exakte und methodisch gewissenhafte Forschungsarbeit und zum anderen das immerwährende Streben nach neuer Erkenntnis (Schauz 2020: 157–162). Eine Bestimmung der gesellschaftlichen Relevanz von Wissenschaft wurde offenbar im 19. Jahrhundert nicht mehr für nötig befunden. Das Zentrum der Wissenschaft war die Universität und ihr Bildungsauftrag bedurfte keiner gesonderten Erwähnung.

Drei Bedeutungsdimensionen von Wissenschaft

Die begriffsgeschichtliche Skizze hat gezeigt, dass Wissenschaft, historisch betrachtet, zunächst für eine bestimmte Form des Wissens steht. In gewisser Weise muss ein Begriff des wissenschaftlichen Wissens vorausgesetzt werden, bevor man auf einer weiteren Abstraktionsebene – und auch im Sinne der soziologischen Beobachtung – über wissenschaftliche Praktiken („Forschung"), wissenschaftliche Akteure und Rollen („Forscherin") oder über die Wissenschaft als Institution sprechen kann. Gleichzeitig lassen sich diese verschiedenen Aspekte nicht voneinander trennen: Es gäbe kein wissenschaftliches Wissen ohne Wissenschaftler*innen, die dieses Wissen forschend erarbeiten und es gäbe keine Wissenschaftler*innen ohne vielfältige historisch gewachsene, in der modernen Gesellschaft verankerte Strukturen – man denke etwa an Lehrer/Schüler-Verhältnisse, Akademien und Universitäten, an das Publikationswesen, oder an die wissenschaftspolitische Umwelt, die der Forschung Ressourcen zu Verfügung stellt.

Vor diesem Hintergrund und in Anlehnung an verschiedene Systematisierungsversuche aus der Wissenschaftstheorie (Diemer 1970a, 1970b) und Wissenschaftssoziologie (Merton 1985 [1942]; Zuckerman 1988; Felt et al. 1995) schließen wir dieses Einleitungskapitel mit dem Vorschlag, drei Bedeutungsdimensionen von „Wissenschaft" zu differenzieren. Jede dieser Dimensionen repräsentiert einen idealtypischen, aber auch einseitigen Wissenschaftsbegriff, und man kann davon ausgehen, dass viele Bezüge auf „Wissenschaft" explizit oder implizit auf eine dieser drei Dimensionen verweisen. Zugleich sei vorweg schon festgehalten, dass die interdisziplinäre Wissenschaftsforschung alle drei Dimensionen im Blick behalten muss, wenn sie ihren Gegenstand nicht verfehlen will.

1. Wissenschaft als eine Form von Wissen
Am eingängigsten und unumstrittensten ist die Vorstellung, dass die Wissenschaft für eine besondere Form von Wissen steht. Peter Weingart beispielsweise beginnt seine Einführung in die Wissenschaftssoziologie mit der Aussage: „Wissenschaftliches Wissen nimmt gegenüber anderen Wissensarten offensichtlich eine Sonderstellung ein" (Weingart 2003: 7). Die Rede von „der" Wissenschaft geht darüber hinaus meist einher mit der Vorstellung eines systematisierten Bestandes aller bisherigen Erkenntnisse; eines „body of certified knowledge" (Zuckerman 1988: 513). Diese Gesamtheit erscheint dann aus der Perspektive verschiedener soziologischer Theorien als kulturelles Artefakt (Felt et al. 1995), als autopoietisches Netzwerk von Publikationen (Stichweh 1987) oder als Resultat diskursiver Grenzziehungen (Gieryn 1983). Dagegen erhebt die Wissenschaftstheorie den weitergehenden Anspruch, zu präzisieren, nach welchen Kriterien dies insgesamt ein kohärentes Ganzes bildet. So spricht Alwin Diemer in seinen bis heute lesenswerten Studien zur Grundlegung eines allgemeinen Wissenschaftsbegriffs von einem „propositionalen Wissenschaftsbegriff" und definiert diesen als „ein Gesamt, ein ‚System' von Sätzen mit bestimmten Charakteren" – die er dann wiederum durch sorgfältige Analyse ausbuchstabiert (Diemer 1970a: 16; siehe auch 1970b: 215–218).

   Gemeinsam ist den soziologischen und philosophischen Definitionsversuchen das Anliegen, einen in einem historischen Zusammenhang gegebenen Wissenskorpus nach bestimmten Kriterien als „wissenschaftliches Wissen" auszuweisen und festzulegen, was den Sonderstatus dieses Wissens ausmacht. Ein wichtiger Unterschied zwischen Soziologie und Philosophie besteht darin, dass die Soziologie sich dafür interessiert, wie und warum Akteure oder Beobachter jeder Art (etwa soziale Systeme) diesen Wissensvorrat als wissenschaftlich markieren, während die Philosophie diese Markierung selbst vornimmt und begründet. Wiederum aus soziologischer Perspektive erscheint die eigene Perspektive als konstruktivistisch, die philosophische dagegen als essentialistisch – prägnant etwa in der Formulierung von Thomas F. Gieryn (1995: 394): „Essentialists do boundary work; constructivists watch it get done by people in society".

2. Wissenschaft als eine besondere Praxis

Wenn nun wissenschaftliches Wissen verstanden wird als „Summe der Ergebnisse von Forschung" (Felt et al. 1995: 10) oder, etwas genauer, als „Vorrat an akkumuliertem Wissen", der durch die Anwendung „spezifischer Methoden" gewonnen wurde (Merton 1985: 87), dann verweist dies auf die zweite Bedeutungsdimension der Wissenschaft: Wissenschaft ist eine besondere Praxis und diese Praxis bringt – jeweils vorläufiges, bis auf weiteres stabilisiertes – wissenschaftliches Wissen hervor. Man ist versucht, hier zu ergänzen: Wissenschaft ist das, was Wissenschaftler*innen „tun". Doch das wäre wiederum nur halb richtig, denn Wissenschaftler*innen tun im Alltag alles Mögliche (Kaffee trinken, rauchen, flirten, kooperieren, im Internet nach neuen Erkenntnissen recherchieren usw.), ohne dass automatisch jede dieser Tätigkeiten sinnvoll der Wissenschaft zugerechnet werden könnte. Es geht also um besondere Praktiken, die man wiederum mit verschiedenen Begriffen erfassen kann – etwa „Forschung", „Beobachtung", „Reflexion" oder „Analyse" – und die auf die eine oder andere Weise auf die Produktion von Wissen ausgerichtet sind: „Science is also a set of procedures for finding things out" (Zuckerman 1988). Der Fokus auf Praktiken ist auch deshalb hilfreich, weil er alltagsnahe Definitionen von Wissenschaft ermöglicht: „Unter Wissenschaft ist aber auch die zumeist spezialisierte und oft kreative Tätigkeit zu verstehen, die von speziell ausgebildeten Personen betrieben wird" (Felt et al. 1995: 10).

Aus analytisch-philosophischer Perspektive zeigt sich dabei schnell, dass kaum eine konkrete Praxis oder Tätigkeit per se als wissenschaftlich oder nichtwissenschaftlich klassifiziert werden kann, sondern dass nur die Verbindung dieser Praktiken mit bestimmten Zielen sowie ihre Einbettung in bestimmte institutionelle Strukturen es nahelegt, sie als *Moment* der Wissenschaft zu begreifen. Kaffeetrinken oder Rauchen etwa kann ein Moment eines Forschungsprozesses sein, wenn Wissenschaftler*innen erst während einer Kaffee- oder Raucherpause die Muße haben, ein ungelöstes Problem nochmal zu durchdenken, und das Internet dient bekanntlich gleichermaßen der Ablenkung, der produktiven Recherche und der Kommunikation mit Kooperationspartnern. Auf der anderen Seite ist das Hantieren mit Pipetten und Reagenzgläsern nicht automatisch Wissenschaft, sondern kann auch der Zubereitung von Drogen, Mahlzeiten oder Kunstwerken dienen.

Wie schon beim Begriff des wissenschaftlichen Wissens kann man nun wieder beobachten, dass Soziologie und Philosophie mit einer ähnlichen Herausforderung konfrontiert sind, sie aber unterschiedlich bearbeiten. Die Soziologie neigt dazu, größere Zusammenhänge zu sehen beziehungsweise zu konstruieren (Institutionen, Systeme, Felder, Dispositive und Diskurse etc.), und kann dann relativ leicht die Vielfalt von Praktiken begreifen als das, was in diesen Zusammenhängen passiert: Für die anthropologisch positionierten Laborforscher*innen etwa ist das Gespräch der Wissenschaftler*innen in der Kaffeepause nicht weniger relevant als deren Experimente am Labortisch – beides gehört in das Setting des Labors und das

Labor repräsentiert für sie die Wissensproduktion in all ihrer Komplexität. Philosophie und Wissenschaftstheorie dagegen tun sich mit einer derart offenen Perspektive schwer. Sie verweisen dann entweder, wie Diemer, auf die Möglichkeit eines „anthropologischen Begriffs", der die Wissenschaft als eine „besondere Verhaltensweise des Menschen", mithin als einen besonderen „Habitus" konzipiert (Diemer 1970a: 16, 5) oder sie fokussieren auf die besonderen Methoden und Regeln, die das Forschungshandeln anleiten und die wiederum rational begründet und nachvollziehbar sein müssen. Im Extremfall wird Wissenschaft gleichgesetzt mit *der* wissenschaftlichen Methode und es beginnt der Streit darüber, ob es diese überhaupt gibt oder ob man es nicht vielmehr von einer Vielzahl von Methoden, Theorien und Infrastrukturen zu tun habe. Diese Vielfalt kann dann wiederum, dem Lauf der Theorieevolution folgend, mit wissenschaftssoziologischen und wissenschaftstheoretischen Metabegriffen synthetisiert werden: Man kann im Anschluss an die Klassiker von „Denkkollektiven" (Fleck 1937) oder „Paradigmen" (Kuhn 1962) sprechen, oder mit Bezug auf aktuellere Konzepte von „Experimentalsystemen" (Rheinberger 2006) oder „styles of reasoning" (Hacking 1992). Kurz: wir treffen letztlich immer auf eine Vielfalt von Praktiken, die sich in der sozialen und materiellen Realität der Forschung auf eine oft einzigartige Weise zu einem wissenschaftlichen Prozess verknüpfen.

3. Wissenschaft als Institution

Bei den bislang zitierten Autor*innen steht die dritte Dimension der Wissenschaft oft für das große Ganze und ist eben deshalb analytisch am schwierigsten zu fassen. Diemer (1970a: 16) etwa spricht von einem Kulturbegriff, der „das Gesamt des Wissenschaftsbetriebs, die Menschen, die Institutionen, die Apparate, die Forschung wie die Lehre" umfasst. Für Zuckerman (1988: 513) ist Wissenschaft in diesem Sinne zugleich ein soziales Unternehmen, eine Kultur und eine Tradition. In der Einführung von Felt et al. (1995: 10) wiederum ist von einem gesellschaftlichen „Teilbereich" die Rede, in dem ein besonders robustes Wissen erzeugt wird, das dann in anderen gesellschaftlichen Bereichen (etwa in der Wirtschaft oder in der Politik) verwendet wird. Schon diese ausgewählten Definitionen zeigen, dass die dritte Variante des Wissenschaftsbegriffs leicht in eine inklusive, aber auch diffuse Überkategorie kippt, die einfach alles enthält, was irgendwie mit Wissenschaft assoziierbar ist. Diemer beispielsweise kann aus wissenschaftstheoretischer Perspektive wenig mit einem Kulturbegriff anfangen und konzentriert seine Begriffsbildung letztlich auf den engen, propositionalen Wissenschaftsbegriff als dem „inneren Kristallisationspunkt" der beiden anderen Begriffe (Diemer 1970b: 215).

   Die Soziologie allerdings hat hier etwas mehr zu bieten. Zum einen hat das, was Felt et al. einen „Teilbereich" nennen, eine lange Tradition bei verschiedenen soziologischen Klassikern: Max Weber beschreibt die Wissenschaft als „Wertsphäre", für Niklas Luhmann ist die Wissenschaft ein „Funktionssystem", für Pierre Bourdieu ist sie

ein „soziales Feld". Alle diese Perspektiven sind an gesellschaftlichen Differenzierungs-
prozessen interessiert, die sich über Jahrhunderte (teilweise auch über Jahrtausende)
hinziehen und an deren Ende die funktional differenzierte Gesellschaft steht, deren
konstitutives Merkmal die relativ stabile Koexistenz von einer Reihe globaler, relativ
autonomer und eigenlogisch operierender Kommunikationszusammenhänge ist: Politik, Recht, Wirtschaft, Religion, Kunst, Wissenschaft, etc.[10] Zusammenfassend lässt sich
hier von einem gesellschaftstheoretischen Blick auf die Wissenschaft sprechen, der
dann beispielsweise den Vergleich verschiedener Funktionssysteme oder die besonderen Beziehungen und „strukturellen Kopplungen" zwischen diesen Systemen ermöglicht (Weingart 2001; siehe auch Kapitel 2, Kaldewey). Gemeinsam ist den meisten
Differenzierungstheorien zudem der synthetisierende Anspruch: es wird jeweils mit
den Mitteln der eigenen Theoriesprache versucht, die anderen Dimensionen des
Wissenschaftsbegriffs (Wissen und Praxis) in kohärenter Weise zusammenzuführen. Das führt zu beeindruckenden Monographien (etwa Bourdieu 1988
[1984]; Luhmann 1990), bringt aber auch die Gefahr des Theoretizismus mit
sich. Wichtig ist deshalb, jenseits der Großtheorien auch andere wissenschaftssoziologische Theorieangebote im Auge zu behalten, die jeweils auf eigene
Weise konkretisieren, inwiefern die Wissenschaft nicht nur als Wissen und als
Praxis, sondern auch als Institution begriffen werden muss.

Der wahrscheinlich wichtigste Vorschlag hierzu kommt von Robert K. Merton,
dem Begründer dessen, was später in Lehrbüchern als institutionalistische Wissenschaftssoziologie bezeichnet wurde. In seinem klassischen, ursprünglich 1942 publizierten Essay *Die normative Struktur der Wissenschaft* beschreibt Merton, dass der
mehrdeutige Begriff der Wissenschaft nicht nur für einen „Komplex spezifischer
Methoden" sowie für einen „Vorrat an akkumuliertem Wissen" steht, sondern auch
auf einen „Komplex kultureller Werte und Verhaltensmaßregeln" verweist (Merton
1985: 87). Konkret rekonstruiert Merton vier institutionelle Imperative, die zusammen das „Ethos der Wissenschaft" bilden: Universalismus, Kommunismus, Uneigennützigkeit und organisierter Skeptizismus (siehe dazu ausführlicher Kapitel 10,
Reinhart).[11] Peter Weingart, der selbst stark durch diese Tradition geprägt ist,
spricht hier treffend von einer „analytischen Verdichtung" der über einen Zeit-

---

10 Die genaue Liste sieht dann wiederum bei jedem Theoretiker etwas anders aus (vgl. Kaldewey
2015). Siehe auch Roth & Schütz (2015), die zumindest für den systemtheoretischen Diskurs halb-
ironisch vorschlagen, die Liste zu kanonisieren.
11 Bei der Interpretation dieser vier Normen und ihrer Benennungen ist der historische Kontext
mitzudenken: Merton schreibt seinen Essay im Jahr 1942 und stellt insbesondere die Frage, ob
und inwieweit die Wissenschaft auf eine demokratische Umwelt angewiesen ist oder auch in to-
talitären Systemen – konkret im nationalsozialistischen Deutschland und der Sowjetunion – erfolgreich betrieben werden kann.

raum von mehr als drei Jahrhunderten entstandenen „Regeln der Kommunikation über gesichertes Wissen" (Weingart 2001: 68, 70).[12] Die theoretische Eleganz der Mertonschen Wissenschaftssoziologie liegt darin, dass das „Institutionelle" der Wissenschaft damit sehr präzise auf die Dimension der Werte und Regeln zielt, und eben nicht auf einen diffus-inklusiven „Kulturbegriff".

In wissenschaftssoziologischen Studien allerdings finden sich auch andere Vorstellungen über die Wissenschaft als Institution beziehungsweise die institutionalisierten Strukturen der Wissenschaft. Gemeint sein können etwa (besonders wenn von Institutionen im Plural die Rede ist) ganz verschiedene Organisationen wie Universitäten, Akademien, Institute oder Fachgesellschaften, in denen Wissenschaftler*innen als Mitglieder tätig sind und die natürlich mit beeinflussen, was dann als Forschung möglich ist und was nicht (siehe dazu Kapitel 5, Hölscher & Marquardt). Gemeint sein kann aber auch das Publikationssystem, also der Komplex aus Zeitschriften, Verlagen, Herausgeber*innen und begutachtenden *Peers*, ohne den die Forschung (als Praxis) nicht in anerkanntes Wissen (in Form von Publikationen) transformiert werden könnte und ohne den kein kommunikativer Gesamtzusammenhang gegeben wäre. Gemeint sein können schließlich auch die Selbstbeschreibungen und Reflexionstheorien der Wissenschaft, die auf der Ebene der Sprache und der Diskurse überhaupt erst die Identität der „Wissenschaft" erzeugen (siehe dazu Kapitel 15, Schauz & Kaldewey).

Zusammenfassend lässt sich festhalten, dass alle drei Dimensionen des Wissenschaftsbegriffs jeweils nochmal auf eine Vielfalt differenzierter Theorieangebote verweisen. Die Unterscheidung dreier Wissenschaftsbegriffe ist also als idealtypisch zu verstehen und dient hier dazu, allzu abstrakte Definitionsübungen zu vermeiden.

Definitionen von „Wissenschaft" – eine Übung

Ein Lehrbuch der Wissenschaftsforschung muss definieren, was mit Wissenschaft gemeint ist. Zugleich sperrt sich die Komplexität des Gegenstandes gegen eine kompakte Definition, die man an den Anfang stellen könnte. Was wir unter Wissenschaft genau verstehen, verändert sich je nach disziplinärer Perspektive und theoretischen Vorannahmen. Deshalb wurde hier vorgeschlagen, analytisch drei Dimensionen (Wissen, Praxis, Institution) zu unterscheiden. Um nun zu testen, ob diese Dreiteilung hilfreich ist, bietet sich im Kontext der Lehre folgende Übung an: Man nehme eine beliebige Definition von Wissenschaft und schaue, ob und in welcher Form sich die drei Bedeutungsdimensionen in dieser Definition wiederfinden. Als Testlauf dient der erste Teil des ausführlichen Eintrages zur „Wissenschaft" aus der Brockhaus Enzyklopädie (letzte gedruckte Auflage, 2006, zu-

---

12 Die normative Struktur ist also nicht idealistisch-zeitlos gedacht, wie manche Merton-Kritiker etwa aus den STS angenommen haben.

letzt abgerufen online am 4. Oktober 2021). An dieser vielschichtigen, gründlich durchgearbeiteten, zugleich aber für den Einstieg in das Thema gerade deshalb auch sperrigen Definition fällt auf, dass tatsächlich in jedem Satz alle Dimensionen angeschnitten werden. Hier der Originaleintrag:

> [Wissenschaft:] das jeweils historisch, sozial oder sonst wie kollektiv bezogene System menschlichen Wissens, das nach je spezifischen Kriterien erhoben, gesammelt, aufbewahrt, gelehrt und tradiert wird; eine Gesamtheit von Erkenntnissen, die sich auf einen Gegenstandsbereich beziehen, nach bestimmten Regeln erworben und nach bestimmten Mustern, gegebenenfalls institutionell organisiert beziehungsweise geordnet werden und in einem intersubjektiv nachvollziehbaren Begründungszusammenhang stehen. In der für die abendländisch-westlich geprägten Gesellschaften charakteristischen Differenzierung von Wissen und Wissenschaft drückt sich eine diese Gesellschaften und deren Geschichte kennzeichnende Tendenz zur Systematisierung, zur Institutionalisierung und zur Unterscheidung von abstraktem (theoretischem) und alltagsbezogenem (praktischem) Wissen aus, die sich so in anderen kulturellen Zusammenhängen nicht unbedingt findet und die zugleich auch in den aktuellen Wissenschaftsentwicklungen erneut zur Debatte steht. Für moderne, funktional differenzierte Gesellschaften stellt Wissenschaft ein eigenes Teilsystem dar, dessen Aufgabe darin besteht, im Blick auf bestimmte Fragestellungen mithilfe rational begründ- und nachvollziehbarer Methoden empirisch prüf- und handhabbares Wissen (Wahrheit) zur Verfügung zu stellen.

Und hier der gleiche Eintrag nochmal: Die Dimension des Wissens ist fett gesetzt, die Dimension der Praxis kursiv und die institutionelle Dimension ist unterstrichen:

> [Wissenschaft:] das jeweils <u>historisch</u>, <u>sozial</u> oder sonst wie <u>kollektiv</u> bezogene **System menschlichen Wissens**, das nach je spezifischen Kriterien *erhoben, gesammelt, aufbewahrt, gelehrt* und *tradiert* wird; eine **Gesamtheit von Erkenntnissen**, die sich auf einen **Gegenstandsbereich** beziehen, nach *bestimmten Regeln* erworben und nach *bestimmten Mustern*, gegebenenfalls <u>institutionell organisiert beziehungsweise geordnet</u> werden und in einem **intersubjektiv nachvollziehbaren Begründungszusammenhang** stehen. In der für die abendländisch-westlich geprägten Gesellschaften charakteristischen *Differenzierung* von Wissen und Wissenschaft drückt sich eine diese Gesellschaften und deren Geschichte kennzeichnende Tendenz zur *Systematisierung*, zur <u>Institutionalisierung</u> und zur **Unterscheidung von abstraktem (theoretischem) und alltagsbezogenem (praktischem) Wissen** aus, die sich so in anderen kulturellen Zusammenhängen nicht unbedingt findet und die zugleich auch in den aktuellen Wissenschaftsentwicklungen erneut zur Debatte steht. Für moderne, funktional differenzierte Gesellschaften stellt Wissenschaft ein <u>eigenes Teilsystem</u> dar, dessen Aufgabe darin besteht, im Blick auf bestimmte Fragestellungen mithilfe *rational begründ- und nachvollziehbarer Methoden* **empirisch prüf- und handhabbares Wissen (Wahrheit)** zur Verfügung zu stellen.

Fazit

Das Ziel dieses einführenden Kapitels war es, im Wechselspiel von soziologischen und historischen Perspektivierungen zu erklären, dass und wie die Wissenschaft als *Beobachterin* und die Wissenschaft als *Beobachtungsgegenstand* jeweils aufeinander verweisen und insofern eine Beobachtungskonstellation bilden. Was wir als Wissenschaft in den Blick bekommen, hängt ab von unserem Beobachtungsstandpunkt, von unseren aus verschiedenen disziplinären Traditionen schöpfenden Theorien, Methoden und sonstigen Werkzeugen, sowie von impliziten und expliziten Vorannahmen über das, was Wissenschaft und Wissenschaftlichkeit ausmacht. Auch die historisch übermittelten Wissenschaftsbegriffe – ebenso wie der sedimentierte Sinn älterer Bedeutungen, der auch in scheinbar neuen Begriffen noch eingelagert ist – prägen unsere Wahrnehmungen von Wissenschaft, aber sie bestimmen sie nicht alleine.

Die Beobachtung der Wissenschaft beginnt nicht mit einer sauberen Definition, vielmehr werden in der empirischen Forschung überlieferte Definitionen laufend überarbeitet, reformuliert und gegebenenfalls auch manipuliert. Wie in jeder sozial- und kulturwissenschaftlichen Disziplin liegt auch in der Wissenschaftsforschung der Untersuchungsgegenstand nicht einfach als *natural kind* vor, sondern wird erst im Forschungsprozess als solcher konstituiert. Mehr noch, es handelt sich bei der Wissenschaft um einen besonders interessanten Fall dessen, was analytische Philosoph*innen ein *interactive kind* im Unterschied zu einem *natural kind* nennen (Hacking 1999: 32): Denn es ist nicht nur so, dass hier, wie in den Sozial- und Kulturwissenschaften üblich, die Forschungsgegenstände – etwa Menschen, Gemeinschaften, Gesellschaften oder allgemeiner, soziale und kommunikative Strukturen – reagieren können, wenn sie von der Wissenschaft auf eine bestimmte Weise untersucht, beschrieben, kategorisiert und vielleicht auch implizit bewertet werden. Im Falle der Wissenschaftsforschung ist der Gegenstand mit einer zusätzlichen interaktiven Schlaufe mit seinen eigenen Beobachter*innen verknüpft: Jede*r Wissenschaftsforscher*in forscht immer auch über sich selbst und ist deshalb in besonderer Weise zur Reflexivität verurteilt (Bourdieu 2004).

Die Hervorhebung der Reflexivitätsproblematik birgt jedoch auch die Gefahr, den Fokus der Wissenschaftsforschung allzu sehr auf das Innenleben der Wissenschaft zu richten. Auch die vorgeschlagene Unterscheidung von drei Bedeutungsdimensionen des Wissenschaftsbegriffs blickt wesentlich nach innen: Analysen des Wissens, der Praktiken und der Institutionen der Wissenschaft suchen jeweils zunächst die innere Logik und die Eigenstrukturen des Gegenstandes zu erfassen. Entsprechend muss diese Innenperspektive – die auch in Zukunft für das Alltagsgeschäft der Wissenschaftsforschung unabdingbar sein wird – immer wieder ergänzt werden durch eine Außenperspektive, die sich dafür interessiert, wie die Wissenschaft in ihre gesellschaftliche Umwelt eingebettet ist und zugleich in diese Umwelt ausgreift; ebenso wie sie auch mit ihrer natürlichen Umwelt interagiert – man denke nur an die Rolle der Wissenschaft im sogenannten Anthropozän (Lewis & Maslin 2015). Ein solch komplementärer Fokus zielt darauf, die vielfältigen Konstellationen zwischen Wissenschaft und Gesellschaft zu rekonstruieren. Dabei wird die Wissenschaft gewissermaßen von ihren Grenzen her gedacht, sodass komplexe Schnittflächen, strukturelle Kopplungen und hybride Strukturen in den Blick kommen. Man kann hier von einer vierten Dimension sprechen, die es neben den oben skizzierten drei Dimensionen zu berücksichtigen gilt, die aber nicht nur additiv hinzugefügt wird, sondern die die anderen drei Dimensionen überhaupt erst zu einer Einheit synthetisiert.[13]

Die Verbindung von Innen- und Außenperspektive ist die besondere Herausforderung der sozialwissenschaftlichen Wissenschaftsforschung, und nicht zuletzt die Soziologie ist hier theoretisch-konzeptionell herausgefordert. In den Kapiteln des vorliegenden Lehrbuchs wird immer wieder zwischen Innen- und Außenperspektiven gewechselt, mal steht die eine, mal die andere im Vordergrund. Die nächsten beiden Kapitel allerdings betonen die Außenperspektive und stehen damit komplementär zu diesem Einleitungskapitel, welches stärker auf die Innenperspektive ausgerichtet war: Kapitel 2 wird zunächst vertiefen, was es bedeutet, Wissenschaft nicht als unabhängigen Gegenstand von ihrer Umwelt zu isolieren, sondern von vielfältigen Konstellationen zwischen Wissenschaft und Gesellschaft auszugehen. Kapitel 3 wird geschlechterbezogene Fragen behandeln und aufzeigen, wie fundamental dabei die Strukturen der Wissenschaft mit den Strukturen der Gesellschaft gekoppelt sind. Wenn Geschlechterforschung und Wissenschaftsforschung zusammengedacht werden, zeigt sich beispielhaft, dass sich viele Strukturen nicht nach dem alten Schema von Internalismus und Externalismus entweder der „autonomen" Eigenlogik der Wissenschaft oder der „fremden" Logik der Gesellschaft zurechnen lassen: Man bekommt die Wissenschaft immer nur im Paket mit der Gesellschaft.

Empfehlungen für Seminarlektüren

(1) Um ein Gefühl dafür zu bekommen, wie sich die traditionell dafür zuständige Wissenschaftstheorie um eine Klärung des Wissenschaftsbegriffs bemüht, empfiehlt sich die schon ältere, aber prägnante und präzise Studie „Der Wis-

---

13 Mit Reinhard Brandt, der in der Formel „1,2,3/4" ein besonderes Ordnungsprinzip der europäischen Kulturgeschichte sieht, kann man hier ein sehr allgemeines Muster erkennen: „Dieses Muster hat die simple Form einer in sich abgeschlossenen Dreiheit von Elementen, zu denen eine vierte Größe hinzutritt; die Trias also ist vollständig, sie bedarf jedoch einer weiteren Komponente, sei es nun als ihres Fundaments, sei es als ihrer Verknüpfung mit der Wirklichkeit, als eines Impulses der Bewegung oder aus einem anderen Grund." (Brandt 1998: 15).

senschaftsbegriff in historischem und systematischem Zusammenhang" von Alwin Diemer (1970a).

(2) Nicht nur für Soziolog*innen ist Max Webers berühmter Vortrag „Wissenschaft als Beruf" (1968 [1919]) eine Pflichtlektüre. Der Text kann als früher wissenschaftssoziologischer Beitrag gelesen werden, weil er die Rolle des Wissenschaftlers (und der Wissenschaftlerin, auf die Weber allerdings noch nicht eingeht) soziologisch betrachtet, zugleich aber auch als hochschulpolitischer Beitrag, weil die beschriebene Problematik der schwer planbaren individuellen Karrieren von Wissenschaftler*innen bis heute nichts von ihrer Aktualität eingebüßt hat.

(3) Robert K. Mertons während des zweiten Weltkriegs verfasster Essay über „Die normative Struktur der Wissenschaft" (1985 [1942]) definiert die Autonomie der Wissenschaft über ein konkretes Set von Werten, die für alle Wissenschaftler*innen als bindend erachtet werden. Gerade weil man über den genauen Zuschnitt und die Universalität dieser Werte streiten kann, eignet sich der Text als Diskussionsgrundlage für die Frage, was die Praxis der Wissenschaft von sonstigen gesellschaftlichen Praktiken unterscheidet.

(4) In einer unter dem Titel *Science of Science and Reflexivity* publizierten Vorlesung am Collège de France blickt der späte Pierre Bourdieu (2004) auf die Entwicklung der Wissenschaftssoziologie und die darin verhandelten epistemologischen Grundprobleme zurück. Insbesondere theoretisiert er wie kaum ein anderer das in der (Selbst-)Beobachtung der Wissenschaft liegende Problem der Reflexivität. Als Problemaufriss, der zugleich eine konzeptionelle Schneise in die Geschichte der STS schlägt, empfiehlt sich das erste Kapitel (S. 4–31).

(5) Ben Martin, Paul Nightingale und Alfredo Yegros-Yegros haben mit dem Aufsatz „Science and Technology Studies. Exploring the Knowledge Base" (2012) eine instruktive Untersuchung des Feldes der Wissenschaftsforschung (genauer: der STS) mit Mitteln der Wissenschaftsforschung (genauer: der Bibliometrie) vorgelegt. Der Text eignet sich, um aus einer Vogelperspektive einen Einblick in die interdisziplinäre und deshalb teils fragmentierte internationale Publikationslandschaft der Wissenschaftsforschung zu erhalten.

Literatur

Agassi, J., 1981: *Science and Society. Studies in the Sociology of Science*. (Boston Studies in the Philosophy of Science; 65). Dordrecht: Reidel.

Bernal, J. D., 1939: *The Social Function of Science*. London: Routledge.

Bourdieu, P., 1988 [1984]: *Homo Academicus*. Übersetzt von Bernd Schwibs. Frankfurt am Main: Suhrkamp.
Bourdieu, P., 2004: *Science of Science and Reflexivity*. Cambridge: Polity Press.
Brandt, R., 1998: *D'Artagnan und die Urteilstafel. Über ein Ordnungsprinzip der europäischen Kulturgeschichte (1, 2, 3 / 4)*. Überarbeitete Neuausgabe. München: dtv.
Bumann, W., 1970: Der Begriff der Wissenschaft im deutschen Sprach- und Denkraum. In: Diemer, A. (Hrsg.), *Der Wissenschaftsbegriff. Historische und systematische Untersuchungen. Vorträge und Diskussionen im April 1968 in Düsseldorf und im Oktober 1968 in Fulda*. Meisenheim am Glan: Hain, S. 64–75.
Collins, H. M., 1983: The Sociology of Scientific Knowledge. *Annual Review of Sociology* 9: 265–285.
Daston, L., 2009: Science Studies and the History of Science. *Critical Inquiry* 35: 798–813.
Diemer, A., 1970a: Der Wissenschaftsbegriff in historischem und systematischem Zusammenhang. In: Diemer, A. (Hrsg.), *Der Wissenschaftsbegriff. Historische und systematische Untersuchungen. Vorträge und Diskussionen im April 1968 in Düsseldorf und im Oktober 1968 in Fulda*. Meisenheim am Glan: Hain, S. 3–20.
Diemer, A., 1970b: Zur Grundlegung eines allgemeinen Wissenschaftsbegriffs. *Zeitschrift für allgemeine Wissenschaftstheorie* 1: 209–227.
Diemer, A., 1976: Die Szientometrie – ihr Anliegen und ihre Probleme. In: Nacke, O. (Hrsg.), *Scientometrie und Bibliometrie in Planung und Forschung*. Bielefeld, S. 20–51.
Du Bois-Reymond, E., 1872: *Über die Grenzen des Naturerkennens*. Leipzig: Veit & Co.
Felt, U., H. Nowotny & K. Taschwer, 1995: *Wissenschaftsforschung. Eine Einführung*. Frankfurt, New York: Campus.
Fichte, J. G., 1794: *Ueber den Begriff der Wissenschaftslehre oder der sogenannten Philosophie: als Einladungsschrift zu seinen Vorlesungen über diese Wissenschaft*. Weimar: Industrie-Comptoir.
Fleck, L., 1937: *Entstehung und Entwicklung einer wissenschaftlichen Tatsache*. Basel: Benno Schwabe & Co.
Forge, J., 2008: *The Responsible Scientist. A Philosophical Inquiry*. Pittsburgh, KS: University of Pittsburgh Press.
Forman, P., 2007: The Primacy of Science in Modernity, of Technology in Postmodernity, and of Ideology in the History of Technology. *History and Technology* 23: 1–152.
Fuller, S., 2007: *New Frontiers in Science and Technology Studies*. Cambridge: Polity Press.
Garfield, E., 1955: Citation Indexes for Science. A New Dimension in Documentation through Association of Ideas. *Science* 122: 108–111.
Gibbons, M., C. Limoges, H. Nowotny, S. Schwartzman, P. Scott & M. Trow, 1994: *The New Production of Knowledge. The Dynamics of Science and Research in Contemporary Societies*. London: Sage.
Gieryn, T. F., 1983: Boundary-Work and the Demarcation of Science from Non-Science. Strains and Interests in Professional Ideologies of Scientists. *American Sociological Review* 48: 781–795.
Gieryn, T. F., 1995: Boundaries of Science. In: Jasanoff, S. et al. (Hrsg.), *Handbook of Science and Technology Studies*. Thousand Oaks, CA: Sage, S. 393–443.
Hacking, I., 1992: 'Style' for Historians and Philosophers. *Studies in History and Philosophy of Science Part A* 23: 1–20.
Hacking, I., 1999: *The Social Construction of What?* Cambridge, MA: Harvard University Press.
Hamann, J. et al., 2018: Aktuelle Herausforderungen der Wissenschafts- und Hochschulforschung. Eine kollektive Standortbestimmung. *Soziologie* 47: 187–203.
Harnack, A. v., 2001 [1905]: Vom Großbetrieb der Wissenschaft. In: ders., *Wissenschaftspolitische Reden und Aufsätze*. Hildesheim, Zürich, New York: Olms-Weidmann, S. 3–9.
Helmholtz, H. v., 1855: *Über das Sehen des Menschen. Ein populärwissenschaftlicher Vortrag*. Leipzig: Leopold Voss.

Jasanoff, S. (Hrsg.), 2004: *States of Knowledge. The Co-Production of Science and Social Order*. London, New York: Routledge.

Kaldewey, D., 2013: *Wahrheit und Nützlichkeit. Selbstbeschreibungen der Wissenschaft zwischen Autonomie und gesellschaftlicher Relevanz*. Bielefeld: transcript.

Kaldewey, D., 2015: Tacit Knowledge in a Differentiated Society. In: Adloff, F., K. Gerund & D. Kaldewey (Hrsg.), *Revealing Tacit Knowledge. Embodiment and Explication*. Bielefeld: transcript, S. 87–112.

Kant, I., 1786: *Metaphysische Anfangsgründe der Naturwissenschaft*. Riga: Friedrich Hartknoch.

Knorr Cetina, K., 1981: *The Manufacture of Knowledge. An Essay on the Constructivist and Contextual Nature of Science*. Oxford: Pergamon Press.

Kosmützky, A. & G. Krücken, 2021: Science and Higher Education. In: Hollstein, B. et al. (Hrsg.), *Soziologie – Sociology in the German-Speaking World*. (Special Issue, Soziologische Revue). Berlin: de Gruyter, S. 345–359.

Kuhn, T. S., 1962: *The Structure of Scientific Revolutions*. Chicago, IL: University of Chicago Press.

Latour, B., 1987: *Science in Action. How to Follow Scientists and Engineers through Society*. Cambridge, MA: Harvard University Press.

Lewis, S. L. & M. A. Maslin, 2015: Defining the Anthropocene. *Nature* 519: 171–180.

Luhmann, N., 1990: *Die Wissenschaft der Gesellschaft*. Frankfurt am Main: Suhrkamp.

Mayr, O., 1976: The Science-Technology Relationship as a Historiographic Problem. *Technology and Culture* 17: 663–673.

Meier-Oeser, S., 2004: Art. ‚Wissenschaft' I. In: Ritter, J., K. Gründer & G. Gabriel (Hrsg.), *Historisches Wörterbuch der Philosophie*. Band 12. Basel, Darmstadt: Schwabe, S. 902–915.

Merton, R. K., 1985 [1942]: Die normative Struktur der Wissenschaft. In: *Entwicklung und Wandel von Forschungsinteressen. Aufsätze zur Wissenschaftssoziologie*. Frankfurt am Main: Suhrkamp, S. 86–99.

Meyer, A., 2012: Zwei Sprachen – zwei Kulturen? Englische und deutsche Begriffe von Wissenschaft im 18. Jahrhundert. *Jahrbuch für Europäische Wissenschaftskultur* 7: 107–137.

Nye, M. J., 2011: *Michael Polanyi and his Generation. Origins of the Social Construction of Science*. Chicago, IL: University of Chicago Press.

Ostwald, W., 1911: *Die Forderung des Tages*. Leipzig: Akademische Verlagsgesellschaft.

Paletschek, S., 2011: Stand und Perspektiven der neueren Universitätsgeschichte. *N.T.M.* 19: 169–189.

Pickering, A. (Hrsg.), 1992: *Science as Practice and Culture*. Chicago, IL: University of Chicago Press.

Pleßner, H., 1924: Zur Soziologie der modernen Forschung und ihrer Organisation in der deutschen Universität. In: Scheler, M. (Hg.): *Versuche zu einer Soziologie des Wissens*. München, S. 407–425.

Polanyi, M., 1966: *The Tacit Dimension*. Garden City, NY: Doubleday.

Price, D. d. S. (1963): *Little Science, Big Science*. New York, NY: Columbia University Press.

Rheinberger, H.-J., 2006: *Experimentalsysteme und epistemische Dinge. Eine Geschichte der Proteinsynthese im Reagenzglas*. Frankfurt am Main: Suhrkamp.

Ross, S., 1962: Scientist. The Story of a Word. *Annals of Science* 18: 65–85.

Roth, S. & A. Schütz, 2015: Ten Systems. Toward a Canon of Function Systems. *Cybernetics and Human Knowing* 22: 11–31.

Schauz, D., 2020: *Nützlichkeit und Erkenntnisfortschritt. Eine Geschichte des modernen Wissenschaftsverständnisses*. Göttingen: Wallstein.

Schimank, U., 1995: Für eine Erneuerung der institutionalistischen Wissenschaftssoziologie. *Zeitschrift für Soziologie* 24: 42–57.

Shapin, S., 1992: Discipline and Bounding: The History and Sociology of Science as Seen through the Externalism-Internalism Debate. *History of Science* 30: 333–369.

Shapin, S., 1996: *The Scientific Revolution*. Chicago, London: University of Chicago Press.

Sismondo, S., 2008: Science and Technology Studies and an Engaged Program. In: Hackett, E. J. et al. (Hrsg.), *The Handbook of Science and Technology Studies*. Third Edition. Cambridge, MA: MIT Press, S. 13–31.

Stichweh, R., 1987: Die Autopoiesis der Wissenschaft. In: *Theorie als Passion. Niklas Luhmann zum 60. Geburtstag*. Frankfurt am Main: Suhrkamp, S. 447–481.

Stichweh, R., 2003: Genese des globalen Wissenschaftssystems. *Soziale Systeme* 9: 3–26.

Stichweh, R., 2007: Einheit und Differenz im Wissenschaftssystem der Moderne. In: Halfmann, J. & J. Rohbeck (Hrsg.), *Zwei Kulturen der Wissenschaft – revisited*. Weilerswist: Velbrück, S. 213–228.

Stichweh, R., 2013: Differenzierung von Wissenschaft und Politik. Wissenschaftspolitik im 19. und 20. Jahrhundert. In: Ders., *Wissenschaft, Universität, Professionen. Soziologische Analysen*. Neuauflage. Bielefeld: transcript, S. 135–150.

Weber, A., 1923: *Die Not der geistigen Arbeiter*. München, Leipzig: Duncker & Humblot.

Weber, M., 1968 [1919]: *Wissenschaft als Beruf*. In: Ders., *Gesammelte Aufsätze zur Wissenschaftslehre*. 3., erw. und verb. Aufl. Tübingen: Mohr, S. 582–613.

Weingart, P., 2001: *Die Stunde der Wahrheit? Zum Verhältnis der Wissenschaft zu Politik, Wirtschaft und Medien in der Wissensgesellschaft*. Weilerswist: Velbrück.

Weingart, P., 2003: *Wissenschaftssoziologie*. Bielefeld: transcript.

Wissenschaftsrat, 2014: *Institutionelle Perspektiven der empirischen Wissenschafts- und Hochschulforschung in Deutschland*. (Positionspapier). Köln.

Weingart, P. & N. C. Taubert, 2016: *Wissenschaftliches Publizieren: Zwischen Digitalisierung, Leistungsmessung, Ökonomisierung und medialer Beobachtung*. Berlin: de Gruyter.

Wouters, P., 1999: *The Citation Culture*. (Academisch Proefschrift). Amsterdam: Universiteit van Amsterdam.

Ziman, J., 2000: *Real Science. What it is, and what it means*. Cambridge: Cambridge University Press.

Zuckerman, H., 1988: The Sociology of Science. In: Smelser, N. J. (Hrsg.), *Handbook of Sociology*. Newbury Park, CA: Sage, S. 511–574.

David Kaldewey

2 Wissenschaft und Gesellschaft

Die alltagssprachlich gängige Gegenüberstellung von „Wissenschaft" und „Gesell-schaft", die in Praxiskontexten verbreitete Skepsis gegenüber theoretischem Wis-sen oder auch das meist in kritischem Gestus vorgetragene Bild des Elfenbeinturms verweisen auf ein altes und wirkmächtiges Deutungsmuster, demzufolge Wissen-schaft irgendwie „außerhalb" der Gesellschaft stattfinde. Wenden wir uns dagegen an die empirische Wissenschaftsforschung, dann wird schnell deutlich, dass dieses isolationistische Wissenschaftsbild wenig mit der Realität zu tun hat. Vielmehr, so kann man den seit den 1970er Jahren konsolidierten sozialwissenschaftlichen Kon-sens zusammenfassen, lässt sich über Wissenschaft überhaupt nur sinnvoll spre-chen, wenn man sie als in gesellschaftliche Strukturen eingebettet begreift – wobei durchaus umstritten ist, wie sich diese Einbettung dann angemessen beschreiben lässt. Paradoxerweise ist die Vorstellung einer von der Gesellschaft getrennten Wissenschaft dennoch bis heute prägend geblieben für die Art und Weise, wie das Verhältnis der Wissenschaft zu ihrer gesellschaftlichen Umwelt konzipiert und operationalisiert wird. Bemerkenswert ist hierbei, dass das isolationistische Deu-tungsmuster nicht bloß die öffentliche Kommunikation über Wissenschaft sowie das Wissenschaftsverständnis von „Laien" prägt, sondern implizit vielen, insbe-sondere sozialwissenschaftlichen, Forschungsprojekten zu Grunde liegt. Nicht zu-letzt prägt dieses Bild die Außenwahrnehmung der Wissenschaft, etwa durch die Wissenschafts- und Hochschulpolitik.

Damit liegt es auf der Hand, dass eine solche Wahrnehmung, unabhängig von ihrem Realitätsgehalt, praktische Konsequenzen hat. Oder, in der klassischen Formu-lierung des Thomas-Theorems: „If men define situations as real, they are real in their consequences" (Thomas & Thomas 1928: 572). Wenn beispielsweise einflussreiche Ak-teure glauben, eine autonom operierende Wissenschaft produziere kein oder zu wenig gesellschaftlich relevantes Wissen (siehe auch Kapitel 11, Hamann & Schubert), dann liegt es für diese nahe, bestimmte Maßnahmen zu ergreifen und beispielsweise mittels zweckgebundener Förderprogramme den gesellschaftlichen „Außendruck" auf die Wissenschaft zu erhöhen (Schimank 2011: 266; siehe dazu auch Kaldewey 2013a: 18). Die Vorstellungen, die wir uns von der Wissenschaft und ihrem Verhältnis zur Gesellschaft machen, sind also nicht nur von theoretischem Interesse, sondern

---

Anmerkung: Verschiedene Vorarbeiten zu diesem Kapitel sind als Working Paper zirkuliert worden (Kaldewey 2013b; Kaldewey et al. 2015). Der Beitrag versteht sich zudem als Versuch, meine Publika-tionen zum Verhältnis von Autonomie und Responsivität konzeptionell zusammenzuführen (Kal-dewey 2013a, 2014, 2015).

https://doi.org/10.1515/9783110713800-002

betreffen und verändern den Gegenstand selbst. Die Wissenschaft reagiert ihrerseits auf Erwartungen und Ereignisse in ihrer Umwelt, etwa indem sie zu bestimmten, gesellschaftlich relevanten Themen forscht, oder indem sie mittels intensivierter Wissenschaftskommunikation Einfluss auf das Bild der Wissenschaft in der Öffentlichkeit nimmt (siehe auch Kapitel 12, Wormer). Die Wissenschaft ist, mit anderen Worten, ein *interactive kind*, sie reagiert darauf, wie sie beobachtet, beschrieben und kategorisiert wird (siehe auch Kapitel 1, Kaldewey & Schauz).

Wie kann die Wissenschaftsforschung mit dieser Interaktivität umgehen? Im Rückblick auf die Entwicklung des Forschungsfeldes fällt zunächst auf, mit wie viel Energie seit den 1960er Jahren gegen die Idee einer „reinen" oder „autonomen" Wissenschaft vorgegangen wurde und wie klassische Vorstellungen von Objektivität, Wertneutralität und letztlich auch Wahrheit dekonstruiert oder zumindest relativiert wurden.[1] Insbesondere die sozialkonstruktivistische Wissenschaftssoziologie hob die vielfältigen außerwissenschaftlichen Interessen, Motive und Werte hervor, von denen Wissenschaftler*innen in ihrer alltäglichen Arbeit geleitet sind. Wissenschaft, so hieß es nun, sei auch nur „Politik mit anderen Mitteln".[2] In einem nächsten Schritt und vor dem Hintergrund der Erkenntnisse der ethnographischen Laborstudien (siehe auch Kapitel 7, Groß) wurde konsequenterweise vorgeschlagen, die Unterscheidung von Wissenschaft und anderen gesellschaftlichen Bereichen aufzugeben. Karin Knorr Cetina etwa konstatierte in Anlehnung an Richard Rorty, dass es keine „interessante epistemologische Differenz" zwischen den Verfahrensweisen der Wissenschaft und denen anderer institutioneller Bereiche gebe (1992: 408). Auch im Rahmen der Debatten um einen neuen Modus der Wissensproduktion wurde eine Entdifferenzierung von Wissenschaft und Gesellschaft diagnostiziert (Gibbons et al. 1994; Nowotny et al. 2001) und für die Akteur-Netzwerk-Theorie erschien die Unterscheidung von Wissenschaft und Gesellschaft nur noch als eine von vielen ideologischen Dichotomien der Moderne, die es zu überwinden galt (Latour 1995 [1991], 2005).

Diese Ansätze, die hier – ohne Anspruch auf Vollständigkeit – beispielhaft für die vielfältigen Strömungen der Wissenschaftsforschung stehen, treffen sich in einer berechtigten Kritik am Bild einer der Gesellschaft enthobenen Wissenschaft. Der anfangs originelle Gestus der Entlarvung hat sich über die Jahrzehnte jedoch

---

1 Als Ziel der Kritik fungiert bis heute gerne Mertons Konzept einer die Autonomie der Wissenschaft legitimierenden „normativen Struktur" und eines für alle Wissenschaftler verbindlichen „Ethos" (siehe auch Kapitel 1, Kaldewey & Schauz; Kapitel 10, Reinhart). In den STS hat sich das Merton-Bashing zu einem Ritual verselbständigt, dessen Funktion erst noch genauer untersucht werden müsste.

2 Die Clausewitz-Analogie geht auf Bruno Latour zurück; für genauere Quellenangaben und die verschiedenen Bedeutungen, in denen sie verwendet wird, siehe Brown (2015: 11).

abgenutzt: In der Zwischenzeit muss man sich fragen, ob nicht das Kind mit dem Bade ausgeschüttet wurde. So falsch die Vorstellung einer von der Gesellschaft losgelösten „reinen Wissenschaft" sein mag, so wenig hilft es weiter, umgekehrt die Möglichkeit eines ausdifferenzierten gesellschaftlichen Raumes zu bestreiten, in dem eine spezifische Handlungsrationalität und eine komplexe Semantik reproduziert werden, die man mit guten Gründen als wissenschaftlich charakterisieren und von anderen Handlungs- und Kommunikationsformen unterscheiden kann (Krohn & Küppers 1989; Luhmann 1990; Stichweh 1994; Kaldewey 2013a). Vor allem aber ignorieren die Entdifferenzierungsdiagnosen die kommunikative Relevanz von Deutungsmustern und Leitunterscheidungen, die sich eben nicht kraft besseren Wissens von der Kanzel aus „widerlegen" lassen: Denn die Art und Weise, wie das Verhältnis von Wissenschaft und Gesellschaft in verschiedenen (wissenschaftlichen und nicht-wissenschaftlichen) Kontexten konzipiert wird, ist, als Semantik, ein unabdingbares, oft auch konstitutives Moment sozialer Realität.

Das hier anklingende Dilemma verweist auf ein elementares methodologisches Problem der Wissenschaftsforschung: Wie forscht man über das Verhältnis von Wissenschaft und Gesellschaft, ohne die eine oder die andere Seite der Unterscheidung zu reifizieren? Wie vermeidet man einerseits das idealistische Bild einer von gesellschaftlichen Zwängen losgelösten, freischwebenden und einer eigenen Fortschrittsdynamik unterliegenden wissenschaftlichen Rationalität, andererseits die umgekehrte Verabsolutierung des gesellschaftlichen Kontextes, etwa des ökonomischen Unterbaus im Sinne des historischen Materialismus, oder von Kategorien wie Interesse, Macht, Politik, die dann keinen Raum mehr lassen für die Eigenlogik wissenschaftlicher Forschung? In der Wissenschaftsgeschichte sind diese beiden Alternativen mit den Stichworten „Internalismus" und „Externalismus" benannt, abgehandelt und schließlich selbst wieder historisiert worden (Shapin 1992; Galison 2008: 112 f.; siehe auch Kapitel 1, Kaldewey & Schauz).

Das Kapitel beginnt mit einem Rückblick auf einige klassische Modelle und Metaphern, die in der Wissenschaftsforschung verwendet wurden und werden, um das Verhältnis von Wissenschaft und Gesellschaft irgendwie „auf den Punkt" zu bringen. Es wird gezeigt, dass der Anwendungsbereich solcher Modelle begrenzt ist, da sie der Vielfalt und Komplexität der in der empirischen Forschung sichtbar werdenden Schnittstellen, Grenzzonen und Interaktionsbereiche nicht gerecht werden. Stattdessen wird vorgeschlagen, konkretere Konstellationen zu betrachten, in denen Wissenschaft und Gesellschaft „aufeinandertreffen". In drei Unterkapiteln werden drei solcher Konstellationen skizziert: Erstens die grundlegende Möglichkeitsbedingung von praxisentlasteter Wissenschaft, wie sie Pierre Bourdieu mit dem Begriff der *scholé* erfasst; zweitens die Universität als strukturelle Kopplung von Wissenschaft und Gesellschaft; und drittens das Geflecht von Wissenschaft, Politik und Demokratie. In einem Zwischenfazit wird erläutert, dass damit die Liste der für die Wissenschaftsforschung relevanten Konstellationen keineswegs abgeschlossen ist und es deshalb immer auch darum geht, ein Bewusstsein von der Vielfalt dieser Konstellationen zu entwickeln. Das Kapitel schließt mit einem wieder eher analytischen Teil, der vorschlägt, die Beziehung der Wissenschaft zu ihren verschiedenen Umwelten mit dem aus der Phänomenologie entlehnten Begriff der Responsivität zu beschreiben.

Modelle und Metaphern des Verhältnisses von Wissenschaft und Gesellschaft

Das Verhältnis von Wissenschaft und Gesellschaft sowie die Frage, ob und wie die Wissenschaft auf gesellschaftliche Problemlagen reagiert, wird in der Wissenschaftsforschung mit unterschiedlichen Modellen und Metaphern beschrieben. Konzentrieren wir uns zunächst auf die Modelle. Diese sind meist durch spezifische Erkenntnisinteressen und Vorannahmen geprägt, sowie aus forschungspraktischen Gründen selektiv auf bestimmte Aspekte und Phänomene hin ausgerichtet. Entsprechend sollten diese Modelle selbst als historische begriffen und wissenssoziologisch kontextualisiert werden. Nehmen wir als erstes Beispiel das sogenannte „lineare Innovationsmodell" (siehe dazu auch Kapitel 8, Böschen; Kapitel 15, Schauz & Kaldewey). Dieses im Verlauf des 20. Jahrhundert entwickelte und die Wissenschaftspolitik der westlichen Staaten vor allem seit den 1950er Jahren prägende Modell geht, vereinfacht gesagt, davon aus, dass zunächst in der Grundlagenforschung neues Wissen produziert wird, welches schrittweise in Praxis- und Anwendungskontexte und schließlich in technische (oder auch soziale) Innovationen übersetzt wird, um dann am Ende den wirtschaftlichen und gesamtgesellschaftlichen Fortschritt anzutreiben. Die Innovationsforschung und Wissenschaftsforschung hat seit den 1990er Jahren immer wieder darauf hingewiesen, dass das Modell für einen einseitigen Wissenstransfer steht, der den viel komplexeren Innovationsprozessen, in denen vielfach Anregungen und relevante Entwicklungen auch aus der Praxis kommen und in die Wissenschaft zurückwirken, nicht gerecht wird (Rosenberg 1991; Stokes 1997; Pielke & Byerly 1998).

Wie zeigt sich das lineare Modell in wissenschaftspolitischen Dokumenten?
Eines von vielen Beispielen dafür, dass das lineare Modell auch im 21. Jahrhundert noch als ein zentraler Mechanismus der Wissenschaftspolitik fungiert, obwohl die Forschung seit Jahrzehnten darauf hinweist, das Modell sei „tot" (so z. B. Rosenberg 1991), ist die von der Bundesregierung seit 2006 regelmäßig neu aufgelegte „Hightech-Strategie". So liest man in der Version aus dem Jahr 2010 unter der Überschrift „Vom Wissen zum Produkt":

> Die Generierung neuen Wissens steht am Anfang aller Innovationen. Diese können nur gelingen, wenn wissenschaftliche Erkenntnisse schnell und effizient wirtschaftlich verwertet werden. Daher wird die Bundesregierung [...] den Wissens- und Technologietransfer verstärken. Forschungsergebnisse können so schneller in Innovationen am Markt und in die Gesellschaft überführt und für Endanwenderinnen und Endanwender nutzbar gemacht werden. (BMBF 2010: 10)

Aktuell arbeitet das BMBF an der Nachfolgestrategie unter dem Titel „Zukunftsstrategie Forschung und Innovation". Der vorliegende Entwurf zeigt, dass sich am linearen Deutungsmuster und der entsprechend wahrgenommenen Notwendigkeit von mehr „Transfer" nichts geändert hat:

> Grundlagenforschung und anwendungsorientierte Forschung sind dabei kein Widerspruch, denn angewandte Forschung und Innovation werden ermöglicht und befördert durch erkenntnisorientierte Forschung. [...] wir wollen Transfer massiv stärken – damit Forschungsergebnisse zu Innovationen werden und Wohlstand und Lebensqualität in Deutschland langfristig gesichert wird. (BMBF 2022: 7)

Man wird in vielen wissenschaftspolitischen Dokumenten immer wieder auf diese Denkfiguren stoßen. Zugleich gilt es natürlich, auch den Wandel dieser Beschreibungen nachzuvollziehen, also etwa zu verstehen, ob und wie sich die Vorstellungen von „Transfer" mit der Zeit und kontextabhängig verändern.

Nach vielfältigen Kritiken an der analytischen Brauchbarkeit solcher linearen Modelle gehört es seit den 1990er Jahren zum guten Ton einer engagierten Wissenschaftsforschung, neue und vermeintlich angemessenere Modelle des Verhältnisses von Wissenschaft und Gesellschaft zu entwickeln. Einige vielzitierte Bücher und Aufsätze verwenden zu diesem Zweck zeitdiagnostische Narrative und konstruieren unsere Gegenwart, in der Wissenschaft und Gesellschaft auf komplexe Weise interagieren, in Abgrenzung zu einer schematischen Vergangenheit, in der sich die Wissenschaft vermeintlich klarer von ihrer Umwelt abgegrenzt hatte.[3] Die Rede ist dann beispielsweise von einem „mode 2" der Wissensproduktion (Gibbons et al. 1994), von „post-normal science" (Funtowicz & Ravetz 1993) oder von „post-academic science" (Ziman 2000).[4] Seit den 2000er und verstärkt seit den 2010er Jahren kann man beobachten, wie die deskriptiv gerahmten, aber dennoch nicht selten *implizit normativen* zeitdiagnostischen Argumentationen durch *explizit normative* Modelle

---

3 Die Argumentationslogik solcher Zeitdiagnosen ist aus soziologischer Perspektive von Osrecki (2011) gut herausgearbeitet worden. Aus Sicht der Wissenschaftsforschung ist das Phänomen als „Epochal Break Thesis" analysiert und kritisch kontextualisiert worden (Nordmann et al. 2011).
4 Um den Einfluss dieser Werke auf die Theoriedebatte der Wissenschaftsforschung zu illustrieren, kann man die Zitationszahlen auf Google Scholar betrachten (hier Stand 22.12.2022): Auf Gibbons et al. (1994) fallen 21.659 Zitate, auf das Nachfolgebuch von Nowotny et al. (2001) 8.071 Zitate. Der Aufsatz von Funtowicz & Ravetz (1993) hat 6.009 Zitate gesammelt, das Buch von Ziman (2000) immerhin 2.603 Zitate.

ersetzt wurden, die weniger betonten, dass sich die Rolle der Wissenschaft geändert *habe*, sondern dass sie sich ändern *solle*, etwa indem stärker auf gesellschaftliche Bedürfnisse, demokratische Partizipation, ethische Aspekte, oder auch Fragen der Nachhaltigkeit und sonstiger übergeordneter Werte geachtet wird. So wurde in der Wissenschaftsphilosophie gefordert, die Wissenschaft stärker demokratisch einzuhegen und ihre Forschungsagenda mit den gesellschaftlichen Bedürfnissen abzustimmen (Kitcher 2011). In der sozialwissenschaftlichen Wissenschaftsforschung dagegen hat ein Konzept besondere Aufmerksamkeit gefunden, dass in enger Kooperation mit Praktiker*innen aus der EU-Forschungspolitik entwickelt und unter dem Namen „responsible research and innovation" lanciert wurde (Owen et al. 2012; siehe auch Flink & Kaldewey 2018). Ein weiterer schillernder Begriff, dessen Karriere durch die enge Interaktion von Wissenschaftsforschung und Wissenschaftspolitik geprägt ist, ist „open science". Hier handelt es sich nicht nur um ein Modell und ein Ideal, sondern auch um eine Art Bewegung, die durchaus missionarische Züge trägt (Mirowski 2018).

Neben solchen theoretisch mehr oder weniger solide gebauten und normativ mehr oder weniger aufgeladenen Modellen behilft sich die Wissenschaftsforschung immer schon mit verschiedenen Metaphern, die das Verhältnis von Wissenschaft und Gesellschaft auf einen anschaulichen Begriff zu bringen versuchen. Der Klassiker ist die Vertragsmetapher, also die Vorstellung, dass es eine Art Vertrag – oder, in Anlehnung an die politische Philosophie, einen „Gesellschaftsvertrag" – gebe, der regelt, welche Leistungen die Wissenschaft für ihre Umwelt erbringt und was sie umgekehrt für Ressourcen und Rechte erhält (Guston 2000; Hessels et al. 2009; Maasen & Dickel 2016; Rohe 2017).

Ob nun die Einbettung der Wissenschaft in die Gesellschaft oder das, was im letzten Kapitel als „vierte Dimension" des Wissenschaftsbegriffs skizziert wurde, mit diesen zeitdiagnostischen Narrativen, wissenschaftspolitischen Metakategorien und Metaphern hinreichend verständlich gemacht werden kann, muss hier offenbleiben. Letztlich müssen sich diese Modelle bewähren, um konkrete Studien anzuleiten oder zumindest konzeptionell zu rahmen. Wichtig ist an dieser Stelle, sich immer wieder vor Augen zu führen, dass es sich um konzeptionelle Modelle handelt, die als solche nichts beweisen, sondern deren Funktion darin besteht, ein vereinfachtes, griffiges Bild zu zeichnen und damit von der natürlich viel komplexeren Realität zu abstrahieren. Umgekehrt bedeutet das für die Wissenschaftsforschung, immer wieder zu kontrollieren, ob sie durch die Verwendung solcher Modelle die vielfältigen und komplexen Konstellationen zwischen der Wissenschaft und ihren multiplen gesellschaftlichen Umwelten (Politik, Wirtschaft, Medizin, Medien, Zivilgesellschaft, etc.) manchmal vorschnell auf einen zu wenig differenzierten gemeinsamen Nenner bringt.

Für die Wissenschaftsforschung ergeben sich daraus zwei Herausforderungen: Erstens muss sie immer wieder reflektieren, inwieweit ihre eigenen Modelle die Realität, die sie beobachtet, selbst verändern. Dieses Problem wurde oben beispielhaft anhand der Elfenbeinturm-Metapher durchgespielt: Wenn wir als Wissenschaftsforscher*innen die Wissenschaft als Elfenbeinturm beschreiben (und viele von uns werden das schon getan haben), dann zementieren wir ein Stereotyp. Und wenn die Wissenschaftsforschung ihre eigenen Bilder und Vorstellungen der Wissenschaft später an heterogene Publika kommuniziert, beispielsweise auch an Wissenschaftspolitiker*innen und Wissenschaftsmanager*innen, dann prägen diese Modelle wiederum deren Sicht auf die Wissenschaft und beeinflussen unter Umständen sehr konkret die Interaktion zwischen Wissenschaft und Gesellschaft in der Praxis.

Die zweite Herausforderung besteht darin, neben den knackigen Modellen die ganz alltägliche Empirie nicht aus den Augen zu verlieren. In der konkreten wissenschaftssoziologischen und wissenschaftshistorischen Forschung ist die Meta-Frage nach „dem Verhältnis" von Wissenschaft und Gesellschaft oft wenig anschlussfähig, sie ist zu allgemein, zu abstrakt. Zu ihrer Beantwortung braucht man eigentlich auch keine Empirie, denn dass die Wissenschaft und die Gesellschaft „ein Verhältnis haben", stellt niemand in Frage. Interessanter ist die weitergehende Frage, „was" für ein Verhältnis das ist, und natürlich werden die Antworten darauf ganz unterschiedlich ausfallen je nach konkretem Kontext, den sich die Wissenschaftsforschung genauer anschaut. Auch hier zeigt sich wieder, dass man von der Wissenschaft nur selten sinnvoll im Singular sprechen kann (siehe auch Kapitel 1, Kaldewey & Schauz). Vielmehr geht es darum, der Vielfalt und Komplexität der Schnittstellen zwischen Wissenschaft und Gesellschaft gerecht zu werden. Was genau als „Wissenschaft" und was als „Gesellschaft" erscheint, stellt sich dann wiederum in jeder Konstellation, die man sich genauer anschaut, anders dar. Oder, um in der Metapher des Verhältnisses zu bleiben: Was in einem Fall eine Liebesbeziehung ist, kann im anderen eine flüchtige Affäre sein; wo in einem Fall die Beziehung stark reguliert und rechtlich zertifiziert ist, wird im anderen Fall eine eher offene Beziehung mit mehr gegenseitigen Freiräumen bevorzugt. Und in allen Fällen kann sich das Verhältnis über die Zeit entwickeln, kann intensiver werden, kann sich abkühlen, es kann zu Konflikten kommen, zu enger Kooperation oder zu Phasen entspannter Ko-Existenz.[5]

Zusammenfassend kann man sagen, dass die Herausforderungen hier – wie überhaupt in der empirischen Sozialforschung – darin liegen, zwischen der Eigenlo-

---

[5] Man könnte nun auch überlegen, was die Vor- und Nachteile dieser aus dem Bereich des Zwischenmenschlichen und der Intimbeziehungen ausgeliehenen Metapher gegenüber der eher dem Bereich des Politisch-Rechtlichen entnommenen Vertragsmetapher sind.

gik und Spezifität jedes einzelnen empirischen Falls und den theoretischen Interessen und generalisierenden Perspektiven der Wissenschaftsforschung zu vermitteln. Weiter geht es darum, der Vielfalt und Komplexität der Schnittstellen, Grenzzonen und Interaktionsbereiche gerecht zu werden, in denen jeweils verschiedene Praktiken, Akteure, Strukturen und, wie man systemtheoretisch formulieren könnte, „Funktionslogiken" zusammentreffen. Die „Begegnung" von Wissenschaft und Gesellschaft findet in unzähligen Situationen und in gewisser Weise jederzeit statt.

Während wir uns in diesem Abschnitt zunächst auf die Modelle und Metaphern konzentriert haben, die in der Wissenschaftsforschung verwendet werden, um das Verhältnis von Wissenschaft und Gesellschaft generalisierend zu umreißen, soll es in den folgenden Abschnitten darum gehen, konkretere Konstellationen zu beschreiben, in denen Wissenschaft und Gesellschaft „aufeinandertreffen". Solche Konstellationen können als Schnittstellen verstanden werden, in denen Strukturen des Wissenschaftssystems mit Strukturen anderer gesellschaftlicher Systeme gekoppelt werden. Wichtig ist, dass Konstellationen hier grundsätzlich im Plural stehen, es wird also nicht davon ausgegangen, dass es so etwas wie primäre oder in besonderer Weise repräsentative Konstellationen gibt. Natürlich könnte man versuchen, eine Typologie von Konstellationen zu entwerfen, die dann in ihrer Gesamtheit ein Modell ergäben, das alle Aspekte des Verhältnisses von Wissenschaft und Gesellschaft abzubilden versucht. Ein solcher Anspruch wird an dieser Stelle aber nicht erhoben. Vielmehr versteht sich dieses Kapitel als Einladung, der Vielfalt von Konstellationen gerecht zu werden und vorschnelle konzeptionelle Engführungen zu vermeiden.

Gesellschaftliche Bedingungen der Möglichkeit von Wissenschaft

Eine erste Konstellation wird beobachtbar, wenn die Wissenschaft analog zu anderen kulturellen Feldern – etwa Philosophie, Literatur, Kunst, in gewisser Weise auch Religion – als eine gesellschaftliche Praxis konzipiert wird, die sich von den unmittelbaren Zwängen des Alltags und der materiellen Reproduktion des Menschen gelöst hat. Die gesellschaftliche Grundbedingung hierfür wird von Pierre Bourdieu als *scholé* erfasst, „jener freien, von den Zwängen dieser Welt befreiten Zeit, die eine freie, befreite Beziehung zu diesen Zwängen und zur Welt ermöglicht" (Bourdieu 2001: 7). Der Begriff der *scholé* lässt sich als „Muße", aber auch als „Schule" übersetzen und markiert in dieser Doppeldeutigkeit die „Existenzbedingung aller Wissenschaftsfelder" (Bourdieu 2001: 19). Der seit der Antike in Schule und Universität institutionalisierte Freiraum, so Bourdieus These, ermöglicht erst den für die Wissenschaft konstitutiven distanzierten Blick und die Emergenz einer scheinbar freischwebenden „scholastischen Vernunft". Die *scholé* ermöglicht damit Autonomie im Sinne der zumindest partiellen Freiheit von den Zwängen anderer gesellschaftlicher Felder wie etwa der Ökonomie oder der Politik. Aber, und das ist die soziologische Pointe bei Bourdieu, diese Autonomie ist nicht selbsterzeugt, sondern hat ihre eigenen, genuin sozialen Existenzbedingungen: Muße haben nämlich diejenigen, die von den Zwängen praktischer Arbeit befreit sind, also beispielsweise die antiken Philosophen, deren Lebensunterhalt durch Sklaven bestritten wurde, oder die Professor*innen, die, seit die Wissenschaft im 19. Jahrhundert zum Beruf geworden ist, vom Staat alimentiert werden. Entsprechend wird Bourdieu nicht müde zu betonen, dass sich diejenigen, die vom Staat oder anderen Mäzenen die Mittel an die Hand bekommen, sich der Wissenschaft zu widmen, sich ihrer Privilegiertheit bewusst sein und diese Privilegiertheit in der eigenen Forschung reflektieren sollten (Bourdieu 2001: 11).

Was sind scholastische Situationen und was sind scholastische Tätigkeiten?
Für einige sozialwissenschaftliche Leser*innen mag Bourdieus Begriff der *scholé* als schwierige philosophiehistorische Kategorie erscheinen. Es lohnt sich aber, diesen Begriff gewissermaßen alltagsnäher zu denken und auszuprobieren, was man damit alles machen kann. Instruktiv ist in diesem Zusammenhang Bourdieus Gedanke einer durch die *scholé* geknüpften Verbindung von „Ernst" und „Spiel":

> Die scholastische Situation […] ist ein Ort und Zeitpunkt sozialer Schwerelosigkeit, an dem die gewöhnlich geltende Alternative zwischen Spiel (paizein) und Ernst (spoudazein) außer Kraft gesetzt ist und man ‚ernsthaft spielen' (*spoudaios paizein*) kann, ganz so, wie man Platon zufolge philosophieren soll: spielerische Einsätze ernst nehmend, sich ernsthaft um Fragen kümmernd, welche die ernsthaften, schlicht mit den praktischen Dingen der gewöhnlichen Existenz befaßten und um sie besorgten Leute ignorieren. (Bourdieu 2004: 23).

Es geht hier um die Gleichzeitigkeit einer scholastischen Situation und einer scholastischen Tätigkeit; beide verweisen aufeinander, wie der Spielplatz und das Spiel. Wissenschaftliche Forschung kann so verstanden werden, dass sie in einer scholastischen Situation (in Zeit und Raum) stattfindet und durch diese erst ermöglicht wird; oder aber auch so, dass sie als scholastische Tätigkeit (als Praxis) den Kontext, das heißt den Raum und die Zeit, in dem sie stattfindet, überhaupt erst als „scholastisch" konstituiert. Eine gute Übung, um diese Begrifflichkeit besser zu verstehen ist es, gedankenexperimentell nach Formen und Varianten dieser Scholastik zu suchen, also zu fragen: Was sind interessante scholastische Situationen? Was sind interessante scholastische Tätigkeiten? Inwiefern bedingen sich diese gegenseitig? Welche Wissenschaftler*innen nehmen wir als Scholastiker*innen wahr? Und warum? Welche ganz anderen Figuren können wir uns in Anlehnung an Bourdieu als Scholastiker*innen vorstellen? Als Beispiel für diese Übung sei hier auf einen literaturwissenschaftlichen Beitrag verwiesen, der Eichendorffs Taugenichts in diesem Sinne als einen Scholastiker beschreibt (Limpinsel & Kaldewey 2008).

Bourdieus Reflexionen zu den sozialstrukturellen Voraussetzungen jeder scheinbar freischwebenden kulturellen und intellektuellen Praxis verdeutlichen, dass
auch die Wissenschaft nie vollständig autonom sein kann. In der Bourdieuschen
Wissenschaftssoziologie wird sie vielmehr als ein Feld begriffen, dessen Autonomie graduell gedacht werden muss; immer gibt es auch heteronome Elemente,
die sich etwa daran zeigen, dass in der Wissenschaft auch „äußere Fragestellungen, namentlich politische", zum Ausdruck kommen – wenn auch in mehr oder
weniger „gebrochener" Form (Bourdieu 1998: 19). Kurz: Was oberflächlich als Autonomie erscheint, ist in der Realität eher ein Spannungsverhältnis von Autonomie und Heteronomie, und in der Analyse dieses Spannungsverhältnisses zeigen
sich jeweils kontextabhängige Verflechtungen und Bedingungsverhältnisse zwischen der Wissenschaft und anderen gesellschaftlichen Bereichen (Franzen et al.
2014).

Auch und gerade eine autonome Wissenschaft ist demnach immer in eine gesellschaftliche Konstellation eingebettet. Rudolf Stichweh spricht in diesem Sinne
von einer paradoxen Autonomie und beschreibt aus systemtheoretischer Perspektive, wie gerade das systeminterne Oszillieren zwischen verschiedenen Abhängigkeiten und Interdependenzen den Kern moderner Autonomie ausmacht
(Stichweh 2014: 33). Die Multiplizierung von Abhängigkeiten und die Herausbildung immer neuer struktureller Kopplungen zu anderen Systemen seien zur Bedingung der Autonomie der Wissenschaft als Funktionssystem geworden (Stichweh
2014: 37). Mit ähnlichen Argumenten, aber aus feldtheoretischer Perspektive und in
Auseinandersetzung mit Bourdieu, entwickelt Peter Wehling die Vorstellung einer
„reflexiven Autonomie":

> Der Kerngedanke besteht darin, anzuerkennen, dass die Wissenschaft einerseits unhinter-
> gehbar in einem relationalen Interaktionsgeflecht mit anderen sozialen Feldern und ge-
> sellschaftlichen Handlungsbereichen steht, dass die Einflüsse und Impulse aus diesen
> Handlungsbereichen andererseits jedoch nicht notwendigerweise Einschränkungen und
> Gefährdungen wissenschaftlicher Autonomie mit sich bringen. Sie können ganz im Gegen-
> teil […] die Pluralität und Diversität von Forschung hinsichtlich ihrer Ziele, Themen, Rele-
> vanzkriterien, theoretischen und methodischen Zugänge [sic!] entscheidend vergrößern.
> (Wehling 2014: 83).

Vor dem Hintergrund der bei System- wie Feldtheoretikern (Bourdieu, Stichweh,
Wehling) jeweils auf eigene Weise ausbuchstabierten Dialektik von Autonomie und
Heteronomie ist auch darauf hinzuweisen, dass es einen gleichermaßen elementa-
ren wie trivialen Mechanismus gibt, der die Wissenschaft immer schon mit außerwissenschaftlichen Interessen synchronisiert hat: die schlichte Tatsache nämlich,
dass wissenschaftliche Forschung in weiten Bereichen einer Finanzierung bedarf.
David Edgerton (2012) hat der Wissenschaftsforschung deshalb die methodologische Maxime „follow the money" nahegelegt: Gerade in historischer Perspektive sei

es oft hilfreich, den Geldflüssen zu folgen, um herauszufinden, welche Forschung zu einem bestimmten Zeitpunkt in einer bestimmten Gesellschaft als relevant erachtet wird. Dabei gehe es keineswegs nur um wirtschaftliche Interessen, sondern insbesondere auch um politische Schwerpunkte. Entsprechend verweist jede Form von Forschungsförderung auf eine soziale Konstellation, in der außerwissenschaftliche Akteure, zumindest indirekt, über die Ermöglichung und Fortsetzung von Forschung befinden und möglicherweise auch an der Ausformulierung von Forschungsfragen und Forschungsagendas beteiligt sind. Oder allgemeiner formuliert: die Gesellschaft hat im Medium des Geldes immer schon mit der Wissenschaft kommuniziert.

Die Universität als strukturelle Kopplung von Wissenschaft und Gesellschaft

Eine zweite Konstellation, in der Wissenschaft und Gesellschaft seit langem aufeinandertreffen, ist im Bourdieuschen Begriff der *scholé* schon vorweggenommen: Es ist die universitäre Lehre als Interaktionsraum sowie die Universität selbst als Organisation, die zwischen Forschung und Bildung vermittelt. In historischer Perspektive steht das Verhältnis von Lehrern und Schülern am Anfang, später dann, mit der Entwicklung der Forschungsuniversität, wird dieses zu einem Verhältnis von Forschenden und Studierenden. Betrachtet man die Studierenden, die – heute mehr als früher – aus heterogenen kulturellen und sozioökonomischen Milieus kommen, als Bürger*innen und Repräsentant*innen der jeweiligen Gesellschaft, die sich an der Universität mit verschiedenen Wissenschaften beschäftigen, bevor sie, mehr oder weniger geprägt durch ihre wissenschaftliche Bildung, in allen Bereichen, Systemen und Feldern der modernen Gesellschaft tätig sind, dann liegt es nahe, die Universität als prototypischen Ort der Interaktion von Wissenschaft und Gesellschaft zu konzipieren.

In Deutschland sind es traditionell systemtheoretische Soziolog*innen, die die Universität als Ort der strukturellen Kopplung von Wissenschaftssystem und Erziehungssystem beschreiben (Luhmann 1997: 784; siehe auch Lieckweg 2001: 276–278). Diese Beschreibung erscheint zur Charakterisierung der Universitäten aus heutiger Perspektive einerseits etwas schematisch, weil sie unter den Tisch fallen lässt, dass Universitäten immer schon und heute noch verstärkt in vielfältigere und komplexere Konstellationen, etwa mit der Wirtschaft oder dem Gesundheitssystem, eingebettet sind. Andererseits würde kaum jemand in Frage stellen, dass die spezifische Kopplung von Forschung und Lehre auch heute noch eine wichtige Dimension in der soziologischen Analyse von Universitäten ist (siehe auch Kapitel 9, Hüther & Kosmützky). Auffallend ist, dass dieser Kopplungsmechanismus in der Wissenschaftsforschung selten systematisch thematisiert wird. Das mag daran liegen, dass man hier die Zuständigkeit bei der Hochschul- und Bildungsforschung sieht, oder auch daran, dass Universitäten in den eher mikrosoziologisch, an Laboratorien als Orten der Wissensproduktion interessierten STS nicht als zentrale Analyseeinheit fungieren (siehe auch Kapitel 7, Groß). Jedoch sollte die simple Tatsache, dass zumindest in den Industriestaaten heute im Durchschnitt mehr als 40 Prozent der Schulabgänger*innen an Universitäten ausgebildet werden (OECD 2021: 151; 155),[6] nicht vorschnell als Selbstverständlichkeit abgetan werden. Kein Format der Wissenschaftskommunikation erreicht annähernd so viele Menschen, die zudem nicht nur sporadisch, sondern während einer biographisch prägenden Lebensphase über mehrere Jahre im „Nahkontakt" mit der Wissenschaft stehen.

Angesichts der Diversität von Hochschulen und Studiengängen ist es allerdings nicht leicht, die konkrete Interaktionskonstellation von Forschung und Lehre generalisierend zu beschreiben. Es zeigt sich einmal mehr, dass Konstellationen nicht unmittelbar beobachtbar sind, sondern erst dann verständlich werden, wenn sie in der Form von Modellen und Metaphern zum Gegenstand gesellschaftlicher Diskurse werden. Entsprechend kommt die Wissenschaftsforschung oft nicht umhin, sich den Konstellationen über die diskursive Ebene zu nähern (siehe auch Kapitel 15, Schauz & Kaldewey). Ein in historischer Perspektive idealtypisches Modell ist die „Idee der Universität", die sich im deutschen Idealismus und Neuhumanismus herausgebildet hatte und vor allem mit dem Namen Wilhelm von Humboldt verbunden ist. Eine der bekanntesten Formeln aus diesem Diskurs ist die „Einheit von Forschung und Lehre" und die spannende empirische Frage ist immer wieder, ob und inwieweit sich diese Einheit in konkreten Interaktionssituationen verwirklicht. Ein anderes Modell, das in der jüngeren Hochschulforschung relevant geworden ist, denkt den Gesellschaftsbezug der Universität weniger als Bildungsauftrag, sondern als „Wissens- und Technologietransfer" (siehe auch Kapitel 8, Böschen). Transfer erscheint dann als etwas Drittes *neben* Forschung und Lehre; das neue Stichwort lautet *third mission* (Laredo 2007). Ausgehend von der Frage, welche zusätzlichen, „dritten" Aufgaben Universitäten heute wahrnehmen, ließen sich wiederum weitere Konstellationen von Wissenschaft und Gesellschaft sichtbar machen.

---

6 In immer mehr Staaten ist es sogar eine Mehrheit der Bevölkerung. Auch in Deutschland beginnen seit ca. zehn Jahren mehr als 50% der entsprechenden Jahrgänge ein Hochschulstudium. Der sogenannte „Anteil der Studienanfänger an der altersspezifischen Bevölkerung" für 2021 liegt bei 54,2 Prozent (Deutsche und Ausländer) beziehungsweise 50,6 Prozent (nur Deutsche) (Statistisches Bundesamt 2022: 15).

Warum lesen wir heute noch historische Texte zur Idee der Universität?
Der Diskurs zur Idee der Universität wird gerne mit dem Namen Wilhelm von Humboldt verbunden. Die Zuschreibung der im deutschen Idealismus formulierten Ideen auf die Person Humboldts ist allerdings eine nachträgliche Konstruktion aus dem frühen 20. Jahrhundert, die es historisch-kritisch zu reflektieren gilt. Universitätshistoriker*innen sprechen von einem „Mythos Humboldt" (Eichler 2012) beziehungsweise von der „Erfindung Humboldts" (Paletschek 2002). Man sollte die „Idee der Universität" also nicht einem Autor oder Erfinder zuschreiben, sondern darin ein Genre akademischer Selbstreflexion sehen, welches seit zwei Jahrhunderten immer neue Bücher und Schriften hervorbringt, die natürlich alle auf ihren je eigenen historischen und kulturellen Kontext verweisen.

Der ständige Hinweis auf Humboldt kann nerven, weil mit diesem *name dropping* selten neue Einsichten generiert werden. Weil aber einige Formeln aus dem idealistischen Universitätsdiskurs – neben der Einheit von Forschung und Lehre etwa auch die Idee der akademischen Freiheit oder der staatspolitischen Relevanz der humanistischen Bildung – immer wieder einflussreich gewesen sind, kann sich ein *re-reading* der klassischen Texte durchaus lohnen. Das kann Humboldt selbst sein – etwa seine posthum veröffentlichten Notizen „Über die innere und äussere Organisation der höheren wissenschaftlichen Anstalten in Berlin" (Humboldt 1903). Interessant sind aber auch die vielfältigen Beiträge anderer Autor*innen, die zu einem gegebenen Zeitpunkt auf die historische Humboldt-Referenz zurückgegriffen haben – am bekanntesten im deutschen Kontext ist hier Helmut Schelskys Buch „Einsamkeit und Freiheit" (Schelsky 1971 [1963]). Solche Texte sind für die Wissenschaftsforschung ein guter Ausgangspunkt, um sich, vermittelt über hochschulpolitische Diskurse, den zu einer gegebenen Zeit jeweils als wichtig erachteten gesellschaftlichen Konstellationen von Universität, Wissenschaft und Gesellschaft zu nähern.

Wissenschaft, Politik und Demokratie

Eine dritte, besonders komplexe Konstellation, die hier in einem eigenen Absatz zumindest angeschnitten werden soll, lässt sich rekonstruieren, wenn man die verschiedenen Bedeutungen der Gegenüberstellung von „Wissenschaft" und „Politik" betrachtet. Gerade weil die Politik, zumindest wenn man sie als demokratische begreift, in vielen Diskurszusammenhängen als Repräsentantin der Gesamtgesellschaft konzipiert wird, ist das Dual „Wissenschaft und Politik" eng mit dem Dual „Wissenschaft und Gesellschaft" verwandt.

Zur Charakterisierung des Verhältnisses von Wissenschaft und Politik werden seit Harvey Brooks (1968; siehe auch 2001) zwei Einflussrichtungen unterschieden: Auf der einen Seite geht es um die Verwendung wissenschaftlichen Wissens in politischen Entscheidungsprozessen, vermittelt etwa durch wissenschaftliche Politikberatung (*science for policy*), auf der anderen Seite um die politische Verantwortung, ein funktionierendes Wissenschaftssystem aufrechtzuerhalten, etwa durch Finanzierung von Institutionen und Forschungsprogrammen (*policy for science*). Dass diese Unterscheidung nicht immer scharf zu ziehen ist, hat Brooks nie bestritten und lässt sich an einer Beobachtung von Rudolf Stichweh (2013: 135) illustrieren, demzufolge Wissenschaftspolitik immer wieder auch von Wissenschaftler*innen betrieben wird, die dauerhaft oder temporär eine Rolle in der wissenschaftliche Politikberatung übernehmen – in welchem Gebiet auch immer – und in dieser neuen Rolle dann wiederum die Wissenschaft politisch zu steuern suchen, also Wissenschaftspolitik im zweiten Sinn betreiben.[7]

Auch Peter Weingart unterscheidet in seinen klassischen wissenschaftssoziologischen Beiträgen zwei Einflussrichtungen (Weingart 1983; 2001). Zunächst verweist er auf die in Theorien der Wissensgesellschaft seit den 1960er Jahren thematisierte „Verwissenschaftlichung der Gesellschaft" und damit auf die Annahme, dass der Handlungstypus wissenschaftlicher Forschung und die damit einhergehenden Lernmechanismen in prinzipiell allen gesellschaftlichen Handlungsbereichen übernommen werden. Zugleich präzisiert er die Rede von der „Gesellschaft" mit Hilfe der systemtheoretischen Differenzierungstheorie und fokussiert später drei prominente Funktionssysteme (Weingart 2001): Die Politik, die Wirtschaft, die Medien. So wie diese Systeme durch die Wissenschaft „verwissenschaftlicht" werden, so wirken sie spiegelbildlich auf die Wissenschaft zurück und verändern die Bedingung der Möglichkeit von Forschung. Den Einfluss, den diese Systeme auf die Wissenschaft haben, beschreibt Weingart dann als „Politisierung", „Ökonomisierung" und „Medialisierung". Offensichtlich spielt auch hier das Verhältnis von Autonomie und Heteronomie eine zentrale Rolle, denn alle diese Begriffe haben durchaus einen negativen Beiklang, sind also normativ aufgeladen: Sie markieren eine Art Übergriffigkeit, einen Eingriff fremder Funktionslogiken in das Wissenschaftssystem.

Der gegenseitige Einfluss von Wissenschaft und Politik wird also mit verschiedenen Begriffen theoretisiert, die dann wiederum eher positiv oder eher negativ konnotiert sein können. Mit den Schlagworten *science for policy* und *policy for science* wird betont, dass diese Systeme sich gegenseitig unterstützen. In eine ähnliche Richtung geht die vom Historiker Mitchell G. Ash vorgeschlagene Formulierung, dass Wissenschaft und Politik „Ressourcen füreinander" darstellen. Der Ressourcenbegriff, so Ash, sollte dabei möglichst breit ausgelegt werden: „Die Ressourcen, die hier gemeint sind, können kognitiv-konzeptioneller, apparativ-institutioneller, finanzieller oder auch rhetorischer Art sein" (Ash 2010: 16). Man könnte demnach verallgemeinernd „harte" und „weiche" Ressourcen unterscheiden. In Bezug auf letztere ist insbesondere die Frage der Legitimation relevant, denn oft erhofft sich

---

7 Hierfür steht beispielsweise Brooks selbst, der als Physiker in verschiedenen Forschungsfeldern und Anwendungskontexten tätig war und aus diesen Kontexten heraus immer wieder wissenschaftspolitisch aktiv wurde, ohne sich dabei je definitiv für die eine oder die andere „Seite" zu entscheiden (siehe dazu die Selbstbeschreibung in Brooks 2001).

die Politik durch den Bezug auf wissenschaftliche Expertise eine Legitimation ihrer Entscheidungen. Das kann, wie Alexander Bogner (2021) erklärt, so weit gehen, dass politisch-normative Fragen auf „Wissensfragen" reduziert und damit der öffentlichen Debatte entzogen werden (siehe auch Kapitel 6, Schubert). Eine solche „Epistemisierung des Politischen", so Bogner, ist als potenzielle Gefährdung der Demokratie zu sehen. Umgekehrt ist aber auch die Wissenschaft darauf angewiesen, dass ihre Forschung – und ihre Finanzierung – als legitim wahrgenommen werden (siehe auch Kapitel 11, Hamann & Schubert). In der Geschichte der Wissenschaftspolitik finden sich entsprechend immer wieder neue Legitimitätsdiskurse beziehungsweise „different ways in which policy attempts to account for public funding of science by showing how science contributes to wealth and prosperity." (Elzinga 2012: 426; siehe auch Flink & Kaldewey 2018).

Während der Begriff „Politisierung" auf den ersten Blick auf problematische Übergriffe und Formen der Instrumentalisierung der Wissenschaft durch die Politik verweist, zeigen sich auf den zweiten Blick vielfältigere und zwiespältige Prozesse. Schon die Rede von der „Demokratisierung" der Wissenschaft ist deutlich weniger negativ konnotiert (Kitcher 2011; Hagner 2012); hier denkt man ad hoc an legitime gesellschaftliche Erwartungen und Kontrollen; es werden Vorstellungen der erweiterten Partizipation von Bürger*innen und neuer transdisziplinärer Kooperationsformen aufgerufen, oft verbunden mit der Hoffnung, dass die Wissenschaft einen Beitrag zu gesellschaftlichen Transformationsprozessen leistet (siehe auch Kapitel 7, Groß). Auch wenn das hier nicht vertieft werden kann, dürften diese Anmerkungen verdeutlicht haben, dass das „richtige" Verhältnis von Wissenschaft und Politik auch zukünftig Anlass zu Diskussionen geben wird, und zwar auch in theoretischer Hinsicht. Denn in den verschiedenen Strömungen der Wissenschaftsforschung und den STS wird das „Politische" ganz verschieden definiert und interpretiert (Brown 2005).

Zwischenfazit

Im Verlauf dieses Kapitels wurde über Deutungsmuster, Modelle und Metaphern reflektiert, die in der wissenschaftlichen Literatur ebenso wie in der Öffentlichkeit zur Konzeptualisierung des Verhältnisses von Wissenschaft und Gesellschaft verwendet werden. Es wurde darauf hingewiesen, dass diese Modelle selbst ein Untersuchungsgegenstand der Wissenschaftsforschung sind (darauf kommen wir in Kapitel 15, Schauz & Kaldewey, nochmal zurück), da sie das Verhältnis von Wissenschaft und Gesellschaft nicht einfach neutral beschreiben, sondern von gesellschaftlichen Akteuren in der Praxis verwendet werden, um dieses Verhältnis zu gestalten. Es wurde auch gezeigt, dass solche Modelle mit Vorsicht zu genießen sind, da sie aufgrund ihres Abstraktionsgrades den konkreten Konstellationen, mit denen wir es in der empirischen Forschung zu tun haben, oft nicht gerecht werden. Beispielhaft wurden drei Konstellationen erläutert: die *scholé*, als eine Situation relativer Autonomie, die zugleich darauf verweist, dass die Möglichkeit von Wissenschaft an gesellschaftliche Bedingungen geknüpft ist; die Universität als Ort, an dem wissenschaftliche Forschung mit der Ausbildung eines zunehmend größeren Teils der Gesamtbevölkerung gekoppelt wird; und schließlich das Geflecht von Wissenschaft, Politik und Demokratie, in dem sich verschiedene Akteure und Institutionen gegenseitig Ressourcen zur Verfügung stellen und Legitimität beschaffen oder in Frage stellen.

> **Gibt es weitere Konstellationen, und wenn ja wie viele?**
> Die Liste mit für die Wissenschaftsforschung relevanten Konstellationen ließe sich beliebig fortsetzen. Im Zusammenhang mit Weingarts (2001) Beschreibung der spiegelbildlichen Prozesse der Verwissenschaftlichung aller Gesellschaftsbereiche auf der einen Seite und der Politisierung, Ökonomisierung und Medialisierung der Wissenschaft auf der anderen Seite ist schon angedeutet worden, dass die soziologische Differenzierungstheorie einige weitere zentrale Konstellationen nahelegt: Das Verhältnis von Wissenschaft und Wirtschaft etwa ist ein Kernthema, für das insbesondere die Innovationsforschung eine primäre Zuständigkeit beansprucht (siehe Kapitel 8, Böschen), und das Verhältnis von Wissenschaft und Massenmedien verweist auf des ebenfalls weite Feld der Wissenschaftskommunikationsforschung (siehe Kapitel 12, Wormer). Weitere wichtige Konstellationen, die in diesem Buch nicht mit eigenen Kapiteln abgedeckt werden können, betreffen beispielsweise die Medizin und das Gesundheitssystem, den von kritischen Beobachtern sogenannten militärisch-industriellen Komplex, oder das Verhältnis von Wissenschaft, Recht und Regulierung. Ein Lehrbuch kann hier keinerlei Anspruch auf Vollständigkeit stellen, aber es kann die Leser*innen – sei es im Sinne einer Übung oder im Sinne weitergehender Forschung – dazu einladen, über solche Konstellationen nachzudenken und die in diesem Nachdenken entstehenden Listen konzeptionell zu ordnen.

Das Ziel des vorliegenden Kapitels ist es also nicht, alle denkbaren Konstellationen und Schnittflächen zwischen der Wissenschaft und ihren Umwelten zu rekonstruieren. Wichtiger für eine Einführung in die Wissenschaftsforschung ist vielmehr, das Bewusstsein dafür zu schärfen, dass wir einerseits auf der *konzeptionellen* Ebene mit bestimmten Modellen und Metaphern arbeiten und andererseits in der *empirischen* Forschung mit konkreten Konstellationen zu tun haben, in denen jeweils ganz unterschiedliche Verbindungen und Spannungen zwischen wissenschaftlichen und außerwissenschaftlichen Praktiken, Akteuren und Institutionen sichtbar werden. Der folgende letzte Abschnitt wechselt nun noch einmal auf die konzeptionelle Ebene und schlägt einen analytischen Begriff vor, der quer zu den verschiedenen Konstellationen liegt und deshalb verwendet werden kann, um heterogene Formen der gegenseitigen Bezugnahme von Wissenschaft und Gesellschaft zu rah-

men, ohne in die alte Falle der Linearität zu tappen, also von einseitigen Transfer-
und Kommunikationsbeziehungen auszugehen.

Die Responsivität der Wissenschaft

Der Begriff der Responsivität wird in der Wissenschaftsforschung bislang nicht ter-
minologisch verwendet, taucht aber immer wieder auf, wenn es darum geht, die
gegenseitigen Erwartungen von Wissenschaft und Gesellschaft und die Verände-
rungsprozesse in ihrem Verhältnis zu beschreiben. Ein früher Definitionsvorschlag
findet sich in einem Buch, das im Kontext der Forschungsgruppe Wissenschaftspolitik am Wissenschaftszentrum Berlin entstanden ist (Matthies et al. 2015). In kritischer
Abgrenzung zu gewissen eindimensionalen Zeitdiagnosen betonen die Autor*innen,
dass sie das Verhältnis von Wissenschaft und Politik zuallererst als offen begreifen –
„offen in dem Sinn, dass wir auf starke theoretische Vorannahmen über Kontinuität,
Diskontinuität oder Wesensart dieses Verhältnisses ... verzichten" (Matthies et al.
2015: 8). In Anlehnung an die phänomenologische Philosophie Bernhard Waldenfels'
verstehen sie unter Responsivität „das Antworten auf explizite, implizite, faktisch geäußerte oder auch nur imaginierte Ansprüche, Anfragen oder Anforderungen Anderer" (Torka 2015: 18). Der Begriff dient dazu, vielfältige empirische Phänomene zu
beschreiben und ist deshalb bewusst schlank gebaut:

> Responsivität ist für uns ein Arbeitsbegriff, der ein offenes Interaktionsverhältnis be-
> schreibt, in dem Eigenes und Fremdes, Innen und Außen, Ego und Alter aufeinander Bezug
> nehmen, ohne dass bereits bekannt wäre, worauf und in welcher Weise Wissenschaftlerin-
> nen mit ihren Handlungen eigentlich antworten. In unserem Fall handeln Wissenschaftle-
> rinnen zwar in wissenschaftspolitisch relevanten, aber weder durch bekannte Routinen
> noch deutliche Erwartungen klar vorstrukturierten Situationen. (Torka 2015: 18).

Verwiesen wird unter anderem auf die Selbstverständlichkeit, mit der viele Akteure des Wissenschaftssystems die Grenze zwischen wissenschaftlichen und gesellschaftlichen Erwartungen überschreiten. Responsivität erscheint dadurch als
eine in den heterogenen Berufsrollen des heutigen Wissenschaftssystems verankerte Normalität;[8] nur in Ausnahmefällen geht es um erzwungene Reaktionen
auf sich verändernde Ansprüche aus der Umwelt. Zugleich ist der Responsivitätsbegriff so offen gehalten, dass auch das Ignorieren fremder Ansprüche oder die

---

8 Insofern ist bei Matthies et al. (2015) eine Rollentheorie des Verhältnisses von Wissenschaft
und Gesellschaft angelegt (siehe dazu ausführlicher Kaldewey 2015: 212–214).

Formulierung einer Gegenfrage als Formen der Responsivität erscheinen (Waldenfels 1999: 257).

Während der Responsivitätsbegriff in dieser Definition mikrosoziologisch fundiert wird und vor allem die Sozialdimension hervorhebt, hat Rudolf Stichweh (2015) zeitgleich[9] vorgeschlagen, die Responsivität der Wissenschaft differenzierungstheoretisch zu konzeptualisieren und dabei die Sachdimension in den Vordergrund zu stellen. Die Ausgangsfrage lautet dann:

> Wie reagiert das Wissenschaftssystem auf Problemlagen, die anderswo in der Gesellschaft entstehen (Fragen des Klimas, der Energie, der Bevölkerung, der Gesundheit, der Bildung), die wissenschaftlicher Erforschung zugänglich sind und die von anderen gesellschaftlichen Adressen, die in anderen Funktionssystemen loziert sind, als Erwartungen an die Wissenschaft kommuniziert werden? (Stichweh 2015: 13).

Von Responsivität in diesem Sinne würde man also erst sprechen, wenn beispielsweise die Herausforderung des Klimawandels zur Ausbildung neuer wissenschaftlicher Kooperationen und Organisationen führt, die sich genau diesem Problem widmen, oder wenn der politisch mit Sorge beobachtete demographische Wandel in der Form sozialwissenschaftlicher Forschung reflektiert und an die Gesellschaft zurückgespiegelt wird. Es ist diese Form der sachlichen Responsivität, die sich in seit den 2000er Jahren auch im wissenschaftspolitischen Diskurs der „grand challenges" niedergeschlagen hat. Dieser globale Diskurs verweist auf einen neuen Modus in der Kommunikation gesellschaftlicher Großprobleme, der die Anschlusskommunikation weniger auf kritische Reflexion, sondern auf die kollektive Bearbeitung und Lösung hin strukturiert (Kaldewey 2017; 2018).

Die beiden in der Sozialdimension und in der Sachdimension gelagerten Definitionen sind in gewisser Weise komplementär, sie betonen zum einen formale, zum anderen materielle Aspekte von Responsivität (siehe ausführlicher Kaldewey 2015: 214–219). Matthies et al. (2015) interessieren sich aus einer institutionalistischen Perspektive für Strukturen und Mechanismen des Wissenschaftssystems, die zum Medium von Responsivität werden können, während Stichweh (2015) aus einer wissenssoziologischen Perspektive die Veränderungen in der wissenschaftlichen Wissensproduktion thematisiert. An beide Stränge anschließend kann man

---

9 Hier sei eine biographische Anmerkung erlaubt: Stichwehs Überlegungen sind erstmals in einem Vortrag zur Eröffnung des Forum Internationale Wissenschaft (FIW) an der Universität Bonn im November 2012 formuliert; eben zu dieser Zeit bin ich selbst von Berlin nach Bonn umgezogen. Die Überlegungen der Arbeitsgruppe am WZB wiederum waren ebenfalls bereits in einem Working Paper von 2012 ausformuliert. Ich selbst stand damals mit allen diesen Autor*innen im Austausch und stellte mit einer gewissen Faszination fest, dass der Begriff der Responsivität von beiden Parteien ganz unabhängig voneinander und ausgehend von ganz anderen theoretischen Kontexten aufgegriffen worden war.

die Vermutung aufstellen, dass das moderne Wissenschaftssystem über responsive Strukturen und Mechanismen verfügt, die es ermöglichen, dass gesellschaftliche Probleme als wissenschaftliche Forschungsfragen verstanden werden und sich in der Folge einzelne Wissenschaftler*innen, wissenschaftliche Organisationen oder wissenschaftliche Disziplinen diese Probleme zu eigen machen (siehe ausführlicher Kaldewey 2015: 226–230). Damit ist allerdings nicht behauptet, dass die Wissenschaft aus einem quasi-natürlichen Antrieb heraus auf Erwartungen ihrer Umwelt reagiert. Die Form und das Ausmaß der Responsivität sind nur empirisch zu bestimmen; sie wird sich in jeder konkreten Konstellation anders darstellen. Für die vermuteten responsiven Strukturen und Mechanismen gilt demnach das Gleiche wie für Robert Mertons Konstrukt einer normativen Struktur der Wissenschaft (1985 [1942]): In beiden Fällen geht es um eine historisch gewachsene institutionelle Struktur, die keine endgültige Form hat, sondern in der täglichen Forschungspraxis immer wieder neu stabilisiert werden muss.

Folgt man Stichweh, dann verknüpft sich die Leitfrage der Responsivität der Wissenschaft zwanglos mit der Idee der funktionalen Differenzierung, denn „Akteure, die Fragen stellen und Antworten erwarten, sind Adressen im System der funktionalen Differenzierung" (Stichweh 2015: 13). Entsprechend bedeutet Responsivität nicht nur, dass Erwartungen anderer Funktionssysteme in der Wissenschaft auf Resonanz stoßen, sondern auch, dass wissenschaftliche Erkenntnisse in andere Funktionssysteme (rück)übersetzt werden. Mit diesen Bemerkungen ist bereits angedeutet, dass die Theorie funktionaler Differenzierung keineswegs, wie von einigen Wissenschaftsforscher*innen vermutet, isolationistische Deutungsmuster oder ideologische Vorstellungen einer „autonomen" und „reinen" Wissenschaft reproduziert. Auch Luhmanns (1990) Beschreibung der Wissenschaft als ein autopoietisch geschlossenes System wäre missverstanden, wenn man sie dahingehend interpretierte. Kennzeichnend für den systemtheoretischen Wissenschaftsbegriff ist vielmehr die Annahme, dass Wissenschaft, wie jedes soziale System, durch die eigene Operativität Gesellschaft vollzieht, und dass ihre selbstreferentielle Schließung einhergeht mit ihrer über Fremdreferenz hergestellten Umweltoffenheit. Zwar orientiert sich das System an seinen eigenen Strukturen, diese sind jedoch zum einen qua struktureller Kopplung mit der Umwelt synchronisiert, zum anderen auf der Ebene der Semantik in multiple, System und Umwelt übergreifende Sinnhorizonte integriert (siehe ausführlicher dazu Kaldewey 2013a). Für die hier interessierende Problematik heißt das, dass die Wissenschaft in sich selbst immer schon zwischen einem Selbst und dem Anderen unterscheiden musste. Im Fall der Wissenschaft ist das einerseits die natürliche Umwelt (die „Natur", der „Kosmos", etc.), andererseits die soziale Umwelt (die „Praxis", die „Gesellschaft" etc.). Damit wird das alte Internalismus/Externalismus-Problem der Wissenschaftsgeschichte neu formatiert: Anstatt den Internalismus mit Autarkie oder Solipsismus und den Externalismus mit kausal-determinierenden Wirkungen von „außen" nach „innen" gleichzusetzen, untersucht die Systemtheorie, wie das System intern ein Bild seiner Umwelt konstruiert, an dem es sich dann orientieren kann. In diesem Prozess werden *externe* Erwartungen *internalisiert* – auch dafür steht der Begriff der Responsivität.

Empfehlungen für Seminarlektüren

(1) Die historischen Studien von Benoît Godin zu Begriffen, Theorien und Modellen der Innovation bieten jede Menge Anschauungsmaterial darüber, wie sich Konstrukte der wissenschaftlichen Kategorisierung in die gesellschaftliche Praxis einschreiben und als soziale Tatsachen auch dann wirksam bleiben können, wenn sie analytisch nicht mehr überzeugen. Als Einstieg eignet sich der Aufsatz „The Linear Model of Innovation" (Godin 2006); für die weitergehende Auseinandersetzung das Buch *Models of Innovation* (Godin 2017).

(2) Eine der beeindruckendsten wissenschaftssoziologischen Reflexionen über die gesellschaftliche Bedingtheit jeder Wissenschaft findet sich in Pierre Bourdieus Buch *Meditationen* (2001 [1997]). Das ist keine leichte, aber eine lohnenswerte Lektüre. Zum Einstieg kann man sich auf die Einleitung und das erste Kapitel („Kritik der scholastischen Vernunft") konzentrieren.

(3) Beim Nachdenken über das Verhältnis von Wissenschaft und Gesellschaft stößt man, wie in diesem Kapitel deutlich geworden sein dürfte, immer wieder auf die Frage der Autonomie der Wissenschaft. Dass diese nicht im Widerspruch zu ihrer gesellschaftlichen Einbettung steht, zeigen die zwei gut lesbaren Texte von Rudolf Stichweh (2014) und Peter Wehling (2014) – der erste aus systemtheoretischer, der zweite aus feldtheoretischer Perspektive.

(4) Wie oben schon erläutert, kann die Lektüre von historischen Schriften zur „Idee der Universität" instruktiv sein, um zeitgenössische Konzeptionen des Verhältnisses von Universität, Wissenschaft und Gesellschaft zu rekonstruieren. Zum Einstieg bietet sich ein kurzer Text von Wilhelm von Humboldt an (1903); zur Vertiefung der Klassiker *Einsamkeit und Freiheit* von Helmut Schelsky (1971 [1963)], der zugleich ein Ausflug in die Hochschulpolitik der Nachkriegszeit und die beginnende Hochschulexpansion ist.

(5) In einem autobiographischen Essay beschreibt der Physiker Harvey Brooks (2001) sein Navigieren zwischen wissenschaftlicher Forschung und wissenschaftspolitischer Praxis. Der Text gibt einen Einblick in das komplexe und immer im historischen Kontext zu betrachtende Verhältnis von Wissenschaft, Politik und gesellschaftlichen Anforderungen.

Literatur

Ash, M. G., 2010: Wissenschaft und Politik. Eine Beziehungsgeschichte im 20. Jahrhundert. *Archiv für Sozialgeschichte* 50: 11–46.

BMBF, Bundesministerium für Bildung und Forschung, 2010: *Ideen. Innovation. Wachstum. Hightech-Strategie 2020 für Deutschland*. Bonn, Berlin.

BMBF, Bundesministerium für Bildung und Forschung, 2022: *Zukunftsstrategie Forschung und Innovation (Entwurf)*. https://www.bmbf.de/SharedDocs/Downloads/de/2022/zukunftsstrategie-fui.pdf?__blob=publicationFile&v=2 (aufgerufen am 27.12.2022).

Bogner, A., 2021. *Die Epistemisierung des Politischen. Wie die Macht des Wissens die Demokratie gefährdet*. Stuttgart: Reclam.

Bourdieu, P., 1998 [1997]: *Vom Gebrauch der Wissenschaft. Für eine klinische Soziologie des wissenschaftlichen Feldes*. Aus dem Französischen von Stephan Egger. Konstanz: UVK.

Bourdieu, P., 2001 [1997]: *Meditationen. Zur Kritik der scholastischen Vernunft*. Aus dem Französischen von Achim Russer. Frankfurt am Main: Suhrkamp.

Brooks, H., 1968: *The Government of Science*. Cambridge, MA: MIT Press.

Brooks, H., 2001: Autonomous Science and Socially Responsive Science. A Search for Resolution. *Annual Review of Energy and the Environment* 26: 29–48.

Brown, M. B., 2015: Politicizing Science. Conceptions of Politics in Science and Technology Studies. *Social Studies of Science* 45: 3–30.

Edgerton, D., 2012: Time, Money, and History. *ISIS* 103: 316–327.

Eichler, M., 2012: Die Wahrheit des Mythos Humboldt. *Historische Zeitschrift* 294: 59–78.

Elzinga, A., 2012: Features of the Current Science Policy Regime. Viewed in Historical Perspective. *Science and Public Policy* 39: 416–428.

Flink, T. & D. Kaldewey, 2018: The New Production of Legitimacy. STI Policy Discourses Beyond the Contract Metaphor. *Research Policy* 47: 141–146.

Franzen, M., A. Jung, D. Kaldewey & J. Korte, 2014: Begriff und Wert der Autonomie in Wissenschaft, Kunst und Politik. In: Dies. (Hrsg.), *Autonomie revisited. Beiträge zu einem umstrittenen Grundbegriff in Wissenschaft, Kunst und Politik*. 2. Sonderband der Zeitschrift für Theoretische Soziologie (ZTS). Weinheim: Beltz Juventa, S. 5–28.

Funtowicz, S. O. & J. R. Ravetz, 1993: Science for the Post-Normal Age. *Futures* 25: 739–755.

Galison, P., 2008: Ten Problems in History and Philosophy of Science. *ISIS* 99: 111–124.

Gibbons, M., C. Limoges, H. Nowotny, S. Schwartzman, P. Scott & M. Trow, 1994: *The New Production of Knowledge. The Dynamics of Science and Research in Contemporary Societies*. London: Sage.

Godin, B., 2006: The Linear Model of Innovation. The Historical Construction of an Analytical Framework. *Science, Technology, & Human Values* 31: 639–667.

Godin, B., 2017: *Models of Innovation. The History of an Idea*. Cambridge, MA: MIT Press.

Guston, D. H., 2000: *Between Politics and Science. Assuring the Integrity and Productivity of Research*. Cambridge: Cambridge University Press.

Hagner, M. (Hrsg.), 2012: *Wissenschaft und Demokratie*. Berlin: Suhrkamp.

Hessels, L. K., H. v. Lente & R. Smits, 2009: In Search of Relevance. The Changing Contract between Science and Society. *Science and Public Policy* 36: 387–401.

Humboldt, W. v., 1903: Über die innere und äussere Organisation der höheren wissenschaftlichen Anstalten in Berlin. In: *Gesammelte Schriften, Band X*. Berlin: Behr, S. 250–260.

Kaldewey, D., 2013a: *Wahrheit und Nützlichkeit. Selbstbeschreibungen der Wissenschaft zwischen Autonomie und gesellschaftlicher Relevanz*. Bielefeld: transcript.

Kaldewey, D., 2013b: „Tackling the Grand Challenges". Reflections on the Responsive Structure of Science. Paper for the ECRC EU-SPRI Conference „Science dynamics and research systems. The role of research in meeting societal challenges". Madrid.

Kaldewey, D., 2014: Die Autonomie der Wissenschaft als semantischer Raum. Differenzierungsprozesse zwischen Antike und Renaissance. In: Franzen, M. et al. (Hrsg.), *Autonomie revisited. Beiträge zu einem umstrittenen Grundbegriff in Wissenschaft*, Kunst *und Politik*. 2. Sonderband der Zeitschrift für Theoretische Soziologie (ZTS). Weinheim: Beltz Juventa, S. 115–142.

Kaldewey, D., 2015: Die responsive Struktur der Wissenschaft. Ein Kommentar. In: Matthies, H., D. Simon & M. Torka (Hrsg.), *Die Responsivität der Wissenschaft. Wissenschaftliches Handeln in Zeiten neuer Wissenschaftspolitik*. Bielefeld: transcript, S. 209–230.

Kaldewey, D., 2017: Von Problemen zu Herausforderungen. Ein neuer Modus der Konstruktion von Objektivität zwischen Wissenschaft und Politik. In: Lessenich, S. (Hrsg.), *Geschlossene Gesellschaften. Verhandlungen des 38. Kongresses der Deutschen Gesellschaft für Soziologie in Bamberg 2016*, S. 1–11.

Kaldewey, D., 2018: The Grand Challenges Discourse. Transforming Identity Work in Science and Science Policy. *Minerva* 56: 161–182.

Kaldewey, D., D. Russ & J. Schubert, 2015: Following the Problems. Das Programm der Nachwuchsforschergruppe „Entdeckung, Erforschung und Bearbeitung gesellschaftlicher Großprobleme". *FIW Working Paper 2*. Bonn.

Kitcher, P., 2011: *Science in a Democratic Society*. Amherst, New York: Prometheus Books.

Knorr Cetina, K., 1992: Zur Unterkomplexität der Differenzierungstheorie. Empirische Anfragen an die Systemtheorie. *Zeitschrift für Soziologie* 21: 406–419.

Krohn, W. & G. Küppers, 1989: *Die Selbstorganisation der Wissenschaft*. Frankfurt am Main: Suhrkamp.

Laredo, P., 2007: Revisiting the Third Mission of Universities. Toward a Renewed Categorization of University Activities? *Higher Education Policy* 20: 441–456.

Latour, B., 1995 [1991]: *Wir sind nie modern gewesen. Versuch einer symmetrischen Anthropologie*. Aus dem Französischen von Gustav Roßler. Berlin: Akademie Verlag.

Latour, B., 2005: *Reassembling the Social. An Introduction to Actor-Network-Theory*. Oxford: Oxford University Press.

Lieckweg, T., 2001: Strukturelle Kopplung von Funktionssystemen „über" Organisation. *Soziale Systeme* 7: 267–289.

Limpinsel, M. & D. Kaldewey, 2008: Die Scholastik der Liebe. Über Eichendorffs Novelle „Aus dem Leben eines Taugenichts". *Deutsche Vierteljahrsschrift für Literaturwissenschaft und Geistesgeschichte* 82: 574–597.

Luhmann, N., 1990: *Die Wissenschaft der Gesellschaft*. Frankfurt am Main: Suhrkamp.

Luhmann, N., 1997: *Die Gesellschaft der Gesellschaft*. Frankfurt am Main: Suhrkamp.

Maasen, S. & S. Dickel, 2016: Partizipation, Responsivität, Nachhaltigkeit. Zur Realfiktion eines neuen Gesellschaftsvertrags. In: Simon, D. et al. (Hrsg.), *Handbuch Wissenschaftspolitik*, Wiesbaden: Springer VS, S. 225–242.

Matthies, H., D. Simon & M. Torka (Hrsg.), 2015: *Die Responsivität der Wissenschaft. Wissenschaftliches Handeln in Zeiten neuer Wissenschaftspolitik*. Bielefeld: transcript.

Merton, R. K., 1985 [1942]: Die normative Struktur der Wissenschaft. In: Ders., *Entwicklung und Wandel von Forschungsinteressen. Aufsätze zur Wissenschaftssoziologie*. Frankfurt am Main: Suhrkamp, S. 86–99.

Mirowski, P., 2018. The Future(s) of Open Science. *Social Studies of Science* 48: 171–203.

Nordmann, A., H. Radder & G. Schiemann (Hrsg.), 2011: *Science Transformed? Debating Claims of an Epochal Break*. Pittsburgh: University of Pittsburgh Press.

Nowotny, H., P. Scott & M. Gibbons, 2001: *Re-Thinking Science. Knowledge and the Public in an Age of Uncertainty*. Cambridge: Polity Press.

OECD (2021): *Education at a Glance 2021. OECD Indicators*. Paris: OECD Publishing.

Osrecki, F., 2011: *Die Diagnosegesellschaft. Zeitdiagnostik zwischen Soziologie und medialer Popularität*. Bielefeld: transcript.

Owen, R., P. Macnaghten & J. Stilgoe, 2012: Responsible Research and Innovation. From Science in Society to Science for Society, with Society. *Science and Public Policy* 39: 751–760.

Paletschek, S., 2002: Die Erfindung der Humboldtschen Universität. Die Konstruktion der deutschen Universitätsidee in der ersten Hälfte des 20. Jahrhunderts. *Historische Anthropologie* 10: 183–205.

Pielke, R. A. & R. Byerly, 1998: Beyond Basic and Applied. *Physics Today* 51: S. 42–46.

Rohe, W., 2017: The Contract between Society and Science. Changes and Challenges. *Social Research* 84: 739–757.

Rosenberg, N., 1991: Critical Issues in Science Policy Research. *Science and Public Policy* 18: 335–346.

Schelsky, H., 1971 [1963]: Einsamkeit und Freiheit. Idee und Gestalt der deutschen Universität und ihrer Reform. 2., um einen „Nachtrag 1970" erweiterte Auflage. Reinbek bei Hamburg: Bertelsmann.

Schimank, U., 2011: Gesellschaftliche Differenzierungsdynamiken – ein Fünf-Fronten-Kampf. In: Schwinn, T., C. Kroneberg und J. Greve (Hrsg.), *Soziale Differenzierung. Handlungstheoretische Zugänge in der Diskussion*. Wiesbaden: VS, S. 261–284.

Shapin, S., 1992: Discipline and Bounding. The History and Sociology of Science as Seen through the Externalism-Internalism Debate. *History of Science* 30: 333–369.

Statistisches Bundesamt, 2022: *Bildung und Kultur. Nichtmonetäre hochschulstatistische Kennzahlen* (Fachserie 11, Reihe 4.3.1, 1980–2021).

Stichweh, R., 1994: *Wissenschaft, Universität, Professionen. Soziologische Analysen*. Frankfurt am Main: Suhrkamp.

Stichweh, R., 2013: Differenzierung von Wissenschaft und Politik. Wissenschaftspolitik im 19. und 20. Jahrhundert. In: Ders., *Wissenschaft, Universität, Professionen. Soziologische Analysen*. Neuauflage. Bielefeld: transcript, S. 135–150.

Stichweh, R., 2014: Paradoxe Autonomie. Zu einem systemtheoretischen Begriff der Autonomie von Universität und Wissenschaft. In: Franzen, M. et al. (Hrsg.), *Autonomie revisited. Beiträge zu einem umstrittenen Grundbegriff in Wissenschaft*, Kunst *und Politik*. 2. Sonderband der Zeitschrift für Theoretische Soziologie (ZTS). Weinheim: Beltz Juventa, S. 29–40.

Stichweh, R., 2015: Regionale Diversifikation und funktionale Differenzierung. Zum Arbeitsprogramm des „Forum Internationale Wissenschaft Bonn". *FIW Working Paper* 1. Bonn.

Stokes, D. E., 1997: *Pasteur's Quadrant. Basic Science and Technological Innovation*. Washington, DC: Brookings Institution Press.

Thomas, W. I. & D. S. Thomas, 1928: *The Child in America*. New York, NY: Knopf.

Torka, M., 2015: Responsivität als Analysekonzept. In: Matthies, H., D. Simon & M. Torka (Hrsg.), *Die Responsivität der Wissenschaft. Wissenschaftliches Handeln in Zeiten neuer Wissenschaftspolitik*. Bielefeld: transcript, S. 17–49.

Waldenfels, B., 1999: Symbolik, Kreativität und Responsivität. Grundzüge einer Phänomenologie des Handelns. In: Straub, J. & H. Werbik (Hrsg.), *Handlungstheorie. Begriff und Erklärung des Handelns im interdisziplinären Diskurs*. Frankfurt, New York: Campus, S. 243–260.

Wehling, P., 2014: Reflexive Autonomie der Wissenschaft. Eine feldtheoretische Perspektive mit und gegen Bourdieu. In: Franzen, M. et al. (Hrsg.), *Autonomie revisited. Beiträge zu einem umstrittenen*

Grundbegriff in Wissenschaft, Kunst *und Politik*. 2. Sonderband der Zeitschrift für Theoretische Soziologie (ZTS). Weinheim: Beltz Juventa, S. 62–87.

Weingart, P., 1983: Verwissenschaftlichung der Gesellschaft – Politisierung der Wissenschaft. *Zeitschrift für Soziologie* 12: 225–241.

Weingart, P., 2001: *Die Stunde der Wahrheit? Zum Verhältnis der Wissenschaft zu Politik, Wirtschaft und Medien in der Wissensgesellschaft*. Weilerswist: Velbrück.

Ziman, J., 2000: *Real Science. What it is, and what it means*. Cambridge: Cambridge University Press.

Tanja Paulitz und David Meier-Arendt

3 Geschlechterforschung und Wissenschaftsforschung

Als Produktionsstätte legitimen Wissens über Menschen, Natur und Soziales nimmt die Wissenschaft spätestens seit der Neuzeit eine besondere Rolle in der modernen Gesellschaft ein. Wissenschaftliches Wissen gilt, anders als etwa religiöser Glaube, als zentrale und verbindliche Instanz der Produktion von objektiv gültigem Wissen. Dieses gültige, auf individueller Leistung beruhende Wissen stellt bis in die Gegenwart hinein die Basis für ökonomische Innovationen (siehe auch Kapitel 8, Böschen) und für politische Entscheidungen dar (siehe auch Kapitel 6, Schubert).

Aufgrund dieser besonderen Bedeutung der Wissenschaft innerhalb der modernen westlichen Gesellschaft nehmen die Fragen, wer oder was das Subjekt der Wissenschaft ist, wer oder was das Objekt dieses Wissens ist und wie Letzteres produziert wird, einen zentralen Stellenwert ein. Wer gilt als autorisiert? Was gilt als verbindliches Wissen? Welche Bedeutung hat dieses Wissen für die Allgemeinheit, etwa im Rahmen politischer Entscheidungen? Es liegt auf der Hand, dass sich auch feministische Bewegungen früh damit beschäftigt haben, welches Wissen die Wissenschaft über Frauen, Männer und Geschlechterbeziehungen zu Tage fördert. „Sind Sie sich dessen bewußt, daß Sie vielleicht das am meisten diskutierte Lebewesen des Universums sind?" fragte die englische Schriftstellerin Virginia Woolf in ihrem Essay „A room of one's own" (Woolf 1991 [1929]: 32), das zu einem wichtigen Pioniertext der zweiten Welle der Frauenbewegung in den 1970er Jahren wurde. Woolf hatte wissenschaftliche Veröffentlichungen untersucht und festgestellt, dass sie gespickt waren mit Vorurteilen über die angebliche Minderwertigkeit von Frauen und über die Überlegenheit von Männern.

Ein weiterer wichtiger Meilenstein frauenpolitischen Denkens bestätigt diesen Befund. Im 1949 erschienenen Buch „Das andere Geschlecht" (*Le deuxième sexe*) schrieb die französische Philosophin Simone de Beauvoir, dass es dem, was die Wissenschaft über Geschlecht im Allgemeinen und über Frauen im Besonderen „weiß", kritisch auf den Zahn zu fühlen gelte. Genau das wurde ab den 1970er Jahren im Rahmen der feministischen Forschung systematischer verfolgt. Ihre Ergebnisse haben wesentlich zu einem besseren Verständnis jenes Anteils beigetragen, den die Wissenschaften an der Herstellung und Aufrechterhaltung von gesellschaftlichen Geschlechterhierarchien und kulturellen Geschlechtervorstellungen haben. Das vorliegende Kapitel soll in einige wichtige Erkenntnisse aus diesem Gebiet einführen.

https://doi.org/10.1515/9783110713800-003

Grundsätzlich schließt dieses Gebiet an paradigmatische Einsichten der Gender Studies[1] an, die Geschlecht nicht einfach als außergesellschaftlich gegebenen und unveränderlichen Sachverhalt betrachten, sondern als sozial hergestellt, strukturell verankert, alltäglich immer wieder reproduziert und im Alltagswissen sedimentiert. Die sozialwissenschaftliche Geschlechterforschung beziehungsweise die Gender Studies sprechen daher auch von Geschlecht als einer gesellschaftlichen „Strukturkategorie" (Beer 1991) oder von *gender* als dem sozial konstruierten Geschlecht. Weite Teile der Gender Studies gehen heute (unter anderem im Anschluss an Judith Butler) davon aus, dass selbst die Auffassungen über die Biologie des Geschlechts auf soziale Konstruktionsprozesse zurückzuführen sind. Wenn das so ist – und die Wissenschaftsforschung versteht ja wissenschaftliches Wissen stets als gesellschaftliches Produkt –, dann hat das auch für die (Natur-)Wissenschaft eine praktische Bedeutung. Dann muss die Art und Weise, wie die soziale Konstruktion von Geschlecht die Wissenschaft als Teilbereich der sozialen Welt beeinflusst (Paulitz 2012a: 165), näher betrachtet werden und es muss erklärt werden, inwiefern die Produktion von wissenschaftlichem Wissen an der Konstruktion von Geschlecht Anteil hat (Paulitz 2012b). Hier kommt, wie wir noch sehen werden, gerade auch die feministische Untersuchung der Biologie als Wissenschaft und ihr Wissen über das biologische Geschlecht ins Spiel. Vor dem Hintergrund dieser Annahmen wird jedoch bereits erkennbar, dass die feministische Analyse der Wissenschaften und die allgemeinere Theoriebildung der Gender Studies in einem engen Austauschprozess stehen.

Dieser Austauschprozess ist entsprechend konstitutiv für die Herausbildung der wissenschaftlichen Teildisziplinen und Forschungsfelder, die sich mit diesem Thema beschäftigen: der wissenschaftssoziologischen Geschlechterforschung im Schnittfeld von Soziologie und Gender Studies, der feministischen Wissenschafts- und Technikforschung (F-STS), sowie der feministischen Wissenschaftstheorie und -philosophie. Entstanden ist dieses Forschungsfeld, abgesehen von historisch weiter zurückliegenden Einzelbeiträgen, im Kontext der zweiten Frauenbewegung der 1970er Jahre und der sich herausbildenden Frauenforschung an Hochschulen zunächst vor allem in den USA und in Europa. Die Beschäftigung mit der „Wissenschaft" war für die frühen Frauenforscher*innen kein Nebenschauplatz. Denn diese nimmt in der modernen bürgerlichen Gesellschaft eine besondere Stellung ein: Sie gilt als Ort meritokratischer, das heißt streng auf individueller Leistung begründeter Anerkennung sowie der daran gebundenen Verteilung von Ressourcen. Sie gilt auch als zentrale Instanz der Produktion gültigen Wissens. Die Frage, ob und wie Wissenschaft

---

[1] In diesem Artikel werden Geschlechterforschung und Gender Studies synonym verwendet. Für eine ausführlichere Darstellung der Paradigmen, Kontroversen und Genealogien der Frauen-/Geschlechterforschung siehe Paulitz (2016).

also ihre Ressourcen (un-)gleich auf die Geschlechter verteilt und welches Wissen sie über Geschlecht hervorbringt, ist daher bis heute zentral für die soziologische Geschlechterforschung.

Die wesentlichen Fragen dieses Forschungsfeldes richten sich daher auf folgende Aspekte: Wie sieht die strukturelle Lage der Geschlechter in den Wissenschaften aus? Wie produzieren wissenschaftliche Kulturen Geschlechterungleichheit? Und welche Rolle spielt Geschlecht im Wissen der Wissenschaften? Diese drei Leitfragen orientieren sich an der systematischen Einteilung der Erforschung der Geschlechterdimension, wie sie von führenden Wissenschaftler*innen vorgeschlagen wurde (Harding 1990 [1986]; Keller 1995; Schiebinger 2000 [1999]). Diese drei Aspekte sollen nun im Folgenden genauer aufgeschlüsselt werden.

Zur strukturellen Lage der Geschlechter in den Wissenschaften

Historisch betrachtet hatten Frauen lange Zeit keinen Zugang zu den höheren Bildungseinrichtungen. Sie erhielten diesen in bürgerlich-westlichen Gesellschaften nur schrittweise, zumeist seit Anfang des 20. Jahrhunderts, und konnten so erst allmählich jene Qualifikationen erwerben, die ihnen auch den formalen Zugang zum Lehrkörper der Universitäten eröffneten. Strukturell stellten sie lange Zeit auch dann noch eine Minderheit dar und arbeiteten häufig unter sehr ungleichen Bedingungen, um ihre Forschungen durchzuführen und Studierende zu unterrichten. Viele Frauen erhielten keine bezahlte Stelle, sondern forschten unter hochgradig unsicheren Bedingungen oder in informellen Arbeitskontexten. Ein gutes Beispiel für diese Zeit und die erschwerten Bedingungen, unter denen manche Frauen Herausragendes leisteten, ist die Kernphysikerin Lise Meitner, die in den 1930er Jahren maßgeblich an der Entdeckung der Kernspaltung beteiligt war.

Lise Meitner (1878–1968)
Lise Meitner war eine der ersten habilitierten Physikerinnen im deutschsprachigen Raum, die unter teilweise stark informellen und prekären Verhältnissen an der Berliner Universität forschte und lehrte. Später leitete sie am Kaiser Wilhelm Institut eine eigene Forschungsabteilung. Trotz zentraler Beteiligung an der Entdeckung der Kernspaltung wurde sie allerdings bei der Verleihung des Nobelpreises im Jahr 1944 für diese kooperative Forschungsleistung vom Nobelpreiskommittee übergangen. Sie war in den internationalen Netzwerken der Physik außerordentlich gut anerkannt, musste jedoch 1938 als Jüdin aus Nazi-Deutschland fliehen und bekam – anders als etliche ihrer männlichen Kollegen in einer ähnlichen Situation – keinen renommierten Lehrstuhl in den USA angeboten, sondern lebte in prekärer Lage in Schweden beziehungsweise erhielt die Einladung auf eine Position an einem wenig angesehenen Frauen-College (Sime 2001).

Grundsätzlich versteht sich die moderne Wissenschaft als meritokratische Institution, die also nicht nach Gutdünken, sondern streng nach der Qualität der Leistung belohnt. Dieses Merkmal, vom „Gründungsvater" der Wissenschaftssoziologie, Robert Merton, als „Universalismus" bezeichnet, bildet eine der zentralen sozialen Normen der Wissenschaft und stellt auch eine zentrale Legitimationsbasis der Institution in modernen Gesellschaften dar. Beispielsweise darf die Herkunft einer Person (ethnische Zugehörigkeit, Geschlecht, Klasse etc.) keine Rolle für die Prüfung von Wahrheitsansprüchen spielen (Merton 1973 [1942]). Merton wies außerdem auf soziale Mechanismen der Normverletzung hin. Das Phänomen, dass bekannte Wissenschaftler zuweilen auch Forschungsleistungen zugesprochen bekommen, die sie nicht oder nicht allein erbracht haben, begreift er als eine Variante des Matthäus-Effekts. Die Vergabe des Physik-Nobelpreises für die Entdeckung der Kernspaltung im Jahr 1944, darauf hat Margret Rossiter (1993) hingewiesen, war ein solcher Fall. Aus der gesamten Forschungsgruppe erhielt nur Otto Hahn diesen Preis, während die übrigen Mitglieder, Lise Meitner und Fritz Straßmann, leer ausgingen. Insofern funktioniere Wissenschaft ähnlich wie im Matthäus-Evangelium beschrieben: „Denn wer da hat, dem wird gegeben werden, dass er die Fülle habe; wer aber nicht hat, dem wird auch das genommen, was er hat". Ähnlich wie die genannte Struktur der Leistungsbewertung reproduziert auch der Matthäus-Effekt die jeweils vorherrschende strukturelle Situation der Ungleichverteilung. Er kann Frauen wie Männer treffen. Allerdings – das zeigt Rossiter auf Basis ausgedehnter biographischer Forschungen – sind Frauen strukturell häufiger und systematischer von den negativen Seiten des Matthäus-Effekts betroffen. Wenn sich etwa Frauen signifikant seltener als Männer in der Leitungsposition von Forschungsteams befinden, steigt die Gefahr, dass ihr Beitrag an der Gesamtleistung der Gruppe ausgeblendet wird. Historisch zeigte sich dieser Effekt besonders auch in solchen Fällen, in denen studierte, fachlich qualifizierte Frauen gemeinsam mit ihren Ehemännern forschten.

Die Lage von Frauen in der Wissenschaft hat sich in den vergangenen Jahrzehnten verändert. Geschlechterverhältnisse an Hochschulen sind noch immer unübersehbar von strukturellen Ungleichverteilungen geprägt. Zwar ist die deutliche Steigerung der Bildungsbeteiligung von Frauen seit Beginn des 20. Jahrhunderts bis heute eine Erfolgsgeschichte. Frauen haben den formalen Zugang zu allen Einrichtungen höherer Bildung erzielt. Die Persistenz der Ungleichheitsstrukturen innerhalb dieser Einrichtungen bleibt jedoch unübersehbar.

Wirft man einen flüchtigen Blick auf die Zahlen, fällt die Ungleichheit in den Strukturen der Institution Wissenschaft nicht sofort auf. So lässt sich trotz des Abbaus von formalen Schranken und der Etablierung von „Frauenförderungsprogrammen" und Gleichstellungsbeauftragten auch heute noch eine vertikale und horizontale Geschlechtersegregation in der Wissenschaft feststellen. Während sich die horizontale Segregation (zahlenmäßige Verteilung der Geschlechter auf unterschiedliche Fächer) vor allem mit einem hohen Anteil von Männern in den sogenannten MINT-Fächern bemerkbar macht, ist die vertikale Segregation (Verortung der Position in der beruflichen Hierarchie) mit einem geringen Anteil von Frauen in hohen Positionen ein fächerübergreifendes Phänomen. Obwohl der Anteil an Frauen, die ein Hochschulstudium beginnen und erfolgreich abschließen, seit Jahren leicht über dem der Männer liegt (Statistisches Bundesamt 2020), lag der Anteil an Frauen, die 2018 eine hauptberufliche Professur innehaben, lediglich bei 24,7 Prozent. Der Frauenanteil an Führungskräften von Fakultäten liegt bei 10 Prozent, und von den 36 universitätsmedizinischen Einrichtungen werden lediglich zwei von Frauen geleitet (GWK 2019; Kortendiek et al 2019; Statistisches Bundesamt 2020). Tabelle 3.1 gibt einen Überblick zur vertikalen Segregation an deutschen Hochschulen.

Tabelle 3.1: Vertikale Segregation an Hochschulen in Deutschland von 2017 bis 2019 (Quelle: Statistisches Bundesamt 2020).

	Frauenanteil in % für das Jahr 2017	Frauenanteil in % für das Jahr 2018	Frauenanteil in % für das Jahr 2019
Studienanfänger*innen	50,8	51,3	51,8
Promotionen	44,8	45,2	45,4
Habilitationen	29,3	31,6	31,9
Hochschulpersonal insgesamt	52,7	53,0	53,6
Hauptberufliche Professor*innen	24,1	24,7	25,6

Diese anhaltende vertikale Segregation wird von einer horizontalen Segregation begleitet, also einer Ungleichverteilung über die Fächer hinweg. In den Sprach- und Kulturwissenschaften liegt mit 74 Prozent der Studienanfängerinnen ein erheblich höherer Frauenanteil vor. In den Ingenieurswissenschaften und in der Mathematik und Naturwissenschaften sieht es dagegen umgekehrt aus. So waren etwa 2015 in den Ingenieurswissenschaften 74,7 Prozent der Studienanfänger*innen männlich, in vielen Fächern, wie etwa in Maschinenbau oder Elektrotechnik, lag der Männeranteil noch deutlich höher (Hobler et al. 2017: 1).

Wissenschaftliche Kulturen, die Ungleichheiten (re-)produzieren

Im vorherigen Absatz wurde die Ungleichheit zunächst beschrieben, jetzt soll systematischer nach Erklärungen für die Persistenz gesucht werden. Besondere Aufmerksamkeit kommt dabei sowohl den Alltagskulturen an Hochschulen als auch den damit verbundenen Vorstellungen zu, was ein wissenschaftliches Subjekt ausmacht. Auch die Frage, wie es dazu kommt, dass die Wissenschaftsgeschichtsschreibung zwar ein gutes Gedächtnis hat, wenn es um die Galerie der großen Helden und Pioniere wissenschaftlicher Errungenschaften geht, sich aber kaum an die von Frauen geleisteten Entdeckungen erinnert, hat etwas mit kulturellen Vorstellungen davon zu tun, was als wissenschaftliche Errungenschaft und wer als Wissenschaftler*in gilt.

Wieso Frauen in der Geschichte der Wissenschaften und Technik „vergessen" werden ...

Ada Lovelace (1815–1852) gilt als wichtige Pionierin der Informationstechnik und als erste Programmiererin in der Geschichte der westlichen Gesellschaften. Sie war lange vergessen, als im 20. Jahrhundert die Entwicklung der Informationstechnik in Schwung kam. Als Vordenker des Computers wurde vielmehr Charles Babbage (1791–1871) in Erinnerung gebracht, mit dem Lovelace zusammenarbeitete. Erst durch die feministische Geschichtsschreibung wurde sie als Pionierin der Informationstechnologie wiederentdeckt. Ihr Beitrag zur Entwicklung der Programmierung war in der Erfolgsgeschichte der wissenschaftlich-technischen Entwicklungen schlichtweg untergegangen. Dieses „Vergessen" ist ein gängiges Strukturmerkmal der Wissenschaftsgeschichtsschreibung, das heute als sozial strukturiertes Phänomen bekannt ist. Doch welche kulturellen Mechanismen sind hier am Werk, welche die Geschichte und damit das kulturelle Gedächtnis über die wissenschaftlichen und technischen Errungenschaften auf so systematische Weise lückenhaft werden lassen?

Die Erklärung für solche Phänomene des Vergessens liegt, wie man heute weiß, nicht in einer vermeintlichen Differenz von Frauen und Männern, also in der Annahme, Frauen betrieben Wissenschaft auf eine irgendwie andere, „weibliche" Art und Weise, die eben nicht Teil der „eigentlichen" Wissenschaften sei. Ebenso wenig ist davon auszugehen, dass Männer die Leistung von Frauen bewusst ausklammern oder nicht anerkennen. Vielmehr wurde in den letzten Jahren an vielen historischen Fällen die hohe Bedeutung kultureller Mechanismen erforscht, die das Schreiben von Geschichte und damit natürlich auch das Schreiben von Wissenschafts- und

Technikgeschichte geprägt haben. Wie trifft diese Geschichtsschreibung ihre Auswahl? Welche Maßstäbe werden an die Bewertung fachlicher Beiträge angelegt und wie spielen hier kulturelle Vorstellungen davon hinein, was ein „wirklicher" wissenschaftlicher Beitrag und was bloße Zuarbeit ist? Oder es muss entschieden werden, welcher Beitrag als originell und eigenständig und welcher als epigonal oder bloß mechanische Anwendung von Regeln zu gelten habe. Ausgehend von dieser Überlegung wurde in der feministischen Wissenschafts- und Technikforschung aufgezeigt, dass die Bewertung der Forschungsleistung nach Geschlecht unterschiedlich erfolgt und die Leistung von Frauen dabei regelmäßig als vermeintlich nicht eigenständig, nicht originell oder schlicht nicht „wissenschaftlich" in die zweite Reihe verwiesen wird. Zwar waren die Kriterien historisch und kontextabhängig nicht immer dieselben, zwar können die Standards zwischen Fachkulturen differieren, aber das Ergebnis, die Abwertung des Beitrags von Frauen, war oft dasselbe. Daher wird davon ausgegangen, dass *kulturelle* Vorstellungen von Geschlecht und *symbolische* Bewertungen wissenschaftlicher Leistungen in einem engen Zusammenhang stehen.

Eleanor A. Lamson (1875–1932)
Eine nähere Untersuchung einer solchen exkludierenden Wissenschaftskultur bietet die Studie von Naomi Oreskes (1996) über den Fall der US-amerikanischen Mathematikerin und Astronomin Eleanor A. Lamson. Lamson arbeitete in den 1920er Jahren in einem am US-Marine Observatorium angesiedelten, mit geophysikalischen Themen beschäftigten Forschungsteam. Wie auch im Fall von Lise Meitner blieben die Arbeiten von Lamson für die Nachwelt wie auch für Zeitgenossen unsichtbar. Oreskes zeigt auf, dass das Problem nicht darin bestand, dass Lamsons Leistung dem wissenschaftlichen Ideal objektiver Erkenntnis nicht entsprochen habe. Im Gegenteil: Lamson lieferte alle wesentlichen mathematischen Beiträge zur gemeinsamen Forschung. Vielmehr wird bei genauerer Betrachtung erkennbar, dass die Leistungen Lamsons im Bereich der Geowissenschaften gerade *aufgrund* ihrer Objektivität unsichtbar blieben. Wie kann das sein? Lamson forschte in einem Kontext, in dem wissenschaftliche Leistungen zum einen vom Zugang zu militärischen Anlagen abhängig waren, der Frauen untersagt wurde, und der zum anderen geprägt war durch eine männlich codierte Fachkultur des heroischen Wissenschaftlers, der für seine Messungen auf hoher See Leib und Leben riskiert. Auf diese Weise erhielten nur diejenigen Mitglieder des Forschungsteams Anerkennung für die gemeinsamen Entdeckungen, die sich erfolgreich als Helden im Kampf mit den Naturgewalten präsentierten. In der Veröffentlichung der Forschungsergebnisse des Teams erschien Lamsons Beitrag bloß als mathematischer Anhang und wurde nicht als originär wissenschaftliche Leistung bewertet (Paulitz 2015). Dieser Fall verdeutlicht die Funktionsweise kulturell bedingter Prozesse der Marginalisierung. Er illustriert die geschlechtshierarchisierenden Bewertungsmechanismen, denen Frauen in der Wissenschaft ausgesetzt waren und teilweise heute noch sind.

Diese Überlegungen bieten eine analytische Hintergrundfolie, die den Diskurs um Geschlecht in der Wissenschaft weg von dem Zählen der Köpfe und hin zu den kulturellen und diskursiven Praktiken symbolischer Distinktion innerhalb der Fachkulturen lenkt.

Kulturelle Faktoren der Persistenz struktureller Ungleichverteilung

Warum entsteht trotz formaler Gleichheit keine strukturelle Gleichverteilung? Warum bleibt trotz Abbaus formaler Zugangsbarrieren die vertikale und horizontale Segregation bestehen? Um diese Fragen wissenschaftlich plausibel zu beantworten, wurden in der Forschung unterschiedliche, teilweise weit auseinandergehende, Erklärungsansätze ausgearbeitet. Dabei wird die im Alltagswissen verankerte Auffassung, Frauen würden sich in erster Linie aufgrund der Schwierigkeit, Beruf und Familie miteinander zu vereinbaren, gegen die Wissenschaft entscheiden, in der Geschlechterforschung mittlerweile stark in Frage gestellt. Zwar existieren zweifellos weiterhin eklatante Defizite, wenn es um eine gesellschaftlich-strukturelle Care-Krise geht (Winker 2015) und zweifellos schultern Frauen gesamtgesellschaftlich betrachtet nach wie vor den größten Teil der Reproduktionsarbeit. Es ist auch richtig, dass gerade die Wissenschaft im Ruf steht, von ihren Mitgliedern vollen Einsatz zu verlangen und sich ohne Einschränkung ganz der Forschung zu widmen. Doch wurden etliche empirische Belege gegen die These vorgebracht, es sei primär das Erfordernis der Vereinbarkeit, das Frauen von einer Wissenschaftskarriere abhalte. In der wissenschaftssoziologischen Geschlechterforschung wird vielmehr nachdrücklich dafür plädiert, die soziale Praxis der Wissenschaft selbst auf ihre exkludierenden Wirkungen hin zu betrachten.

Viele Arbeiten zeigen die Verwobenheit von strukturellen Bedingungen mit kulturellen Orientierungen, etwa bezogen auf die Fachkultur (Heintz et al. 2004; Gilbert 2009; Paulitz 2015) oder bezogen auf die informellen Regeln der Personalauswahl (Metz-Göckel 2007). Auch was die Vereinbarkeitsthematik angeht, konnte herausgefunden werden, dass es nicht zwangsläufig oder allein strukturelle Hindernisse sind, die das Ausbalancieren von Wissenschaft und Care-Verpflichtungen behindern, sondern kulturelle Faktoren, wie beispielsweise die Zuschreibung von Familienverpflichtungen an Frauen, eine wichtige Rolle spielen (Paulitz et al. 2015). Eine weitere wichtige und in der Forschung adressierte Barriere ist die mangelnde Einbindung von Frauen in die informellen Netzwerke der *scientific community* (Leemann 2005; Paulitz & Wagner 2020).

So zeigt etwa der Vergleich von tertiären Bildungssystemen, welchen Einfluss es hat, wie die Bewertung der Leistung von Nachwuchswissenschaftler*innen institutionell organisiert ist. Jutta Allmendinger (2003) vertritt auf Basis international vergleichender Untersuchungen die These, Chancengleichheit steige im Wissenschaftssystem dann, wenn die Leistungserbringung standardisierter und formalisierter erfolgt, zum Beispiel in Form zentralisierter Prüfungen. Oder umgekehrt formuliert: In stark informellen Settings reproduziert sich Wissenschaft homosozial nach dem impliziten Leitprinzip „Gleiche fördern Gleiche".

Erklärungen für das Phänomen horizontaler Segregation vor allem in den Ingenieurwissenschaften sind von Seiten der Geschlechterforschung auf Basis von Analysen
des Ingenieurstudiums und seiner Curricula gegeben worden. Vorliegende Forschungsarbeiten argumentieren, dass politische Maßnahmen und Reformansätze dann zu kurz
greifen, wenn sie sich vorwiegend auf die Mobilisierung der Frauen richten und die
spezifischen fachkulturellen Charakteristika im Sinne implizit tradierter und institutionell verankerter Relevanzen, Standards und informeller Praxisformen in ihrer Bedeutung für die geschlechtsspezifische Studienwahl außer Acht lassen (Gilbert 2009).

Die wissenschaftssoziologische Geschlechterforschung hat hier insbesondere auch
an die kultursoziologischen Arbeiten von Pierre Bourdieu (1982 [1979]) angeknüpft,
um Wissenschaft als Kultur zu untersuchen und um das *doing science* als *doing gender*
zu beschreiben (Krais 2000; Beaufaÿs & Krais 2005). Wissenschaft wird dabei als soziales Feld verstanden, in dessen Fachkulturen gesellschaftliche Geschlechterverhältnisse
reproduziert werden. Richtungsweisend hierfür war unter anderem die Studie von
Steffani Engler (1993). Sie hat in einer quantitativen fächervergleichenden Untersuchung einen Zusammenhang zwischen den inkorporierten geschlechtsspezifischen
Dispositionen der Akteure einerseits und dem Zugang zu beruflichen Positionen andererseits festgestellt. In der Männerdomäne Technik beispielsweise werden Frauen
durch die „feinen Unterschiede" zwischen den Geschlechtern, die sozial hergestellt
werden, marginalisiert. Geschlecht wirke als soziale Strukturkategorie in die Hochschule hinein und mehr oder weniger parallel zu fachlichen Prägungen. In einer jüngeren, qualitativ ausgerichteten Studie wird argumentiert, dass die Wissenschaft
(unter Berücksichtigung disziplinärer Varianzen) bestimmte feldspezifische Logiken
und Praxisformen aufweist, die Frauen den Weg zur Professur sowohl in natur- als
auch in geisteswissenschaftlichen Disziplinen deutlich erschweren (Beaufaÿs 2003).

Wie man sich im Alltag einen Wissenschaftler vorstellt ...

Eine wichtige Rolle für die Ungleichverteilungen nach Geschlecht spielen auch kulturelle Vorstellungen vom wissenschaftlichen Subjekt. Wer wird als Subjekt der Erkenntnis gesehen? Welche Bilder von diesem Subjekt sind alltagskulturell repräsentiert?
Allzu häufig entspricht, wie Londa Schiebinger (2000 [1999]) ausführt, das populäre
Bild des Wissenschaftlers einer standardisierten Variante des weltabgekehrten Experten im naturwissenschaftlichen Labor. So zeichne eine ältere Untersuchung aus den
1950er Jahren an US-amerikanischen Schulen folgendes Bild:

> The scientist is a man who wears a white coat and works in a laboratory. He is elderly or
> middle aged and wears glasses. He is small, sometimes small and stout, or tall and thin. He may
> be bald. He may wear a beard, may be unshaven and unkempt. He may be stooped and tired.

He is surrounded by equipment: test tubes, bunsen burners, flasks and bottles, a jungle gym of blown glass tubes and weird machines with dials ...

He spends his days doing experiments ... he writes neatly in black notebooks ...

One day he may straighten up and shout: ‚I've found it! I've found it!‘ ... Through his work people will have new and better products ... he has to keep dangerous secrets ... his work may be dangerous ... he is always reading a book. (Mead & Metraux 1957: 386 f.).

In den 1980er Jahren habe eine andere Untersuchung, in der Schüler*innen in Australien befragt wurden, dieses Bild weitgehend bestätigt (siehe Abbildung 3.1).

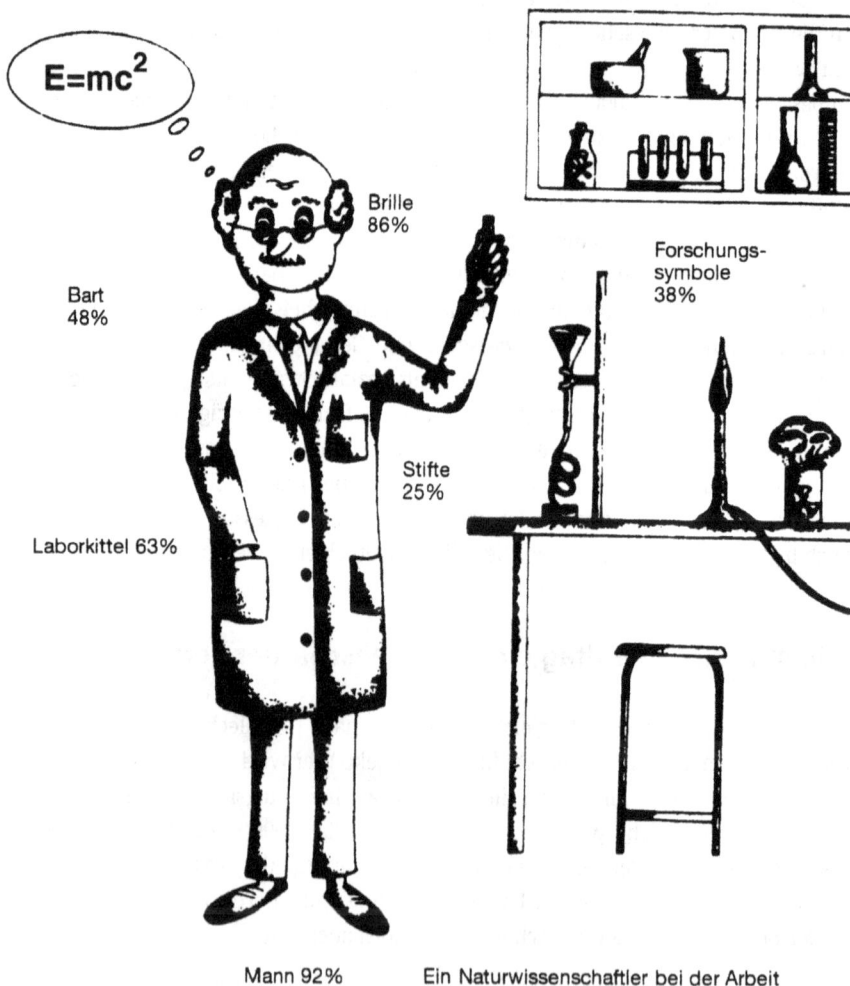

Abbildung 3.1: Ergebnisse der Aufgabenstellung: „Zeichne einen Naturwissenschaftler" (Quelle: Kahle 1987; zit. nach Schiebinger 2000 [1999]: 104).

Erst in jüngerer Zeit hat sich dieses Bild etwas verändert. In den Medien zum Beispiel werden Wissenschaftler*innen nun auch etwas häufiger als sozial kompetent, smart und durchaus gepflegt dargestellt. Das Bild des weltabgewandten Einzelgängers ist zwar nicht völlig verschwunden, prägt aber nicht mehr systematisch unsere Vorstellungen von Wissenschaftler*innen. Immer häufiger treten auch Frauen als Wissenschaftlerinnen ins Blickfeld medialer Darstellungen, besonders beliebt etwa in der Rolle als unerschrockene und streng objektive forensische Medizinerin. Die populären Darstellungen der Wissenschaft, zum Beispiel in einigen derzeit überaus erfolgreichen TV-Serien, zeigen neben der Persistenz früherer Muster auf der symbolischen Ebene zugleich einen vielschichtigen Wandel an.

Fachkulturelle Leitbilder bleiben prä-reflexiv

Die in den Fachkulturen an Hochschulen und Universitäten erkennbaren Geschlechterasymmetrien treten selten in Form offener diskriminierender Äußerungen und Exklusionen in Erscheinung. Ein empirisch breit angelegter Vergleich hat Subjektvorstellungen in den Leitbildern von Fächern untersucht und hierfür Fachvertreter*-innen unterschiedlicher Fachgebiete in den mathematisch-naturwissenschaftlichen und ingenieurwissenschaftlichen Bereichen interviewt (Paulitz et al. 2015). In diesen Interviews kommen solche kulturellen Vorstellungen über ein Fach allerdings selten offen zum Ausdruck, sondern müssen analytisch rekonstruiert werden. So sprechen die Befragten in aller Regel ganz „geschlechtsneutral" davon, was in ihrem Forschungsgebiet wichtig ist, was „zählt" und welche Kenntnisse und Fähigkeiten im Mittelpunkt stehen. Allein hier wird eine beachtliche Bandbreite an wissenschaftlichen Leitbildern in den unterschiedlichen Fächern erkennbar. Zum Beispiel erweisen sich für grundlagenorientierte Fachrichtungen häufig die Nähe zur Mathematik oder ein intrinsisches Interesse als besonders bedeutsam. Kommt man dann im Interview irgendwann auf die Frage der Partizipation von Frauen zu sprechen, so wird erst in diesem Gesprächskontext das jeweilige Leitbild des Fachs geschlechtlich konnotiert. Und auch was die inhaltlichen Aspekte der Geschlechtersymbolik angeht, zeigen sich große Diskrepanzen und im übergreifenden Fächervergleich auch inhaltliche Widersprüche (Paulitz et al. 2015: 221). Der Vergleich förderte demgegenüber hochgradig flexible und variable und heterogene Konstruktionsweisen des männlich codierten Natur- und Technikwissenschaftlers zutage.

Es gibt demnach kein übergreifendes, fern jeder fachlichen Orientierung konstruiertes kulturelles Stereotyp der Frau, das die Vielfalt wissenschaftlicher Fachrichtungen durchzieht. Hingegen wird je nach Forschungskontext und je nach Leitbild die Marginalität von Frauen anders erklärt. Mal sei es die intrinsische Neugierde, an der es Frauen mangele, mal technisches Interesse, mal die mathematischen Kenntnisse.

Es ist nun interessant, dass es sich stets um genau die für das jeweilige Fach zuvor als zentral erachtete Fähigkeit, handelt, die Frauen abgesprochen wird. Erneut – kultur-soziologisch gesprochen – wird Frauen nicht zuerkannt, über das jeweils im Fach be-deutendste symbolische Distinktionskriterium zu verfügen.

Diese Untersuchungen verdeutlichen, dass solche symbolischen Verknüpfun-gen von Fach und Geschlecht nur selten bewusste Formen von sexistischer Aus-grenzung darstellen. Ihre Wirkungsmacht scheinen sie eher dadurch zu entfalten, dass sie mit kulturell prä-reflexiv funktionierenden, situativ hervorgebrachten Zuordnungen und Mustern operieren, die den Beteiligten vollkommen selbstver-ständlich erscheinen und daher weitgehend unhinterfragt bleiben. Reflektierbar werden sie erst auf Grundlage einer Analyseperspektive, die nicht von vornher-ein definiert, was „männlich" oder „weiblich" oder was fachlich „relevant" ist, sondern die unvoreingenommen rekonstruiert, wie die jeweiligen Vorstellungen von Fach und Geschlecht im Wissenschaftsbetrieb selbst gebildet und als fachkul-turelle Vorstellungen miteinander verwoben werden.

Geschlecht im Wissen der Wissenschaften

Etliche einflussreiche Arbeiten der feministischen Wissenschafts- und Technik-forschung sowie in der feministischen Wissenschaftsphilosophie wendeten sich verstärkt der Wissensebene der Wissenschaften zu. Auch hinsichtlich erkennt-nistheoretischer Fragen wurde über die Bedeutung von Geschlechterverhältnis-sen nachgedacht.

Bereits in den 1980er Jahren wurden in der Frauenforschung erkenntnistheo-retische Fragen gestellt und Wissenschaftskritik geübt an der durch Männer ge-prägten Mainstream-Wissenschaft sowie der damit verbundenen Position des Subjekts der Erkenntnis. Es war vor allem die Philosophin Sandra Harding (1990 [1986]), die die Diskussion stark vorangetrieben hat. Ihre erkenntnistheoretisch ausgerichteten Überlegungen und die damit verbundenen Debatten können hier nicht eingehend erläutert werden. Wichtig ist jedoch, dass diese frühen An-sätze dazu beigetragen haben, über Fragen der sozialen Ungleichverteilung inner-halb der Wissenschaft hinaus die „normale" Wissenschaft, ihre Voraussetzungen, Wissenssysteme und Methoden einer kritischen Betrachtung zu unterziehen und die mit gesellschaftlichen Geschlechternormen verbundenen Prägungen wissenschaftli-cher Theorien zu analysieren. Ebenso wurden die Möglichkeiten einer feministisch orientierten Forschung erwogen (Singer 2005). Das zentrale Erkenntnisinteresse richtet sich vornehmlich auf zwei Fragestellungen: Erstens darauf, wie im Alltags-wissen verankerte kulturelle Vorstellungen von Geschlecht unhinterfragt in die wissenschaftliche Erkenntnisgewinnung einfließen und, zweitens, wie sich die Wissenschaften an der Konstruktion von Geschlecht beteiligt haben beziehungsweise beteiligen.

Zusammenfassend formuliert interessiert sich Geschlechterforschung damit für die Art und Weise, wie die Wissenschaften die Reproduktion, Naturalisierung und Legitimation der gesellschaftlichen Geschlechterunterscheidung und -hierarchie in der modernen westlichen Gesellschaft mit befördert und teilweise bis heute zementiert haben. Um diese Perspektive zu illustrieren, wird im Folgenden exemplarisch jeweils ein knapper Blick in so unterschiedliche Bereiche wie Biologie, Archäologie oder Physik geworfen, um abschließend noch auf die Frage der Fabrikation von Hybriden zwischen Natur und Kultur in den heutigen naturwissenschaftlichen Laboren einzugehen.

Biologie

Als besonders ertragreich hat sich die kritische Betrachtung der Konstruktionen des „natürlichen" Geschlechtsunterschieds (*sex*) in der Biologie erwiesen. Die Geschlechterforschung hat damit genau jenes Fundament, nämlich die Vorstellung einer eindeutigen Natur des Geschlechts, ins Visier genommen, mit dem die moderne bürgerliche Gesellschaft historisch in der Folge der Aufklärung die gesellschaftliche Trennung in eine öffentliche Sphäre der Produktion und eine private Sphäre der Reproduktion legitimierte und Frauen qua Natur aus Erstgenannter ausschloss. In Arbeiten der feministischen Erkenntnistheorie konnte gezeigt werden, dass die im Alltagswissen verankerte Annahme, es würden zwei, und zwar ausschließlich zwei, einander entgegengesetzte Geschlechter existieren, eine Norm darstellt, die auch die „Fabrikation von Erkenntnis" in der Biologie strukturiert. Ein zentrales Ergebnis der kritischen Analyse ist die These, dass auf einer physiologischen Ebene nicht eindeutig zwei voneinander unterscheidbare Geschlechter ausgemacht werden können, sondern dass Geschlecht biologisch ein äußerst komplexes Phänomen ist. Am Fall „Intersexualität", das heißt am Beispiel von Körpern, die sowohl „weibliche" als auch „männliche" Geschlechtsmerkmale aufweisen, resümiert die US-amerikanische Biologin Anne Fausto-Sterling:

> Our bodies are too complex to provide clear-cut answers about sexual difference. The more we look for a simple physical basis for ‚sex' [i. e. sexual difference], the more it becomes clear that ‚sex' is not a pure physical category. What bodily signals and functions we define as male or female come already entangled in our ideas about gender. (2000: 4)

Archäologie

Reproduktion, Naturalisierung und Legitimation von Geschlecht findet sich etwa in der Archäologie in den Deutungsmustern vom urzeitlichen Mann als Jäger und Familienernährer. Margaret Conkey und Sarah Williams (1991) etwa haben in ihrer Analyse der impliziten Vorannahmen in der Archäologie die Herkunftsgeschichten als traditionelles Objekt archäologischen Wissens in Frage gestellt. So konnte gezeigt werden, in welchem Maße die moderne bürgerliche Norm der patriarchalen Familienorganisation, die historisch in der heute bekannten Form erst im 19. Jahrhundert dominant wurde, die Interpretation urgeschichtlicher Funde prägte. Geschlechterforschung leistet hier einen entscheidenden Beitrag dafür, dass solche Verzerrungen hinterfragt, und in der Folge der Blick auf urzeitliche Gemeinschaften erweitert und neue Interpretationen entwickelt werden konnten (Schiebinger 2000 [1999]: 171 ff.).

Physik

Etwas anders gelagert ist die Forschung zu solchen Disziplinen, die sich weder mit Menschen noch ausdrücklich mit der Geschlechterfrage beschäftigen. Insbesondere den Erkenntnissen naturwissenschaftlicher Disziplinen wie der Physik, Mathematik und der Chemie attestiert man gemeinhin, besonders frei von gesellschaftlichen Vorprägungen zu sein. Diese Annahme der gesellschaftlichen Neutralität der Naturwissenschaften wurde auch von der klassischen Wissenschaftssoziologie oft mitgetragen, aber seit den 1970er Jahren im Kontext der sozialkonstruktivistischen Wissenschaftsforschung zunehmend hinterfragt. Diese Wende steht im Kontext der so genannten Laborforschung (siehe auch Kapitel 7, Groß), die sich im Rahmen empirisch-ethnographischer Feldforschung *en detail* damit befasste, wie in der naturwissenschaftlichen Alltagspraxis in Laboren Erkenntnis über die Naturgesetze konkret als sozial bedingtes Wissen „fabriziert" (Knorr Cetina 1984 [1981]) wird. Entsprechend konnte in diesem Zusammenhang auch der Blick dafür geschärft werden, dass und wie wissenschaftliche Faktenproduktion eingebettet ist in geschlechtlich codierte Wissenschaftskulturen und institutionelle Praktiken. Exemplarisch lässt sich das an Sharon Traweeks Laborstudie zur Hochenergiephysik (1992 [1988]) und an Petra Luchts qualitativer Untersuchung der Herausbildung epistemischer Autorität an einer nordamerikanischen Elite-Universität im Fach Physik (2004) illustrieren. Beide Arbeiten weisen auf die Bedeutung von geschlechtlich konnotierten Metaphern und Erzählungen in der Physik hin. Traweek hat beispielsweise beobachtet, dass Physiker ihre Forschung häufiger als Liebesaffäre charakterisieren und ihre jahrelange Hingabe an ein Forschungsproblem als (hierarchisches)

Geschlechterverhältnis zwischen dem begehrenden Subjekt und dem begehrten Objekt beschreiben.

> This socially constructed gender difference is used by many scientists to define the relation between themselves and their love object. The scientist is persistent, dominant, and aggressive, ultimately penetrating the corpus of secrets mysteriously concealed by a passive, albeit elusive nature. The female exists in these stories only as an object for a man to love, unveil, and know. (Traweek 1992 [1988]: 103)

Lucht weist auf die Relevanz von Geschichten „großer Männer" des Fachs und des jeweiligen Instituts für die Professionalisierung des wissenschaftlichen Nachwuchses hin. Junge Physiker*innen sind auf diese Weise gefordert, sich in diese Tradition großer Leistungen und mithin in eine autorisierte Wissenstradition einzureihen. Die Beispiele zeigen, dass nicht allein die soziale Figur des „Wissenschaftlers", sondern auch Praktiken der Wissensproduktion sowie Wissensterritorien geschlechtlich codiert sein können. Umgekehrt werden solche latenten Vergeschlechtlichungen wieder gesellschaftlich wirksam, da sie als wissenschaftlich fundiert und daher als objektiv und wahr gelten.

In den Laboren der Technowissenschaften entstehen Mischwesen

Auf der Ebene der Objekte der Wissenschaften sehen wir insbesondere an den Beispielen aus der Biologie, wie stark wissenschaftliche Fakten und geschlechtlich aufgeladene Wissensbestände des Alltagswissens miteinander verwoben sind. Auf diesen Zusammenhang hat vor allem die US-amerikanische Wissenschaftsforscherin Donna Haraway aufmerksam gemacht. Haraway (1995) hat sich mit wissenschaftlichen Feldern beschäftigt, die unter dem Begriff *technoscience* rangieren und in denen Natur- und Technikwissenschaften seit 1945 immer stärker konvergiert sind. Internationale Aufmerksamkeit erfuhr ihre Arbeit vor allem auch dafür, dass sie den hybriden Charakter der Produkte technowissenschaftlicher Forschung herausstellte. Denn die Produkte der Technowissenschaften, zum Beispiel eine Labormaus als speziell für Laborversuche gezüchtetes Tier, können weder eindeutig der Natur noch der Kultur zugeordnet werden. Damit steht auch ihre „Geschlechtsnatur" zur Disposition, da sie zu einer Sache der konstruktiven (technischen) Bearbeitung im Labor geworden ist. Haraways Arbeiten zeigen somit auch das Veränderungspotential auf, das von den wissenschaftlichen Laboren gegenwärtig ausgeht. Denn in einer durch solche Hybride und „Cyborgs" (Haraway 1995: 33–72) bevölkerten Welt kann nicht länger von einer einfach gegebenen Natur ausgegangen werden. Interessant für die Geschlechterforschung ist daher, ob und wie Objekte im Zuge ihrer Herstellung „vergeschlechtlicht" werden, das heißt wie ihnen ein Geschlecht zugeschrieben wird, und welche gesellschaftlichen Vorstellungen von Geschlecht dabei genau ins Spiel kommen.

Schlussbetrachtung

Die vorgestellten Konzepte, Begriffe, Forschungen und Perspektiven zeigen die Relevanz der Geschlechterforschung für die Wissenschaftsforschung. Mit der Kategorie Geschlecht lassen sich so nicht nur Ein- und Ausschlussmechanismen in der institutionalisierten Wissenschaft, etwa an Universitäten, untersuchen, sondern auch die alltagskulturellen Prägungen von wissenschaftlicher Praxis bis hin zu der Rolle von Geschlecht auf der Ebene des wissenschaftlichen Wissens. Zugleich hat die Wissenschaftsforschung mit ihrem Blick auf die sozialen und kulturellen Voraussetzungen der Entstehung wissenschaftlichen Wissens die Geschlechterforschung in hohem Maße vorangebracht, indem etwa auch die Produktion wissenschaftlichen Wissens über das biologische Geschlecht in der Biologie zum Gegenstand kritischer Analyse gemacht wurde. Vor diesem Hintergrund wird deutlich, dass beide Forschungsbereiche aufeinander verweisen und in einem Verhältnis wechselseitiger Produktivität zueinanderstehen.

Empfehlungen für Seminarlektüren

(1) In dem klassischen Werk „Liebe, Macht und Erkenntnis" untersucht Evelyn Fox Keller (1986, Leseempfehlung Kap. 2, S. 43–77) die in der Wissenschaft über verschiedene historische Epochen hinweg verbreitete Trennung zwischen einer als „männlich" geltenden, objektiven, rationalen Analyse und der Vorstellung, Subjektivität, Emotionen und Natur seien „weiblich". So spricht etwa der Philosoph Francis Bacon in Bezug auf die Wissenschaft von einer „keuschen und gesetzesmäßigen Ehe zwischen Geist und Natur". In der historisch informierten Analyse solcher Metaphern und Bilder arbeitet Fox Keller die Entstehung der Vergeschlechtlichung der Wissenschaft als „männlich" heraus.

(2) Ein weiterer Klassiker ist Londa Schiebingers „Am Busen der Natur" (1995, Leseempfehlung Kap. 2, S. 67–111). Untersucht wird hier die Vergeschlechtlichung von Wissen und wie diese wissenschaftliches Wissen mit strukturiert hat. Dies wird konkret an Fallstudien zu Geschlechterbestimmungen von Pflanzen und bei der Vergeschlechtlichung von Säugetieren (wie etwa Affen)

dargestellt. So zeigt Schiebinger am Bespiel der Erforschung pflanzlicher Se-
xualität, dass diese stark an heterosexuelle Modelle menschlicher Zuneigung
angeglichen wurden, obwohl die Mehrzahl der Blumen zwittrig ist.

(3) Sandra Beaufaÿs setzt sich in ihrer empirischen Untersuchung „Wie werden
Wissenschaftler gemacht?" (2003, Leseempfehlung Kap. 1–3, S. 26–50) kritisch
mit der Vorstellung auseinander, dass wissenschaftliche Karrieren rein auf
individueller Leistung beruhen. Dabei werden insbesondere die Herstellungs-
und Zuschreibungspraktiken von Kompetenzen im Feld der Wissenschaft als
Teil alltäglicher Praktiken untersucht.

(4) Tanja Paulitz' Aufsatz über „Hegemoniale Männlichkeiten" (2012b) untersucht
die narrativen Konstruktionen von Geschlecht aus wissenschaftssoziologischer
Perspektive. Dabei liegt ein besonderer Fokus auf der Untersuchung jener wissenschaftlichen Narrative, die wissenschaftliche Disziplin und die darin eingela-
gerten Geschlechterunterscheidungen entstehen lassen. Geschlechtertheoretisch
anknüpfend an das Konzept hegemonialer Männlichkeit, wird die Professionalisierung der modernen Technikwissenschaften im deutschsprachigen Raum und
ihre vergeschlechtlichte Distinktionspraxis untersucht.

Literatur

Allmendinger, J., 2003: Strukturmerkmale universitärer Personalselektion und deren Folgen für die
Beschäftigung von Frauen. In: Wobbe, T. (Hrsg.), *Zwischen Vorderbühne und Hinterbühne*.
Bielefeld: transcript, S. 259–277.

Beaufaÿs, S., 2003: *Wie werden Wissenschaftler gemacht? Beobachtungen zur wechselseitigen Konstitution
von Geschlecht und Wissenschaft*. Bielefeld: transcript.

Beaufaÿs, S. & B. Krais, 2005: Doing Science – Doing Gender. Die Produktion von
WissenschaftlerInnen und die Reproduktion von Machtverhältnissen im wissenschaftlichen
Feld. *Feministische Studien* 23: 82–99.

Beer, U., 1991: Zur Politischen Ökonomie der Frauenarbeit. In: Brüsemeister, T., C. Illian & U. Jakomeit
(Hrsg.), *Die versteinerten Verhältnisse zum Tanzen bringen*. Berlin: Dietz, S. 254–263.

Bourdieu, P., 1982 [1979]: *Die feinen Unterschiede. Kritik der gesellschaftlichen Urteilskraft*. Frankfurt am
Main: Suhrkamp.

Conkey, M. & S. Williams, 1991: Original Narratives. The Political Economy of Gender in Archaeology.
In: di Leonardo, M. (Hrsg.), *Gender at the Crossroads of Knowledge*. Berkeley, CA: University of
California Press, S. 102–139.

Engler, S., 1993: *Fachkultur, Geschlecht und soziale Reproduktion. Eine Untersuchung über Studentinnen
und Studenten der Erziehungswissenschaft, Rechtswissenschaft, Elektrotechnik und des
Maschinenbaus*. Weinheim: Deutscher Studien Verlag.

Fausto-Sterling, A., 2000: *Sexing the Body. Gender Politics and the Construction of Sexuality*. New York,
NY: Basic Books.

GWK, Gemeinsame Wissenschaftskonferenz Bonn, 2019: *Chancengleichheit in Wissenschaft und Forschung*. 23. Fortschreibung des Datenmaterials (2017/2018) zu Frauen in Hochschulen und außerhochschulischen Forschungseinrichtungen. Bonn.

Gilbert, A-F., 2009: Disciplinary Cultures in Mechanical Engineering and Materials Science. Gendered/ Gendering Practices? *Equal Opportunities International* 28: 24–35.

Haraway, D., 1995: *Die Neuerfindung der Natur: Primaten, Cyborgs und Frauen*. Frankfurt, New York: Campus.

Harding, S., 1990 [1986]: *Feministische Wissenschaftstheorie. Zum Verhältnis von Wissenschaft und sozialem Geschlecht*. Hamburg: Argument.

Heintz, B., M. Merz & C. Schumacher, 2004: *Wissenschaft, die Grenzen schafft. Geschlechterunterschiede im disziplinären Vergleich*. Bielefeld: transcript.

Hobler, D., S. Pfahl & S. Horvath, 2017: *Bildung. Studienanfänger/innen Nach Fächergruppen 2000–2015*. Wirtschafts- und Sozialwissenschaftliches Institut (WSI). https://www.wsi.de/data/wsi_gdp_bil dung_20171205_11.pdf (aufgerufen am 23.12.2022).

Kahle, J., 1987: Images of Science. The Physicist and the Cowboy. In: Fraser, B. & G. Giddings (Hrsg.), *Gender Issues in Science Education*. Perth: Curtin University of Technology, S. 1–11.

Keller, E. F., 1995: The Origin, History, and Politics of the Subject Called "Gender and Science". In: Jasanoff, S. et al. (Hrsg.), *Handbook of Science and Technology Studies*. Thousand Oaks, CA: Sage, S. 80–94.

Keller, E. F., 1986 [1985]: *Liebe, Macht und Erkenntnis. Männliche oder weibliche Wissenschaft?* München, Wien: Carl Hanser.

Knorr Cetina, K., 1984 [1981]: *Die Fabrikation von Erkenntnis. Zur Anthropologie der Naturwissenschaft*. Frankfurt am Main: Suhrkamp.

Kortendiek, B., L. Mense, S. Beaufaÿs, J. Bünnig, U. Hendrix, J. Herrmann, H. Mauer & J. Niegel, 2019: *Gender-Report 2019. Geschlechter(un)gerechtigkeit an nordrhein-westfälischen Hochschulen*. Essen: Netzwerk Frauen- und Geschlechterforschung NRW.

Krais, B. (Hrsg.), 2000: *Wissenschaftskultur und Geschlechterordnung. Über die verborgenen Mechanismen männlicher Dominanz in der akademischen Welt*. Frankfurt, New York: Campus.

Leemann, R. J., 2008 [2005]: Geschlechterungleichheiten in wissenschaftlichen Laufbahnen. In: Berger, P. A. & H. Kahlert (Hrsg.), *Institutionalisierte Ungleichheiten*. Weinheim/München: Juventa, S. 179–214.

Lucht, P., 2004: *Zur Herstellung epistemischer Autorität. Eine wissenssoziologische Studie über die Physik an einer Elite-Universität in den USA*. Herbolzheim: Centaurus.

Merton, R. K., 1973 [1942]: The Normative Structure of Science. In: *The Sociology of Science. Theoretical and Empirical Investigations*. Chicago, IL: University of Chicago Press, S. 267–278.

Metz-Göckel, S., 2007: Wirksamkeit und Perspektiven von gleichstellungspolitischen Maßnahmen in der Wissenschaft. In: Wissenschaftsrat (Hrsg.), *Exzellenz in der Wissenschaft und Forschung – Neue Wege in der Gleichstellungspolitik*. Köln: Wissenschaftsrat, S. 111–146.

Mead, M. & R. Metraux, 1957: The Image of the Scientist Among High School Students. A Pilot Study. *Science* 126: 384–390.

Oreskes, N., 1996: Objectivity or Heroism? On the Invisibility of Women in Science. *Osiris* 11: 87–113.

Paulitz, T., 2012a: Geschlechter der Wissenschaft. Strukturen, Kulturen und Wissen. In: Maasen, S. et al. (Hrsg.), *Handbuch Wissenschaftssoziologie*. Wiesbaden: Springer VS, S. 163–175.

Paulitz, T., 2012b: ,Hegemoniale Männlichkeiten' als narrative Distinktionspraxis im Wissenschaftsspiel. Wissenschaftssoziologische Perspektiven auf historische technikwissenschaftliche Erzählungen. *Österreichische Zeitschrift für Soziologie* 37: 45–64.

Paulitz, T., 2015: Die ‚feinen Unterschiede' der Geschlechter in Naturwissenschaft und Technik. Kultursoziologische Perspektiven auf rechnende Frauen. In: Krämer, S. (Hrsg.), *Ada Lovelace*. Paderborn: Fink, S. 115–127.

Paulitz, T., S. Kink & B. Prietl, 2015: Fachliche Distinktion und Geschlechterunterscheidung in Technik- und Naturwissenschaften. In: Paulitz, T. et al. (Hrsg.), *Akademische Wissenskulturen und soziale Praxis*. Münster: Westfälisches Dampfboot, S. 207–225.

Paulitz, T., 2016: Frauen-/Geschlechterforschung. Paradigmen, Kontroversen und Genealogien – von den Anfängen bis zur Jahrtausendwende. In: Moebius, S. & A. Ploder (Hrsg.), *Handbuch Geschichte der deutschsprachigen Soziologie*, B. 1. Wiesbaden: Springer VS, S. 421–451.

Paulitz, T. & L. Wagner, 2020: Professorinnen – jenseits der ‚Gläsernen Decke'? Eine qualitative empirische Studie zu geschlechtshierarchisierenden Praxen der Alltagskultur an Hochschulen. *GENDER* 12: 133–148.

Rossiter, M. W., 1993: Der ~~Matthäus~~ Matilda-Effekt in der Wissenschaft. In: Wobbe, T. (Hrsg.), *Zwischen Vorderbühne und Hinterbühne*. Bielefeld: transcript, S. 191–210.

Schiebinger, L., 1995 [1993]: *Am Busen der Natur. Erkenntnis und Geschlecht in den Anfängen der Wissenschaft*. Stuttgart: Klett-Cotta.

Schiebinger, L., 2000 [1999]: *Frauen forschen anders. Wie weiblich ist die Wissenschaft?* München: C.H. Beck.

Sime, R. L., 2001: *Lise Meitner. Ein Leben für die Physik*. Frankfurt am Main: Insel.

Singer, M., 2005: *Geteilte Wahrheit. Feministische Epistemologie, Wissenssoziologie und Cultural Studies*. Wien: Löcker.

Statistisches Bundesamt, 2020: *Frauenanteile nach akademischer Laufbahn*. https://www.destatis.de/DE/Themen/Gesellschaft-Umwelt/Bildung-Forschung-Kultur/Hochschulen/Tabellen/frauenanteile-akademischelaufbahn.html (aufgerufen am 23.12.2022).

Traweek, S., 1988: *Beamtimes and Lifetimes. The World of High Energy Physicists*. Cambridge, MA: Harvard University Press.

Winker, G., 2015: *Care Revolution. Schritte in eine solidarische Gesellschaft*. Bielefeld: transcript.

Woolf, V., 1991 [1929]: *Ein Zimmer für sich allein*. Frankfurt am Main: Fischer.

Phillip H. Roth

4 Disziplinen und Kulturen der Wissenschaft

Der Begriff „Disziplin" beschrieb im frühneuzeitlichen Verständnis einen spezifischen Bestand an unveränderlichem und lehrbarem Wissen („Dogma"). Erst mit dem Übergang vom 18. zum 19. Jahrhundert wurden wissenschaftliche Disziplinen zunehmend als Orte der akademischen Forschung und somit als wesentliches Strukturmerkmal des modernen Wissenschaftssystems begriffen (Stichweh 1984). Seit der zweiten Hälfte des 20. Jahrhunderts und zunehmend seit den 1990er Jahren stehen vielfach Inter- und Transdisziplinarität als zentrale Bezugsrahmen für Wissenschaft und Forschung im Vordergrund (Bogner et al. 2010; Weingart & Stehr 2000). Mit Blick auf die verschiedenen disziplinären (!) Stränge der Wissenschaftsforschung fällt auf, dass der Disziplinenbegriff in der Wissenschafts- und Universitätsgeschichte, der klassischen Wissenschaftssoziologie sowie in der Hochschulforschung weitgehend unproblematisch als analytisches Konzept eingesetzt wird. In den neueren *Science and Technology Studies* (STS), wo stattdessen auf die Idee von Kulturen zurückgegriffen wird, um die praktische Seite der Wissenschaft zu betonen, ist er jedoch nur noch bedingt anschlussfähig. Die STS adressieren vor allem Fragen der Multi-, Inter- und Transdisziplinarität, das Ursprungskonzept der Disziplin selbst aber wird kaum explizit bearbeitet.[1] Dabei liegt es auf der Hand, dass diese drei Begriffe auf eine zugrundeliegende Idee wissenschaftlicher Disziplinen angewiesen sind (siehe auch Ash 2019).

Der Zusammenhang von Wissensformen und Sozialstrukturen

In diesem Kapitel werden unterschiedliche Möglichkeiten vorgestellt, das Wissenschaftssystem und seine Unterscheidung in vielfältige Wissensgebiete und For-

---

1 Zum Beispiel wird im aktuellen *Handbook of Science and Technology Studies* das Thema Disziplinen mit keiner systematischen Auseinandersetzung gewürdigt. Im Index des Bands finden sich kein Eintrag zu „disciplines" oder Ähnlichem, sondern nur einzelne Einträge zu „interdisciplinary integration", „multidisciplinarity" und „transdisciplinary research" (Felt et al. 2017). Zugleich ergibt eine einfache Stichwortsuche im Handbuch dennoch mehr als 160 Treffer für „scientific" beziehungsweise „academic discipline/s".

https://doi.org/10.1515/9783110713800-004

schungsbereiche sowohl mit Hilfe des Begriffs der Disziplinen wie auch mit dem Begriff der Kulturen zu beschreiben. Für die klassische Wissenschaftssoziologie waren Disziplinen als analytisches Konzept lange zentral, weil sie eine Antwort auf die Frage nach dem Zusammenhang von Wissensformen und Sozialstrukturen der Wissenschaft lieferten. Damit ging man über die einfache Idee von Wissensbeständen hinaus und konnte sehen, dass in der modernen Wissenschaft bestimmte Aspekte disziplinären Wissens mit sozialen Funktionen wie der Wissensproduktion oder der Wissensvermittlung verknüpft sind. So deckt sich auch die Organisation von Disziplinen mit den universitären Fakultäten, Instituten oder auch Departments, wo Wissenschaftler*innen nicht nur daran arbeiten, das disziplinäre Wissen zu vermehren, sondern durch Lehre und die Verleihung von Urkunden für Nachwuchs im eigenen Fach zu sorgen.

Institute sind zentrale universitäre Organisationseinheiten, die aus den frühmodernen Seminaren als Lehr- und Forschungseinrichtungen einer bestimmten Disziplin entstanden sind (Ash 2019). Mit der Entwicklung der modernen Forschungsuniversität am Übergang zum 19. Jahrhundert wurde aus der Philosophischen Fakultät, die vorher vor allem für propädeutisches Wissen für die Ausbildung in den drei höheren Fakultäten (Theologie, Recht und Medizin) zuständig war, die zentrale Heimat akademischer Disziplinen (Stichweh 1984). Durch das starke Wachstum der Wissenschaften differenzierte sie sich in der Folge in eine Fakultät für mathematisch-naturwissenschaftliche Fachbereiche, der Disziplinen wie Physik, Chemie und Biologie angehören; und eine Philosophische Fakultät im heutigen Sinne für historische, philologische und andere geisteswissenschaftliche Fächer. Weitere Fakultäten kamen im Laufe des 20. Jahrhunderts hinzu, wie etwa für Gesellschaftswissenschaften mit Instituten für Soziologie und Politikwissenschaft.

Das formale soziologische Verständnis von Wissenschaft und Disziplinen stößt jedoch bei genauerer Betrachtung der wissenschaftlichen Arbeit in einem der oben genannten organisationalen Kontexte schnell an seine Grenzen. Während sich in Fragen der Lehre die einzelnen Institute – und somit auch Disziplinen – meist gut unterscheiden lassen, ist mit Blick auf die Forschung nicht mehr klar, ob und inwiefern es „alle" hier tätigen Wissenschaftler*innen tatsächlich mit „einem" Bestand an disziplinärem Wissen zu tun haben oder ob es nicht vielmehr um unterschiedliche Wissensbereiche und Arbeitsweisen geht, die sich auch mit dem Wissen und Methoden anderer Disziplinen überschneiden können.

Beispiel für eine neuere akademische Organisationsstruktur
Neben den „klassischen" universitären Organisationseinheiten der Institute und Fakultäten finden sich an deutschen Hochschulen auch weitere organisationale Strukturen, etwa Fachgruppen. Ein Beispiel ist die „Fachgruppe Biologie" der RWTH Aachen: Formal der Fakultät für Mathematik, Informatik und Naturwissenschaften unterstellt, gliedert sie sich selbst wiederum in sieben Insti-

tute für Biologie. Neben den Instituten für „klassische" biologische Disziplinen wie Botanik (I) und Zoologie (II) finden sich hier auch solche für Umweltforschung (V) und Biotechnologie (VI), die sich auf interdisziplinäre und anwendungsbezogene Fragen beziehen und somit über den disziplinären Wissensbestand der Biologie hinausweisen.

Quelle: https://www.biologie.rwth-aachen.de/cms/Biologie/Fachgruppe/~kfd/Institute-und-Lehrstuehle/ (aufgerufen am 03.03.2021).

Um der Starrheit des formalen Verständnisses von Disziplinen in Bezug auf die Arbeit von Wissenschaftler*innen zu entgehen, stehen in der neueren Wissenschaftsforschung daher die eher informellen und sich oft nicht scharf voneinander abgrenzbaren Gruppen, Netzwerke und Gemeinschaften wissenschaftlichen Handelns im Vordergrund (Hackett et al 2017: 739). In diesem Zusammenhang scheint der Kulturbegriff für viele Wissenschaftsforscher*innen anschlussfähiger als der Disziplinenbegriff. Bereits Mitte des 20. Jahrhunderts hatte C. P. Snow auf „Kulturen" als Beschreibung der Wissenschaften zurückgegriffen, um wirkmächtig den Unterschied von Natur- und Geisteswissenschaften zu verdeutlichen (Snow 1965). In der Wissenschaftsforschung dient der Begriff seit den 1980er Jahren vor allem dazu, das Forschungshandeln analytisch von der disziplinären Organisation der Wissenschaft zu unterscheiden. „Kultur" meint dabei im anthropologischen Verständnis ein System, das Praktiken und Diskurse regelt, aber auch die Möglichkeit vorsieht, dass beides sich durch Gebrauch ändert. Außerdem verweist der Kulturbegriff in einigen Arbeiten auf die Materialität des Forschens. Während die Rede von „Disziplinen" meist auf die formale Beziehung von Wissensformen und Sozialstrukturen abstellt, fokussiert die Rede von „Kulturen" der Wissenschaft die komplexen sozialen, symbolischen und materiellen Verhältnisse, die der Wissensproduktion unterliegen.[2]

Paradigmen, wissenschaftliche Gemeinschaften, Disziplinen

Eine der einflussreichsten Formulierungen der Frage nach dem Zusammenhang von Wissensformen und Sozialstrukturen in der Entwicklung der Wissenschaft hat Thomas S. Kuhn mit seinem Buch *The Structure of Scientific Revolutions* (1981 [1970]) vorgelegt. Kuhn ist heute weit über die Grenzen der Wissenschaftsfor-

---

2 Ein Indikator für diese neue Begriffsverwendung ist 1987 gegründete Fachzeitschrift *Science as Culture*, die den Kulturbegriff im Titel trägt. Sie gehört zu den führenden Organen der Wissenschaftsforschung. Siehe https://www.tandfonline.com/toc/csac20/current (aufgerufen am 29.07.2021).

schung hinaus durch seinen Paradigmenbegriff bekannt geworden. Das neue an seinem Konzept des Paradigmas war seine quasi-soziologische Ausrichtung. Ein Paradigma stellt ein geteiltes Set an handlungsleitenden „Regeln und Normen für die wissenschaftliche Praxis" dar (Kuhn 1981: 26). Dadurch wissen Mitglieder einer *scientific community,* welche Fragen sie auf welche Weise bearbeiten können und wie legitime Antworten aussehen. Ein geteiltes Paradigma ist für Kuhn die Voraussetzung für den Fortgang der Wissenschaft in ihrem normalen Arbeitsprozess (*normal science*). In diesem Modus ist man in der wissenschaftlichen Praxis hauptsächlich mit dem „Lösen von Rätseln" (*puzzle solving*) beschäftigt, also mit dem Sammeln, Analysieren und Bewerten von Daten in noch unbekannten Bereichen des vom Paradigma abgesteckten Forschungsgebiets (Kuhn 1981: 49 ff.).

Fortschritte in der Wissenschaft, so Kuhns zentrale These, ergeben sich nicht allein über die Anhäufung von Wissen in einem bestimmten Gebiet, sondern über „Revolutionen", in denen die Arbeit einer *scientific community* auf völlig neue Grundlagen gestellt wird. Nach einer Phase des normalen Forschungsprozesses treffen Wissenschaftler*innen demnach in ihrer Arbeit auf Anomalien, die sich mit dem vorherrschenden Paradigma nicht lösen lassen. Zur Bearbeitung dieser Anomalien müssen in der Gemeinschaft dann neue Regeln und Normen für die Forschungspraxis entwickelt werden. Je mehr Anomalien auftauchen, desto größer wird die Spannung zwischen dem alten und dem neuen Paradigma. Der Paradigmenwechsel hat sich vollzogen, wenn die alten Themen durch das neue Paradigma erklärt werden, „vertraute Gegenstände in einem neuen Licht erscheinen und auch unbekannte sich hinzugesellen" (Kuhn 1981: 123).

Beispiel für einen Paradigmenwechsel in der Infektiologie
Im späten 19. Jahrhundert stieß man mit den gängigen medizinischen und wissenschaftlichen Erklärungen zum Aufkommen von Infektionskrankheiten an seine Grenzen. Vor dem Hintergrund der Humorallehre beinhaltete das Paradigma des *Miasmas* damals die wichtigste Theorie zum Thema: Menschen infizierten sich diesem zufolge vor allem durch „unreine Luft" oder faulige „Ausdünstungen" des Bodens. Dadurch würden die vier Körpersäfte (Blut, Schleim, gelbe und schwarze Galle) im Menschen in Ungleichgewicht geraten und folglich Krankheit verursachen. Das war einleuchtend angesichts der unreinen Lebensbedingungen in den rasant wachsenden Arbeitervorstädten, unklar war aber, warum sich bei grassierenden Epidemien auch besser situierte Bürger*innen infizierten. Das neue Paradigma der Bakteriologie dagegen erklärte Infektionskrankheiten durch die Verbreitung mikroskopischer Erreger. Damit konnte man sowohl ein lokales Infektionsgeschehen begreifen, zugleich aber sehen und verstehen, wie sich Erreger von einem Organismus zum anderen übertragen. In der Folge wurde die Erforschung von Krankheiten anhand isolierter Erregerkulturen im Labor zur neuen Methode der wissenschaftlichen Medizin, auch wenn sie zunächst davon ablenkte, dass lokale Hygienebedingungen weiterhin einen wesentlichen Faktor in der Verursachung von Epidemien spielen (Sarasin et al. 2007).

Für den uns hier interessierenden Begriff der Disziplinen ist in diesem Zusammenhang zentral, dass Kuhn die Verknüpfung von Wissensformen und Sozialstrukturen der Wissenschaft mittels der Mechanismen der Sozialisierung und der Institutionalisierung konzeptualisiert. Formuliert man das in der Sprache der soziologischen Theorie, kann man festhalten, dass wissenschaftliche Gemeinschaften „universitäre Rollenstrukturen" mit Strukturen „einer innerwissenschaftlichen Karriere" und damit mit einer spezifischen Forschungspraxis verbinden (Stichweh 1984: 87). Damit wird auch der Nachwuchs über Karriereerwartungen an die Disziplin gebunden. Ein institutionalisiertes Paradigma wird so durch die akademische Sozialisation während der universitären Ausbildung weitergegeben. Durch Lehrbücher, praktische Erfahrungen und einen Kanon an Klassikern werden Studierende „einer gleichartigen Ausbildung und beruflichen Initiation unterworfen" (Kuhn 1981: 188). Der Soziologe Stephen Turner spitzt es sogar auf die These zu, dass Disziplinen Institutionen sind, die kartellartig operieren: Durch die Verleihung von Urkunden und Zeugnissen organisieren sie den akademischen Arbeitsmarkt für die Ausbildung und Beschäftigung von Absolvent*-innen so, dass alle Arbeitssuchenden, die nicht Produkt des Kartells sind, ausgeschlossen werden (Turner 2000).

Kuhns Theorie des Paradigmenwechsels ist stark geprägt durch die Bezüge zur Geschichte der Physik. In einer solchen klassischen Naturwissenschaft herrscht weitgehend Konsens hinsichtlich der wissenschaftlichen Normen und Regeln, „und die fachlichen Urteile sind relativ einheitlich" (Kuhn 1981: 189). Sein Argument sieht deshalb die Möglichkeit einer Vielfalt von Paradigmen gar nicht erst vor beziehungsweise kann darin nur ein Übergangsphänomen auf dem Weg zu „reifen" Gemeinschaften sehen, in denen ein starker Konsens über ein Forschungsparadigma herrscht. Empirisch betrachtet widerspricht die Idealvorstellung eines einheitlichen Paradigmas als „Normalzustand" von Disziplinen jedoch der Konstitution vieler Geistes-, Sozial- und Naturwissenschaften. Generell können hier nur selten übergreifende Methoden, Fragestellungen oder Forschungsparadigmen als einheitsstiftend angesehen werden. Aus diesem Grund ist auch die Kritik aus den Reihen der STS an der klassischen Wissenschaftssoziologie nicht von der Hand zu weisen, wonach sich mit Blick auf Disziplinen als homogenen Gemeinschaften oder formalen Organisationseinheiten wenig über die konkrete Praxis der Forschung und die heterogenen Arbeitsfelder der modernen Wissenschaft aussagen lässt.

Zwei konzeptionelle Trends gegen die Idee wissenschaftlicher Disziplinen

Die Antworten auf diese Unzulänglichkeiten des klassischen soziologischen Diszi-plinenbegriffs lassen sich vor dem Hintergrund zweier konzeptioneller Trends unterscheiden, die in den letzten Jahrzehnten zu einflussreichen Ansätzen in der sozial- und kulturwissenschaftlichen Erforschung der Wissenschaft geworden sind. Im ersten Ansatz kommt ein für die damalige Zeit komplett neues analyti-sches Verständnis der Wissenschaftsforschung zum Tragen, welches die Idee der Disziplinen an sich als obsolet erscheinen lässt. Der zweite Ansatz rückt Alternati-ven wie Inter- und Transdisziplinarität in den Vordergrund und trägt so indirekt zu einer Abwertung der nun als nicht mehr zeitgemäß erscheinenden wissen-schaftlichen Disziplinen bei.

Seit den 1980er Jahren sind durch „Anthropologisierungen" der Forschungsar-beit in einem ersten Trend Fragen nach der konkreten wissenschaftlichen Praxis in den Vordergrund gerückt, um so vor allem theorie- und erkenntniszentrierte Tradi-tionen der Wissenschaftsforschung abzulösen. In den sogenannten Laborstudien (siehe auch Kapitel 7, Groß) hatten verschiedene Autor*innen durch ethnographi-sche Untersuchungen der Arbeit, die in Forschungslaboren verrichtet wird, gezeigt, dass „Wissenschaft" als etwas gesehen werden kann, das durch alltägliche Prakti-ken und Aushandlungsprozesse vollzogen wird, anstatt nur das intellektuelle Pro-dukt dieser Prozesse darzustellen (z. B. Latour & Woolgar 1986 [1979], Knorr Cetina 2002b [1981]). Das eigentliche Forschungsgeschehen, das hinter der ordentlichen und eindeutigen Präsentation von Fakten in Publikationen steckte, erwies sich dadurch als undurchsichtig und kontingent. Forscher*innen verbrachten die meiste Zeit mit dem Herummanipulieren an Untersuchungsobjekten oder dem strategischen Zurechtinter-pretieren von Forschungsdaten. Der Blick in die Forschungslabore verdeutlichte auch, dass die Integration von Forscher*innen in wissenschaftliche Gemeinschaften weniger über die disziplinäre Zugehörigkeit geschieht: Im Labor ist es die konkrete Arbeit an Problemen, über die man sich identifiziert. Zwar ist diese Arbeit auch durch bestimmte Regeln und Normen bestimmt – jedoch durch solche, die sich aus den lokalen Gepflo-genheiten und Glaubenssätzen, den überlieferten Praktiken und handwerklichen Fer-tigkeiten ergeben und weniger aus dem theoretischen Wissen einer Wissenschaft.

Diese Entwicklung kann durchaus als revolutionär im Kuhnschen Sinne verstan-den werden, da sie die Wissenschaftsforschung auf neue Grundlagen stellte und bis-lang vernachlässigte Dimensionen des Wissenschaftssystems in den Blick genommen wurden. Wichtige Vertreter*innen des Feldes beschworen dabei eine Abkehr von der „Kultur der Wissenschaft" zu den „Kulturen der Forschung" (Pickering 1992).[3] Damit meinten sie einen Wandel in der Vorstellung der Wissenschaft als einer selbstbezogenen, monolithischen und auf theoretische Erkenntnis fixierten Institution hin zu der Idee, dass *Forschung* als eine komplexe und sozial heterogene Praxis als Hauptmerkmal der Wissenschaft untersucht werden sollte. Latour – eine führende Figur in den STS – erklärte hierzu in einem Artikel im Fachmagazin *Science* programmatisch:

> Science is certainty; research is uncertainty. Science is supposed to be cold, straight, and detached; research is warm, involving and risky. Science puts an end to the vagaries of human disputes; research creates controversies. Science produces objectivity by escaping as much as possible from the shackles of ideology, passions, and emotions; research feeds on all of those to render objects of inquiry familiar (Latour 1998: 208).

Konzeptionen wissenschaftlicher Praxis sind bis heute ein zentrales Merkmal der STS (Felt et al. 2017: 8 ff., 21 ff.) und der Fokus auf Praktiken in der Wissenschaftsforschung kann als ein Hauptgrund dafür angesehen werden, dass wissenschaftliche Disziplinen als Analysekategorie verdrängt wurden.

Ein zweiter Trend konsolidierte sich in den 1990er Jahren und sieht aus der Perspektive von *blurring boundaries* zwischen Wissenschaft und Gesellschaft, dass das Wissenschaftssystem eine signifikante Umstellung hin zu einer Art postmoderner Konfiguration vollzogen habe. Hier wurde mit Diagnosen einer „postnormal science" (Funtowicz & Ravetz 1993) oder vom Aufkommen eines „mode 2" der Wissensproduktion (Gibbons et al. 1994) die wissenschaftliche Arbeit entlang disziplinärer Strukturen grundlegend in Frage gestellt.[4] Die Annahmen basieren dabei auch auf den durch die Laborstudien empirisch erbrachten Einsichten, dass sich Forschungsarbeit an konkreten Problemen und nicht an Disziplinen orientiert: „researchers tend to work on problems not in disciplines" (Klein 2000: 13). Im Gegensatz zur Operationsweise der Wissenschaft im „mode 1" – also im Modus, der sich weitestgehend auf wissenschaftsinterne Probleme in den differenzierten Disziplinen beschränkt habe – stelle sich das System heute verstärkt den vielfältigen externen Ansprüchen der Gesellschaft, ganz nach dem Motto: „The world has problems, but universities have departments" (Brewer 1999: 328).

---

3 Dieser Paradigmenwechsel ist auch heute noch in der Wissenschaftsforschung richtungsweisend, z.B. am neuen Käte Hamburger Kolleg: Kulturen des Forschens der RWTH Aachen (s. https://khk. rwth-aachen.de).
4 Diese Diagnosen wurden in der Folge vielfach als vorrangig politisch motiviert und nicht als aus echten wissenschaftlichen Erkenntnissen hervorgehend kritisiert (Kaldewey 2013: 91–101).

Dabei erlangten auch Inter- und Transdisziplinarität als neue Integrations-
formen der Wissenschaft an Bedeutung.[5] Denn anders als disziplinäre Fragen
benötigten gesellschaftliche Probleme das forschungspraktische Know-how unterschiedlicher Fachbereiche. Interdisziplinarität bedeutet dabei die auf konkrete
Probleme fokussierte Integration von unterschiedlichen Ideen und Methoden, bei
der sich disziplinäre Zusammenhänge auflösen (Klein 2000). Transdisziplinarität
beschreibt eine systematische Synthese diverser Forschungsgebiete, die sich aus
einem konkreten Anwendungskontext ergibt und zur Bewertung von Problemlagen
auch auf andere Gesellschaftsbereiche und nichtwissenschaftliche Gemeinschaften
zurückgreift (Nowotny et al. 2001: 223). Damit wird die in diesem Zusammenhang
nur begrenzte methodologische und thematische Reichweite von homogen strukturierten Disziplinen betont sowie auf die grundlegenden strukturellen Veränderungen des disziplinären Wissenschaftssystems abgestellt: „Scientific communities
become diffuse and, consequently, the university structures of faculties and departments, institutes and centres that create and sustain these communities become
less relevant" (Nowotny et al. 2001: 89).

Wissenskulturen

Eine einflussreiche Theorie, die in Abgrenzung zur Vorstellung wissenschaftlicher
Disziplinen von „Wissenskulturen" (*epistemic cultures*) ausgeht, hat Karin Knorr Cetina vorgelegt (Knorr Cetina 2002a [1999]). Die Idee der Wissenskultur soll dabei
nicht, wie in den ihr vorausgegangenen Laborstudien, nur die Fabrikation von Erkenntnis selbst aufzeigen, sondern die „Konstruktion der Maschinerien, durch die
Erkenntnis konstruiert wird" (Knorr Cetina 2002a: 13). In den Blick geraten so die
komplexen materiellen, sozialen und technischen Gefüge wie auch praktische und
konzeptionelle Eigenheiten, auf denen wissenschaftliche Praktiken basieren und
damit die „Textur dieser Innenwelt", die nicht mit der disziplinären Differenzierung des Wissenschaftssystems kongruent ist (Knorr Cetina 2002a: 13).[6]

---

5 In historischer Perspektive kann allerdings auch konstatiert werden, dass sich institutionalisierte Praktiken, die man heute inter- oder transdisziplinär bezeichnen würde, schon im frühen
20. Jahrhundert finden lassen (Ash 2019).
6 Anders als bei den Laborstudien ist die Idee von Wissenskulturen nicht auf die Wissenschaft
beschränkt. Vielmehr soll die Konzeptualisierung von Wissenskulturen als „strukturelles Merkmal von Wissensgesellschaften" auch dazu beitragen, Erkenntnisse darüber zu liefern, wie unsere Gesellschaft auf „Wissen und Expertise basiert" (Knorr Cetina 2002a: 19). Entsprechend
wurde die Idee auch bereits zur Untersuchung von Wissenspraktiken jenseits der Wissenschaft
herangezogen (Knorr Certina & Reichmann 2015: 876 f.).

Wissenskulturen dienen demnach als Rahmen, mit dem die Komplexität der Praktiken und Verhaltensmuster verdeutlicht werden kann, die den modernen wissenschaftlichen Institutionen mit ihren jeweiligen Konglomeraten aus Arbeitsstätten, Instrumenten, Praktiker*innen und kognitiven Gepflogenheiten innewohnen. Knorr Cetinas zentrale These lautet, dass die „Wissenspraxis zeitgenössischer Wissenschaft" nicht primär – wie häufig in älteren Ansätzen der Wissenschaftssoziologie unterstellt – durch professionelle oder organisationsbezogene Interessen geleitet wird (Knorr Cetina 2002a: 13). Entscheidend ist vielmehr, so Knorr Cetina in Übereinstimmung mit dem praxistheoretischen Paradigma der STS, die „Kultur", die das Forschungshandeln in einem konkreten Verbund bestimmt, sowie die damit einhergehenden eher technischen Fragen, die für die Herstellung und Handhabung von Forschungsobjekten in einem bestimmten Setting essentiell sind. Entsprechend steht hier die Individualität der vielfältigen materiellen, technischen, sprachlichen und organisatorischen Aspekte im Vordergrund, die wissenschaftliches Arbeiten je nach Kontext regulieren.

Als Resultat ergibt sich das für viele Arbeiten zur wissenschaftlichen Praxis typische Bild einer kulturell fragmentierten Wissenschaft (Pickering 1992): Diese besteht „nicht nur aus einem Unternehmen", sondern „aus einer Landschaft unabhängiger Wissensmonopole, die höchst unterschiedlich arbeiten und unterschiedliche Produkte produzieren" (Knorr Cetina 2002a: 14): singuläre „Realitäten" mit je eigenen Seinsverständnissen der Welt.

Disziplinäre Kulturen

Der Kulturbegriff eignet sich nicht nur, um die Dimension der praktischen Forschungsarbeit zu begreifen, sondern auch um die Idee der Disziplinen selbst zu denken. Das hatte schon der US-amerikanische Kulturanthropologe Clifford Geertz vorgeschlagen. Er hatte dabei in Aussicht gestellt, dass eine ethnographische Erforschung von wissenschaftlichen Disziplinen als *academic communities* neben den unterschiedlichen intellektuellen, politischen und moralischen Verhältnissen der Mitglieder zueinander auch die für jede Disziplin spezifische Karrierestruktur und Sozialisation zutage fördern könnte. „Since I am pretuned to be interested in such matters," bekannte sich Geertz außerdem, „the vocabularies in which the various disciplines talk about themselves to themselves naturally fascinate me as a way of gaining access to the sort of mentalities at work in them" (1983: 157).

Systematisch ausgearbeitet wurde eine anthropologische Sichtweise auf wissenschaftliche Disziplinen von den britischen Hochschulforschern Tony Becher und Paul Trowler in ihrem Buch *Academic Tribes and Territories* (2001), das die grundlegend überarbeitete Auflage eines bereits 1989 erschienen Buches von Becher darstellt. Die Kernthese ist, dass die Wissensformen der verschiedenen Disziplinen (*territories*) auch die Ausprägung unterschiedlicher disziplinärer Kulturen (*tribes*) bestimmen. Das Verhalten und die Werte der Mitglieder einer Gemeinschaft werden also geprägt durch die Praktiken, die sie benutzen, um ihr gemeinsames Territorium zu bearbeiten: „[T]he ways in which academics engage with their subject matter, and the narratives they develop about this, are important structural factors in the formation of disciplinary cultures" (Becher & Trowler 2001: 23). Die Autoren gehen damit über Kuhn und klassische wissenschaftssoziologische Positionen hinaus, indem sie zeigen, wie sich Disziplinen durch Karrierewege, Publikationsverhalten oder die Art und Weise der Kommunikation über Forschungsfragen und wissenschaftliche Standards unterscheiden.

Das Konzept disziplinärer Kulturen kann auch genutzt werden, um über die geschilderten Ideen zum Zusammenhang von Verhaltensregeln und wissenschaftlichem Handeln hinauszugehen. Zwar bleibt bei Becher und Trowler ein epistemologischer „Kern" disziplinären Wissens strukturbestimmend, auch wenn sie eine durchaus dynamische Wechselwirkung zwischen Wissensformen und disziplinären Kulturen sehen (Becher & Trowler 2001: 23 f.). Wird die Idee jedoch durch Pierre Bourdieus Begriff des *Habitus* ergänzt, lassen sich die Möglichkeiten des Verhaltens als aus der Praxis selbst stammend verstehen. Es folgt also nicht aus übergeordneten Bedingungen, wie Forschungsparadigmen, lokalen soziomateriellen Settings oder Wissenskernen, sondern wird durch „Wahrnehmungs-, Denk- und Handlungsschemata" strukturiert (Bourdieu 1993: 101), die auf den vergangenen Erfahrungen der disziplinären Kultur beruhen und Mitgliedern durch ihre akademische Sozialisation einverleibt werden. Becher und Trowler listen Traditionen, Konventionen und Praktiken, übermitteltes implizites wie explizites Wissen, Überzeugungen, Sitten und Verhaltensregeln, sowie sprachliche und symbolische Formen der Kommunikation und deren geteilte Bedeutungen – Dinge, die als prägend für den *Habitus* einer disziplinären Kultur verstanden werden können (Becher & Trowler 2001: 47).

Historisches *boundary work* und disziplinäres *identity work*

Mit Hilfe des Kulturbegriffs lässt sich also auch die kulturelle Entstehung von Disziplinen und die Prägung von spezifischen disziplinären Identitäten systematisch reflektieren. Sowohl Geertz wie auch Becher und Trowler betonen jeweils die Rolle von Traditionen in disziplinären Kulturen und verweisen somit auf ihre geschichtlichen Ursprünge. Historisch gewannen Disziplinen Anfang des 19. Jahrhunderts an Bedeutung, als die Wissenschaften aus den Akademien auszogen und sich in der modernen Universität zu unterschiedlichen akademischen Karrierewegen ausdifferenzierten (Stichweh 1984). In diesem Zuge wandelte sich auch die allgemein geltende Praxis des experimentellen Nachweises in neue und für die einzelnen Disziplinen jeweils spezifische Regeln für das Abhalten akademischer Diskurse (Turner 2017). So wurde aus der dogmatischen Lehre von philosophischen Inhalten die schon angesprochene disziplinäre Sozialisation – das Einverleiben von Wahrnehmungs-, Denk- und Verhaltensmustern.

Vor allem aber eröffnet die Verwendung des Kulturbegriffs die Möglichkeit, Disziplinen oder Forschungsgemeinschaften als „politische Institutionen" zu verstehen (Kohler 1982), deren jeweilige Identität und Positionierung im Wissenschaftssystem und gegenüber der gesellschaftlichen Umwelt umstritten ist und entsprechend fortlaufend ausgehandelt werden muss. Hieraus ergeben sich zwei neue Perspektiven für die Wissenschaftsforschung, die im Kontrast stehen zum oben skizzierten Bild radikal fragmentierter Kulturen wissenschaftlicher Praxis (siehe auch Kapitel 15, Schauz & Kaldewey). Auf der einen Seite richtet sich der Blick auf das historische *boundary work* (Gieryn 1999), das heißt auf Grenzziehungsdiskurse, in denen Akteure den Status und die Relevanz ihrer Disziplinen im institutionellen Kontext der Wissenschaft verteidigen – und zwar nicht zuletzt durch die Distinktion der eigenen Kultur von anderen Kulturen. Diese Diskurse sind dabei nicht bloß Begleiterscheinungen der Konkurrenz der Disziplinen, sondern vielmehr wichtige Aspekte, durch die Disziplinen ihre soziale, moralische und intellektuelle Ordnung ausbilden (Amsterdamska 2005: 46).

Boundary Work der Epidemiologie

Im frühen 20. Jahrhundert unterschieden Epidemiologen ihre Disziplin einerseits von der Bakteriologie, um für eine akademische Eigenständigkeit zu argumentieren, aber auch von der Statistik, um einen wissenschaftlichen Status zu beanspruchen und nicht einfach als Instrument für Gesundheitsbehörden zu gelten. In diesem Zusammenhang mobilisierten sie in professionellen Diskursen unterschiedliche Methoden und Praktiken, wie etwa das Laborexperiment, die biostatistische Analyse oder die Feldbeobachtung, als für ihre Disziplin spezifisch. So trennten sie zum Beispiel in der Zeit zwischen den Weltkriegen ein epidemiologisches Krankheitskonzept von der Idee von Krankheit, die für klinische oder bakteriologische Untersuchungen galt. Nach 1945 verabschiedeten sie sich wiederum vom Gegensatz der statistischen und der experimentellen Logik und wiesen stattdessen die epidemiologische Statistik als Mittel aus, um mögliche Defizite der experimentellen Forschung auszugleichen (Amsterdamska 2005).

Als Produkt „politischer" Aushandlungs- und Behauptungsprozesse lassen sich auf der anderen Seite die forschungspraktische und die institutionelle Sphäre der Wissenschaft nicht streng voneinander trennen (Lenoir 1997). Wie wir gesehen haben, verweist Kuhns Begriff des Paradigmas vor allem auf klassische innerwissenschaftliche Werte und Überzeugungen, also darauf, was als legitimes wissenschaftliches Problem zu betrachten ist und wie dieses gelöst werden kann. Auch der von Knorr Cetina später eingeführte Begriff der Wissenskulturen bezieht sich primär auf Konventionen für die praktisch-technische Handhabung von Forschungsobjekten. Mit einer breiteren soziologischen Perspektive auf das *identity work* disziplinärer Kulturen können wir dagegen die Verschränkung von in wissenschaftlichen Gemeinschaften verankerten Werten, Konventionen und Praktiken mit denen aus gesellschaftlichen und kulturellen Kontexten untersuchen. Disziplinäre Identität konstruiert sich dann nicht allein aus innerwissenschaftlichen Regeln und Normen, sondern entsteht im Spannungsverhältnis einer zugleich als frei und nur der Wahrheit verpflichtet verstandenen wissenschaftlichen Arbeit bei gleichzeitiger Erwartung gesellschaftlicher Nützlichkeit. Aus dem Blickwinkel diskursiver Identitätsarbeit kann man dabei beobachten, wie wissenschaftliche Akteure ihr Handeln zwischen oft lokalen sozialen und ökonomischen Erwartungen auf der einen und den wissens- und sozialstrukturellen Kontexten auf der anderen Seite verortet haben (Kaldewey 2013; Schauz 2020; Roth 2022).

Disziplinäres *identity work* lässt sich zum Beispiel bei Akteuren in führenden Positionen der US-amerikanischen Universitätslandschaft des frühen 20. Jahrhunderts ablesen. Wie der Wissenschaftshistoriker Charles Rosenberg zeigt, agierten Wissenschaftler*innen als Leiter*innen von Forschungsstationen oder Departments in einer politischen und wissenschaftlichen Doppelrolle, die er *scientist-entrepreneurs* beziehungsweise *research-entrepreneurs* nennt (Rosenberg 1997: 159; siehe auch Kohler 1982: 5; Lenoir 1997: 46). Ihr Kennzeichen war, dass sie für das institutionelle Überleben ihrer Disziplin zwischen der Welt der Wissenschaft einerseits und der Welt der sozialen und ökonomischen Erwartungen eines bestimmten Kreises an Klienten (etwa Regierungen, Unternehmen, öffentlichen Institutionen) andererseits vermittelten: „The successful research-entrepreneur had to not only tailor a research policy to the needs of his lay constituency, but still remain aware of professional values and realities" (Rosenberg 1997: 159). Im Gegenzug für die institutionell abgesicherte Möglichkeit, frei zu forschen, begannen etwa Agrarwissenschaftler*innen im ausgehenden 19. Jahrhundert ihre Disziplinen mit Dienstleistungen auszuweisen – unter anderem mit dem Versprechen, Mittel zur Maximierung von Erträgen zu finden. Andere Formen der Identitätsarbeit rekonstruiert Steven Shapin am Beispiel des Biotech-Booms in den USA der 1970er und 1980er Jahre. Hier bauten Wissenschaftler*innen mit Hilfe von Risikokapital beachtliche Firmen auf und es entstand eine Figur, dessen Handeln definiert ist durch das Spannungsfeld von wissenschaftlicher Wissensproduktion und sozialen Kontexten: „They have one foot in the making of knowledge and the other in the making of artifacts, services, and, ultimately, money" (Shapin 2008: 210).

Neben dem „Forschungshandeln", also der eigentlichen Wissensproduktion, beinhaltet die Arbeit in organisierten Verbünden wie Disziplinen immer auch ein „Wissenschaftshandeln", mit dem Forscher*innen Kontakt zwischen unterschiedlichen sozialen Kontexten und ihrer Forschung herstellen (Krohn & Küppers 1989). Damit gehen sie sicher, dass sie ihre Forschungspraxis auch künftig fortsetzen können. Wissenschaftler*innen bedienen in ihrem Arbeitsalltag also nicht allein die Rolle von problemlösenden Arbeiterbienen, sondern beteiligen sich auch an den Selbstbeschreibungen von Disziplinen und Kulturen, die meist einhergehen mit Nützlichkeits- und Relevanzversprechen, um die Forschungstätigkeit gegenüber einem breiteren Publikum und wichtigen Stakeholdern in der gesellschaftlichen Umwelt zu legitimieren (siehe auch Kapitel 11, Hamann & Schubert). Entsprechend gehört zu einer disziplinenspezifischen Sozialisation, dass neben dem eigentlichen Paradigma – also den Regeln und Normen der wissenschaftlichen Praxis – Studierende ihre künftige wissenschaftliche Arbeit auch mit Erwartungen für Dienstleistungen verknüpft verstehen, die oft schon in den Studiengangsbeschreibungen der Universitäten angegeben werden.

Disziplinäre Dienstleistungen
Die Zuschreibung von Nützlichkeits- und Relevanzversprechen in der Selbstdarstellung wissenschaftlicher Disziplinen und Kulturen lässt sich zum Beispiel am BA-Studiengang „Molekulare Biomedizin" der Universität Bonn ablesen. Die interdisziplinäre Ausbildung wird in Kooperation der Mathematisch-Naturwissenschaftlichen und Medizinischen Fakultät angeboten. Im Studium werden dann „Methoden und das molekulare Verständnis der Naturwissenschaften mit aktuellen Inhalten der Medizin" verknüpft. Es geht also um ein klar biomedizinisches Paradigma. Die prospektiven Dienstleistungen beziehen sich dann jedoch nicht mehr nur auf Medizin. In den gelisteten Berufsperspektiven (die wir analog zu Dienstleistungen verstehen können) geht es um „Biomedizinische Grundlagenforschung", „Entwicklung/Planung/Marketing (Industrie)", „Molekular Diagnostik (bei medizinischen, biotechnischen, umweltbezogenen, forensischen Fragestellungen; in klinischen Disziplinen" sowie „Wissenschaft (Lehre/Forschung an Hochschulen)". Anders als der Name vermuten lässt, bietet sich die Disziplin *qua* Studiengang Molekulare Biomedizin also einem breiteren Klientenkreis mit sozialen und ökonomischen Erwartungen an.
   Quelle: https://www.uni-bonn.de/de/studium/studienangebot/studiengaenge-a-z/molekulare-biomedizin-bsc (aufgerufen am 29.07.2021).

Fazit

Abschließend können wir also festhalten, dass das Konzept wissenschaftlicher Disziplinen auch vor dem Hintergrund neu aufkommender Forschungskonfigurationen ein wichtiges Analysekonzept darstellt, um Wissenschaft in ihrer institutionellen Dimension und kulturellen Vielfalt zu erforschen. Allerdings erweisen sich hier die formalen Kategorien der klassischen Wissenschaftssoziologie als überholt, weil sie nicht in der Lage sind, die eher informelle Dimension in der Verknüpfung von Wissensformen und Sozialstrukturen zu beleuchten. Als Alternative bietet sich daher die Idee von Kulturen der Wissenschaft an, die dichte Beschreibungen der sozialen, materiellen und symbolischen Zusammenhänge der konkreten Wissensproduktion ermöglicht.

In diesem Kapitel wurde dafür plädiert, die Begriffe „Disziplin" und „Kultur" komplementär zur Analyse von Wissenschaft und Forschung zu verwenden. Denn es ist Vorsicht geboten, wenn die „Wissenschaft", wie von manchen Wissenschaftsforscher*innen vorgeschlagen, auf den Begriff der „Forschung" reduziert wird. Zweifellos stellt die Forschungstätigkeit einen eigenständigen Handlungstypus dar, der berechtigterweise im Fokus vieler Studien der Wissenschaftsforschung steht. Problematisch ist allerdings eine radikal-praxistheoretische Idee der Wissenschaft, in der wichtige Sozialstrukturen, wie die Ausbildung und Rekrutierung von wissenschaftlichem Nachwuchs, organisationale Kontexte oder wissenschaftspolitische Zusammenhänge unbeleuchtet bleiben. In Studien, die sich allein vom Kulturbegriff leiten lassen, endet der Umweltkontakt des Forschungshandelns konzeptionell meist mit der Publikation von politisch ausgehandelten oder technisch konstruierten wissenschaftlichen Fakten – auch wenn zuvor, wie im Fall der Transdisziplinarität, gesellschaftliche Sektoren in den Prozess der Wissensproduktion mit einbezogen wurden. Entsprechend ergibt sich ein verzerrtes Bild, in dem der Kontakt mit der gesellschaftlichen Umwelt als über andere Stellen als die Forscher*innen selbst hergestellt verstanden wird.

Eine Synthese aus Ansätzen, die auf dem Begriff der Disziplinen aufbauen, und solchen, die den Begriff der Kulturen in den Vordergrund stellen, erweist sich dabei als fruchtbar. Dadurch wird das Problem einer einseitigen Fokussierung auf entweder „Wissenschaft" oder „Forschung" vermieden: beide können analytisch zusammengedacht werden. Damit sieht man, dass sich die Verhaltensweisen und Werte disziplinärer Kulturen nicht allein auf die Forschungspraxis selbst beziehen, sondern immer auch gesellschaftliche Werte, Normen und Überzeugungen mittransportieren. An historischen Beispielen kann man entsprechend beobachten, dass in disziplinären Kulturen neben den spezifischen Regeln und Normen der wissenschaftlichen Praxis, auch die wissenschaftspolitische Seite in die Identität von Disziplinen eingebaut ist. Die Wissenschaftsforschung hat daher in jüngster Zeit auch begonnen, die eher informell strukturierten Forschungskulturen in ihrem Verhältnis zu disziplinären Entwicklungen zu untersuchen. So ist aus dem klassischen wissenschaftssoziologischen Disziplinenbegriff, der sich vor allem auf das Verhältnis von Wissensbereichen zur formalen Organisation der Wissenschaft konzentriert, die diskursive Herstellung disziplinärer Identität geworden (Roth 2022). Es geht dann weder allein um eine ethnographische Untersuchung der konkreten Forschungsarbeit noch darum, wie sich die formale Einheit des Wissenschaftssystems konstituiert, sondern um ein soziologisch-historisches

Fragen danach, wie Kulturen der Wissenschaft über die Beschreibungen ihrer Arbeit in akademischen und wissenschaftspolitischen Diskursen sich als Disziplinen institutionell etablieren und gesellschaftlich legitimieren.

Empfehlungen für Seminarlektüren

(1) Stephen Turners Beitrag „What are Disciplines? And How is Interdisciplinarity Different?" (2000) bietet eine Einführung in die soziologische Institutionentheorie von Disziplinen, die an die „klassische" Wissenschaftssoziologie anschließt. Die These ist, dass Disziplinen durch einen internen Arbeitsmarkt definiert sind; durch Verleihung von formalen Qualifikationen organisieren sie kartellartig die Rekrutierung von Nachwuchs.

(2) Das dritte Kapitel in Tony Bechers und Paul R. Trowlers klassischer Studie *Academic Tribes and Territories* (2001 [1989]: 41–57) entwickelt ein „anthropologisches" Verständnis von Disziplinen. Demnach definiert sich die Identität einer Disziplin einerseits durch spezifische Wissensformen und andererseits durch eine korrespondierende akademische Kultur, die aus der kollektiven Anwendung und Weitergabe der für die Bearbeitung des Wissens erforderlichen Praktiken resultiert.

(3) Der Aufsatz „Interdisciplinarity in Historical Perspective" von Mitchell G. Ash (2019) bietet einen historischen Abriss über die Entwicklung und Institutionalisierung von disziplinären sowie inter-, multi- und transdisziplinären Arbeitsformen im Kontext von Universität und Forschungspolitik vom Anfang des 19. Jahrhunderts bis in die Gegenwart.

(4) In ihrer Studie „Demarcating Epidemiology" rekonstruiert Olga Amsterdamska (2005) eindrücklich die Entwicklung der Epidemiologie als Disziplin in Großbritannien aus Sicht der STS und zeigt dabei die Vielfältigkeit von professionellen Identitäts- und Grenzziehungsdiskursen auf.

(5) Bernadette Bensaude Vincents Aufsatz „Discipline-building in Synthetic Biology" (2013) zeigt die diskursive Formierung der Synthetischen Biologie im 21. Jahrhundert aus wissenschaftshistorischer Perspektive und verweist dabei auf ein *identity work*, das die Praktiken, epistemischen und moralischen Ideale der Disziplin im Spannungsfeld von Technischer Informatik und Synthetischer Chemie verortet.

Literatur

Amsterdamska, O., 2005: Demarcating Epidemiology. *Science, Technology, & Human Values* 30: 17–51.

Ash, M. G., 2019: Interdisciplinarity in Historical Perspective. *Perspectives on Science* 27: 619–642.

Becher, T. & P. R. Trowler, 2001 [1989]: *Academic Tribes and Territories. Intellectual Enquiry and the Culture of Disciplines*. 2. Auflage. Maidenhead: SRHE & Open University Press.

Bensaude Vincent, B., 2013: Discipline-building in Synthetic Biology. *Studies in the History and Philosophy of Biological and Biomedical Sciences* 44: 122–129.

Bogner, A., K. Kastenhofer & H. Torgersen (Hrsg.), 2010: *Inter- und Transdisziplinarität im Wandel? Neue Perspektiven auf problemorientierte Forschung und Politikberatung*. Baden-Baden: Nomos.

Bourdieu, P., 1993 [1980]: *Sozialer Sinn. Kritik der theoretischen Vernunft*. Frankfurt am Main: Suhrkamp.

Brewer, G. D., 1999: The Challenges of Interdisciplinarity. *Policy Sciences* 32: 327–337.

Felt, U., R. Fouché, C. A. Miller, & L. Smith-Doerr (Hrsg.), 2017: *The Handbook of Science and Technology Studies*. Fourth Edition. Cambridge, MA: MIT Press.

Funtowicz, S. O. & J. R. Ravetz, 1993: Science for the Post-Normal Age. *Futures* 25: 739–755.

Geertz, C., 1983: *Local Knowledge. Further Essays in Interpretive Anthropology*. New York, NY: Basic Books.

Gieryn, T. F., 1999: *Cultural Boundaries of Science. Credibility on the Line*. Chicago, IL: University of Chicago Press.

Gibbons, M., C. Limoges, H. Nowotny, S. Schwartzman, P. Scott, & M. Trow, 1994: *The New Production of Knowledge. The Dynamics of Science and Research in Contemporary Societies*. London: Sage.

Hackett, E. J., J. N. Parker, N. Vermeulen, & B. Penders, 2017: The Social and Epistemic Organization of Scientific Work. In: Felt, U. et al. (Hrsg.), *The Handbook of Science and Technology Studies*. Fourth Edition. Cambridge, MA: MIT Press, S. 733–764.

Kaldewey, D., 2013: *Wahrheit und Nützlichkeit. Selbstbeschreibungen der Wissenschaft zwischen Autonomie und gesellschaftlicher Relevanz*. Bielefeld: transcript.

Klein, J. T., 2000: A Conceptual Vocabulary of Interdisciplinary Science. In: Weingart, P. & N. Stehr (Hrsg.), *Practising Interdisciplinarity*. Toronto: Toronto University Press, S. 3–24.

Knorr Cetina, K. & W. Reichmann, 2015: Epistemic Cultures. In: *International Encyclopedia of the Social & Behavioral Sciences*. 2. Auflage. Volume 7. Oxford: Elsevier, S. 873–880.

Knorr Cetina, K., 2002a [1999]: *Wissenskulturen. Ein Vergleich naturwissenschaftlicher Wissensformen*. Frankfurt am Main: Suhrkamp.

Knorr Cetina, K., 2002b [1981]: *Die Fabrikation von Erkenntnis. Zur Anthropologie der Naturwissenschaft*. Erweiterte Neuauflage. Frankfurt am Main: Suhrkamp.

Kohler, R. E., 1982: *From Medical Chemistry to Biochemistry. The Making of a Biomedical Discipline*. Cambridge: Cambridge University Press.

Krohn, W. & G. Küppers, 1989: *Die Selbstorganisation der Wissenschaft*. Frankfurt am Main: Suhrkamp.

Kuhn, T. S., 1981 [1970]: *Die Struktur wissenschaftlicher Revolutionen*. 2. Auflage. Frankfurt am Main: Suhrkamp.

Latour, B. & S. Woolgar, 1986 [1979]: *Laboratory Life. The Construction of Scientific Facts*. Princeton, NJ: Princeton University Press.

Latour, B., 1998: From the World of Science to the World of Research? *Science* 280: 208–209.

Lenoir, T., 1997: *Instituting Science. The Cultural Production of Scientific Disciplines*. Stanford, CA: Stanford University Press.

Nowotny, H., P. Scott & M. Gibbons, 2001: *Re-Thinking Science. Knowledge and the Public in an Age of Uncertainty*. Cambridge: Polity Press.

Pickering, A. (Hrsg.), 1992: *Science as Practice and Culture*. Chicago, IL: University of Chicago Press.

Rosenberg, C. E., 1997: *No Other Gods. On Science and American Social Thought*. Erweiterte Neuauflage. Baltimore, MD: Johns Hopkins University Press.

Roth, P. H., 2022: *Medicine as Science. The Making of Disciplinary Identity from Scientific Medicine to Biomedicine*. (Wissenschafts- und Technikforschung; 22). Baden-Baden: Nomos.

Sarasin, P. & S. Berger, M. Hänsler, M. Spörri (Hrsg.), 2007: *Bakteriologie und Moderne. Studien zur Biopolitik des Unsichtbaren, 1870–1920*. Frankfurt am Main: Suhrkamp.

Schauz, D., 2020: *Nützlichkeit und Erkenntnisfortschritt. Eine Geschichte des modernen Wissenschaftsverständnisses*. Göttingen: Wallstein.

Shapin, S., 2008: *The Scientific Life. A Moral History of a Late Modern Vocation*. Chicago, IL: University of Chicago Press.

Snow, C. P., 1965: *Two Cultures. And a Second Look*. Cambridge: Cambridge University Press.

Stichweh, R., 1984: *Zur Entstehung des modernen Systems wissenschaftlicher Disziplinen. Physik in Deutschland, 1740–1890*. Frankfurt am Main: Suhrkamp.

Turner, S., 2000: What are Disciplines? And How is Interdisciplinarity Different? In: Weingart, P. & N. Stehr (Hrsg.), *Practising Interdisciplinarity*. Toronto: Toronto University Press, S. 46–65.

Turner, S., 2017: Knowledge Formations. An Analytical Framework. In: Frodeman, R. (Hrsg.), *The Oxford Handbook of Interdisciplinarity*. 2nd edition. Oxford: Oxford Academic, S. 9–20.

Weingart, P. & N. Stehr (Hrsg.), 2000: *Practising Interdisciplinarity*. Toronto: University of Toronto Press.

Michael Hölscher und Editha Marquardt

5 Organisationen und Orte der Wissenschaft

Wissenschaft, so könnte man meinen, hat und benötigt keinen Ort. Eine Relativitätstheorie, die Raum und Zeit beschreibt, ist selbst zeit- und raumlos. Eine solche Einschätzung hängt aber davon ab, was man genau unter Wissenschaft versteht beziehungsweise welchen Aspekt man hervorheben will (siehe auch Kapitel 1, Kaldewey & Schauz). Je nach Perspektive braucht Wissenschaft sehr wohl konkrete Orte, an denen sie sich manifestiert. Die „soziale Organisation" baut auf einer Infrastruktur auf (Labore, Vortragssäle, etc.), in der sie das Wissen schafft und bewahrt. Diese Infrastruktur war lange Zeit an zentralen Orten konzentriert und ist mit diesen auch heute weiterhin eng verbunden. So denken wir bei Oxford oder Princeton oft weniger an die konkreten Städte als an die universitären Stätten der Wissenschaft.

Organisationen der Wissenschaft haben meist einen solchen zentralen Ort, sie sind aber auch in der Lage, verschiedene Orte zu verbinden und damit quasi räumliche Beschränkungen zu überschreiten. So sind etwa Hochschulen als Organisationen (in der Regel) an einem bestimmten Ort angesiedelt, gleichzeitig verbinden die oft weltweit vernetzten disziplinären Gemeinschaften und Kulturen diese Orte zu einem virtuellen Kommunikationsraum (siehe auch Kapitel 4, Roth). Auch die organisierten Fachgesellschaften sind nicht einfach ortlos: So vernetzt die Gesellschaft für Soziologie als Organisation die Soziolog*innen in vielen Hochschulen und ist doch selbst örtlich identifizierbar, hat eine Geschäftsstelle mit einer Adresse und benennt immer wieder neue Austragungsorte für ihre Kongresse, an denen ihre Mitglieder zusammenkommen.

Ort und Organisation der Wissenschaft beeinflussen sich dabei gegenseitig. Die physischen, aber mehr noch die sozialen Kontexte, die durch einen bestimmten Ort vorgegeben sind, beeinflussen die Organisierbarkeit wissenschaftlicher Tätigkeiten. Das fängt im Kleinen an, wenn etwa die Gestaltung eines Seminarraumes das Lernklima beeinflusst, vervielfältigt sich weiter über die Möglichkeit verschiedener Campuskonzeptionen aufgrund von Platzbeschränkungen bis hin zu den finanziellen, rechtlichen, aber auch kulturellen Rahmenbedingungen, die sich durch die Ansässigkeit in einem bestimmten Land ergeben.

Doch auch wenn man auf das Wissen im engeren Sinne oder die Prozesse seiner Generierung als Aspekte von Wissenschaft abhebt, sind diese mit räumlichen Kontexten verbunden und insofern „verortet". Laborforscher*innen wie Knorr Cetina (1999) oder Latour & Woolgar (1979) haben gezeigt, wie wissenschaftliche Me-

https://doi.org/10.1515/9783110713800-005

thoden und Erkenntnisse im Kontext eines Labors durch das Zusammenspiel der Akteure vor Ort interagieren und lokal spezifische Erkenntnisse produzieren (siehe auch Kapitel 7, Groß). Dazu kommt, dass das scheinbar universale Wissen selbst oft eine gewissermaßen geographische Dimension hat: Neue Formen des Wissens, die Nowotny et al. (2003: 179) als „Mode 2-Knowledge" beschreiben und als „socially distributed, application-oriented, trans-disciplinary, and subject to multiple accountabilities" charakterisieren, müssen sich „vor Ort", also in regionalen Kontexten bewähren. Auch die aus der Innovationsforschung bekannten Diskussionen um regionale Innovationssysteme, intelligente Spezialisierung und lernende Regionen sind hierfür ein wichtiges Indiz (siehe auch Kapitel 8, Böschen).

Aus diesen Gründen lohnt es sich, einen genaueren Blick auf Organisationen und Orte der Wissenschaft sowie auf das Zusammenspiel beider zu werfen. Dabei sind verschiedene Differenzierungen zu berücksichtigen. So organisieren und verorten sich Forschung und Lehre – bei aller in Humboldtscher Tradition beschworenen Einheit der beiden – teils sehr unterschiedlich. Zudem legt ein in den Sozialwissenschaften mittlerweile vorherrschendes relationales Raumverständnis nahe, den physischen Ort (*place*) und den sozialen Raum (*space*) im Wechselspiel zu betrachten (Lefebvre 1991; Hoelscher & Harris-Huemmert 2019). Ein Beispiel: Das Lehr- und Lerngeschehen wird beeinflusst sowohl durch die Gestalt des physischen Hörsaals oder die Einbettung der Lehrgebäude in einen Campus oder eine städtische Umgebung (*place*) als auch durch den gesellschaftlichen Stellenwert, der einer Hochschulbildung zugewiesen wird oder durch die Verortung der Hochschule im Feld anderer Hochschulen durch ein Ranking (*space*). Wir werden im Folgenden allerdings einen Schwerpunkt auf die physische Verortung (*place*) legen.

Das Kapitel gliedert sich in drei Abschnitte. Im ersten wenden wir uns der organisationalen Verfasstheit der Wissenschaft zu. Sie ist der wichtigste Grund für die Ortsgebundenheit der Wissenschaft, wird gleichzeitig aber auch durch die örtlichen Kontexte geprägt. Im zweiten Abschnitt wird deshalb das Thema der „Glokalität" (Robertson 1995) beziehungsweise das Zusammenspiel von globaler Wissenschaft und lokaler Verortung der Wissenschaftsorganisationen ausführlicher thematisiert. Ein dritter Abschnitt widmet sich einer spezifischen Wissenschaftsorganisation, der Universität, im Detail und analysiert ihre Raumbezüge.

Organisationen der Wissenschaft

Frei nach dem alten Volkslied „Die Gedanken sind frei" haftet dem Wissen und auch der Wissenschaft etwas Immaterielles an. Und auch über Kerninstitutionen wie die

Universität denken wir häufig im Sinne einer „Idee" nach (z. B. Barnett & Peters 2018, siehe aber schon Newman 1996 [1899]). Auf diese Idee im Sinne von gemeinsamen formellen und informellen Regeln, nach denen Wissenschaft weltweit funktioniert, greift aktuell zum Beispiel die (neo-)institutionalistische Perspektive zurück (Meyer et al. 2007; Krücken & Röbken 2009; Frank & Meyer 2020). Auch aus einer systemtheoretischen Sicht wird die Wissenschaft oft primär als ein globaler Kommunikationszusammenhang verstanden (Luhmann 1992; Stichweh 2003). Die Institution Wissenschaft und ihre Kommunikation manifestiert sich darüber hinaus aber in verschiedenen Organisationen wie zum Beispiel Universitäten, Forschungseinrichtungen und Museen.

Was ist eine Organisation?
Von Organisationen im engen Sinn spricht man, „(...) wenn mehrere Personen in einem arbeitsteiligen Prozess mit Kontinuität an einer gemeinsamen Aufgabe infolge eines gemeinsamen Zieles arbeiten. Die auf Einzelpersonen verteilten Arbeitshandlungen sind dabei aufeinander abzustimmen und auf das gemeinsame Ziel hin auszurichten" (Gabler 2010). Organisationen weisen in der Regel folgende Merkmale auf: (1) Sie sind eine bewusst geschaffene und stabile soziale Einheit; (2) es werden gemeinsame strategische Ziele verfolgt; (3) es gibt eine relativ homogene Gruppe von in der Regel freiwilligen Mitgliedern; (4) die Organisation besitzt eine mehr oder weniger formale Struktur und Hierarchie; und (5) es gibt klar verankerte Prozesse und Instrumente zur Zielerreichung, inkl. Regeln zur Überwachung und Sanktion (Meisel & Feld 2009: 37 ff.; Hüther 2010: 127 ff.; Kehm 2012: 18; Kühl 2020).

Die dem Bundesbericht Forschung und Innovation (BMBF 2020) entnommene Abbildung 5.1 gibt einen groben Überblick über das deutsche Forschungs- und Innovationssystem mit den wichtigsten Akteuren und Organisationen. Deutlich wird, dass neben der öffentlichen Forschung (Hochschulen, Akademien, Ressortforschung, außeruniversitäre Forschungsorganisationen) die Politik (linke Spalte) und die private Wirtschaft (rechte Spalte unten) wichtige Rollen spielen – letztere investiert im Bereich von Forschung und Entwicklung ein Vielfaches von dem, was die öffentliche Hand ausgibt. Die Ausführungen in diesem Kapitel beziehen sich allerdings primär auf den Bereich der öffentlichen Forschung, ergänzt um den Bereich der Lehre an den Hochschulen und einige Intermediäre.

Innerhalb der Wissenschaft im engeren Sinne unterscheiden wir zunächst zwischen Organisationen, die Lehre und Forschung verbinden und solchen, die sich auf die Forschung konzentrieren. Von den ersteren gab es 2019 laut Hochschulrektorenkonferenz[1] 394 Hochschulen, davon 121 Universitäten, 216 Fachhochschulen

---

1 Die Hochschulrektorenkonferenz (HRK) ist als Zusammenschluss von aktuell 269 öffentlichen Hochschulen, die durch ihre jeweiligen Leitungen vertreten werden, selbst eine wichtige Organisation. Sie dient der Meinungsbildung und vertritt vor allem die Positionen der Hochschulen gegenüber der Politik (siehe www.hrk.de). Die hier und im folgenden Text angegebenen Daten beziehen sich auf den Stand vom 18.11.2022.

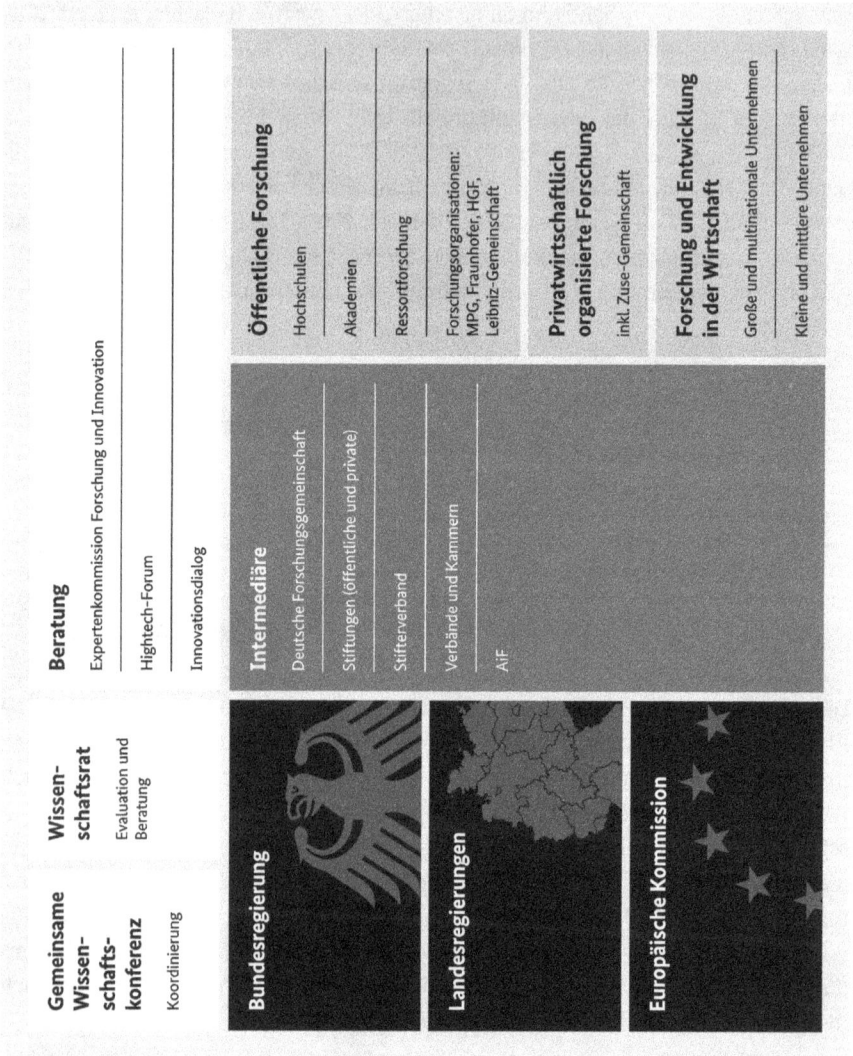

Abbildung 5.1: Akteure des deutschen Wissenschaftssystems (Quelle: BMBF 2020: 59).

beziehungsweise Hochschulen für angewandte Wissenschaften und 57 Kunst- und Musikhochschulen. In den Hochschulen arbeiten etwas über 700.000 Menschen, hiervon knapp 400.000 als wissenschaftliches und künstlerisches Personal. Die Ausgaben für die Hochschulen belaufen sich auf 54 Mrd. Euro pro Jahr, wobei 21,5 Mrd. Euro auf die Universitäten, 25 Mrd. Euro auf die Hochschulklinika und 7 Mrd. Euro auf die Fachhochschulen entfallen. Kunst- und Musikhochschulen erhalten lediglich 0,7 Mrd. Euro (Hochschulrektorenkonferenz o. J.).

Bei den Organisationen, die sich auf Forschung konzentrieren, spielen in Deutschland die außeruniversitären Forschungseinrichtungen eine zentrale Rolle. Der Großteil dieser Einrichtungen gehört zu einer der vier großen Dachorganisationen: der Max-Planck-Gesellschaft (MPG), der Fraunhofer-Gesellschaft (FhG), der Helmholtz-Gemeinschaft (HGF) und der Leibniz-Gemeinschaft (WGL) (Hohn 2016).[2] Neben jeweils einer übergeordneten Zentrale bestehen diese vor allem aus thematisch fokussierten Instituten (MPG 86, FhG 76, HGF 18 und WGL 97). Die Budgets dieser vier „Außeruniversitären" belaufen sich zusammen auf 12,3 Mrd. Euro, bei insgesamt knapp 120.000 Mitarbeitenden. Darüber hinaus gibt es weitere forschungsorientierte Organisationen wie etwa die wissenschaftlichen Akademien (z. B. die Nationale Akademie der Wissenschaften Leopoldina) und die eng an den Staat gebundenen und mit einem Beratungsauftrag versehenen Ressortforschungseinrichtungen (z. B. das Bundesinstitut für Berufsbildung oder das Robert Koch-Institut).

Neben diesen Einrichtungen wird das wissenschaftliche Feld durch Intermediäre oder Mittlerorganisationen geprägt, die den Kontakt zwischen der Wissenschaft und ihrer gesellschaftlichen Umwelt – etwa der Wirtschaft, dem Staat oder der Zivilgesellschaft – organisieren. Die Deutsche Forschungsgemeinschaft (DFG) zum Beispiel verteilt Forschungsgelder des Staates (3,6 Mrd. Euro für über 30.000 Projekte in 2021), ist dabei aber strikt wissenschaftsgetrieben, trifft ihre Entscheidungen also unabhängig von der Politik auf der Grundlage von wissenschaftlichen Gutachten zur Qualität der Projekte. Auch wissenschaftsfördernde Stiftungen (z. B. Volkswagenstiftung) spielen eine wichtige, im Hinblick auf die Gesamtsummen jedoch eher kleine Rolle. Neben den in Abbildung 5.1 aufgeführten Intermediären ist mindestens noch der Deutsche Akademische Austauschdienst (DAAD), die weltweit größte Unterstützungsorganisation für die Internationalisierung der Wissenschaft, zu nennen.

Ebenso wichtig wie die Fakten zu verschiedenen Organisationen ist die Betrachtung der „Organisationsförmigkeit" von Forschung und Lehre. Forschung ist in der Form der genialen Forscherin, die einsam in ihrem Elfenbeinturm sitzt und über die Welt nachdenkt, heute kaum noch existent, teils sogar nicht mehr vorstell-

---

2 Die folgenden Angaben sind den Websites der Einrichtungen entnommen (Stand 18.11.2022).

bar (siehe auch Kapitel 2, Kaldewey). Stattdessen müssen Studierende eingeschrie-ben, in der Lehre versorgt und mit Abschlüssen ausgestattet, müssen große Labore beheizt und die Laborratten in ausreichender Zahl vorgehalten werden, sind große Gebäude zu managen und Leute in ihnen mehr oder weniger gerecht zu verteilen.[3] All dies muss „organisiert" werden. Die gestiegenen Studierendenzahlen in den Hochschulen, der Trend zu immer größeren und spezifischeren Forschungsprojek-ten („big science"; an manchen Publikationen im Kontext des CERN, des größten europäischen Teilchenbeschleunigers, sind mehrere tausend Autor*innen beteiligt) und andere Entwicklungen verlangen also eine spezifische Form der Organisation: Innerhalb der Organisation gibt es bestimmte Rollen (Leitungspersonal, Forschende, Lernende etc.), die ausgefüllt, sowie Ressourcen (z. B. Finanzen, Personal, Gebäude), die gemanagt und zielgerichtet verteilt werden müssen. In diesem Kontext können auch ganz neue Felder, wie etwa das des Wissenschaftsmanagements, entstehen (Hölscher et al. 2020; Schneider et al. 2022: 49 ff.). Diese Organisationsförmigkeit hat Rückwirkungen auf die Art und Weise, wie Lehre und Forschung betrieben werden. So gibt es formelle und informelle Regeln, wie Entscheidungen und Prozesse ablau-fen sollen, es gibt Organisationskulturen, die bei einigen dieser Entscheidungen zu Pfadabhängigkeiten führen usw.

Gleichzeitig hat die Wissenschaft mit ihren spezifischen Anforderungen Rück-wirkungen auf die Art und Weise, wie sie überhaupt sinnvoll organisiert werden kann. Es gibt deshalb eine intensive Debatte, ob Wissenschaftsorganisationen als „spezifische Organisationen" (Musselin 2007) bezeichnet werden müssen. Dieses Thema wird unten, im dritten Abschnitt noch einmal aufgegriffen und am Beispiel der Universität vertieft.

Orte der Wissenschaft

Wissenschaft ist etwas Abstraktes, etwas Geistiges – eine globale Idee, die zunächst nicht an einen Ort gebunden scheint. Wissenschaftliches Denken zielt auf Erkennt-nisgewinn und Wissenserzeugung, auf Loslösung von der Umgebung und von kon-kreten Bedingungen (zur Abgrenzung wissenschaftlichen Denkens vgl. etwa Bartels 2021). Diese Abstraktion ermöglicht es, allgemeingültige Theorien zu bilden, oder, wie es der Philosoph Ernst Cassirer formuliert:

---

3 Wissenschaftssoziologisch zu bedenken ist dabei auch, dass die Größe und Lage von Räumen, die einer Professur zugesprochen werden, ein wichtiges Zeichen für die Reputation eines Wissen-schaftlers sein können.

Keine Theorie, insbesondere keine exakte, keine mathematische Theorie des Naturgeschehens ist möglich, ohne daß sich das reine Denken vom Mutterboden der Anschauung loslöst, ohne daß es zu Gebilden fortgeht, die prinzipiell unanschaulicher Natur sind (Cassirer 1994 [1929]: 372).

Doch wissenschaftliche Praxis und die oben beschriebenen Organisationen brauchen physische Orte, *places*, an denen sie sich manifestieren. So wird die Idee von Wissenschaft ver*ortet*. Wie dies konkret aussieht, ändert sich mit der Zeit und unterscheidet sich nach geographischer Lage und sonstigen Kontexten – ein Aspekt, dem die Wissenschafts- und Hochschulforschung bisher nur wenig Aufmerksamkeit geschenkt hat (siehe aber Temple 2014: xxv; Gieryn 2018; Kleimann & Stratmann 2019).

Bei Orten der Wissenschaft denkt man zunächst an Universitäten und Hochschulen – und dies bereits seit dem Mittelalter (Rüegg 1992–2011; Fisch 2015). Erst noch in Gemeinsamkeit mit der Kirche (z. B. in Paris), später in zunehmender Konkurrenz zu ihr etablierten sich Universitäten in verschiedenen Städten Europas und darüber hinaus. Im Mittelpunkt stand die Lehre, die Vermittlung von Wissen an Studierende, die zu diesem Zweck an die Universität kamen beziehungsweise diese teils selbst gründeten. Ganz frühen Universitäten dienten Kirchenräume zur Wissensvermittlung – ein prominentes Beispiel ist etwa die Universität Oxford, die als erstes Gebäude die University Church of St. Mary nutzte (Crossley 1979). Als Reaktion auf das Wachstum der Universität entstanden *halls* und *colleges* zur Unterbringung der Studierenden, die zugleich als Orte gemeinsamen Lernens konzipiert waren. Diese Idee von *einem* Ort, an den man kommt, um zu forschen und voneinander zu lernen, ist bis heute aktuell geblieben.

Universitäten und Hochschulen entwickelten sich schnell zu wichtigen Wissenszentren. Dabei lassen sich in unterschiedlichen historischen Epochen teils nationale, teils internationale „Modelle" identifizieren, wie eine Hochschule auszusehen hat. So besitzen historisch gewachsene Hochschulen repräsentative Gebäude im Stadtzentrum, während sich spätere Gründungen, insbesondere in der zweiten Hälfte des 20. Jahrhunderts, als Campus am Stadtrand etablierten (siehe Meusburger & Schuch 2011 für das Beispiel Heidelberg). Das Vorbild der europäischen mittelalterlichen Kollegs wurde ebenso wie die Campusuniversität in alle Welt exportiert, sie scheinen die globale Idee von Orten der Forschung und Lehre treffend zu verkörpern. Die Umsetzung dieser Idee kann jedoch im einzelnen Fall sehr unterschiedlich sein, je nach Zeit und Kulturkreis.

Wissenschaft braucht Orte der Wissens*generierung* wie Labore und Büros, der Wissens*speicherung* wie Bibliotheken, der Wissens*vermittlung* wie Hörsäle sowie Lernorte und Orte des Wissens*austauschs* (Tabelle 5.1). Weitere Funktionen der Wissenschaftsorganisation müssen ebenso ihren Ort finden: die Leitung der Wissenschaftseinrichtung, die einzelnen Institute und Departments mit ihrer Infrastruktur sowie Verwaltungen, nichtwissenschaftliches beziehungsweise wissenschaftsunterstützendes Personal etc.

Tabelle 5.1: Typologie von Orten der Wissenschaft.

Orte der Wissensgenerierung	Orte der Wissensspeicherung	Orte der Wissensvermittlung	Orte des Wissensaustauschs
– Labore – Büros – etc.	– Bibliotheken – Archive – Museen – Digitale Wissensspeicher – etc.	– Hörsäle – Seminarräume – Bibliotheken – etc.	– Konferenzsäle – Besprechungsräume – Kaffeeküchen – etc.

Klassische Orte der Wissensgenerierung sind Labore und Büros. In naturwissenschaftlichen Laboren werden Experimente durchgeführt, Messungen vorgenommen, neue Dinge – und heute auch Strategien – getestet und erprobt, um empirisch etwas über die Welt zu erfahren. Aber nicht alle Forschung findet in Laboren statt, und nicht alle Labore müssen naturwissenschaftlich geprägt sein – so bezeichnet man heute gerne auch Arbeitsumgebungen der Geistes- und Sozialwissenschaften als Labore oder „labs" (Marquardt & Gerhard 2021). Entsprechend sind auch Büros als wichtige Orte der Wissenserzeugung zu nennen. Das Nachdenken über verschiedene Fragestellungen, die Auswertung von Forschungsdaten, das Recherchieren im digitalen Raum findet am eigenen, individuell wandelbaren Arbeitsplatz statt.

Zu den Orten der Wissensspeicherung zählen traditionell Bibliotheken, Archive und Museen, heute sind auch digitale Räume von zunehmender Bedeutung. In Bibliotheken wird Wissen geordnet und so zugänglich gemacht. Als Speicher sind sie Orte des kulturellen Gedächtnisses (Assmann 2010: 165) und ermöglichen eine Kommunikation mit vergangenen Zeiten. Der Wert ihrer Bibliothek sowie die Einmaligkeit ihrer Sammlungen konnte entscheidend zur Bekanntheit einer Universität beitragen. Jahrhundertelang war es üblich, dass Forschende zugleich als Bibliothekare tätig waren beziehungsweise Bibliothekare selbst forschten, wie zum Beispiel Leibniz, Lessing, Kant und Goethe (Jochum 2019: 732). Auch wenn aktuell oftmals die Servicefunktion von Bibliotheken in den Vordergrund gerückt wird und „Bibliotheksmanager*innen" gefragt sind, bleiben sie Orte der Forschung und Teil der Forschungsinfrastruktur (Schneider 2012; Ernst 2018), die sich an neue Anforderungen in Forschung und Lehre anpassen müssen (Knoche 2018). Neben Bibliotheken werden Wissensbestände, in je spezifischer Art und Weise, in Archiven (Weitin & Wolf 2012) und Museen (Habsburg-Lothringen 2019) Forschenden und Lernenden zur Verfügung gestellt. Alle drei dienen zudem als

Schnittstelle zur interessierten Öffentlichkeit, wozu auch digitale Kommunikationswege genutzt werden (Ruf 2021).

Hörsäle und Seminarräume sind noch immer die üblichen Lernorte und Orte der Wissensvermittlung an Hochschulen, doch mit der Entwicklung neuer Lernkonzepte ändern auch sie ihre Gestalt und Funktionalität.[4] Frontale Wissensvermittlung in großen Hörsälen mit bis zu mehreren hundert Hörer*innen verliert an Bedeutung oder wird zunehmend ins Digitale verlagert. Seminarräume differenzieren sich aus, je nach Charakter der angebotenen Lehrveranstaltung spielt die technische Ausstattung eine größere oder geringere Rolle. Außerdem entstehen neue Lernbereiche, die eine lernförderliche Atmosphäre unterstützen und gemeinsames Lernen unterstützen (z. B. Temple 2007).

Wissenschaftseinrichtungen sind immer auch Orte des Miteinanders, des Lernens und des Wissensaustauschs. Dafür braucht es Orte, die dies ermöglichen, die Bedingungen für (zufällige) Begegnungen schaffen – eine Voraussetzung für kreative Milieus, für die Entwicklung neuer Ideen (Merkel 2012). Erst dann gelingt es, aus dem Ort der Wissenschaft (*place*) einen Raum für Wissenschaft (*space*) zu erzeugen. Und deshalb spielen beispielsweise die berühmten Kaffeeküchen oder Uni-Cafés eine wichtige Rolle – weil sie genau diese Begegnungen ermöglichen.

Wissenschaftseinrichtungen lassen sich zudem als Organisation in einem weiteren räumlichen Kontext verorten, in einer bestimmten Stadt und Umgebung, was wiederum auf den Charakter der Wissenschaftseinrichtung zurückwirkt. Die Wissenschaftsorganisation kann sich am Rand befinden oder mittendrin, sichtbar in der Stadtgesellschaft oder kaum wahrgenommen. In der Wissensgesellschaft übernehmen Forschung und Lehre und ihre Orte eine wachsende Rolle in der Stadt und im regionalen Innovationssystem. An der Seite großer Wissenschaftseinrichtungen entstehen Technologieparks und Wissenscampus, Start-Ups und Kreativwirtschaft profitieren von Studierenden und Forschungsprojekten sowie vice versa. Häuser der Wissenschaft und Großevents zu wissenschaftlichen Themen machen Forschung und Lehre in der Stadtöffentlichkeit präsent – eine Anpassungsleistung der Orte der Wissenschaft an neue gesellschaftliche Bedingungen und damit an neue Anforderungen an die Wissenschaft (Wissenschaftskommunikation).

Wissenskooperationen
Insbesondere seit Mitte der 2000er Jahre bilden sich in vielen Städten Wissenskooperationen, in denen sich Wissenschaftseinrichtungen einer Region untereinander und mit außerwissenschaft-

---

4 Mittlerweile gibt es verschiedene Forschungsprojekte zu diesen Themen, zum Beispiel das EU-Projekt Learning and Teaching Space in Higher Education (siehe https://erasmus-plus.ec.europa.eu/projects/search/details/2019-1-UK01-KA203-061968; Ergebnisse finden sich unter anderem auf den Seiten der Partnerorganisationen).

lichen Partnern wie Stadtverwaltungen, Wirtschaftsunternehmen und der Zivilgesellschaft zusammentun (Marquardt & Gerhard 2021: 4 ff.). Diese Netzwerke sind je nach Standort unterschiedlich organisiert (z. B. als Verein, als Initiative oder Plattform). Ziel ist es, lokale Synergien zu erzeugen und insbesondere den Transfer zu stärken, häufig unter dem Anspruch einer „transformativen" Wissenschaft (Grunwald 2015). Häufig werden eigene Räumlichkeiten wie „Häuser der Wissenschaft" (wie z. B. Bremen und Braunschweig) innenstadtnah eingerichtet, die sich direkt an Adressaten vor Ort richten.

Beispiele:
- Mainzer Wissenschaftsallianz: https://www.wissenschaftsallianz-mainz.de/
- Dresden-concept Science and Innovation Campus: https://dresden-concept.de/
- Haus der Wissenschaft Bremen: https://www.hausderwissenschaft.de/

Die Universität als Ort und Organisation der Wissenschaft

Die Anfänge der (europäischen) Universität lassen sich in Zeit und Raum fixieren: Bologna, im Jahr 1088. Diese *universitas magistrorum et scholarium* wird, bei aller Unsicherheit über das genaue Gründungsjahr, häufig als Ursprungsort der Universität angesehen (siehe Hoelscher 2012 zu einer kritischen Diskussion). Seither scheinen Universitäten ausgesprochen anpassungsfähige Organisationen zu sein. Clark Kerr hat einmal geschätzt, dass 70 der ältesten 85 Organisationen der westlichen Welt Universitäten sind, der Rest sind hauptsächlich kirchliche Einrichtungen und Schweizer Kantone.

> These seventy universities, however, are still in the same locations with some of the same buildings, with professors and students doing much of the same things, and with governance carried on in much the same ways (Kerr 2001 [1972]: 115).

Die moderne Universität, die neben der Lehre auch die Forschung integriert (Einheit von Forschung und Lehre), ist eng mit dem Namen Wilhelm von Humboldt und der 1809 gegründeten Berliner Universität verbunden (obwohl es Vorläufer gab, siehe z. B. Fisch 2015) und wurde dann im Sinne der amerikanischen Forschungsuniversität weiterentwickelt (Lenhardt 2005: 83 ff.). Vor allem seit Mitte des 20. Jahrhunderts hat die Universität einen weltweiten Siegeszug angetreten. Erhielten um 1950 nur ca. 2 Prozent der entsprechenden Alterskohorte weltweit eine Hochschulbildung, waren es im Jahr 2000 bereits 20 Prozent und 2015 sogar ein Drittel (Lenhardt 2005: 15 f.; Schofer & Meyer 2005; Frank & Meyer 2020: 49). Allein schon aufgrund dieser Erfolgsgeschichte lohnt sich ein genauerer Blick auf die Organisation und den Ort der Universität.

Es wurde oben bereits darauf hingewiesen, dass es eine Diskussion gibt, inwieweit die Universität eine „spezifische" Organisation ist (Musselin 2007). Cohen, March und Olsen (1972) gingen sogar so weit, sie als „organized anarchy" zu bezeichnen. Dies war nicht unbedingt negativ gemeint; die Vorstellung dahinter ist, dass Forschung und Lehre als notwendig ergebnisoffene Prozesse bestimmte Freiheiten brauchen, die auch Zufallserkenntnisse (Stichwort ist hier *serendipity*, wie etwa bei der Entdeckung der Röntgenstrahlung oder des Penicillins) zulassen. Als Besonderheiten von Hochschulen werden deshalb regelmäßig die spezifische Zielorientierung (Wahrheitssuche) und eine damit einhergehende hohe intrinsische Motivation der Mitglieder bei gleichzeitiger Unklarheit des genauen Vorgehens zur Zielerreichung genannt. Forschungsergebnisse lassen sich, so die These, nicht so geradlinig anstreben wie zum Beispiel die Erhöhung des Umsatzes eines Unternehmens. Ähnliches gilt für den Prozess der Bildung in der Lehre, der notwendig ergebnisoffen ist. Sowohl Prozesse als auch Instrumente zur Zielerreichung sind daher teils unscharf. Als sogenannte „Professionsorganisation" (Mintzberg 1979, S. 348 ff.), die hochspezialisierte Expert*innen zusammenbringt, weisen Universitäten oft eine geringe Hierarchie auf, weil die Leitungsebene kaum Einblick in die jeweiligen Prozesse hat und daher nur bedingt steuernd eingreifen kann. Zusätzlich wird eine geringe Identifikation der Wissenschaftler*innen mit ihren Organisationen konstatiert (Wallace 1995), da sich sowohl Zugehörigkeitsgefühl als auch Prestige vor allem an der je eigenen Wissenschaftsdisziplin beziehungsweise *scientific community* orientieren (siehe auch Kapitel 4, Roth). Ein Soziologe zum Beispiel orientiert sich stärker an anderen Soziolog*innen aus anderen Organisationen als an einer Physikerin der eigenen Universität. Mit beidem einher geht die lose Kopplung der verschiedenen Untereinheiten in vielen Wissenschaftsorganisationen (Weick 1976).

In den letzten gut zwanzig Jahren haben sich die Rahmenbedingungen für die Universitäten allerdings deutlich gewandelt (siehe auch Kapitel 9, Hüther & Kosmützky). Zu nennen wären etwa die Einführung von New-Public-Management-Elementen, die Bologna-Reformen, steigende Studierendenzahlen oder eine verstärkte Drittmittelorientierung. In den letzten Jahren sind außerdem eine intensivere Transferorientierung beziehungsweise eine Orientierung an der sogenannten *third mission* (Berghaeuser & Hoelscher 2020) sowie eine größere Aufmerksamkeit für die Wissenschaftskommunikation hinzugetreten (Bonfadelli et al. 2017). Durch verstärkte Anforderungen aus Wirtschaft, Politik und Zivilgesellschaft an die Universitäten (Hölscher et al. 2020) sind sie, so die Annahme einiger Autor*innen, dazu gezwungen, sich stärker in Richtung „kompletter" Organisationen (Brunsson & Sahlin-Andersson 2000) „with a well-defined identity, a hierarchical structure and capacity for rational action" (Seeber et al. 2015: 1450 f.) zu entwickeln. Andere betonen, dass Universitäten zu „Akteuren" werden (siehe Meier 2009).

Die Mehrheit der Forschenden vertritt allerdings die Position, dass Universitäten, zumindest in Deutschland, trotz aller Reformen und steigender gesellschaftlicher Ansprüche an die Wissenschaft weiterhin einige Besonderheiten besitzen, so dass vielleicht am ehesten von einer „hybriden" Organisation (Kleimann 2019) im Sinne einer Kombination aus „normaler" und „spezifischer" Organisation gesprochen werden kann. Diese ergibt sich einerseits aus dem Nebeneinander unterschiedlicher Reformstände, andererseits aus der Doppelhierarchie von akademischer Selbstverwaltung (durch das akademische Personal und in Bezug auf die Kernprozesse von Forschung und Lehre) und eher an Strukturen der Staatsverwaltung angelehnter Zentralverwaltung (Blümel 2016; Graf-Schlattmann 2021: 93 ff.). Die Hybridität wird von den meisten Autor*innen als „grundsätzlich und unhintergehbar" (Meier 2009: 252) verstanden, da sie sich aus den Besonderheiten des wissenschaftlichen Prozesses mit seinen „unklaren rationalen Technologien" zur Zielerreichung ableitet (Cohen et al. 1972; ausführlicher Graf-Schlattmann 2021: 151 ff.). Gleichzeitig ist breit akzeptiert, dass es sich trotz aller Besonderheiten bei Universitäten mittlerweile um Organisationen handelt, die sich mit einem sensibilisierten Instrumentarium der Organisationsforschung, insbesondere der Organisationssoziologie, sinnvoll analysieren lassen (Huber 2012; Wilkesmann & Schmid 2012).

Die oben skizzierten Entwicklungen haben dabei einen starken räumlichen Bezug. Hochschulen sollen etwa im Rahmen des Wissenstransfers Motoren in regionalen Innovationssystemen werden, das heißt der Beitrag der Universitäten wird sehr viel intensiver als früher eingefordert, sowohl für die Wirtschaft vor Ort als auch für soziale Innovationen in Politik und Gesellschaft. Umgekehrt schmücken sich mehr Städte explizit mit dem Label „Wissenschaftsstadt" (z. B. Darmstadt, Fürth), um auf eine lokale Stärke in diesem Bereich zu verweisen, ohne dass die zugehörigen Hochschulen immer besonders berühmt wären. Ein wichtiger Aspekt sind auch die Studierenden, die in einigen Städten große Anteile der Bevölkerung stellen und durch „Studentification" (Smith 2008) Stadtteile und ganze Städte in ihrem Charakter prägen können.

Interessanterweise hat dies wiederum Rückwirkungen auf die Organisation. Gerade der Einfluss des Raumes auf die Universität und die hochschulischen Interaktionssysteme führt dazu, dass die Organisation selbst wieder „spezifische Entscheidungsprogramme, Kommunikationswege und Personalstrukturen" ausbildet, um den Einfluss zu gestalten (Kleimann & Stratmann 2019: 87 f.). So sind etwa Universitätsbauämter, Raumkommissionen oder Verordnungen über die Mindestgröße von Seminarräumen und Büros notwendig: „Die Hochschule muss den Raum gerade deshalb zu gestalten suchen, weil ihre Strukturen und Kommunikationen (zumindest partiell) von ihm abhängen" (Kleimann & Stratmann 2019: 88). Entscheidungen über Hochschulbauten sind dabei sowohl finanziell als auch im Hinblick auf zukünftige Entwicklungsmöglichkeiten hoch relevant (Barnett & Temple 2006).

Stararchitektur zur Verortung von Wissenschaftsorganisationen
Viele Hochschulen nutzen mittlerweile herausragende Gebäude, um Aufmerksamkeit zu erzeugen und sich ein bestimmtes Image zu geben. Die Leuphana Universität in Lüneburg wurde in den 1990er Jahren auf einem ehemaligen Kasernengelände aufgebaut. Um sich selbst als relativ junge Wissenschaftsorganisation behaupten zu können und zugleich eine Neuausrichtung der Universität symbolisch zu verankern, wurde auf Stararchitektur zurückgegriffen. Der 2017 eröffnete Neubau des Zentralgebäudes wurde von Daniel Libeskind entworfen und verleiht der Universität ein unverwechselbares Gesicht. Die Organisation Universität Lüneburg hat sich so eine eigene Ikonographie zur Verortung ihrer selbst, aber auch zur Werbung nach außen geschaffen.
Für nähere Informationen zum Libeskind-Bau siehe https://www.lueneburg.info/libeskind-bau-leuphana (aufgerufen am 23.12.2022) sowie Anna Henkel: Der Liebeskind-Bau [sic] der Leuphana-Universität Lüneburg, https://www.youtube.com/watch?v=hTHBPFHZoIo (aufgerufen am 23.12.2022).

Fazit

Das vorliegende Kapitel widmete sich den Organisationen und Orten der Wissenschaft. Zuerst wurde das Konzept der Organisation eingeführt und das organisationale Feld der Wissenschaft in Deutschland skizziert. In einem zweiten Schritt wurden wichtige Orte der Forschung und Lehre in ihrer historischen Wandlungsfähigkeit vorgestellt. Am Beispiel der Universität wurde drittens konkreter untersucht, wie Organisationsförmigkeit und Verortung zusammenhängen und wie beides in Wechselwirkung mit den spezifischen Bedingungen der Wissenschaft steht. Abschließend soll dieser letzte Punkt noch einmal systematisch aufgegriffen werden mit dem Ziel, mögliche zukünftige Entwicklungen in den Blick zu bekommen. Unsere These lautet dabei, dass eine zunehmende Organisationswerdung in der Wissenschaft auch zu einer verstärkten Verortung der Wissenschaft beitragen wird.

Oben haben wir gezeigt, dass sich eine Verlagerung der Wahrnehmung von Wissenschaft – und dabei insbesondere der Hochschulen – von einer Institution zu einer „spezifischen" oder gar „kompletten" Organisation beobachten lässt. Alle drei Einordnungen haben weiterhin ihre Berechtigung. So besitzt die Wissenschaft bis heute wichtige Aspekte einer Institution. Gleichzeitig haben organisationale Aspekte zugenommen, die es in den Blick zu nehmen lohnt. Je nach Erkenntnisziel und Detailschärfe der Analyse ist dabei eine Sichtweise als „spezifisch" oder „komplett" sinnvoll. Innerhalb der Wissenschaft kann man unterstellen, dass außeruniversitäre Forschungseinrichtungen eher komplette Organisationen sind als die Mehrzahl der Hochschulen. Allerdings ist festzuhalten, dass die Wissenschaftsforschung für diesen Vergleich bisher nur wenige substantielle Ergebnisse zur Verfügung stellt.[5]

Die räumliche Einbindung der Organisationen der Wissenschaft hat mindestens zwei Dimensionen: Erstens besitzen diese Einrichtungen eigene Orte der Wissenschaftspraxis, etwa Hörsaalgebäude, Bibliotheken, Büros oder Labore, deren Gestaltung und Anordnung unterschiedlich zum kreativen und kritischen Nachdenken anregen oder den ungeplanten Ideenaustausch über Fachgrenzen hinweg mehr oder weniger gut ermöglichen. Gleichzeitig kann sich in den Gebäuden eine Hierarchie der Wissenschaften ausdrücken. Und schließlich müssen diese Gebäude selbst wieder „organisiert" werden, muss die Organisation also spezifische Rollen für die Bearbeitung der eigenen Verortung ausbilden.

Zweitens sind Wissenschaftseinrichtungen im geographischen Raum verortet. Sie sind oft gewachsener Teil einer Stadt, deren Struktur sie räumlich, aber auch gesellschaftlich und wirtschaftlich mitprägen. So beeinflussen Studierende den lokalen Wohnungsmarkt, Forschungsergebnisse sowie Absolvent*innen kommen der regionalen Wirtschaft zugute und prominente Wissenschaftseinrichtungen können das Image einer Stadt national und international positiv beeinflussen, was gerade im Kontext der Wissensgesellschaft einen Wettbewerbsvorteil darstellt (Goddard & Vallance 2013; Addie 2018).

Welche Trends lassen sich nun für den Zusammenhang von Organisationsförmigkeit und Ortsgebundenheit der Wissenschaft für die Zukunft ableiten? Die oben skizzierten Entwicklungen, die zu einer stärkeren Organisationswerdung in der Wissenschaft geführt haben, dürften auch Auswirkungen auf die künftige Gestaltung von Orten der Wissenschaft haben. Ein erster Punkt ist die stärkere Interdisziplinarität. Viele Probleme lassen sich nicht (und ließen sich nie) aus der Perspektive eines einzelnen Faches lösen. Um Lösungen für die sogenannten *grand challenges* wie etwa den Klimawandel zu finden, müssen verschiedene Disziplinen wissenschaftsintern zusammenarbeiten. Deshalb wird der permanente Trend zu einer immer stärkeren Ausdifferenzierung von Spezial- und Subdisziplinen seit einiger Zeit durch die Einrichtung interdisziplinärer Zentren begleitet, in denen die Zusammenarbeit von Spezialist*innen aus verschiedenen Fächern aktiv und explizit gefordert und gefördert wird. Diese Strukturen verlangen sowohl neue Formen der Organisation jenseits der klassischen Fakultäten, Fächer und Institute als auch eine neue Verortung, zum Beispiel durch eigene Gebäude für solche Zentren.

---

5 Einige aktuelle Forschungsprojekte werden hier hoffentlich in den nächsten Jahren neue Erkenntnisse liefern (z. B. Schneider et al. 2022).

Im Zuge der Expansion der Wissenschaft sind auch die gesellschaftlichen Anforderungen an die Wissenschaft gestiegen und es werden zunehmend Leistungen für Gesellschaft und Wirtschaft eingefordert (siehe auch Kapitel 11, Hamann & Schubert). Eine zweite Entwicklung ist deshalb die stärkere Betonung von reziprokem Wissenstransfer, der ein gegenseitiges Lernen von Wissenschaft und Gesellschaft beinhaltet, sowie von gesellschaftlicher Verantwortung und Wissenschaftskommunikation (Berghaeuser & Hoelscher 2020). Beides führt dazu, dass Orte gebraucht werden, um transdisziplinär, das heißt unter Einbeziehung außerwissenschaftlicher Partner*-innen auf Augenhöhe, wissenschaftlich tätig zu sein. Stichworte sind hier *co-design* von Fragestellungen und *co-production* von Ergebnissen. Hier wird nicht primär Wissen nach außen getragen, sondern stattdessen die Außenwelt in Forschung und Lehre hinein geholt. Interne Örtlichkeiten wie Labore sind nun nicht mehr nur abgeschlossene Räume, in denen ein Ausschnitt der Realität wiedergegeben wird, sondern arbeiten eng mit Praxispartnern aus der Region zusammen – dafür steht auch der Begriff der Reallabore (Marquardt & Gerhard 2021; siehe auch Kapitel 7, Groß). Hörsäle und Seminarräume öffnen sich der (lokalen) Bevölkerung und werden für Weiterbildungen und Wissenstransfer in die Stadt genutzt (siehe oben Box „Wissenskooperationen").

Diese Beispiele zeigen, wie sich die Wissenschaft im Wechselspiel mit der Gesellschaft weiterentwickelt und dabei sowohl ihre Organisationsförmigkeit ausbaut als auch ihre lokale und regionale Verortung verändert. Die Wissenschaft wäre allerdings nicht so erfolgreich, wenn sie nicht gleichzeitig andere Trends aufweisen würde. So wird die Idee von Wissenschaft als Institution weiter hochgehalten. Was die räumlichen Bezüge angeht, so werden die oben beschriebenen Lokalisierungen durch einen starken Internationalisierungstrend begleitet. Die Zukunft wird zudem zeigen, inwieweit digitale Räume das Spektrum der Wissenschaftsorte erweitern und auch ihre Organisation beeinflussen. Thomas Drepper spricht daher von einer „Gleichzeitigkeit von Atopik und Topik" (2003: 104). Man kann Wissenschaftseinrichtungen also mit gutem Grund sowohl im Hinblick auf ihre Organisationsförmigkeit als auch auf ihre Raumbezüge hin als hybrid bezeichnen. Diese Hybridität ergibt sich dabei, wie wir zu zeigen versucht haben, aus dem Zusammenspiel der unterschiedlichen Logiken des Ortes, der Organisation und der Wissenschaft.

Empfehlungen für Seminarlektüren

(1) Gleich mehrere Beiträge zum Thema Hochschulräume aus verschiedenen Perspektiven enthält das *open access* verfügbare Schwerpunktheft der „Beiträge zur Hochschulforschung".[6] Behandelt werden hier das Thema der Kooperation von Stadt und Wissenschaft (Hechler et al. 2019; Marquardt 2019), der Hochschulbau (Harris-Hümmert 2019; Ruiz 2019) sowie allgemeinere Theoriefragen (Hoelscher & Harris-Huemmert 2019; Kleimann & Stratmann 2019).

(2) Einige der wichtigsten Beiträge zur mittlerweile umfangreichen Literatur zu Organisationen in der Wissenschaft finden sich in der Literaturliste dieses Kapitels. Als zusätzliche Seminarlektüre bietet sich Michael Hubers Beitrag „Die Organisation Universität" (2012) an. Er leistet sowohl einen guten Überblick zum Konzept der Organisation als auch zur historischen Entwicklung in Bezug auf Universitäten.

(3) Eine spannende Diskussion, wie Organisation und Raum zusammenhängen, findet sich bei Thomas Drepper (2003). Der Text ist in die breitere Fragestellung nach der Rolle des Raums für die Soziologie eingebettet, liest sich insgesamt sehr gut, ist aber an manchen Stellen voraussetzungsvoll.

(4) In seinem Buch *Truth Spots: How Places* Make *People Believe* beschreibt Thomas F. Gieryn (2018: 148–170) das „Ultra Clean Lab", in dem in einer kontrollierten Umgebung „alte Steine in sinnvolle und nicht-verunreinigte Daten" verwandelt werden. Zugleich stellt er in dem Kapitel den „vielleicht berühmtesten Wissenschaftler, von dem Du nie gehört hast" vor.

Literatur

Addie, J.-P. D., 2018: Urban(izing) University Strategic Planning. An Analysis of London and New York City. *Urban Affairs Review* 21: 1–34.

Assmann, A., 2010: Archive und Bibliotheken. In: Gudehus, C., A. Eichenberg & H. Welzer (Hrsg.), *Gedächtnis und Erinnerung*. Stuttgart: Metzler, S. 165–170.

Barnett, R. & M.A. Peters, 2018: *The Idea of the University* (2 Bände). New York: Peter Lang Publishing.

Barnett, R. & P. Temple, 2006: *Impact on space of future changes in higher education* (UK higher education space management project; 2006/10). Bristol, UK: Higher Education Funding Council for England. http://www.smg.ac.uk/documents/FutureChangesInHE.pdf (aufgerufen am 31.10.2022).

---

6 Verfügbar unter https://www.bzh.bayern.de/archiv/heftarchiv/detail/beitraege-zur-hochschul forschung-ausgabe-1-2019 (aufgerufen am 23.11.2022).

Bartels, A., 2021: *Wissenschaft*. Berlin, Boston: De Gruyter.

Berghaeuser, H. & M. Hoelscher, 2020: Reinventing the Third Mission of Higher Education in Germany. Political Frameworks and Universities' Reactions. *Tertiary Education and Management* 26: 57–76.

Blümel, A., 2016: *Von der Hochschulverwaltung zum Hochschulmanagement: Wandel der Hochschulorganisation am Beispiel der Verwaltungsleitung*. Wiesbaden: Springer VS.

BMBF, Bundesministerium für Bildung und Forschung, 2020: *Bundesbericht Forschung und Innovation 2020. Forschungs- und innovationspolitische Ziele und Maßnahmen*. Berlin: BMBF.

Bonfadelli, H., B. Fähnrich, C. Lüthje, J. Milde, M. Rhomberg & M. S. Schäfer (Hrsg.), 2017: *Forschungsfeld Wissenschaftskommunikation*. Wiesbaden: Springer VS.

Brunsson, N. & K. Sahlin-Andersson, 2000: Constructing Organizations. The Example of Public Sector Reform. *Organization Studies* 21: 721–746.

Cassirer, E., 1994 [1929]: *Philosophie der Symbolischen Formen*. Bd. 3: 10., unveränd. Aufl. Nachdr. der 2. Aufl. von 1954. Darmstadt: Wissenschaftliche Buchgesellschaft.

Cohen, M. D., J. G. March & J. P. Olsen, 1972: A Garbage Can Model of Organizational Choice. *Administrative Science Quarterly* 17: 1–25.

Crossley, A. (Hrsg.), 1979: *'Churches'. A History of the County of Oxford. Volume 4: The City of Oxford*. Oxford: Oxford University Press.

Drepper, T., 2003: Der Raum der Organisation – Annäherung an ein Thema. In: Krämer-Badoni, T. & K. Kuhm (Hrsg.), *Die Gesellschaft und ihr Raum*. Opladen: Leske+Budrich, S. 103–129.

Ernst, W., 2018: Die Unwahrscheinlichkeit von Wissenstradition und die Beharrlichkeit der Bibliothek. *Bibliothek Forschung und Praxis* 42: 379–386.

Fisch, S., 2015: *Geschichte der europäischen Universität. Von Bologna nach Bologna*. München: C.H. Beck.

Frank, D. J. & J. W. Meyer, 2020: *The University and the Global Knowledge Society*. Princeton, NJ: Princeton University Press.

Gabler Wirtschaftslexikon, 2010: *Stichwort „Organisation"*. https://wirtschaftslexikon.gabler.de/defini tion/organisation-51971/version-275122 (aufgerufen am 23.12.2022).

Gieryn, T. F., 2018: *Truth-Spots. How Places Make People Believe*. Chicago, London: University of Chicago Press.

Goddard, J. & P. Vallance, 2013: *The University and the City*. London: Routledge.

Graf-Schlattmann, M., 2021: *Hochschulorganisation und Digitalisierung. Die Auswirkungen organisationaler Funktionslogiken auf die digitale Transformation an Universitäten*. Wiesbaden: Springer VS.

Grunwald, A., 2015: Transformative Wissenschaft – eine neue Ordnung im Wissenschaftsbetrieb? *GAIA* 24: 17–20.

Habsburg-Lothringen, B., 2019: Museum und Bildung. Welches Wissen vermitteln Museen? *Magazin erwachsenenbildung.at* 13: 6–36.

Harris-Hümmert, S., 2019: Concepts of Campus Design and Estate Management. Case studies from the United Kingdom and Switzerland. *Beiträge zur Hochschulforschung* 41: 24–49.

Hechler, D., P. Pasternack & S. Zierold, 2019: Jenseits der Metropolen. Mittelstädte und Hochschulen: eine Governance-Herausforderung. *Beiträge zur Hochschulforschung* 41: 50–71.

Hochschulrektorenkonferenz (ohne Jahr): *Hochschulen in Zahlen 2019*. https://www.hrk.de/fileadmin/ redaktion/hrk/02-Dokumente/02-06-Hochschulsystem/Statistik/2019/2019-05-16_Final_fuer_Home page_2019_D.pdf (aufgerufen am 18.10.2022).

Hoelscher, M., 2012: Universities and Higher Learning. In: Anheier, H. K. & M. Juergensmeyer (Hrsg.), *Encyclopedia of Global Studies*. London: Sage, S. 1714–1719.

Hoelscher, M. & S. Harris-Hümmert, 2019: Place and Space in Higher Education. Past, present and future visions of physical and virtual realities. *Beiträge zur Hochschulforschung* 41: 8–23.

Hölscher, M., P. Pasternack & P. Pohlenz, 2020: Gesellschaftliche Transformationsdynamiken und die Entwicklung des Hochschulsystems. In: Kohler, J., P. Pohlenz & U. Schmidt (Hrsg.), *Handbuch Qualität in Studium, Lehre und Forschung. Teil C: Qualität, Qualitätsentwicklung, Qualitätssicherung.* (C 2.20). Berlin: DUZ, S. 21–26.

Hohn, H.-W., 2016: Governance-Strukturen und institutioneller Wandel des außeruniversitären Forschungssektors. In: Simon, D. et al. (Hrsg.), *Handbuch Wissenschaftspolitik.* Zweite Auflage. Wiesbaden: Springer VS, S. 549–572.

Huber, M., 2012: Die Organisation Universität. In: Apelt, M. & V. Tacke (Hrsg.), *Handbuch Organisationstypen.* Wiesbaden: Springer VS, S. 239–252.

Hüther, O., 2010: *Von der Kollegialität zur Hierarchie? Eine Analyse des New Managerialism in den Landeshochschulgesetzen.* Wiesbaden: VS.

Jochum, U., 2019: „Nicht nicht schreiben". *Bibliotheksdienst* 53: 732–741.

Kehm, B. M., 2012: Hochschulen als besondere und unvollständige Organisationen? – Neue Theorien zur ‚Organisation Hochschule'. In: Wilkesmann, U. & C. Schmid (Hrsg.), *Hochschule als Organisation.* Wiesbaden: Springer VS, S. 17–25.

Kerr, C., 2001 [1972]: *The Uses of the University.* With a "postscript 1972". Fifth Edition. Cambridge, MA: Harvard University Press.

Kleimann, B., 2019: (German) Universities as Hybrid Organizations. *Higher Education* 77: 1085–1102.

Kleimann, B. & F. Stratmann, 2019: Raum als Sinndimension der Hochschule. *Beiträge zur Hochschulforschung* 41: 72–93.

Knoche, M., 2018: *Die Idee der Bibliothek und ihre Zukunft.* Göttingen: Wallstein.

Knorr Cetina, K., 1999: *Epistemic Cultures. How the Sciences make Knowledge.* Cambridge, MA: Harvard University Press.

Krücken, G. & H. Röbken, 2009: Neo-institutionalistische Hochschulforschung. In: Koch, S. & M. Schemmann (Hrsg.), *Neo-Institutionalismus in der Erziehungswissenschaft. Grundlegende Texte und empirische Studien.* Wiesbaden: VS, S. 326–246.

Kühl, S., 2020: *Organisationen. Eine sehr kurze Einführung.* Zweite Auflage. Wiesbaden: Springer VS.

Latour, B. & S. Woolgar, 1979: *Laboratory Life. The Construction of Scientific Facts.* Princeton, NJ: Princeton University Press.

Lenhardt, G., 2005: *Hochschulen in Deutschland und in den USA. Deutsche Hochschulpolitik in der Isolation.* Wiesbaden: VS.

Lefebvre, H., 1991: *The Production of Space.* Oxford: Blackwell Publishing.

Luhmann, N., 1992: *Die Wissenschaft der Gesellschaft.* Frankfurt am Main: Suhrkamp.

Marquardt, E. & U. Gerhard, 2021: „Town and Gown": Reallabore als Experimentierfeld kritischer Transformationsforschung in der urbanen Gesellschaft. (Witi-Berichte Nr. 8; Speyerer Arbeitshefte Nr. 249). Speyer: Deutsche Universität für Verwaltungswissenschaften.

Marquardt, E., 2019: Hochschule und Stadt als Partner in Reallaboren. Neue Wege für ein konstruktives Miteinander. *Beiträge zur Hochschulforschung* 41: 108–123.

Meier, F., 2009: *Die Universität als Akteur. Zum institutionellen Wandel der Hochschulorganisation.* Wiesbaden: VS.

Meisel, K. & T.C. Feld, 2009: *Veränderungen gestalten – Organisationsentwicklung und -beratung in Weiterbildungseinrichtungen.* Münster: Waxmann.

Merkel, J., 2012: Kreative Milieus. In: Eckardt, F. (Hrsg.), *Handbuch Stadtsoziologie.* Wiesbaden: Springer VS, S. 689–710.

Meusburger, P. & T. Schuch (Hrsg.), 2011: *Wissenschaftsatlas der Universität Heidelberg*. Knittlingen: Bibliotheca Palatina.

Meyer, J., F. Ramirez, D. Frank & E. Schofer, 2007: Higher Education as an Institution. In: Gumport, P. J. (Hrsg.), *Sociology of Higher Education. Contributions and Their Contexts*. Baltimore, MD: Johns Hopkins University Press, S. 187–221.

Mintzberg, H., 1979: *The Structuring of Organizations. A Synthesis of the Research*. Upper Saddle River, NJ: Prentice-Hall.

Musselin, C., 2007: Are Universities Specific Organisations? In: Krücken, G., A. Kosmützky & M. Torka (Hrsg.), *Towards a Multiversity? Universities between Global Trends and National Traditions*. Bielefeld: transcript, S. 63–84.

Newman, J. H., 1996 [1899]: *The Idea of a University*. Fifth Edition. New Haven, London: Yale University Press.

Nowotny, H., P. Scott & M. Gibbons, 2003: Introduction. 'Mode 2' Revisited. The New Production of Knowledge. *Minerva* 41: 179–194.

Robertson, R., 1995: Glocalization. Time-Space and Homogeneity-Heterogeneity. In: Featherstone, M., S. Lash & R. Robertson (Hrsg.), *Global Modernities*. London: Sage, S. 25–44.

Ruiz, M., 2019: Hochschulautonomie im Baubereich. Lernen von den Niederlanden. *Beiträge zur Hochschulforschung* 41: 94–107.

Rüegg, W., 1992–2011: *A History of the University in Europe (4 volumes)*. Cambridge: Cambridge University Press.

Ruf, O., 2021: *Die digitale Universität*. Wien: Passagen.

Schneider, S., S. Mauermeister, R. Aust & J. Henke, 2022: *Paralleluniversen des Wissenschaftsmanagements. Ein Vergleich zwischen Hochschulen und außeruniversitären Forschungseinrichtungen*. (HoF Arbeitsberichte; 119). Wittenberg: HoF.

Schneider, U. J., 2012: Die Bibliothek als Wissensraum. In: Mittelstraß, J. & U. Rüdiger (Hrsg.): *Die Zukunft der Wissensspeicher. Forschen, Sammeln und Vermitteln im 21. Jahrhundert*. (Konstanzer Wissenschaftsforum; 7). Konstanz: UVK, S. 147–159.

Schofer, E., & J. W. Meyer, 2005: The Worldwide Expansion of Higher Education in the Twentieth Century. *American Sociological Review* 70: 898–920.

Seeber, M., B. Lepori, M. Montauti, J. Enders, H. de Boer, E. Weyer & E. Reale, 2015: European Universities as Complete Organizations? Understanding Identity, Hierarchy and Rationality in Public Organizations. *Public Management Review* 17: 1444–1474.

Smith, D., 2008: The Politics of Studentification and '(Un)balanced' Urban Populations. Lessons for Gentrification and Sustainable Communities? *Urban Studies* 45: 2541–2564.

Stichweh, R., 2003: Genese des globalen Wissenschaftssystems. *Soziale Systeme* 9: 3–26.

Temple, P. (Hrsg.), 2014: *The Physical University. Contours of Space and Place in Higher Education*. London, New York: Routledge.

Temple, P., 2007: *Learning Spaces for the 21st Century. A Review of the Literature*. York: Higher Education Academy.

Wallace, J. E., 1995: Organizational and Professional Commitment in Professional and Nonprofessional Organizations. *Administrative Science Quarterly* 40: 228–255.

Weick, K. E., 1976: Educational Organizations as Loosely Coupled Systems. *Administrative Science Quarterly* 21: 1–19.

Weitin, T. & B. Wolf (Hrsg.), 2012: *Gewalt der Archive. Studien zur Kulturgeschichte der Wissensspeicherung*. Konstanz: Konstanz University Press.

Wilkesmann, U. & C. Schmid (Hrsg.), 2012: *Hochschule als Organisation*. Wiesbaden: Springer VS.

Teil II: **Forschungsfelder und Forschungsfragen**

Julia Schubert
6 Soziologie der Expertise

In Anbetracht von Problemen wie dem Klimawandel oder der Corona-Pandemie wird die öffentliche Verhandlung gesellschaftlicher Konflikte zunehmend an Wahrheitsfragen geknüpft. Die erfolgreiche Eindämmung dieser Probleme scheint in der Natur der Sache zu liegen und insofern vor allem eine Frage des richtigen Verstehens, des Zugangs zu bestmöglichem Wissen, zu sein. Politische Strategien müssen mit geophysischen und epidemiologischen Dynamiken rechnen, auf die Vermeidung von globalen Kipp-Punkten und die Reduktion von Inzidenzzahlen hinwirken. Der prominente Bezug auf wissenschaftliche Erkenntnisse prägt dabei nicht nur die Formulierung und Rechtfertigung von politischen Entscheidungen, sondern bestimmt auch die Kritik an diesen. Maßnahmenpakete geraten ins Kreuzfeuer von Meta-Studien und werden mit aktuelleren Hochrechnungen, besseren Indikatorensystemen und neuesten Evidenzen konfrontiert. Kurzum: Wissenschaftliche Expertise nimmt in aktuellen gesellschaftspolitischen Auseinandersetzungen eine zunehmend wichtige und zugleich hochgradig umstrittene Rolle ein.

Dieser Umstand konfrontiert die Wissenschaftsforschung heute, nach rund fünf Jahrzehnten Forschungspraxis, erneut mit ihrem Ausgangsproblem. Das Fach hatte sich in den 1970er Jahren als dezidiert kritische Perspektive auf Wissenschaft etabliert. Es trug so in entscheidendem Maße dazu bei, die vermeintlich naturgegebene Autorität von Wissenschaftler*innen zu dekonstruieren und die soziale Bedingtheit wissenschaftlichen Wissens herauszuarbeiten. Heute scheint diese Einsicht wieder umstritten. Die Sorge, dass die Öffentlichkeit in der Bekämpfung von Problemen wie dem Klimawandel oder der Corona-Pandemie nicht dem Rat der Wissenschaft folgt, scheint größer, als die Sorge, dass der Wissenschaft zu viel Macht in der Verhandlung dieser Fragen zukommt.

Was bedeutet die soziale Bedingtheit wissenschaftlichen Wissens heute, vor dem Hintergrund existenzieller Herausforderungen wie Klimawandel und Corona-Pandemie? Was kann der Beitrag der Wissenschaftsforschung in dieser „Krise der Faktizität" (Dreyer 2021) sein? Die Beantwortung dieser Fragen, so möchte ich vorschlagen, erfordert die Entwicklung eines Begriffes wissenschaftlicher Expertise. Im Kontrast zum Begriff wissenschaftlicher Wahrheit wird es dabei nicht um den Status von Wissenschaft und wissenschaftlichem Wissen in seinem Selbstbezug gehen. Vielmehr betrifft ein solcher Begriff von wissenschaftlicher Expertise die

Anmerkung: Ich danke Pascal Berger, Frauke Domgörgen und David Kaldewey für ihre sorgfältige Lektüre und hilfreichen Kommentare zu einer früheren Version des Manuskriptes.

https://doi.org/10.1515/9783110713800-006

vielfältigen Außenbeziehungen von Wissenschaft. Er erfasst wissenschaftliches Wissen *in seinem Bezug auf Gesellschaft* (siehe auch Kapitel 2, Kaldewey).

Der vorliegende Beitrag nähert sich einem solchen Expertisebegriff über die Auseinandersetzung mit Grundsatzdebatten innerhalb der Wissenschaftsforschung.[1] Die ersten beiden Teile des Beitrags skizzieren, wie der *sociological turn*, der die neuere Wissenschaftsforschung formierte, den entscheidenden Grundstein für eine soziologische Analyse von Expertise legte und einen soziologisch-konstruktivistischen Expertisebegriff prägte. Der dritte und vierte Teil des Kapitels folgen Harry Collins' und Robert Evans' Forderung nach einem *realist turn* der Wissenschaftsforschung und ihrem programmatischen Versuch, einen objektiv-realistischen Begriff wissenschaftlicher Expertise zu formulieren. Der letzte Teil des Kapitels sucht nach einer Synthese. Er skizziert einen relationalen Begriff wissenschaftlicher Expertise und zeigt, wie dieser einige der Konflikte zwischen einem soziologisch-konstruktivistischen und einem objektiv-realistischen Expertisebegriff einzufangen vermag.

Expertise als wissenschaftliche Wahrheit

Der Expertisebegriff wurde erst durch die neuere Wissenschaftsforschung soziologisch problematisiert und systematisch in Frage gestellt. Die kritische Haltung der heutigen Wissenschaftsforschung gegenüber ihrem Gegenstand ist insofern kaum zufällig, sondern muss programmatisch verstanden werden (Shapin 1995). Das Fach, wie es sich heute versteht, begann gewissermaßen als Gegenbewegung gegen die bis dato etablierte Wissenschaftssoziologie (Restivo 1995). Reibungs- und Ausgangspunkt dieser Gegenbewegung waren vor allem die wissenschaftssoziologischen Analysen der 1930er bis 1950er Jahre, die sich für den Erfolg der Wissenschaft und die Besonderheiten wissenschaftlichen Wissens interessiert hatten – ein Programm, das insbesondere von Robert Merton ausgearbeitet worden war (Merton 1973; siehe auch Kapitel 1, Kaldewey & Schauz). In diesen Arbeiten blieb der Expertisebegriff noch größtenteils implizit und ging im Begriff wissenschaftlicher Wahrheit auf. Expertise wurde als eine besondere Form, nämlich als wissenschaftliches Wissen verstanden, als Wissen, das etwa in Form von Gesetzmäßigkeiten über unveränderliche Naturzu-

---

1 In der Skizzierung dieser unterschiedlichen soziologischen Perspektiven auf Expertise soll es nicht darum gehen, Autor*innen in Schubladen zu stecken. Vielmehr folgt der Beitrag wichtigen Debatten im Feld und versucht nachzuvollziehen, in welchen konkreten Kontexten spezifische Begriffe von Expertise entwickelt und geschärft wurden, woran diese Begriffe anschließen und wogegen sie sich abgrenzen.

stände auftritt. Es war aus dieser Perspektive der besondere Gehalt, die gehobene Qualität dieses wissenschaftlichen Wissens, welches, stark vereinfacht, Expert*innen-Autorität erklären konnte: Expert*innen-Status hatten diejenigen Personen, die über einen privilegierten Zugang zu wissenschaftlichem Wissen verfügten – und damit in erster Linie Wissenschaftler*innen selbst. Diesen gegenüber standen die „Laien" beziehungsweise die restliche Bevölkerung.

Zwei Experten im Lichte der frühen Wissenschaftssoziologie

Ich möchte die verschiedenen Expertisebegriffe, die dieser Beitrag skizziert, im Laufe des Textes beispielhaft illustrieren. Dazu werde ich mich auf zwei Experten beziehen, die die öffentliche Auseinandersetzung mit der Corona-Pandemie beziehungsweise dem Klimawandel in Deutschland sehr prominent geprägt haben. *Christian Drosten* ist ein deutscher Virologe und leitet seit 2017 das Institut für Virologie der Charité Berlin. Als sich Anfang 2020 das Coronavirus auf der ganzen Welt auszubreiten begann, etablierte sich Drosten in Deutschland schnell als wichtigster Experte zu allen Fragen rund um die Pandemie. Er nahm dabei nicht nur in der medialen Berichterstattung eine außerordentlich sichtbare[2] Rolle ein, sondern fungierte auch als wichtiger wissenschaftlicher Berater für die Bundesregierung. Die Zeitschrift *Science* beschrieb ihn auf Grund seiner erstaunlichen Popularität und enormen Einflussreichweite als „coronavirus czar" und „coronavirus-explainer-in-chief" (Kupferschmidt 2020). *Hans Joachim Schellnhuber* ist ein weltweit renommierter Klimaforscher, der zu Beginn der 1990er Jahre das Potsdam-Institut für Klimafolgenforschung (PIK) gründete und lange Jahre leitete. Schellnhuber berät und kommentiert seit über zwanzig Jahren die Klimapolitik in Deutschland und hat sich in diesem Zusammenhang als ein international sichtbarer Klimaexperte etabliert. Wegen seiner zentralen Rolle im Wissenschaftlichen Beirat Globale Umweltveränderungen (WBGU) bezeichnete das Magazin Spiegel Online Schellnhuber etwa als „Merkels Klimaflüsterer" und als „Star im Hintergrund der deutschen Umweltpolitik" (Bojanowski 2013).

Über den Blick auf diese beiden Experten möchte ich einige der zentralen Facetten und Unterschiede der im Text skizzierten Perspektiven auf Expertise hervorheben. Diese Beispiele dienen der Veranschaulichung und sollen Fragekontexte andeuten.

Aus Perspektive der frühen Wissenschaftssoziologie ist vor allem die umfassende wissenschaftliche Zertifizierung (siehe auch Kapitel 10, Reinhart) von Drosten und Schellnhuber entscheidend für die Erklärung ihres Expertenstatus. Mit Hilfe von standardisierten Indizes ist selbst für Laien schnell sichtbar, dass beide Experten erfolgreiche Wissenschaftler sind: Ihre Forschung ist viel rezipiert (h-Indices) und ausgezeichnet (Preise), sie leiten renommierte wissenschaftliche Forschungsinstitute und sind international sichtbar. Stark vereinfacht ausgedrückt genügt diese beachtliche *wissenschaftliche* Zertifizierung aus Perspektive der frühen Wissenschaftssoziologie, um Drosten und Schellnhuber als Experten zu klassifizieren: Diese Zertifizierung belegt einen privilegierten Zugang zu objektivem Wissen. Dieser Zugang unterscheidet Drosten und Schellnhuber eindeutig von der Gruppe der Laien (siehe auch Abb. 7 in Collins & Evans 2002: 250).

Dieser implizite Expertisebegriff der frühen Wissenschaftssoziologie lässt sich instruktiv durch frühe Forschung zu Künstlicher Intelligenz (KI) und sogenannten *Ex-*

---

2 Maurer et al. (2021: 31) zeigen in ihrer Medienanalyse, dass Christian Drosten mehr Aufmerksamkeit durch die untersuchten Medien erhielt als alle von ihnen untersuchten Virologen zusammen.

pert Systems ergänzen (vgl. Eyal 2019: 26–28). Diese Arbeiten stellten in den 1950er Jahren den entscheidenden Ausgangspunkt für die Suche nach einer positiven Theorie von Expertise außerhalb der Wissenschaftssoziologie dar und gaben damit einen weiteren Anstoß für die Debatten, die sich in den folgenden Jahren um den Expertisebegriff ranken sollten. Analog zur frühen Wissenschaftssoziologie wurde Expertise hier als das Spezialwissen von Expert*innen verstanden. Expertise erschien also auch hier unmittelbar personengebunden, als das Wissen von Individuen. Im Gegensatz zur frühen Wissenschaftssoziologie ist der Pool an möglichen Expert*innen in diesen frühen KI-Forschungen aber nicht nur auf Wissenschaftler*innen begrenzt, sondern umfasst alle denkbaren Besitzer*innen von generalisierbarem, regelhaftem, technischem Wissen. Dies impliziert einen gewissermaßen umgekehrten Zugriff auf den Forschungsgegenstand: Während die frühe Wissenschaftssoziologie über die Besonderheit wissenschaftlichen Wissens den Expert*innen-Status der Wissenschaftler*innen zu erklären suchte (Expertise → Expert*in), erarbeitete die damalige KI-Forschung über die Analyse von Expert*innen eine positive Theorie von Expertise (Expert*in → Expertise). Dieser Forschungslinie lag die Annahme zu Grunde, dass Expert*innen komplexere und prinzipientreuere Entscheidungen treffen als Laien. Das Ziel war es insofern, auf Basis von Interviews mit ausgewählten Expert*innen diese komplexen Entscheidungsregeln und -prinzipien zu destillieren und in Algorithmen zu codieren (Eyal 2019: 26–28). Expertise erscheint in diesem Kontext also als eine Art Wissens-Essenz – als ein Set von verallgemeinerbaren, abstrakten Regeln, die sich explizieren, extrahieren und schließlich in komplexen Wenn-Dann-Schemata codieren lassen.

Der *Sociological Turn*

Die neuere Wissenschaftsforschung formierte sich in den 1970er Jahren gerade gegen, oder zumindest in kritischer Auseinandersetzung mit der früheren Tradition der Wissenschaftssoziologie (siehe auch Kapitel 1, Kaldewey & Schauz). In den kommenden Jahren entwickelte sich ein hochgradig heterogenes und interdisziplinäres Feld, das soziologische, historische, philosophische und anthropologische Studien umfasste. Im Folgenden skizziere ich einige zentrale Erkenntnisse dieses Forschungsfeldes, welche für die Auseinandersetzung mit dem Expertisebegriff besonders entscheidend waren und dabei helfen, die jüngeren Kontroversen um wissenschaftliche Expertise einzuordnen.

Zunächst zeichnete sich die neuere Wissenschaftsforschung durch einen sogenannten *sociological turn*, das heißt durch eine radikale Soziologisierung ihres Gegenstandes aus (Collins 1983; Collins & Evans 2002; Shapin 1995). Im Kontrast zu ihren Vorläufern beschränkte sich die neuere Wissenschaftsforschung nicht mehr auf das Studium der sozialen, etwa institutionellen oder normativen Kontextbedingungen von Wissenschaft, sondern begriff Wissenschaft bis hin zu ihrem Kern, der wissenschaftlichen Wahrheit selbst, als sozial und kulturell konstituiert. Diese Arbeiten zeigten also, dass der Verweis auf die wissenschaftliche Methode nicht genügt, um zu erklären, warum sich bestimmte Beobachtungen als wissenschaftliche Erkenntnisse durchsetzen. Forschungsströmungen wie die *Sociology of Scientific Knowledge* (SSK) oder die Laborstudien begannen die sogenannte *black box* wissenschaftlicher Wissensproduktion zu öffnen und die „Fabrikation" von vermeintlich harten wissenschaftlichen Fakten ethnographisch und mikrosoziologisch zu erforschen (Knorr Cetina 1984 [1981]; siehe auch Kapitel 7, Groß). Wissenschaftliche Wahrheit erschien in diesen Arbeiten nicht mehr primär als Abbild von Natur, sondern als Kultur, als Ergebnis von sozialer Praxis.

Für die Frage nach Expertise war diese Entnaturalisierung des wissenschaftlichen Wahrheitsbegriffes entscheidend, weil erst damit diverse, sogar konfligierende und dennoch legitime Wissens- und Wahrheitsansprüche denkbar wurden (Collins 1983: 282). Expertise trat jetzt in ihrem Plural, also in Form von Expertisen auf den Plan. Das bedeutete auch, dass sich der Status von Expert*innen nicht mehr schlüssig über einen besonderen Zugang zu wissenschaftlicher Wahrheit verstehen ließ, sondern vielmehr als Ergebnis von sozialen Zuschreibungs- und Aushandlungsprozessen. Über diese soziologische Wende konnte sich in den folgenden Jahren insofern ein Begriff von Expertise beziehungsweise Expert*innen etablieren, der nicht mehr deckungsgleich mit dem Begriff der wissenschaftlichen Wahrheit beziehungsweise dem der Wissenschaftler*innen war. Stattdessen kamen nun auch andere, nichtwissenschaftliche Expert*innen in den Blick, welche gemeinsam mit wissenschaftlichen Expert*innen um Problemdeutungs- und Entscheidungshoheit konkurrieren.

Arbeiten wie die von Brian Wynne (1989) oder Steven Epstein (1995, 1996) haben in diesem Zusammenhang das Konzept der Laien-Expertise geprägt. Während Wynne etwa die Bedeutung der Expertise von nordenglischen Schäfern für die politische Adressierung des Reaktorunfalls in Tschernobyl untersuchte, hat sich Epstein mit dem Einfluss von AIDS-Aktivist*innen und HIV-positiven Patient*-innen in der Reformierung klinischer Verfahren für die Entwicklung und Zulassung von AIDS-Medikamenten befasst. In ihren Fallstudien beschreiben Wynne und Epstein die Deutungskämpfe, die sich zwischen zertifizierten wissenschaftlichen Expert*innen auf der einen Seite und sogenannten Laien-Expert*innen auf der anderen entfachen. Als Laien-Expert*innen werden dabei Personen verstanden, die beispielsweise aufgrund eigener praktischer, beruflicher oder körperlich-medizinischer Erfahrungen über problemrelevante, aber nicht-anerkannte Expertise verfügen.

Zwei Experten im Lichte des *Sociological Turn*
Für die Analyse etablierter Expertenpositionen, wie sie von Christian Drosten und Hans Joachim Schellnhuber eingenommen werden, haben die sozial-konstruktivistischen Perspektiven der neueren Wissenschaftsforschung vor allem eine Möglichkeit der Kritik eröffnet. Die zuvor skizzierte Perspektive der frühen Wissenschaftssoziologie wird hier grundsätzlich in Frage gestellt: Anstatt wissenschaftliche Zertifizierung als Indiz eines privilegierten Zugangs zu einer universellen Wahrheit zu verstehen, lenken sozial-konstruktivistische Perspektiven unsere Aufmerksamkeit auf die elaborierten sozialen Praktiken, welche die Etablierung und Vergabe von wissenschaftlichen Auszeichnungen bestimmen. Die *h-indices* und wissenschaftlichen Preise, die reputierten Abschlüsse und leitenden Stellen von Drosten und Schellnhuber erscheinen aus dieser Perspektive als soziale Artefakte, als Ergebnis von gesellschaftlichen Konstruktions- und Zuschreibungsprozessen. Damit können diese Auszeichnungen nicht mehr als selbsterklärende Antwort auf die Frage nach dem prominenten Expertenstatus von Drosten und Schellnhuber gelten, sondern werden selbst zum Ausgangspunkt wissenschaftssoziologischer Analysen. Sie erscheinen als erklärungsbedürftige *black boxes*, die es auszuleuchten gilt, um die sozialen Prozesse zu verstehen, die die Wissenschaftler Drosten und Schellnhuber zu Experten gemacht haben.

Solche frühen Studien der neueren Wissenschaftsforschung lassen sich zudem ergänzen durch Arbeiten der Professionssoziologie und sogenannten *Sociology of Social Problems*, welche ebenfalls ab den 1970er Jahren entscheidend zu einer Soziologisierung des Expertisebegriffs beigetragen haben (Blumer 1971; Mauss 1975; Abbott 1988; siehe auch Eyal 2013, 2019 für einen Überblick). Auch diese Arbeiten grenzen den Expertisebegriff vom Begriff wissenschaftlicher Wahrheit ab. Sowohl die Professionssoziologie wie auch die *Sociology of Social Problems* haben die komplexe soziale Bedingtheit der Diagnose und Bearbeitung gesellschaftlicher Probleme durch Expert*innen herausgearbeitet. Beide Forschungstraditionen interessieren sich dabei insbesondere für Prozesse der Zuschreibung und des *framing* in der Diagnosearbeit von Expert*innen. Die Professionssoziologie setzt in diesem Kontext bei den Expert*innen an. Ihr Fokus liegt auf Prozessen der Zertifizierung, der Lizensierung sowie auf der institutionellen Infrastruktur aus professionellen Vereinen und Lobbies, die Akteure zu Expert*innen machen und sie mit der entscheidenden Problemdiagnose und Problembearbeitungsautorität ausstatten (Eyal 2013: 870). Die *Sociology of Social Problems* dagegen setzt bei den Problemen an und zeigt, dass diese nicht einfach als objektive, naturgegebene Zustände zu verstehen sind, sondern als Ergebnis von kontingenten Zuschreibungen durch Expert*innen.

Die jüngeren *Science and Technology Studies* (STS) spitzen diese Beobachtungen von Deutungskämpfen an der Schnittstelle von Wissenschaft und gesellschaftlicher Öffentlichkeit auf ein Programm der sogenannten *co-production* von sozialer und natürlicher Ordnung zu (Jasanoff 1987, 1990, 2004). Damit betonten diese Arbeiten insbesondere die politischen Implikationen wissenschaftlicher und anderer Expertisen. Auch wenn das Politische in diesen Arbeiten ganz unterschiedliche Konnotationen hat (siehe dazu Brown 2015), trug diese Forschungslinie entscheidend zu einer Auflösung der vermeintlichen Dichotomie zwischen (wissenschaftlicher) Expertise und (demokratischer) Politik bei und öffnete den Blick auf die konstitutiven Bezugspunkte zwischen beiden Dimensionen – hierauf werde ich später noch detaillierter zurückkommen.

Der *Realist Turn*

Die umfassende Soziologisierung der Wissenschaftsforschung seit den 1970er Jahren hatte die in gewisser Weise paradoxe Folge, dass die Frage nach den Besonderheiten und Distinktionsmerkmalen von Expertise innerhalb des Faches umstritten geworden war. Das zeigt sich etwa in den heftigen Reaktionen, welche ein programmatischer Text von Harry Collins und Robert Evans auslöste, den die beiden Autoren im Jahr 2002 in *Social Studies of Science* publizierten (Collins & Evans 2002). Collins und Evans argumentierten für die Neubestimmung eines objektiv-realistischen Begriffes von Expertise – im Gegensatz zu einem soziologisch-konstruktivistischen Begriff also für einen Expertisebegriff, der Expertise nicht lediglich als das Ergebnis konkurrierender sozialer Zuschreibungen, sondern als reale, substantielle Kategorie versteht (Collins & Evans 2002: 237). Die beiden Autoren schlagen nach dem *sociological turn* also einen *realist turn* der Wissenschaftsforschung vor:

> The realist approach [...] starts from the view that expertise is the real and substantive possession of groups of experts and that individuals acquire real and substantive expertise through their membership of those groups (Collins & Evans 2007: 2–3).

Mittlerweile sind gut zwei Jahrzehnte vergangen, seitdem die Autoren ihre Überlegungen erstmals zur Diskussion stellten. Die Reaktionen, die auf den Text folgten, waren derartig heftig, dass einige Beobachter*innen den erneuten Ausbruch der sogenannten *science wars* proklamierten (Mirowski 2020: 13). Die kontroversen Debatten, die sich im Nachgang dieses Textes entzündeten und weiterhin andauern, zeigen, wie die Frage nach Expertise die Wissenschaftsforschung damals und auch heute wieder mit ihrem eigenen Geltungsanspruch konfrontiert. Auch der in der Öffentlichkeit immer wieder laut werdende Ruf nach fähigen Expert*innen vor dem Hintergrund großer Krisen – sei es der Klimawandel oder die Corona-Pandemie – illustriert, wie aktuell und politisch relevant die Fragen von Collins und Evans geblieben sind.

Collins und Evans sind angetreten mit einem Forschungsprogramm, das nicht nur die Grenzen von Expertise analytisch neu und besser erfassen soll, sondern auch darauf zielt, den legitimen Einflusshorizont von Expert*innen praktisch aus-zuloten. Mit diesem Programm der *Studies of Expertise and Experience* (SEE) wei-sen sie der Wissenschaftsforschung selbst eine zentrale Expert*innen-Rolle zu: Wie Kunst-Kritik, die unterscheidet, was Kunst ist und was nicht, verstehen Collins und Evans die Wissenschaftsforschung als Expertise-Kritik, die legitime von illegi-timer Expertise unterscheiden kann (Collins & Evans 2002: 244). Das Ziel sind also präskriptive und nicht lediglich deskriptive Aussagen über Expertise (Collins & Evans 2002: 240, 2003: 437).

Die soziologisch-konstruktivistische Perspektive, so Collins und Evans, habe epistemologische durch soziale Fragen ersetzt und damit letztlich eine Verwässe-rung der Analysekategorien bewirkt. Durch die Betonung, dass Wissenschaft bezie-hungsweise wissenschaftliche Expertise lediglich eine soziale Praxis unter anderen sei, habe die Wissenschaftsforschung verlernt zu erklären, was diese Praxis beson-ders macht. „If it is no longer clear that scientists and technologists have special ac-cess to the truth, why should their advice be specially valued?" (Collins & Evans 2002: 236).[3] Die Autoren wollen hier also auf eine normative Unterscheidung hinaus: Nur weil die Wissenschaftsforschung zeigen konnte, dass die Grenzen von Wissen-schaft und wissenschaftlicher Expertise empirisch stets umkämpft und uneindeutig sind, heißt dies nicht, dass sie normativ – und man könnte hinzufügen: theoretisch – aufzugeben sind (siehe etwa Collins & Evans 2002: 245). Wenn Expertise eine zent-rale Rolle in der Bearbeitung gesellschaftlicher Probleme zukommen soll, dann muss diese Rolle zu rechtfertigen und Expertise von Nicht-Expertise zu unterschei-den sein (Collins & Evans 2003: 441). In diesen Fragen der Abgrenzung zwischen Ex-pertise und Nicht-Expertise, zwischen Expert*innen und Nicht-Expert*innen, sehen Collins und Evans das „drängende intellektuelle Problem unserer Zeit" (Collins & Evans 2002: 236; eigene Übersetzung).

Die beiden Autoren nähern sich diesem Abgrenzungsproblem über ein Klassifi-kationsschema von Expertise, das verschiedene „levels of expertise" unterscheidet (Collins & Evans 2002: 254; Collins & Evans 2008: 14). Diesem Klassifikationsschema liegt ein Begriff von Expertise zu Grunde, der Expertise als entscheidungsrelevantes

---

3 Einige Jahre später formulieren die beiden Autoren dieses Forschungsproblem im Kontext der *post truth*-Debatte noch einmal aus einem neuen Blickwinkel: „Why, if science is just another form of politics, are we horrified when we learn that the tobacco and oil companies are paying scientists to produce a counterfeit controversy? We are horrified because we already have a clear idea of what good science should look like. Why are we indignant that the evidence of the farmworkers who actually had to spray the 245T was ignored? Is it *just* because they were the underdogs being ignored by an elite? No – it is because we think they could bring some real ex-pertise to bear on the matter! So, we already recognize that science has a distinctive form of life and that there is a reality to expertise" (Collins et al. 2017: 584).

Spezialwissen versteht – Expert*innen sind folglich Personen, die im Besitz solchen Spezialwissens sind. Im Vergleich zur älteren Wissenschaftsforschung verstehen Collins und Evans dabei jedoch nicht nur wissenschaftliches Wissen als relevantes Spezialwissen. In ihrer Klassifikation können sowohl Wissenschaftler*innen wie auch Nicht-Wissenschaftler*innen als Expert*innen – oder Laien – auftreten. Kurzum: die Unterscheidung zwischen Expert*innen und Nicht-Expert*innen verläuft orthogonal zur Unterscheidung von Wissenschaftler*innen und Nicht-Wissenschaftler*innen (Collins & Evans 2002: 251).

Collins und Evans unterscheiden im Kern drei Expertise-Level (Collins & Evans 2002: 254). Auf dem ersten Level sind Laien verortet, Akteure also, die über kein relevantes Spezialwissen, und damit über „no expertise" verfügen. Auf dem zweiten Level folgen Expert*innen, die über genügend Spezialwissen verfügen, um mit Spezialist*innen interagieren zu können und damit „interactional expertise" haben. Besitzer*innen dieser interaktionalen Expertise sind etwa Wissenschaftssoziolog*-innen, die empirisch über Experimente an einem Teilchenbeschleuniger forschen und in der Lage sind, mit den Physiker*innen des Experiments zu interagieren und sich unter Umständen sogar an komplexen Fachgesprächen beteiligen können. Was diese interaktionalen Expert*innen jedoch von den am Experiment beteiligten Physiker*innen unterscheidet, ist, dass sie keine eigenständigen Fachbeiträge auf dem Gebiet der Physik leisten. Das bleibt den Physiker*innen selbst vorbehalten und zeichnet diese insofern als Besitzer*innen von „contributory expertise" und damit als Expert*innen des dritten und höchsten Expertise-Levels aus. In ihrem Buch *Rethinking Expertise* haben Collins und Evans diese Klassifikation von Expertise weiter ausdifferenziert und in die Form eines „Periodensystems von Expertise" gebracht, in dem sie nicht nur Level von Expertise, sondern auch unterschiedliche Typen von Expertise unterscheiden (Collins & Evans 2007: 14).

Zwei Experten im Lichte des Realist *Turn*
Auch wenn wir akzeptieren, dass der Expertenstatus von Christian Drosten und Hans Joachim Schellnhuber das Ergebnis elaborierter sozialer Praktiken ist, so ist damit noch nichts Abschließendes über ihre tatsächliche Problemlösungsfähigkeit im Zusammenhang mit der Corona-Pandemie beziehungsweise dem Klimawandel gesagt. So (oder so ähnlich) ließe sich die Perspektive von Harry Collins und Robert Evans auf das Problem des Expertenstatus unserer Beispielexperten formulieren. Den Autoren zufolge gibt es – ganz unabhängig von sozialen Zertifizierungs- und Zuschreibungsprozessen – bestimme Personen, die objektiv fähiger sind, Entscheidungen über gesellschaftliche Probleme zu informieren als andere.

Um diese realen Problemlösungsfähigkeiten von Drosten und Schellnhuber zu bewerten und damit den „tatsächlichen Kern" ihrer Expertise herauszuschälen, lenkt diese Perspektive unsere

Aufmerksamkeit auf die *sachliche Spezialisierung* der beiden Wissenschaftler: Als Virologe forscht Drosten seit vielen Jahren an sogenannten SARS-Viren und hat sich damit als relevanter beitragender Experte für die wissenschaftliche Erforschung von Coronaviren etabliert. Schellnhuber, auf der anderen Seite, hat als theoretischer Physiker und Erdsystemwissenschaftler wichtige Beiträge auf dem Gebiet der Klimaforschung geleistet, etwa über seine Arbeit an so-genannten Kipp-Punkten (*tipping points*) des Klimasystems. In Hinblick auf ihre wissenschaftlichen – und konkreter, ihre virologischen und klimawissenschaftlichen – Qualifikationen handelt es sich bei den beiden also um Experten des höchsten, dritten Levels.

Die Herausforderung, vor die uns die Perspektive von Collins und Evans stellt, betrifft vor allem die Übertragung dieser Einstufung des *wissenschaftlichen* Expertisestatus (als „contributory experts") auf den komplexen *gesellschaftlichen* Problemkontext der Corona-Pandemie beziehungsweise des Klimawandels. Die beiden Autoren möchten den Fokus der frühen Wissenschaftssoziologie auf die wissenschaftliche Zertifizierung von Expert*innen durch einen Fokus auf sachliche Spezialisierung ersetzen. Aber welche Spezialisierungskriterien können in Anbetracht von so umfassenden Problemkomplexen wie Corona-Pandemie und Klimawandel als „entscheidungsrelevant" gelten – und wer entscheidet darüber?

Wo Wissenschaft auf Gesellschaft trifft: Eine Kritik der „technischen Entscheidung"

Die Frage nach der Identifikation und Abgrenzung von Expertise stellt sich für Collins und Evans in Bezug auf technische Entscheidungen im öffentlichen Raum:

> By ‚technical decision making' we mean decision-making at those points where science and technology intersect with the political domain because the issues are of visible relevance to the public: should you eat British beef, prefer nuclear power to coal-fired power stations ... and so forth (Collins & Evans 2002: 236).

Gerade in Debatten um kontroverse Technologien fungiert die „technische Entscheidung" häufig als Modell der Beziehung zwischen Wissenschaft und Politik. Die technische Entscheidung wird hier als eine Art Nullpunkt entworfen, an dem Wissenschaft und Politik punktuell aufeinandertreffen. Das Konzept erweckt den Eindruck, dass *vor* der technischen Entscheidung Forschung stattfindet, bevor dann, *nach* der technischen Entscheidung, die Politik folgt, etwa in Form der Regulierung der Rindfleischproduktion oder von Plänen zur schrittweisen Abschaltung von Kohlekraftwerken. Dazwischen, also am Nullpunkt der technischen Entscheidung, steht der Transfer wissenschaftlicher Erkenntnisse auf die politische Governance-Ebene.

Die Frage, die Collins und Evans mit dieser Modellierung explizit ausklammern, ist die Frage danach, *welches* Spezialwissen überhaupt als entscheidungsrelevant in Frage kommt; auf *was* Akteure also besonders gut spezialisiert sein sollen, um als relevante Expert*innen in Frage zu kommen (Collins & Evans 2002: 252 f.). Das Modell der technischen Entscheidung legt diese Ausblendung gewissermaßen nahe. Die Frage nach der Art und Form der Expertise scheint hier vor allem technischer Natur zu sein und sich aus dem Problem selbst zu ergeben.

Gerade vor dem Hintergrund aktueller gesellschaftlicher Probleme zeigt sich allerdings, wie problematisch diese Engführung ist. Die Geschichte des Klimawandels, aber auch die jüngsten Kontroversen um die Corona-Pandemie haben gezeigt, wie schwierig es ist, den Bereich relevanten Spezialwissens in der Bearbeitung dieser Problemkomplexe einzugrenzen. Konflikthaft war und ist dabei gerade die Feststellung, dass diese Problemkomplexe nicht in geophysischen oder virologischen Phänomenen aufgehen. So sind es etwa ökonomische Prozesse, die im Falle des Klimawandels über die Extraktion, den Verkauf und die Verbrennung fossiler Energieträger die chemische Komposition der Erdatmosphäre verändern. Das naturwissenschaftliche Wissen um die Effekte dieser Praxis hat an der Praxis selbst kaum etwas verändert. Die Professionalisierung und Spezialisierung der Klimawissenschaft wurde, ganz im Gegenteil, von kontinuierlich steigenden Emissionen begleitet (Malm 2016) – ein Zusammenhang, der auch durch die Wissenschaftsforschung beschrieben wurde (Taylor & Buttel 1992; Sarewitz 2004).

Vor diesem Hintergrund ist es nicht überraschend, dass Collins' und Evans' Modell der technischen Entscheidung auf Kritik gestoßen ist. Brian Wynne etwa beschrieb es als „seriously impoverished", als verarmte Konzeptualisierung von Wissenschaft im öffentlichen Raum (Wynne 2003: 402). Das Modell reduziere die Frage nach der politischen Relevanz wissenschaftlicher Expertise auf die Frage nach mehr oder weniger, besserem oder schlechterem Wissen (Wynne 2003: 404). Wer Expert*in ist und was relevante Expertise ist, ergebe sich aber nicht lediglich aus dem technischen Gegenstand des Problems, sondern sei das Ergebnis komplexer gesellschaftlicher Aushandlungs- und Problemdeutungsprozesse. Diese Aushandlungsprozesse, so betont Wynne, sind zum Zeitpunkt der Formulierung einer technischen Entscheidung bereits beendet und damit unsichtbar geworden (Wynne 2003: 405). Der Auftritt der Expert*in als beratende Instanz in einer technischen Frage erfasst aus diesem Blickwinkel gerade nicht den entscheidenden Moment des Zusammenspiels von (wissenschaftlicher) Expertise und (demokratischer) Politik, sondern stellt ein *Ergebnis* dieses Zusammenspiels dar. Verborgen bleibt dabei der eigentlich problematische Kern, nämlich die konflikthaften Aushandlungsprozesse, die zu diesem Ergebnis geführt haben, und damit die Frage: welche Expertise für welche Politik, oder umgekehrt, welche Politik für welche Expertise?

Ein relationaler Begriff wissenschaftlicher Expertise

Der Soziologe Gil Eyal beschreibt Expertise vor dem Hintergrund dieser konflikthaften Aushandlungsprozesse als eine genuin umstrittene Kategorie: „[T]he very nature of expertise, what it is and what the term should mean is a matter of struggle and disagreement" (Eyal 2019: 19).[4] Diese Konzeptualisierung von Expertise verbindet sich unmittelbar mit zentralen Einsichten der jüngeren Wissenschaftsforschung. Insbesondere die Beobachtungen der vielfältigen sozialen und materiellen Arrangements, die wissenschaftliche Erkenntnisse und demokratische Politik miteinander in Beziehung setzen, können in einer solchen Analyse von Expertise fruchtbar gemacht werden – je nach theoretischem Hintergrund sprechen Wissenschaftsforscher*innen dann von *co-production* (Jasanoff 1990, 2004), strukturellen Kopplungen (Stichweh 2006, 2015; Weingart 2001, 2008), *matched struggles* (Baker 2017) oder Angebot-Nachfrage-Konstellationen (Eyal 2013; Grundmann 2017; Sarewitz & Pielke 2007) zwischen Wissenschaft und Politik. Der letzte Teil dieses Beitrags widmet sich soziologischen und dabei insbesondere relationalen Perspektiven, die diese Aushandlungsprozesse in den Mittelpunkt ihrer Analyse von Expertise stellen. Er zeigt, wie diese Perspektiven dabei helfen können, einige der Dichotomien aufzulösen, die in dem SEE-Programm von Collins und Evans angelegt sind.

Zunächst erlaubt eine Perspektive auf Expertise als Ergebnis gesellschaftlicher Aushandlungsprozesse die Auflösung der Frontstellung zwischen dem objektiv-realistischen und dem soziologisch-konstruktivistischen Expertisebegriff. Der Beitrag der neueren Wissenschaftsforschung lag zwar darin, den Expertisebegriff zu ent-naturalisieren. Das bedeutete aber gerade nicht, ihn abzuschaffen: „Of course we can agree that expertise is real, but its salience, validity and authority with respect to a public issue are still conditional" (Wynne 2003: 403). Die soziologische Analyse von Expertise muss sich in diesem Sinne nicht mit einfachen Wahrheiten begnügen. Stattdessen kann ihr besonderer Beitrag gerade in einer Erfassung der Implikationen und Konsequenzen konkurrierender Beobachtungsmodi und Deutungsmuster sowie ihrer gesellschaftlichen Einbettung und historischen Gewordenheit liegen. Brian Wynne spricht in diesem Zusammenhang auch von konkurrierenden Sinnstiftungsprozessen (*modes of sense-making*). Die Expertise von nordenglischen

---

4 Eyal verwendet hier das Konzept der „essentially contested concepts", das der Philosoph Walter B. Gallie in Bezug auf Begriffe wie Kunst, Demokratie oder soziale Gerechtigkeit geprägt hat. Gallie definiert diese Begriffe als „concepts the proper use of which inevitably involves endless disputes about their proper uses on the part of their users" (Gallie 1955: 169).

Schäfer*innen und Geolog*innen, um zu Wynnes Beispiel zurückzukehren, lässt sich in diesem Sinne nicht einfach addieren – sie ergibt zusammen nicht mehr oder weniger Wahrheit. Vielmehr, so Wynne, geht es um grundsätzlich verschiedene Formen der Sinnstiftung und Problemdeutung. Hier wird deutlich, dass es gerade diese Pluralität von unterschiedlichen – erfahrungsbasierten, sozial- und naturwissenschaftlichen, aktivistischen, esoterischen oder religiösen – Expertiseformen ist, die eine solche soziologische Perspektive in den Blick bekommen kann.

Darauf aufbauend ist die entscheidende Frage, warum und unter welchen Umständen sich die eine Form der Problemdeutung gegen die andere durchsetzt. Gerade relationale Perspektiven innerhalb der Soziologie haben gezeigt, dass es für die Beantwortung dieser Frage nicht genügt, auf Individuen und ihre Fähigkeiten zu schauen. Arbeiten wie die von Reiner Grundmann, Gil Eyal, Daniel Sarewitz oder Roger Pielke haben dagegen auf die Relevanz der *Nachfrage* nach Expertise verwiesen: „[E]xpertise is essentially something delivered at the request of someone else who wants it. This makes expertise relational in a double sense: it relates to clients and it relates to their needs" (Grundmann 2017: 26). Diese Nachfrage nach Expertise ermöglicht den Auftritt bestimmter Individuen als Expert*innen und stabilisiert die Annahme bestimmter Beobachtungsformen als Expertise. Grundmann, Eyal und andere rücken vor diesem Hintergrund die Netzwerke und Beziehungsgefüge aus materiellen Infrastrukturen und Instrumenten, Konzepten und Kategorien, Institutionen und beteiligten Randgruppen, Patienten, Klienten und Betroffenen in den Mittelpunkt ihrer Analyse, welche an der Herstellung von Expertisen beziehungsweise „expert statements and performances" beteiligt sind (Eyal 2013: 872).

Problemdeutungshoheit beziehungsweise Expert*innenmacht ist in einem solchen Netzwerk dezentral angelegt. Sie geht nicht einfach von den Expert*innen aus, sondern betrifft die Mechanismen, die das Netzwerk als Ganzes stabilisieren (Eyal 2013: 875). Auch wenn wir Expertise als (reale) Fähigkeit verstehen, gesellschaftliche Probleme zu formulieren und zu bearbeiten, warnt Eyal davor, die Analyse von Expertise auf die Gruppe der Expert*innen zu beschränken und dabei das komplexe Feld aus technischen Infrastrukturen, Konzepten und relevanten Institutionen, welche diese (reale) Fähigkeit ermöglichen, auszublenden (Eyal 2019: 36). Im Anschluss an Andrew Abbott fordert Eyal eine Soziologie der Expertise, die sich als „history not of groups but of tasks and problems", also als „history without protagonists" versteht (Eyal 2013: 863). An die Stelle der problematischen Dichotomie eines objektiv-realistischen und eines soziologisch-konstruktivistischen Expertisebegriffs rückt in einer solchen relationalen Perspektive die analytische Unterscheidung von Expertise und Expert*in. Auf der einen Seite stehen verschiedene Akteure, welche erfolgreich ihre Problemdeutungshoheit in einem bestimmten Bereich verteidigen. Auf der anderen Seite steht ihre Fähigkeit, das Problem zu lösen (Eyal 2013: 869).

Zwei Experten im Lichte des relationalen Expertisebegriffes
Relationale Perspektiven auf Expertise laden zu einer grundsätzlichen Verschiebung des Analysefokus ein. Anstatt die Erklärung für den prominenten Expertenstatus von Christian Drosten und Hans Joachim Schellnhuber allein bei den beiden Wissenschaftlern selbst zu suchen, lenken relationale Perspektiven unsere Aufmerksamkeit auf die Relevanz des Kontexts, in dem die beiden als Experten auftreten. Hier rückt das komplexe Gefüge an politischen Klienten*innen und medialen Publika, an Expertenräten und Akademien, an disziplinären sowie materiellen Labor- und Forschungsinfrastrukturen in den Mittelpunkt, das die „expert statements" und „performances" von Drosten und Schellnhuber ermöglicht und stabilisiert (Eyal 2013).
  Die beiden Experten auf diese Weise in den Hintergrund rücken zu lassen, verweist uns zunächst ganz grundsätzlich auf die Probleme selbst, also auf die kontingente Genese von Corona-Pandemie und Klimawandel als *gesellschaftliche* Herausforderungen. So ließe sich beispielsweise fragen, wie diese umfassenden Problemkomplexe auf die politische Agenda kamen und welche unterschiedlichen Problemdeutungshoheiten in diesem Zusammenhang etabliert wurden (siehe auch Allan 2017). Darauf aufbauend wäre zu untersuchen, wie die jeweils problem-relevanten Expertengremien entscheidungsrelevante Expertise für die Corona-Pandemie beziehungsweise den Klimawandel weiter kodifizieren und wie diese Expertise im politischen Prozess Anschluss findet. Welche Aufgaben sieht das Infektionsschutzgesetz etwa für das Robert Koch-Institut oder die Weltgesundheitsorganisation vor und wie verändern sich diese Aufgaben über die Zeit? Welche Rolle kommt dem Wissenschaftlichen Beirat Globale Umweltveränderungen in der Aushandlung internationaler Klimaabkommen zu? Wie werden die Auswahl und der Einsatz entscheidungsrelevanter Expertise über diese Behörden und Gremien reglementiert? Relationale Perspektiven verdeutlichen, wie eng die realen Problemlösungsfähigkeiten von Expert*innen wie Drosten und Schellnhuber verknüpft sind mit zahlreichen Kontextfaktoren, welche die Sichtbarkeit und Nachfrage nach ihrer Expertise bedingen.

Über die Analyse von Expertise als Ergebnis komplexer gesellschaftlicher Aushandlungsprozesse ließe sich neben der Dichotomie von einem objektiv-realistischen und einem soziologisch-konstruktivistischen Expertisebegriff auch noch eine zweite problematische Frontstellung auflösen, die in den Arbeiten von Collins und Evans implizit ist, und zwar die Frontstellung von (wissenschaftlicher) Expertise und (demokratischer) Politik. Collins und Evans stellen die Orientierung an der bestmöglichen Expertise dem demokratischen Prinzip der größtmöglichen Partizipation beziehungsweise Repräsentation gegenüber und betonen das sich daraus ergebende Dilemma:

> Should the political legitimacy of technical decisions in the public domain be maximized by referring them to the widest democratic processes, or should such decisions be based on the best expert advice? The first choice risks technological paralysis: the second invites popular opposition (Collins & Evans 2002: 235–236).

Das Verhältnis von (demokratischer) Politik und (wissenschaftlicher) Expertise erscheint in dieser Formulierung als Nullsummenspiel: Mehr Expert*innen-Rat führt zu weniger demokratischer Legitimität und mehr demokratische Legitimität führt zu weniger Expert*innen-Rat. In dieser Gegenüberstellung kann Politik, zugespitzt gesehen, also entweder besonders richtige, aber demokratisch illegitime Entscheidungen treffen oder sie entscheidet demokratisch besonders legitim, aber faktisch relativ haltlos.

Ein solches Ausspielen von Expertise gegen demokratische Politik erübrigt sich, wenn wir – dem relationalen Expertisebegriff folgend – Expertise als das Ergebnis eines in diesem Fall politischen Nachfrage- und Aushandlungsprozess verstehen. Umweltbezüge und die Internalisierung Politik-externer Expert*innenbeobachtungen machen Politik schließlich nicht per se weniger politisch, sondern führen lediglich zu einer Differenzierung politischer Beobachtungen und stellen andere Referenzbezüge her. Es ist insofern nicht der Bezug auf (mehr oder weniger) Expertise, der diese „technischen Entscheidungen" (mehr oder weniger) demokratisch defizitär macht, sondern der Ausschluss alternativer Expertiseformen. Problematisch an einer Politik, die kontinuierlich auf Expertise referiert, ist insofern nicht der Bezug auf möglichst viel Expertise, sondern die Tatsache, dass sie konkurrierende Problemdeutungen unsichtbar macht und Aushandlungsprozesse schließt. Sie stellt politische Fragen dann als Sachfragen dar, über die sich nicht streiten lässt (Bogner 2021). Die Entscheidung darüber, wann eine solche Sachzwang-Politik legitim ist, wann also nicht mehr über Problemdeutungen gestritten werden sollte, lässt sich nicht eindeutig auflösen, sondern wäre eine demokratietheoretische Frage beziehungsweise eine Frage für die politische Philosophie (Durant 2008).

Fazit

Die Wissenschaftsforschung verfügt über ein breites Repertoire an möglichen Antworten auf die Frage nach Expertise. Diese Antworten sind von grundsätzlich unterschiedlichen Motiven und Zielsetzungen geprägt. Während sich relationale Perspektiven insbesondere mit der Frage beschäftigen, *wie* wissenschaftliche und andere Formen von Expertise gesellschaftlich an Bedeutung gewinnen, interessieren sich Collins und Evans dafür, *warum* das etwas Gutes ist. Es macht deshalb wenig Sinn, beide Perspektiven gegeneinander auszuspielen. Eine normative Theorie von Expertise, also eine Theorie über die richtige, erstrebenswerte, angemessene Rolle von Expert*innen im öffentlichen Raum, ist etwas anderes als ein Programm zur empirischen Erforschung von Expertise.

Abschließend bleibt jedoch festzuhalten, dass nicht nur der *realist turn*, den Collins und Evans in ihrem SEE-Programm vorschlagen, relevante Antworten auf die Frage nach der gesellschaftlichen Bedeutung von Expertise, etwa in der Bearbeitung drängender gesellschaftlicher Herausforderungen beisteuern kann. Auch diejenigen Strömungen der Wissenschaftsforschung, die dem *sociological turn* verpflichtet bleiben, leisten mit ihrer Infragestellung wissenschaftlicher „Naturgegebenheiten" und ihrer Skepsis gegenüber wissenschaftlichem Positivismus einen wichtigen Beitrag zu gesellschaftspolitischen Debatten. Das wird besonders deutlich in Arbeiten, die zeigen konnten, dass die effektive Bearbeitung von Problemen wie dem Klimawandel gerade nicht eine Frage von mehr oder weniger Expertise ist (Taylor & Buttel 1992; Sarewitz 2004; Locher & Fressoz 2012; Allan 2017). Stattdessen geht es in der Adressierung solcher Probleme um die Aushandlung sehr unterschiedlicher Perspektiven und Interessen. Eine soziologische Analyse von Expertise, welche die zentralen Einsichten der jüngeren Wissenschaftsforschung ernst nimmt, kann und sollte diese konflikthaften Aushandlungsprozesse nicht ausblenden. Ihre Aufgabe ist es vielmehr, den Pluralismus sich widerstreitender Expertisen besser zu verstehen und zu deuten.

Empfehlungen für Seminarlektüren

(1) Ein hilfreicher Grundlagentext zum Einstieg in eine Soziologie der Expertise ist das zweite Kapitel aus Gil Eyals Buch *The Crisis of Expertise* (2019: 21–42). Es bietet einen aufschlussreichen und historisch informierten Überblick über die Debatte um Expertise in der Soziologie und Wissenschaftsforschung und zeigt zudem relevante Bezugspunkte zu zeitgleichen Diskussionen in anderen Disziplinen auf.

(2) In seiner einschlägigen Studie über „AIDS Activism and the Forging of Credibility in the Reform of Clinical Trials" (1995) illustriert Steven Epstein die Wirkmacht von Laien-Expertise und entwickelt damit ein wichtiges Konzept der wissenschaftssoziologischen Auseinandersetzung mit Expertise.

(3) Der hochgradig kontrovers diskutierte Text „The Third Wave of Science Studies: Studies of Expertise and Experience" (2002) stellt den programmatischen Ausgangspunkt in Collins' und Evans' wichtiger und einflussreicher Auseinandersetzung mit einer normativen Theorie von Expertise dar.

(4) Unter dem Titel „Seasick on the Third Wave?" präsentiert Brian Wynne (2003) eine instruktive Replik auf Collins' und Evans' Beitrag. Beide Artikel können insofern gut zusammen diskutiert werden.

(5) Gil Eyals viel rezipierter Forschungsbeitrag zu den „Social Origins of the Autism Epidemic" (2013) skizziert relevante Berührungspunkte zwischen Professionssoziologie und Wissenschaftsforschung in der soziologischen Analyse

von Expertise und legt zugleich den Grundstein für einen relationalen Begriff von Expertise.

Literatur

Abbott, A., 1988: *The System of Professions. An Essay on the Division of Expert Labor*. Chicago, IL: University of Chicago Press.

Allan, B. B., 2017: Producing the Climate. States, Scientists, and the Constitution of Global Governance Objects. *International Organization* 71: 131.

Baker, Z., 2017: Climate State. Science-State Struggles and the Formation of Climate Science in the US from the 1930s to 1960s. *Social Studies of Science* 47: 861–887.

Blumer, H., 1971: Social Problems as Collective Behavior. *Social Problems* 18: 298–306.

Bogner, A., 2021: *Die Epistemisierung des Politischen. Wie die Macht des Wissens die Demokratie gefährdet*. Stuttgart: Reclam.

Bojanowski, A., 2013: Dicke Luft um Merkels neue Umweltflüsterer. *Der Spiegel*, online 02.05.2013.

Bonneuil, C. & J. B. Fressoz, 2016: *The Shock of the Anthropocene. The Earth, History and Us*. London, New York: Verso Books.

Brown, M. B., 2015: Politicizing Science. Conceptions of Politics in Science and Technology Studies. *Social Studies of Science* 45: 3–30.

Collins, H. M., 1983: The Sociology of Scientific Knowledge. Studies of Contemporary Science. *Annual Review of Sociology* 9: 265–285.

Collins, H. M. & R. Evans, 2002: The Third Wave of Science Studies. Studies of Expertise and Experience. *Social Studies of Science* 32: 235–296.

Collins, H. M. & R. Evans, 2003: King Canute Meets the Beach Boys. Responses to the Third Wave. *Social Studies of Science* 33: 435–452.

Collins, H. M. & R. Evans, 2008: *Rethinking Expertise*. Chicago, IL: University of Chicago Press.

Collins, H. M., R. Evans & M. Gorman, 2007: Trading Zones and Interactional Expertise. *Studies in History and Philosophy of Science Part A* 38: 657–666.

Collins, H. M., R. Evans & M. Weinel, 2017: STS as Science or Politics? *Social Studies of Science* 47: 580–586.

Dreyer, I. 2021: Heldenreisen kritisch hinterfragt. Interview mit Julika Griem und Volker Stollorz zum Forschungsprogramm des Rhine Ruhr Center for Science Communication Research. https://www.wissenschaftskommunikation.de/heldenreisen-kritisch-hinterfragt-51841/ (aufgerufen am 23.12.2022).

Durant, D., 2008: Accounting for Expertise: Wynne and the Autonomy of the Lay Public Actor. *Public Understanding of Science* 17: 5–20.

Epstein, S., 1995: The Construction of Lay Expertise. AIDS Activism and the Forging of Credibility in the Reform of Clinical Trials. *Science, Technology, & Human Values* 20: 408–437.

Epstein, S., 1996: *Impure Science. Aids, Activism, and the Politics of Knowledge*. Oakland, CA: University of California Press.

Eyal, G., 2013: For a Sociology of Expertise. The Social Origins of the Autism Epidemic. *American Journal of Sociology* 118: 863–907.

Eyal, G., 2019: *The Crisis of Expertise*. Cambridge: Polity Press.

Gallie, W. B., 1955: Essentially Contested Concepts. *Proceedings of the Aristotelian Society* 56: 167–198.

Grundmann, R., 2017: The Problem of Expertise in Knowledge Societies. *Minerva* 55: 25–48.

Jasanoff, S., 1987: Contested Boundaries in Policy-Relevant Science. *Social Studies of Science* 17: 195–230.

Jasanoff, S., 1990: *The Fifth Branch. Science Advisers as Policymakers.* Cambridge, MA: Harvard University Press.

Jasanoff, S. (Hrsg.), 2004: *States of Knowledge. The Co-Production of Science and Social Order.* London, New York: Routledge.

Knorr Cetina, K., 1984 [1981]: *Die Fabrikation von Erkenntnis. Zur Anthropologie der Naturwissenschaft.* Frankfurt am Main: Suhrkamp.

Kupferschmidt, K., 2020: The Coronavirus Czar. *Science* 368: 462–465.

Locher, F., & J. B. Fressoz, 2012: Modernity's Frail Climate. A Climate History of Environmental Reflexivity. *Critical Inquiry* 38: 579–598.

Malm, A., 2016: *Fossil Capital. The Rise of Steam Power and the Roots of Global Warming.* London, New York: Verso Books.

Maurer M., C. Reinemann & S. Kruschinski, 2021: *Einseitig, unkritisch, regierungsnah? Eine empirische Studie zur Qualität der journalistischen Berichterstattung über die Corona-Pandemie.* Hamburg: Rudolf Augstein Stifung.

Mauss, A. L., 1975: *Social Problems as Social Movements.* Philadelphia, PA: Lippincott.

Merton, R. K., 1973: *The Sociology of Science. Theoretical and Empirical Investigations.* Chicago, IL: University of Chicago Press.

Mirowski, P., 2020: *Democracy, Expertise and the Post-Truth Era: An Inquiry into the Contemporary Politics of STS.* https://www.academia.edu/42682483/Democracy_Expertise_and_the_Post_Truth_Era_ An_Inquiry_into_the_Contemporary_Politics_of_STS (aufgerufen am 23.12.2022).

Restivo, S., 1995: The Theory Landscape in Science Studies. Sociological Traditions. In: Jasanoff, S. et al. (Hrsg.), *Handbook of Science and Technology Studies.* Thousand Oaks, CA: Sage, S. 95–110.

Sarewitz, D., 2004: How Science Makes Environmental Controversies Worse. *Environmental Science & Policy* 7: 385–403.

Sarewitz, D. & R. Pielke, Jr., 2007: The Neglected Heart of Science Policy. Reconciling Supply of and Demand for Science. *Environmental Science & Policy* 10: 5–16.

Shapin, S., 1995: Here and Everywhere. Sociology of Scientific Knowledge. *Annual Review of Sociology* 21: 289–321.

Stichweh, R., 2006: Gelehrter Rat und wissenschaftliche Politikberatung. In: Heidelberger Akademie der Wissenschaften (Hrsg.), *Politikberatung in Deutschland.* Wiesbaden: VS, S. 101–112.

Stichweh, R., 2015: Analysing Linkages Between Science and Politcs. Transformations of Functional Differentiation in Contemporary Society. In: *Interfaces of Science and Policy and the Role of Foundations.* Essen: Stiftung Mercator, S. 38–47.

Taylor, P. J., & F. H. Buttel, 1992: How Do We Know We Have Global Environmental Problems? Science and the Globalization of Environmental Discourse. *Geoforum* 23: 405–416.

Weingart, P., 2001: *Die Stunde der Wahrheit? Zum Verhältnis der Wissenschaft zu Politik, Wirtschaft und Medien in der Wissensgesellschaft.* Weilerswist: Velbrück.

Weingart, P., & J. Lentsch, 2008: *Wissen, Beraten, Entscheiden. Form und Funktion wissenschaftlicher Politikberatung in Deutschland.* Weilerswist: Velbrück.

Wynne, B., 1989: Sheepfarming after Chernobyl. A Case Study in Communicating Scientific Information. *Environment* 31: 10–39.

Wynne, B., 2003: Seasick on the Third Wave? Subverting the Hegemony of Propositionalism: Response to Collins & Evans (2002). *Social Studies of Science* 33: 401–417.

Matthias Groß
7 Soziologie des Labors

Im folgenden Beitrag geht es um Wissenschaft als soziale Praxis, die sich mal
mehr, mal weniger in den Räumen eines Laboratoriums abspielt. Es wird die
These vertreten, dass in den soziologischen Laborstudien seit den 1970er Jahren
zwar der Ursprung der neuen Wissenschafts- und Technikforschung gesehen werden kann, dass sich aber die klare Unterscheidung zwischen Labor und Nicht-
Labor, Feld- oder Realexperimenten sowie allgemein zwischen dem Innen und
Außen des naturwissenschaftlichen Labors heute nicht mehr halten lässt. Mehr
noch, es soll gezeigt werden, dass man einen Grundgedanken der Wissenschaftssoziologie der frühen 1980er Jahre umkehren kann: Demnach wäre das naturwissenschaftliche Labor nicht als Zelle oder Ursprung der Innovation zu betrachten,
sondern eher als untergeordnete Institution des großen oder realen Experiments,
das in der Welt außerhalb der institutionalisierten Wissenschaft abläuft. Das
bleibt nicht ohne konzeptuelle Konsequenzen für eine Soziologie des Labors.

Um die Entwicklung dieser Soziologie des Labors und die damit verbundenen
Verschiebungen in der Konzeption von Experiment und Labor im 21. Jahrhundert
zu verdeutlichen, werden im Folgenden aktuelle Debatten zu *living labs* oder
urban labs – im deutschsprachigen Raum hat sich auch der Begriff „Reallabor"
etabliert – herangezogen. Diese Label verweisen auf einen „transdisziplinären"
Typus von Wissenschaft, der an der Schnittstelle zwischen anwendungsnaher
Forschung und neuen Formaten partizipativer Prozesse experimentelle Praktiken
fördern will (Bergmann & Schramm 2008; Groß & Stauffacher 2014; Defila & Di
Giulio 2018; Wershler et al. 2022). Betrachtet man diese Diskussionen, dann kann
man den Eindruck bekommen, dass Experimente heute zuerst außerhalb der
Wissenschaft in der weiteren Gesellschaft stattfinden und das „wissenschaftliche"
Labor erst später eingeführt wird. Mehr noch: Anders, als Bruno Latour und andere Wissenschaftssoziolog*innen annehmen, wäre es dann nicht das Labor, das
als archimedischer Punkt zur Veränderung der Gesellschaft fungiert, sondern lau-
fende Realexperimente mit und in der Gesellschaft, die bestimmen, wie Labore
gebaut, ausgewählt oder genutzt werden (Groß 2016). Experimentelle Prozesse in
der Gesellschaft können demnach als die „realen" Experimente verstanden werden und die „wissenschaftlichen" Aktivitäten im Labor erscheinen als zeitlich
nachgelagerte Komponenten des großen Experiments.

https://doi.org/10.1515/9783110713800-007

Experimente innerhalb und außerhalb des Labors

Traditionell haben Soziolog*innen es vermieden, experimentelle Erkenntnisstrategien auf den Bereich des Sozialen auszuweiten. In Auseinandersetzung mit Auguste Comte und John Stuart Mill, die sich beide ausführlich mit der Möglichkeit des Experimentierens in den Sozialwissenschaften beschäftigt hatten (Brown 1997), bemerkt Emile Durkheim in seinem Buch *Die Regeln der soziologischen Methode*: „Wenn die Phänomene nach Belieben des Beobachters künstlich erzeugt werden können, handelt es sich um die Methode des Experiments im eigentlichen Sinne" (hier und im Folgenden Durkheim 1984 [1895]: 205). Für Durkheim müssen sich soziologische Erklärungen dadurch auszeichnen, dass sie Kausalitätsbeziehungen aufzeigen, indem ein Phänomen mit seiner Ursache oder eine Ursache mit bestimmten Wirkungen verknüpft wird. Durkheim glaubte jedoch, dass sich die „sozialen Phänomene offenbar der Anwendung des Experiments entziehen". Daher erschien ihm „die vergleichende Methode als die einzige, welche der Soziologie entspricht" (siehe auch Kapitel 14, Kosmützky & Wöhlert). Kurz darauf lässt er jedoch einen Hoffnungsschimmer für das soziologische Experiment aufscheinen: Wenn die Chemie und die Biologie selbstverständlich experimentelle Wissenschaften seien, warum dann nicht auch die Soziologie, deren Untersuchungsgegenstand sich „nur durch eine größere Kompliziertheit" von denen der Naturwissenschaften unterscheide? Trotz allem kommt er letztendlich zum Schluss, dass man mit dem soziologischen Experimentieren „lediglich eine schlecht definierte Folgeerscheinung von einer wirren und unbestimmten Gruppe von Vorgängen vage ableiten" kann (Durkheim 1984 [1895]: 205). Die Komplexität des Sozialen ist offensichtlich nicht so einfach zu bändigen und noch viel weniger in die engen Räume eines Labors, also den angestammten und von der weiteren Gesellschaft isolierten Arbeitsplatz der Naturwissenschaften, zu zwängen.

Neben der Möglichkeit von Experimenten hatte sich die Soziologie des 20. Jahrhunderts in ihrer Abwendung von außersozialen Erklärungen außerdem ein genuin soziologisches Grundparadigma erarbeitet: Soziales sollte mit Sozialem erklärt werden (Durkheim 1984 [1895]: 105 ff.). Auch die Wissenschaftssoziologie hat sich lange Zeit an diesem Paradigma orientiert. Robert Merton grenzte die Wissenschaft noch vom Rest der Gesellschaft durch ihre besonderen sozialen Normen ab (Merton 1985 [1942]). In den 1970er Jahren begannen dann Soziolog*innen, die Wissenschaft selbst als eine Fakten produzierende soziale Praxis zu betrachten. Eine besondere Rolle spielte zunächst das sogenannte *strong program* der Edinburgh School (Bloor 1976). In Abgrenzung zu Merton forderten Vertreter*innen dieser Schule, dass für die soziologische Analyse der Wissenschaft die gleichen Kategorien zu verwenden seien, egal ob die naturwissenschaftlichen Ergebnisse als wahr oder falsch gelten. Wissenschaftliche Erkenntnisse erhalten dadurch keinen epistemologischen Sonderstatus, sie gelten nicht deshalb als wahr, weil sie mit der Natur übereinstimmen, da sie genauso wie andere Formen der Erkenntnis über einen spezifischen kulturellen Kontext erklärbar sind. Der Vorteil dieses „Symmetrieprinzips" war, dass erst einmal alle Überzeugungen gleich behandelt werden konnten. Die soziologische Beobachtung ging von Unparteilichkeit aus. Aus dieser Tradition heraus entstand eine Reihe von prominenten Studien, welche die naturwissenschaftliche Laborpraxis aus der Perspektive der Kulturanthropologie beobachteten. Das Labor wurde zum Ort soziologischer Forschung; die aus dieser Forschung entstandenen entsprechenden Studien werden deshalb gerne als „Laborstudien" bezeichnet.

Zur ersten Generation von Laborsoziolog*innen zählt neben Karin Knorr Cetina und Michael Lynch vor allem der französische Wissenschaftssoziologe Bruno Latour (Latour & Woolgar 1979; Knorr Cetina 1984 [1981]; Lynch 1985). Das zentrale Ergebnis jener klassischen Studien aus dem und über das naturwissenschaftliche Labor war, dass in selbigem nichts besonders „Wissenschaftliches" passiere: Die wissenschaftliche Praxis sei soziologisch gesehen nicht mehr oder weniger rational oder sozial als die Praktiken anderer menschlicher Handlungsbereiche wie Kunst, Wirtschaft oder Politik. Wissenschaftliche Ergebnisse kommen in dieser Lesart durch Aushandlungen, kulturelle Besonderheiten, Interessen oder Konflikte zustande (siehe anschaulich vor allem die frühe Studie von Latour & Woolgar 1979). Die hier ansetzenden Diskussionen über die Ethnographie des naturwissenschaftlichen Labors kreisen unter anderem darum, dass der für die Laborbank kategorisierten und damit stark veränderten „Natur" in und auf den Experimentiergeräten und den Arbeitsbänken der Wissenschaftler*innen keinerlei Bedeutung für die gewonnenen Ergebnisse zugestanden wurde.

In seinem mittlerweile als Klassiker betrachteten Aufsatz „Give Me a Laboratory and I Will Raise the World" (deutsch: „Gebt mir ein Laboratorium und ich werde die Welt aus den Angeln heben") versucht Latour zu zeigen, dass wissenschaftliche Laboratorien zentrale Orte des Wandels in der weiteren Gesellschaft darstellen (Latour 2006 [1983]). Seine Beobachtung illustriert er mit einer Studie zu Louis Pasteurs Arbeiten zum Milzbrand Ende des 19. Jahrhunderts. Latour zeigt, dass Pasteurs Labor als Stellschraube zur Veränderung der französischen Gesellschaft seiner Zeit betrachtet werden kann. So gesehen konzipiert er im naturwissenschaftlichen Labor produzierte Erkenntnisse als Treiber für grundlegende Veränderungen und Transformationen in der Gesellschaft.

Wissenschaft als soziale Praxis außerhalb des Labors?

Mit diesen Texten rüttelte Latour am erwähnten traditionellen Paradigma einer „sozialen" Soziologie und einer übermäßig soziologisierten Wissenschaftsforschung. Die Erklärung, dass jegliches wissenschaftliche Ergebnis Verhandlungssache sei, wollte ihm nicht genügen. Vielmehr ging er davon aus, dass die Natur mitverhandle. Latour kündigte kurzerhand das sozialkonstruktivistische Paradigma des *strong program* (Bloor 1976) auf und begann, eine „symmetrische Anthropologie" zu entwerfen. Das alte Symmetrieprinzip wurde erweitert beziehungsweise durch eine neue, radikalere Symmetrisierung ersetzt. Nicht nur wahre und falsche Ergebnisse sollten mit den gleichen Begrifflichkeiten erfasst werden, sondern auch eine weitere Gruppe von Mitspielern: die Pflanzen und Tiere, Maschinen und Dinge, die materiellen Widerstände und die Eigendynamiken der wissenschaftlichen Instrumente, kurz: alles, was traditionell in der Soziologie als „außersozial" gegolten hatte.

Für Latour war die *a priori* Trennung von Mensch und Nicht-Mensch, von Natur und Kultur nicht brauchbar für eine adäquate Analyse von Vorgängen in der Gesellschaft. Diese Vorgänge wollte er vielmehr als Konstruktion von „Hybriden", bestehend aus menschlichen und nicht-menschlichen Elementen, verstanden wissen (Latour 1995 [1991]). Um alle Seiten begrifflich zu erfassen, führte er den aus der Semiotik entlehnten Begriff des „Aktanten" ein. Nicht nur die Menschen, sondern auch die Dinge der Natur und der Technik sind demnach Aktanten im sozialen Gewebe; sie verbinden sich zeitweilig mit menschlichen Aktanten, sie üben Macht aus, setzen Moral durch und behindern oder ermöglichen Dinge und Prozesse. Demzufolge sind Natur und Gesellschaft die Produkte, nicht die Ursachen von sozialen Kontroversen um Wissenschaft und Technik. Latour bezeichnete diese Sichtweise kritisch als „nicht-modern" und kontrastierte sie mit der überkommenen „Konstitution der Moderne". Diese Moderne ermögliche zwar durch immer neue Kombinationen zwischen Menschen und Nicht-Menschen innovative und effizientere Technologien zu entwickeln, dies aber nur unter der Bedingung, dass Menschen als reine Subjekte und Nicht-Menschen als reine Objekte konzipiert werden. Die neue, radikal-symmetrische Perspektive hat Folgen für das Verständnis von Subjekt und Objekt des Experimentes im wissenschaftlichen Labor.

Wie kommt der Wald ins Labor?

Latour attestiert der Moderne und ihren Bewohner*innen, dass sie in der falschen Annahme einer absoluten ontologischen Unterscheidung zwischen dem kognitiven Subjekt und der äußeren Welt der Objekte gefangen seien. Er sieht in dieser Unterscheidung eine ideologische Selbsttäuschung der Moderne. Um dieses Konstrukt zu überwinden, führt er uns in die Welt der „Handlungsketten" ein, bestehend aus Menschen und Nicht-Menschen, die zwischen Labor und Feld zirkulieren (Latour 2002 [1999]).

Latour entführt seine Leserschaft dazu in eine Expedition in den amazonischen Regenwald. Die beteiligten Naturwissenschaftler*innen untersuchen während dieser Expedition die sich verschiebende Grenze zwischen Savanne und Wald. Als teilnehmender Beobachter nimmt Latour die klassische Perspektive der Laborstudien der 1970er Jahre ein, betont nun aber in besonderer Weise die Notwendigkeit, die Handlungskette aus Menschen und Nicht-Menschen zu berücksichtigen. Denn nähme man den Forscher*innen im amazonischen Regenwald den Wald weg, würde ihnen nichts bleiben. Der Wald selbst muss also als Teil des Forschungsprozesses in die soziologische Analyse eingebracht werden. Das ist jedoch nicht so leicht, denn eine Boden- oder Pflanzenprobe ist nicht einfach ein Teil des Waldes oder ein Stück Natur. Eine Probe wird verschiedenen Übersetzungen unterzogen, zum Beispiel indem Forschende ein Stück Erde mithilfe einer Farbtafel identifizieren, die Farbe in eine Zahl übersetzen und diese dann in eine mathematische Gleichung einfügen. Dazu gehören im dargestellten Fall an zentraler Stelle Exkremente von Regenwürmern, die für einen Streifen tonhaltigen Bodens verantwortlich gemacht werden, der einen Hinweis darauf zu geben verspricht, ob der Wald nun vordringt oder zurückweicht (Latour 2002: 81). Das Forschungsteam setzt nun die gesammelten Pflanzen und die Exkremente der Würmer im Labor neu zusammen, kategorisiert sie und teilt sie wieder neu auf. Sie transformieren Pflanzen und Exkremente in „Dinge" oder Einheiten, und diese wiederum in die Sprache der Wissenschaften. „Damit die Welt erkennbar wird", schreibt Latour, „muss sie zu einem Laboratorium werden, und um einen jungfräulichen Urwald in ein Laboratorium zu verwandeln, muss er die Form eines Diagramms annehmen" (Latour 2002: 57). Diese Repräsentation des Waldes ist am Ende das Ergebnis einer langen Kette von Übersetzungen. „Jedesmal haben wir an Lokalität, Partikularität, Materialität, Vielfalt und Kontinuität verloren, so dass am Schluss fast nichts mehr bleibt als einige Blätter Papier" (Latour 2002: 87). Der Gewinn ist aber „ein Mehr an Kompatibilität, Standardisierung, Text, Berechnung, Zirkulation und relativer Universalität" (Latour 2002: 87). Für Latour ist es wichtig zu betonen, dass die Erscheinungen dieses Gewinns sich nicht an einem fixen Schnittpunkt zwischen dem Wald und der wissenschaftlichen Darstellung aus dem Labor finden, sondern dass sie entlang einer reversiblen Transformationskette einschließlich der Kommunikationsmedien der Wissenschaft zirkulieren. Irgendwann können die Ergebnisse sogar in Lehrbüchern landen.

… und wie kommt er wieder heraus?

Seit den späten 1990er Jahren gehört neben Thesen, wie der, dass wir nie modern gewesen seien oder dass sich die ganze Welt aus Hybriden formiert, auch eine kleine Nebenbaustelle zu Latours interessanten, wenngleich deutlich weniger beachteten Konzepten: die Rede vom kollektiven Experiment, einem Experiment von und mit uns allen (Latour 2001 [1999], 2004). Hier argumentiert Latour, dass wissenschaftliche Tatsachen heute die Labore nicht mehr als sicher getestete Dinge und Technologien verlassen, sondern dass sie bewusst durch ihren Prototypcharakter ständig neue Kontroversen hervorrufen (Krauss 2006; weiterführend Dickel 2019). Im Folgenden soll deshalb Latours Rede von den kollektiven Experimenten erläutert werden, um anschließend seine Überlegungen auf die in ihrem Selbstverständnis „experimentellen" Praktiken verschiedener ökologischer Handlungsfelder anzuwenden.

In einem Aufsatz mit dem Titel „Ein Experiment von und mit uns allen" publizierte Latour Anfang der 2000er Jahre seine These des kollektiven Experimentierens. Etwas salopp schreibt er dazu:

> Dass wir in kollektive Experimente verstrickt sind, muss nicht erst lange bewiesen werden. Ein Blick in die Zeitung oder die Fernsehnachrichten genügt. Zurzeit sind Tausende von Beamten, Polizisten, Veterinären, Bauern, Zollbeamten, Feuerwehrleuten in ganz Europa dabei, die Maul- und Klauenseuche zu bekämpfen, die in so vielen Landstrichen wütet (Latour 2004: 185).

Neu ist die Situation, die Latour hier beschreibt, weil der Ausbruch der Maul- und Klauenseuche auf die kollektive Entscheidung zurückging, nicht zu impfen. Warum aber folgt Latour nicht Durkheim, sondern bezeichnet das Beschriebene als ein Experiment?

> Wir finden uns vielmehr hineingezogen in die unerwünschten – wenn auch vorhersehbaren – Folgen eines Experiments im gesamteuropäischen Maßstab, wie lange nämlich ein nichtgeimpfter Viehbestand ohne einen neuerlichen Ausbruch dieser Krankheit überleben kann (Latour 2004: 185).

Ganz Europa, so folgert Latour, wird durch ein naturwissenschaftliches Experiment belastet, an dem alle Menschen teilnehmen, ob sie wollen oder nicht. Gerade die fast 20 Jahre später auftretende Corona-Pandemie scheint hier vorgezeichnet zu sein. Auch sie tritt in die Fußstapfen der von der Erfahrung mit Tschernobyl geprägten Metapher der „Gesellschaft als Labor" (Krohn & Weyer 1989). Bei Krohn und Weyer ging es darum, zu zeigen, dass die Gesellschaft mit den Risiken der modernen Wissenschaft belastet wird und häufig unwissentlich in diese Forschungsprozesse hineingezogen wurde. Bei solchen von Latour skizzierten Realexperimenten sollten Betroffene als *citizen scientists* oder allgemein aktive Stakeholder in die Planung und Durchführung der experimentellen Prozesse eingebunden werden. Ein solches Verständnis würde dann auch bedeuten, dass es in der Hand der Zivilgesellschaft liegt, ob und wie sie mit Risiken und Nichtwissen umgehen will.

Labor und Gesellschaft

Ulrich Beck folgerte aus dem Umstand der zunehmend engeren Kopplung zwischen Gesellschaft und Wissenschaft bereits in den späten 1980er Jahren, dass die Naturwissenschaft dadurch, dass sie die Ausbreitung der Forschung aus dem Labor in die Gesellschaft zugelassen habe, „ihre exklusive Beurteilung dessen, was ein Experiment besagt", aufgegeben hat (Beck 1988: 205). Mit anderen Worten: Es liegt nun auch in der Hand der Soziologie, diese neuen, die Gegenwartsgesellschaft prägenden Experimente zu definieren, zu erforschen und zu bewerten. Für die Popularisierung dieses Versuchs hat Latour, neben Beck und anderen, einiges geleistet. Beck spricht von der „Welt als Labor" oder gar dem „Weltexperiment" und für Latour „verlaufen die Mauern des Laboratoriums nun um den ganzen Planeten herum": Häuser, Fabriken, Kliniken, Äcker erscheinen in dieser Sicht als „Zweigstellen der Laboratorien" (Latour 2004: 186). Letztlich wird so die Welt zu einer einzigen Versuchsanordnung (Fejerskov 2022). Beim Versuch, durchzudenken, was das heißen könnte, werden allerdings auch konzeptionelle Schwächen dieses Zugangs sichtbar. Selbst wenn die Naturwissenschaft ihre exklusive Definitionsmacht hinsichtlich des Experimentes verspielt haben sollte, verliert der Latoursche Experimentbegriff jegliche Schärfe und somit auch an Attraktivität für die Soziologie; denn er wird fast gleichbedeutend verwendet mit „Entwicklung", „Prozess" oder „Vernetzung" – und damit mit fast allem, was sich ändert (Groß 2014: 79–81).

Wie oben bereits angedeutet: Einer der Kernpunkte von Latours Argument ist, dass die strikte Trennung zwischen der Natur und dem Sozialen eine Fiktion der Moderne darstellt. Im Vergleich zur modernen Verfassung, wo Fakten nur von Wissenschaftler*innen erarbeitet wurden, gehört die Welt der Werte den Vertreter*innen aus Politik, Ethik oder Kunst. In einer nicht modernen Verfassung hingegen ist die Zusammenarbeit aller Seiten gefordert. Auch Nicht-Wissenschaftler*innen – kurzum: das gesamte Volk – sollen bei der Repräsentation der äußeren Natur eine bestimmende Rolle spielen. Latour schlägt daher vor, nicht mehr strikt zwischen Wissenschaft und Nicht-Wissenschaft zu unterscheiden, sondern zwischen etablierten und nicht etablierten Fakten und Werten. Das experimentelle Zusammenspiel von Wissenschaft und Nicht-Wissenschaft im Labor der Gesellschaft stellt er sich folgendermaßen vor:

> Wenn nicht mehr von einer Natur und mehreren Kollektiven ausgegangen werden kann, muss das Kollektiv die Frage nach der Anzahl der zu berücksichtigenden Entitäten angehen

und durch tastende Versuche erkunden, welche von ihnen zu integrieren sind. Das Proto-
koll dieser Versuche wird von der Gewalt der Verlaufskontrolle definiert. Von dem Wort
Experiment, wie es in den Wissenschaften in Gebrauch ist, wird hier die Tatsache übernommen, dass es instrumentiert und rar ist, schwer zu reproduzieren, stets umstritten und dass
es sich als aufwändiger Versuch darstellt, dessen Ergebnis entziffert werden muss. (Latour
2001: 297)

Insbesondere der letzte Teil von Latours Definition, der auf den Experimentbegriff
der Naturwissenschaften anspielt, verweist tatsächlich eher auf Latours eigenwillige
wissenschaftssoziologische Auslegung des naturwissenschaftlichen Experiments.
Denn das wissenschaftliche Experiment, wie es sich in Lehrbüchern darstellt (siehe
z. B. Parthey & Wahl 1966) und wie es wohl auch bereits von Durkheim verstanden
wurde, unterscheidet sich von der Latourschen Version dadurch, dass vorab eine
genau definierte Situation präpariert und anschließend das Verhalten des präpa-
rierten Systems beobachtet wird, um eine Hypothese zu überprüfen. Um als Experiment zu gelten, muss es demnach replizierbar sein, das heißt es muss dasselbe
Ergebnis herauskommen, auch wenn es an verschiedenen Orten und zu unterschiedlichen Zeiten wiederholt wird.

Realexperimente in einem gesellschaftlichen Labor?

Wie können sich nun Kollektive aus Menschen und Nicht-Menschen formieren, so
dass ihr Zusammenwirken als experimentell verstanden werden kann? In der
Praxis der ökologischen Restaurierung, des adaptiven Managements und weiterer
benachbarter Feldern werden seit mehr als 40 Jahren Antworten auf genau diese
Frage gesucht: Es geht in diesen Anwendungskontexten um die Einbeziehung der
„Antworten" natürlicher Entitäten in soziale Entscheidungsprozesse durch die
Einnahme einer Position, die die Wechselwirkungen zwischen Natur und Mensch
ins Zentrum rückt. Das Ernstnehmen der unerwarteten Vorschläge der Natur äu-
ßert sich zum Beispiel in dem, was der Ökologe William Jordan „die bewusste Einbeziehung von ungewollten und ‚negativen' Elementen" nannte: etwa das Zulassen
gefährlicher Arten (*species*) oder von Wald- und Wiesenbränden (Jordan 2006: 26).
Um diese natürlichen und damit überraschend und ungewollt agierenden Elemente zu integrieren, braucht es ein durchdachtes experimentelles Design, das
auch nicht intendierte Folgen im Auge behält. Zu einem solchen Design gehören
(1) das beständige Neuverhandeln des Ablaufs des Experiments zwischen heterogenen Akteurskonstellationen, (2) die Einbeziehung von Bürger*innen als aktive
Mitgestalter*innen und Mitforscher*innen, sowie (3) ein Verfahren, in dem über-

raschende „natürliche" oder „soziale" Ereignisse so verarbeitet werden, dass sie zu neuem Wissen über Prozesse oder Phänomene führen. Ein realexperimenteller ökologischer Eingriff wäre so gesehen immer komplexen Verhandlungsprozessen unterworfen, die nur zum Teil von der Wissenschaft oder einer anderen bestimmten gesellschaftlichen Gruppe gesteuert werden können (Groß et al. 2005).

Ein gezielter ökologischer Eingriff und eine Gestaltung, beispielsweise in so verschiedenen Bereichen wie dem Management einer kontaminierten Region, dem Design einer neuen Landschaft in ehemaligen Tagebaugebieten oder der Sanierung eines eutrophen Gewässers in den Alpen, beginnen gewöhnlich mit einer Beobachtung. Die Beobachtenden müssen nicht unbedingt Wissenschaftler*innen sein. Beobachtungsobjekt kann zum Beispiel ein See, eine brachliegende Agrarlandschaft, ein Hinterhof oder ein Fluss sein. Widersprechen die gemachten Beobachtungen den Erwartungen – die Fische im See schwimmen mit dem Bauch nach oben, Vögel zerschellen an Windrädern, im urbanen Hinterhof tummelt sich ein Eisbär, oder die Farbe des Flusswassers ist rot – so wird höchstwahrscheinlich die hieran anknüpfende Kommunikation über den Umgang mit Folgen dieser Abweichung zu einer Neuaushandlung der Wissensbestände führen, die den beobachteten Ausschnitt der Wirklichkeit betreffen. All das sind im Sinne von Latour (2001) „neue Fakten", die die Mitglieder des Kollektivs überraschen und deren Ursachen, Wirkungen und Bedeutungen zum Zeitpunkt der Kommunikation noch umstritten sind.

In der Wechselwirkung zwischen Mensch und materieller Umwelt können neu initiierte Gestaltungsprozesse eine Eigendynamik entwickeln, die wieder als „natürlich" empfunden werden kann, weil sie sich einer planvollen Kontrolle entzieht. Diese neuen Dynamiken müssen als „neue Fakten" verarbeitet werden. Latour behauptet, dass das gewöhnliche Verständnis von Fakten sich lediglich auf etablierte und allgemein akzeptierte Fakten (z. B. das Gesetz der Schwerkraft) beziehe. Für ihn stellen diese aber nur den Endpunkt eines langen Arbeitsprozesses dar.

Die in diesem Zusammenhang im deutschsprachigen Raum als Reallabor-Forschung etablierte inter- und transdisziplinäre Kooperation zwischen Wissenschaft und Zivilgesellschaft stellt ein wichtiges Beispiel einer solchen realexperimentellen Vorgehensweise und der damit zusammenhängenden Aushandlungsprozesse von Fakten und Beobachtungen dar (Kanning et al. 2021; Pallesen & Jacobsen 2021; Schneidewind & Singer-Brodowski 2015). In den sogenannten Reallaboren treffen Akteure aus Wissenschaft und Praxis aufeinander, um ein gesellschaftlich definiertes Problem zu rahmen und gemeinsam „experimentell" an Lösungen zu arbeiten (Beecroft et al. 2018; Schäpke et al. 2018; Wagner & Grunwald 2015).

Was ist ein Reallabor?

Der Begriff des Labors wird hier genutzt, um in einem bestimmten sozialen Raum, der explizit den sozialen Kontext mit einbezieht, gesellschaftlich relevante Lösungen zu erarbeiten. Eine oft verwendete Referenz ist Uwe Schneidewinds Definition: „Ein Reallabor bezeichnet einen gesellschaftlichen Kontext, in dem Forscher Interventionen im Sinne von ‚Realexperimenten' durchführen, um über soziale Dynamiken und Prozesse zu lernen. Die Idee des Reallabores überträgt den naturwissenschaftlichen Laborbegriff in die Analyse gesellschaftlicher und politischer Prozesse" (Schneidewind 2014: 3). Dass es dabei um die Zusammenarbeit von Repräsentant*innen aus Wissenschaft und Gesellschaft geht, wird in der Definition von Richard Beecroft et al. noch deutlicher: „Reallabore sind Einrichtungen an der Schnittstelle von Wissenschaft und Praxis. Sie bieten einen Rahmen, um Forschungs-, Praxis- und Bildungsziele zu verfolgen. Reallabore sind transformativ ausgerichtet und verfolgen gesellschaftlich legitimierte, ethisch gut begründete und gemeinwohlorientierte Ziele" (Beecroft et al. 2018: 78; siehe weiterführend auch Meyer et al. 2021).

Nach einer überraschenden Beobachtung in einem solchen Reallabor kann Unsicherheit über das erkennbar gewordene Nichtwissen kommuniziert werden. Mit verschiedenen Abstufungen des Wissens und insbesondere des Nichtwissens lassen sich Latours nicht etablierte und damit unsichere Fakten genauer erfassen. Den beteiligten Akteur*innen eines Gestaltungsprojektes stehen dann für die Fortführung der realexperimentellen Gestaltung verschiedene Wege der Bewältigung offen. Dazu gehören die Revision und Neuverhandlung des bis dahin akzeptierten Wissens und – damit häufig verbunden – eine neue Interessenlage der Akteurskonstellation sowie die Aushandlung möglicherweise neu entstandener Werte und Zielvorstellungen.

Reallabore: Testfelder für soziale Innovation und Fortschritt?

Als reallaborbasierte Forschung werden heute vor allem Projekte beschrieben, die gesellschaftliche Problemlösungen auf den Weg bringen. Dazu gehört an zentraler Stelle die partizipative Integration verschiedener Akteure, auch von außerhalb der Wissenschaft. Im Unterschied zum prozessbezogenen Vorgehen im Labor steht im Design von Reallaboren die Erreichung eines gesellschaftlich erwünschten Ziels im Vordergrund. Es scheint daher gelegentlich so zu sein, dass nicht die Suche nach Wahrheit und „neuen Fakten" den Prozess antreibt, sondern Strategien des Erfolges und der Wirksamkeit (Bergmann et al. 2021).

In Reallaboren müssen zudem Rahmenbedingungen hingenommen werden, die nicht immer kontrollierbar sind und die aktiv und reflexiv mit eingebunden werden. Dadurch werden Realexperimente zu Einzelfällen, deren Übertragbarkeit, wenn sie überhaupt angestrebt wird, die Forschenden vor neue Herausforderungen stellt. Man könnte sagen, dass experimentelle Arbeit diesem Verständnis nach eher den Charakter von suchenden oder gestaltenden Aktivitäten aufweist, wie sie in der explorativen Feldökologie oder auch bestimmten Strängen der Architektur vorkommen. Man plant zwar, Maß wird jedoch am Bau genommen und entsprechend muss gegebenenfalls umgeplant werden. Reallabore sind somit Möglichkeitsräume (Parodi & Beecroft 2021) oder auch Freiraumgestaltungen (Räuchle 2021), die situationsspezifisch angepasst werden können.

Da die meisten der in Deutschland durchgeführten Realexperimente in eingerichteten Reallaboren im Zeichen der Nachhaltigkeit stehen, müssen sie sich mit ihrer Normativität auseinandersetzen. Konnten sich klassische Experimente im Labor zumindest idealtypisch auf Werturteilsfreiheit stützen, so ziehen in Reallaboren allein durch die Einbeziehung nicht-wissenschaftlicher Akteure politische, ästhetische oder auch religiöse Vorstellungen in die Prozesse der Wissensproduktion ein. Abgesehen davon ist die Ausrichtung auf das Leitbild „Nachhaltigkeit" (Bergmann et al. 2021) in der Reallaborforschung insofern problematisch, als dass Fehlschläge und Abweichungen, die in experimentellen Settings sogar erwünscht sein können, nur dann als erfolgreich betrachtet werden können, wenn sie als hilfreich für eine nachhaltige gesellschaftliche Entwicklung aufgefasst werden. Zusammen mit der situationsspezifischen Logik von Realexperimenten wird so auch die Verallgemeinerungsfähigkeit der erreichten Ziele schwierig, da das neue Wissen immer hinsichtlich einer wie auch immer ausgelegten „Nachhaltigkeit" bewertet werden muss.

Mehr noch: Zumindest idealtypisch muss Realexperimenten, die im Rahmen der Reallaborforschung stattfinden, auch ein Scheitern oder zumindest das unerwartete Abweichen und das Auftreten von nicht intendierten Nebenfolgen erlaubt werden (David & Groß 2019). Folgt man etwa Karl Poppers Experimentverständnis, dann sind Hypothesen insbesondere dann sinnvoll, wenn man sie mit Blick auf eine Falsifikation formuliert. Ein Experiment kann so gesehen besonders nützlich sein, wenn es scheitert, wenn es zeigt, dass Hypothesen unbrauchbar waren. So verstanden sind Experimente auch dann erfolgreich, wenn unerwartete Veränderungen den involvierten Experimentator*innen das eigene Nichtwissen bewusst machen und sie zwingen, Hypothesen zu verwerfen, da dies den Impuls und die Grundlage für neues Wissen darstellt.

Kehrt das Experiment zurück ins Labor?

Wie die Diskussion bis hierhin gezeigt hat, kann die Idee, dass ein Labor benötigt wird, um die Welt aus den Angeln zu heben, heute in Frage gestellt werden. Es könnte auch das Gegenteil zutreffen: Am Anfang steht ein Realexperiment, das von vielen Interessenvertretungen gestützt wird, wohingegen die Komponenten, die auf zugehörige Laboratorien verweisen, erst im Nachhinein bestimmt oder gar „erbaut" werden. Experimentelle Praktiken finden heute an vielen Orten statt, während das Labor und viele nicht-wissenschaftliche Akteure erst nach Beginn des Experiments hinzukommen, beispielsweise wenn Stakeholder an laborähnliche Orte eingeladen werden, um daran teilzunehmen (Bogner 2010). In Realexperimenten werden Gefahren und Hindernisse oft erst sichtbar, nachdem eine Technologie getestet wurde.

Die Corona-Pandemie zwischen Weltlabor und nachgelagerten nationalen und lokalen Laboratorien

COVID-19 hat frühere Großexperimente (z. B. Tschernobyl) geographisch bei weitem übertroffen. Die Bevölkerung ist aber nicht nur passive Teilnehmerin dieses Realexperimentes, sondern stellt auch aktiv Teilnehmende und vielleicht sogar Ko-Experimentator*innen zur Verfügung. Nachdem das neue Coronavirus SARS-CoV-2 in der chinesischen Stadt Wuhan entdeckt worden war, wurden die beteiligten Akteure, das heißt Nationen, Regierungen, wissenschaftliche Institutionen und im Grunde die gesamte Menschheit, herausgefordert – die Welt wurde in ein Labor verwandelt und Teil des Corona-Experiments. Die Randbedingungen des Labors waren die Grenzen der Welt. Dieses größtmögliche Realexperiment hat viele nachgelagerte „Unterexperimente", in denen Wissenschaftler*innen Daten von Menschen, die sich krank fühlten, die getestet wurden oder gestorben waren, erhoben, korrelierten und weiterverarbeiteten. Dabei mussten laufend Entscheidungen getroffen werden, noch bevor „offizielle" wissenschaftliche Erkenntnisse vorlagen.

Vergleiche zwischen Länderstrategien (Lockdown, Social Distancing etc.) scheinen eine gute Gelegenheit zu sein, um etwas über den Umgang mit der Pandemie zu lernen, doch wie aussagekräftig können Vergleiche auf solchen Skalen sein? Um den Vergleich durch Imitation zu ermöglichen, wurden geografisch kleinere Labore eingerichtet, um nationale Experimente, beispielsweise die Behandlungen in China (Region Wuhan) mit Regionen in Australien, zu vergleichen. Darüber hinaus wurden neue Laboratorien eingerichtet, nachdem sich Auswirkungen auf regionaler Ebene gezeigt hatten (z. B. Norditalien vs. Zentralspanien). Es scheint daher, dass Ergebnisse aus dem realen Experiment in entsprechende lokale oder regionale Laborumgebungen „zurück" übersetzt werden müssen. Solche Laboratorien wurden durch das Testen in geographisch klar definierten Umgebungen gefördert (wie z. B. die Stadt Heinsberg als ein erster „Hotspot" der Pandemie in Deutschland), um anschließend Medikamente in kontrollierten Räumen zu entwickeln. So gesehen können Teile der Gesellschaft als laborähnliche Orte verstanden werden, um die Wirksamkeit politischer Eingriffe angesichts nicht intendierter und überraschender Veränderungen zu testen (Groß 2021).

Die Aushandlungen zwischen Expert*innen und Interessensvertretungen in Laborumgebungen können dabei ebenso als wichtiger Bestandteil von Realexperimenten verstanden werden, wie die Laboruntersuchungen der beteiligten Wissenschaftler*innen. Darüber hinaus kann neues Wissen aus unerwarteten Ereignissen entstehen, die in post-hoc definierten Laboratorien dazu beitragen können, Nichtwissen weiter zu spezifizieren, sodass die Grenzen des Wissens beim Planen und Handeln berücksichtigt werden können (Groß 2014). Das bedeutet, dass die „Welt auf Probe" des klassischen Labors, in dem die Freiheit des Scheiterns besteht, weiterhin existiert und ihre Bedeutung behält. Allerdings wird dies durch einen realexperimentellen Prozess initiiert, der unter anderem globale Unternehmen, Wissenschaftsorganisationen, Ingenieurbüros oder betroffene Bürger*innen umfassen kann. Die traditionelle Abfolge von der eingehegten Laborforschung zur Anwendung in der realen Welt scheint umgedreht zu sein, das heißt, der Versuchsaufbau ist eingebettet in die Gesellschaft und erst später kommt ein klar definiertes Labor ins Spiel. Die dort erzielten Ergebnisse können dann wiederum, müssen aber nicht, in das Realexperiment eingespeist werden. So verstanden fördert die risikobehaftete Produktion neuen Wissens in der realen Welt eine wissenschaftssoziologisch zu eruierende Praxis, in der die Entdeckung in der Gesellschaft zur Rechtfertigung in erst im Nachhinein definierte Laboratorien verlagert wird.

Empfehlungen für Seminarlektüren

(1) Einen soziologisch informierten Überblick über Varianten des wissenschaftlichen Labors von der Antike bis in die Neuzeit hat Henning Schmidgen (2021) in der *Encyclopedia of the History of Science* vorgelegt.
(2) Wolfgang Krohns und Johannes Weyers klassischer Aufsatz „Die Gesellschaft als Labor" (1989) setzt sich kritisch mit der Implementierung neuer Technologien durch experimentelle Forschung und ihren Belastungen der Gesellschaft auseinander.
(3) Bruno Latours oben diskutierter Text „Gebt mir ein Laboratorium und ich werde die Welt aus den Angeln heben" (2006 [1983]) konzeptualisiert das wissenschaftliche Labor als zentralen Durchgangsraum im Austausch zwischen Wissenschaft und Gesellschaft.
(4) Einige der zentralen Einsichten der klassischen Laborstudien hat Karin Knorr Cetina zusammengefasst in ihrem Aufsatz „Das naturwissenschaftliche Labor als Ort der ‚Verdichtung' von Gesellschaft" (1988).
(5) Die von Ibo van de Poel, Lotte Asveld und Donna C. Mehos herausgegebene Aufsatzsammlung *New Perspectives on Technology in Society: Experimentation Beyond the Laboratory* (2018) thematisiert neue Experimentierformen innerhalb und außerhalb des wissenschaftlichen Labors.

Literatur

Beck, U., 1988: *Gegengifte. Die organisierte Unverantwortlichkeit.* Frankfurt am Main: Suhrkamp.
Beecroft, R., H. Trenks, R. Rhodius, C. Benighaus & O. Parodi, 2018: Reallabore als Rahmen transformativer und transdisziplinärer Forschung. Ziele und Designprinzipien. In: Defila, R. & A. Di Giulio (Hrsg.), *Transdisziplinär und transformativ forschen.* Wiesbaden: Springer VS, S. 75–100.
Bergmann, M. & E. Schramm (Hrsg.), 2008: *Transdisziplinäre Forschung. Integrative Forschungsprozesse verstehen und bewerten.* Frankfurt am Main: Campus.
Bergmann, M. et al. 2021: Transdisciplinary Sustainability Research in Real-World Labs. Success Factors and Methods for Change. *Sustainability Science* 16: 541–564.
Bloor, D., 1976: *Knowledge and Social Imagery.* London: Routledge & Keagan Paul.
Bogner, A., 2010: Partizipation als Laborexperiment. Paradoxien der Laiendeliberation in Technikfragen. *Zeitschrift für Soziologie* 89: 87–105.
Brown, R., 1997: The Delayed Birth of Social Experiments. *History of the Human Sciences* 10: 1–21.
David, M. & M. Groß, 2019: Futurizing Politics and the Sustainability of Real-world Experiments. What Role for Innovation and Exnovation in the German Energy Transition? *Sustainability Science* 14: 991–1000.
Defila, R. & A. Di Giulio (Hrsg.), 2018: *Transdisziplinär und transformativ forschen.* Wiesbaden: Springer VS.
Dickel, S., 2019: *Prototyping Society. Zur vorauseilenden Technologisierung der Zukunft.* Bielefeld: transcript.
Durkheim, E., 1984 [1895]: *Die Regeln der soziologischen Methode.* Frankfurt am Main: Suhrkamp.
Fejerskov, A. 2022: *The Global Lab. Inequality, Technology, and the Experimental Movement.* Oxford: Oxford University Press.
Groß, M., 2014: *Experimentelles Nichtwissen. Umweltinnovationen und die Grenzen sozial-ökologischer Resilienz.* Bielefeld: transcript.
Groß, M., 2016: Give Me an Experiment and I Will Raise a Laboratory. *Science, Technology & Human Values* 41: 613–634.
Groß, M., 2021: The Largest Possible Experiment: The Corona Pandemic as Nonknowledge Transfer. *The European Sociologist.* https://www.europeansociologist.org/issue-46-pandemic-impossibilities-vol-2/beliefs-and-knowledges-largest-possible-experiment-corona (aufgerufen am 23.12.2022).
Groß, M. & M. Stauffacher, 2014: Transdisciplinary Environmental Science. Problem-oriented Projects and Strategic Research Programs. *Interdisciplinary Science Reviews* 35: 299–306.
Groß, M., H. Hoffmann-Riem & W. Krohn, 2005: *Realexperimente. Ökologische Gestaltungsprozesse in der Wissensgesellschaft.* Bielefeld: transcript.
Jordan, W. R. III, 2006: Ecological Restoration. Carving a Niche for Humans in the Classic Landscape. *Nature and Culture* 1: 22–35.
Kanning, H., B. Richter-Harm, B. Scurrell & Ö. Yildiz, 2021: Real-World Laboratories Initiated by Practitioner Stakeholders for Sustainable Land Management. Characteristics and Challenges Using the Example of Energieavantgarde Anhalt. In: Weith, T. et al. (Hrsg.), *Sustainable Land Management in a European Context.* Heidelberg: Springer, S. 207–226.
Knorr Cetina, K., 1984 [1981]: *Die Fabrikation von Erkenntnis. Zur Anthropologie der Naturwissenschaft.* Frankfurt am Main: Suhrkamp.
Knorr Cetina, K., 1988: Das naturwissenschaftliche Labor als Ort der „Verdichtung" von Gesellschaft. *Zeitschrift für Soziologie* 17: 85–101.

Krauss, W., 2006: Bruno Latour. Making Things Public. In: Moebius, S. & D. Quadflieg (Hrsg.), *Kultur. Theorien der Gegenwart*. Wiesbaden: VS, S. 430–444.

Krohn, W. & J. Weyer, 1989: Die Gesellschaft als Labor. Die Erzeugung sozialer Risiken durch experimentelle Forschung. *Soziale Welt* 40: 349–373.

Latour, B., 1983: Give Me a Laboratory and I Will Raise the World. In: Knorr Cetina, K. & M. Mulkay (Hrsg.), *Science Observed. Perspectives on the Social Study of Science*. London: Sage, S. 141–170.

Latour, B., 1995 [1991]: *Wir sind nie modern gewesen. Versuch einer symmetrischen Anthropologie*. Berlin: Akademie Verlag.

Latour, B., 2001 [1999]: *Das Parlament der Dinge. Für eine politische Ökologie*. Frankfurt am Main: Suhrkamp.

Latour, B., 2002 [1999]: *Die Hoffnung der Pandora. Untersuchungen zur Wirklichkeit der Wissenschaft*. Frankfurt am Main: Suhrkamp.

Latour, B., 2004: Ein Experiment von und mit uns allen. In: Gamm, G., A. Hetzel & M. Lilienthal (Hrsg.), *Die Gesellschaft im 21. Jahrhundert*. Frankfurt am Main: Campus, S. 185–195.

Latour, B., 2006 [1983]: Gebt mir ein Laboratorium und ich werde die Welt aus den Angeln heben. In: Belliger, A. & D. J. Krieger (Hrsg.), *ANThology. Ein einführendes Handbuch zur Akteur-Netzwerk-Theorie*. Bielefeld: transcript, S. 103–134.

Latour, B. & S. Woolgar, 1979: *Laboratory Life. The Social Construction of Scientific Facts*. Beverly Hills, CA: Sage.

Lynch, M., 1985: *Art and Artifact in Laboratory Science. A Study of Shop Work and Shop Talk in a Research Laboratory*. London: Routledge & Keagan Paul.

Merton, R. K., 1985 [1942]: Die normative Struktur der Wissenschaft. In: *Entwicklung und Wandel von Forschungsinteressen. Aufsätze zur Wissenschaftssoziologie*. Frankfurt am Main: Suhrkamp, S. 86–99.

Meyer, K., D. Esch & M. Rabadjieva, 2021: Real-world Laboratories in Theory and Practice. Reflection of the Research Design Regarding the Sustainable Transformation of Urban Spaces. *Raumforschung und Raumordnung* 79: 366–381.

Parodi, O. & R. Beecroft, 2021: Reallabore als Möglichkeitsraum und Rahmen für Technikfolgenabschätzung. In: Böschen, S. et al. (Hrsg.), *Technikfolgenabschätzung. Handbuch für Wissenschaft und Praxis*. Baden-Baden: Nomos, S. 374–388.

Pallesen, T. & P. Holm Jacobsen, 2021: Demonstrating a Flexible Electricity Consumer. Keeping Sight of Sites in a Real-world Experiment. *Science as Culture* 30: 172–191.

Parthey, H. & D. Wahl, 1966: *Die experimentelle Methode in Natur- und Gesellschaftswissenschaften*. Berlin: Deutscher Verlag der Wissenschaften.

Räuchle, C., 2021: Zum Verhältnis von Reallabor, Realexperiment und Stadtplanung am Beispiel kooperativer Freiraumgestaltung. *Raumforschung und Raumordnung* 79: 291–305.

Schäpke, N. et al. 2018: Jointly Experimenting for Transformation? Shaping Real-World Laboratories by Comparing Them. *GAIA* 27: 85–96.

Schmidgen, H., 2021: Laboratory. In: *Encyclopedia of the History of Science*. https://doi.org/10.34758/sz06-t975.c (aufgerufen am 23.07.2021).

Schneidewind, U., 2014: Urbane Reallabore. Ein Blick in die aktuelle Forschungswerkstatt. *Planung neu Denken (PND)* 3: 1–7.

Schneidewind, U. & M. Singer-Brodowski, 2015: Vom experimentellen Lernen zum transformativen Experimentieren. Reallabore als Katalysator für eine lernende Gesellschaft auf dem Weg zu einer nachhaltigen Entwicklung. *Zeitschrift für Wirtschafts- und Unternehmensethik* 16: 10–23.

Van de Poel, I., L. Asveld & D. C. Mehos (Hrsg.), 2018: *New Perspectives on Technology in Society. Experimentation Beyond the Laboratory*. London: Routledge.

Wagner, F. & A. Grunwald, 2015: Reallabore als Forschungs- und Transformationsinstrument. Die Quadratur des hermeneutischen Zirkels. *GAIA* 24: 26–31.

Wershler, D., L. Emerson & J. Parikka 2022: *The Lab Book. Situated Practices in Media Studies*. Minneapolis, MN: University of Minnesota Press.

Stefan Böschen

8 Soziologie der Innovation

Innovation kann mit Fug und Recht als ein zentrales Dispositiv von Gegenwartsgesellschaften begriffen werden (Braun-Thürmann 2005; Rammert et al. 2016). Es
ist gleichsam unmöglich geworden, nicht innovativ zu sein. Die Allgegenwart von
Innovation zeigt sich nicht nur in einer eskalierenden Rhetorik von „radikaler Innovation", „disruptiver Innovation" oder „Sprunginnovation" (Christensen et al.
2015), sondern offenbart sich auch am fortlaufenden Umbau von Förderstruktu-
ren und Innovationssystemen, die das Entstehen von Innovationen rasch und effizient ermöglichen sollen. Mehr noch differenzieren sich neben der Anforderung an
die Radikalität des Innovationshandelns weitere Anspruchspositionen aus. Innovationen sollen, folgt man aktuellen Leitbildern, „offen" (European Commission 2016),
„verantwortungsvoll" (von Schomberg & Hankins 2019) sowie „nachhaltig" sein
(Grunwald & Kopfmüller 2022).

Diese Entwicklung von Wissensgesellschaften rückt die Bedeutung neuer Schnittstellen zwischen Innovations- und Wissenschaftsforschung in den Vordergrund.
Nicht nur wird in Wissensgesellschaften Wissen zum zentralen Produktionsfaktor
(*locus classicus*: Bell 1973; siehe auch Stehr 1994), sondern es de-konzentrieren sich
zugleich Prozesse der Wissensproduktion. Wissen und Innovationen sind immer weniger an die klassischen akademischen oder unternehmerischen Kontexte gebunden.
Die Rede einer „Demokratisierung von Innovation" deutet dies als Perspektive an
(von Hippel 2005). Darüber hinaus wird reflexives Wissen zur Analyse und Bewertung von Strukturen und Prozessen des Innovierens systematisch ausgebaut. Dies
erhöht wiederum den Druck auf Entscheider*innen, Voraussetzungen für das Inno-
vieren zu verbessern und die *nuggets* – wertschöpfungssteigernde Innovationen –
zu erhalten. Kurzum: Innovationen werden immer bedeutsamer und zugleich
immer voraussetzungsreicher (Windeler 2016). Zugleich heißt dies, dass bei der
Analyse von Wissensgesellschaften Wissenschaftsforschung und Innovationsforschung systematisch aufeinander verweisen.

Nun wurde und wird das Feld der Innovationsforschung durch Autor*innen
mit ganz unterschiedlichen disziplinären Bezügen geprägt. Ökonomie und Soziologie, Politikwissenschaft und Recht, die Kommunikationswissenschaft, aber ebenso
die Wissenschaftsforschung, prägen das Feld. In Deutschland verlaufen hierbei die
Grenzlinien eher noch disziplinär und werden auch so profiliert (siehe z. B. die Beiträge in Blättel-Mink et al. 2021), in anderen Ländern ist die interdisziplinäre Verknüpfung programmatisch eher verankert (Martin 2012). Entsprechend dieser
Vielfalt disziplinärer Bezüge gibt es nur wenige übergreifend geteilte Theoreme
oder gar Theorien. Dem korrespondieren auf der anderen Seite das Hervorbringen

https://doi.org/10.1515/9783110713800-008

vieler produktiver Heuristiken, wie etwa das „lineare Modell" oder die Unterscheidung von *technology push* und *demand pull*. Die Untersuchung von Innovationen sowie von ihren Formen, Prozessen und Mechanismen ist also zugleich eine Frage nach der Wissensproduktion der Innovationsforschung. Zu einer Soziologie der Innovation gehört deshalb auch eine Wissenssoziologie der Innovationsforschung. Zugleich ist dieses Verhältnis nicht spannungsfrei. Denn die Wissenschaftsforschung definiert sich vielfach durch eine Attitüde der Kritik von Innovation. Der eigenen Positionierung als instrumentell *oder* kritisch kommt damit eine große Bedeutung zu.

Um das Verhältnis von Wissenschaftsforschung und Innovationsforschung zu erhellen, kann dieser Beitrag einen freilich nur sehr gerafften Einblick in ausgesuchte Problemstellungen einer Soziologie der Innovation geben. Dabei werden vier „Erkundungen" vorgenommen. Die erste Erkundung, welche hier wegen des Bezugs von Wissenschafts- und Innovationsforschung an den Anfang gestellt wird, rückt dezidiert Wissen in den Mittelpunkt, differenziert nach Arten, Materialität und Kommunikation, und erläutert so das prozesshafte Konfigurieren und Stabilisieren von Innovationen. Die zweite Erkundung zielt auf einzelne Perspektiven der Innovationsforschung und zeigt auf, wie mittels Modellen und Heuristiken die Komplexität des Feldes von Innovationen zu bändigen versucht wird. Synthesen, zumal theoretische, sind da schwierig. Die dritte Erkundung nimmt soziale Räume des Innovierens in den Blick, wobei nach den Beobachtungsebenen Makro, Meso und Mikro differenziert wird. Die vierte Erkundung schließlich adressiert die Governance von Innovationen, spezifischer das explizite Ansteuern und Ermöglichen des noch Unbekannten. Das ist zwar in sich paradox, aber wegen der Bedeutung von Beratungswissen zugleich von großer Relevanz für die Innovationsforschung.

Innovationswissen

Innovation lässt sich als eine Verschränkung verschiedener Praktiken verstehen, bei denen das Dual aus strukturierter Struktur und strukturierender Struktur (so der grundlegende Gedanke bei Bourdieu) wesentlich ist. Wissen stellt dabei ein zentrales Medium dar. Zugleich ist Wissen schwer zu fassen und die Soziologie hat den Begriff immer wieder neu umkreist: Wissen kann für ein Sinnrepertoire der Konstruktion gesellschaftlicher Wirklichkeit stehen (Berger & Luckmann 1969) oder definiert werden als „operative Schemata der Beobachtung von Welt, die mit Geltung verbunden sind" (Bora 2009: 27). Bei Innovationen gibt es eine Fülle relevanter Wissensarten: Wissenschaftliches Wissen, technisches Wissen, Alltagswissen, explizites versus implizites Wissen, Nichtwissen, Zukunftswissen, Erfahrungswissen und kodifiziertes Wissen – in der Bedeutung und Verteilung der jeweiligen Wissensformen spiegeln sich Innovationsordnungen und Innovationsprozesse.

Eine zentrale Differenz, die für die Wissenschaftsforschung prägend war, ist diejenige zwischen *Expert*innenwissen* und *Alltagswissen* (siehe auch Kapitel 6, Schubert). Expert*innenwissen verknüpft in der Regel theoretisches und praktisches Wissen, das fortlaufend überarbeitet und verbessert wird, weshalb es prinzipiell dem Zweifel unterliegt. Es ist ein konstitutives Merkmal von Professionen, fortlaufend das Wissen zu prüfen, damit dessen Funktionalität unter allen relevanten Kontextbedingungen sichergestellt ist. Dieser Gedanke wurde theoretisch unterschiedlich formuliert, zum Beispiel als Sektorenbezug technischen Wissens (Pavitt 1984) oder lerntheoretisch als „communities of practice" (Wenger 1998). Alltagswissen ist durch eine prinzipielle Selbstverständlichkeit ausgezeichnet, die nur selten durchbrochen wird. Gleichwohl ist die Alltagswelt nicht homogen, vielmehr bringen der Pluralismus von Sinnwelten sowie die gesellschaftliche Arbeitsteilung fortlaufend neue Wissensangebote hervor.

Eine weitere wichtige Unterscheidung ist die zwischen *explizitem* und *implizitem* Wissen. Entscheidend ist hier, nach der klassischen Formulierung von Michael Polanyi, „daß wir [implizit] mehr wissen, als wir [explizit] zu sagen wissen" (Polanyi 1985 [1966]: 14). Es handelt sich hierbei um Fähigkeiten, die über das rational Nachvollziehbare hinausgehen. Dieses Wissen wird durch Erfahrung erworben und wurde deshalb auch als „Erfahrungswissen" klassifiziert (Böhle 2003). Die Spannung zwischen implizitem Wissen und explizitem Wissen rührt daher, dass es wohl letztlich ein Kontinuum zwischen beiden Formen gibt. Zudem sind die beiden Aspekte des Wissens untrennbar miteinander verknüpft, kein explizites Wissen kann ohne implizites ausgeführt, kein implizites ohne explizites Wissen beschrieben werden (Adloff et al. 2015). Harry Collins (2010), der die Kategorie impliziten Wissens systematisch untersucht hat, schlägt vor, die Kategorie des impliziten Wissens von den Anforderungen her zu denken, die bei der Transformation impliziten in explizites Wissen entstehen. In der Innovationsforschung wiederum hat implizites Wissen eine besondere Bedeutung erhalten, weil Produkte ebenso wie Produktionsprozesse davon abhängen, was wiederum eigenständige Maßnahmen des Wissensmanagements erforderlich macht (Nonaka & Takeuchi 1986). Schaut man noch einmal auf die andere Seite der Medaille, also auf das explizite Wissen, dann stellt das so genannte kodifizierte Wissen eine wichtige Form dar (Cohendet & Meyer-Krahmer 2001). Diese Kategorie wird dazu genutzt, um die Formalisierung von Wissen für bestimmte Funktionen zu beschreiben, etwa in Patentschriften.

Zukunftswissen ist fern von Prognosen eine Form der Zukunftsaneignung in der Gegenwart, da nicht nur Zukunftsbilder erzeugt, sondern zugleich Handlungsmodelle entworfen werden (Schubert 2014). Visionen lassen sich als sozioepistemische Praxis charakterisieren (Lösch et al. 2017: 142), wobei Visionen als Interfaces, als Kommunikationsmedien sowie als Leitbilder in sozio-technischen Arrangements dienen. Zudem wirken Visionen als normative soziale Kraft und markieren die Verteilung von Verantwortlichkeit zwischen Akteuren. Die Differenzierung von Zukunftsperspektiven unterstreicht nicht nur die Bedeutung einer Hermeneutik von Zukunft (Grunwald 2015), sondern auch deren kritische Analyse als „Assessment Regime" (Kaiser et al. 2010) oder „Prototyping Society" (Dickel 2019), weil mit der Zukunftsaneignung durch Wissen mitunter weitreichende kollektive Selbstbindungen vollzogen werden.

Mit der Kategorie des *Nichtwissens* schließlich werden ebenso wie beim Zukunftswissen nicht allein die epistemischen Besonderheiten, sondern vielmehr dessen Einfluss bei der Bildung sozialer Ordnung untersucht (Smithson 1985). Dabei kann Nichtwissen ganz unterschiedliche Funktionen einnehmen (Groß & McGoey 2015), bis hin zur strategischen Beeinflussung von Diskursen, etwa indem systematisch Zweifel artikuliert werden, um Regulierungsansprüchen ihre sachliche Unhaltbarkeit entgegenzubringen oder um die Maßstäbe für das Bewerten von Risiken besonders hoch zu legen (Oreskes & Conway 2010). Nichtwissen kann aber auch, ebenso wie das Vorsorgeprinzip, zu einer anderen, dann nichtwissensorientierten Form der Risikoregulierung führen (Böschen & Wehling 2012).

Bei der Analyse von Wissen spielt dessen Bindung in Materialität und Infrastrukturen für Innovation eine entscheidende Rolle. In Dingen, Objekten, Artefakten oder sozio-technischen Arrangements vollzieht sich die „Technische Konstruktion von Wirklichkeit" (Rammert 2007); und wie schon Latour festhielt: „Technology is society made durable" (Latour 1991: 103). Objekte sind konstituiert, wobei sie als strategische Ressource professioneller Identitäten wie organisationsbezogener Positionen dienen (Suchman 2005: 381). Objekte sind an spezifische Kontexte gebunden, koordinieren soziales Leben, versammeln verschiedene Versionen und ermöglichen Ko-Produktion, wie etwa in „Makerspaces", „User Labs" (Dickel 2021) oder in lokalen Veränderungsprozessen (siehe auch Kapitel 7, Groß).

Objekte entfalten zudem eine Wirkung als Infrastrukturen (Hughes 1987), die sozio-technische Arrangements besonderer Qualität darstellen. Mit ihnen werden Dienstleistungen (z. B. Gesundheit, Energie, Mobilität, Daten) zur Gewährleistung von Daseinsvorsorge bereitgestellt. Sie zeichnen sich nicht nur durch eine hohe gesellschaftliche Abdeckung aus, sondern sind auch Grundlage für zukünftige Innovationen, wie etwa in der Charakterisierung von Paul Edwards (2004: 209) deutlich wird, wonach Infrastrukturen sich als eine verknüpfte Reihe soziotechnischer Probleme beschreiben lassen. Ist ein Problem gelöst, tauchen zumeist weitere auf.

Soziotechnische Probleme und Infrastrukturen
Das Ineinandergreifen von soziotechnischen Problemen lässt sich sehr gut am Beispiel der Mobilität erläutern. Mit Kraftstoff betriebene Automobile benötigen Tankstellen, für die Elektromobilität als Antriebstechnologie bedarf es einer anderen Infrastruktur zum Laden – ein anderes soziotechnisches Problem also. Ladesäulen oder Wallboxes? Es zeigt zudem: Infrastrukturen weisen Selbstbindungswirkungen auf, die nicht allein in deren Materialität liegen, sondern darin, dass Materialitäten, Kompetenzen und Bedeutungen in den jeweiligen Feldern infrastrukturierter Alltäglichkeit auf eine vielschichtige Weise fest miteinander versponnen sind (Shove et al. 2012).

Wissen wird nicht allein über materialisierte Arrangements geformt und perpetuiert, sondern ebenso in Innovations- und Risikodiskursen (siehe auch Kapitel 15, Schauz & Kaldewey). Diese verhalten sich oftmals komplementär, mitunter aber auch sehr spannungsreich. So werden Innovationen kommunikativ geformt und angeeignet. Bei Innovationsprozessen greifen vielfältige Kommunikationsprozesse ineinander. Innovationskommunikation adressiert als strategische Kommunikation verschiedene Ebenen und positioniert Innovationen wie Innovateure (Davies & Horst 2016). Sie markiert auch Rollendifferenzen, wie etwa die zwischen Expert*innen und Laien oder Befürworter*innen und Gegner*innen. Solche Differenzen spielen in der Risikokommunikation eine noch stärkere Rolle. Risikokommunikation ist integraler Teil der Regelung von Risiken, indem Bürger*innen über Risiken von Innovationen aufgeklärt und bei Nutzungsentscheidungen unterstützt werden. In frühen Versuchen, dieses Problem zu adressieren, wurde das so genannte lineare Modell der Wissenskommunikation entwickelt, welches Akzeptanzprobleme wesentlich als Wissensprobleme versteht. In der späteren Kritik daran wurde die Bedeutung von Partizipation hervorgehoben (z. B. Bucchi 2015) und seither hat sich geradezu eine Flut an ko-produktiven Formaten entwickelt und etabliert (z. B. Chilvers & Kearnes 2019). Die Dynamik zum Mainstreaming von Partizipation zeigt sich etwa an der Rolle von Leitbildern in solchen Diskursen, wie etwa dem von *Responsible Research and Innovation* (von Schomberg & Hankins 2019). Hierbei wird gleichsam der Risiko- durch einen Innovationsdiskurs zu überlagern versucht.

Innovationen erforschen: Heuristiken und Syntheseversuche

Innovationsforschung adressiert einen Gegenstand, der nur schwer zu fassen ist, was sich auch in den Schwierigkeiten zu dessen Definition zeigt. Vorläufer dessen, was wir heute Innovationsforschung nennen, bildeten sich implizit mit dem Aufkommen von Wissensgesellschaften im 19. Jahrhundert (Heidenreich 2003), wurde im 20. Jahrhundert explizit (insbesondere bei Schumpeter 1964 [1911], 1972 [1942]) und formierte sich schließlich in den 1970er Jahren als eigenständiges Forschungsfeld. Aufgrund des thematischen Zuschnitts auf wirtschaftlich wirksame, technologische Neuerungen spielten Forscher*innen mit ökonomischer Expertise nicht zufällig eine exponierte Rolle (z. B. Rosenberg 1974). Zugleich gab es ein ausgeprägtes Bewusstsein dafür, dass der Gegenstand selbst nicht umstandslos mit etablierten Theorien erfasst werden kann, weil konkrete Innovationen die in Innovationsanalysen enthaltenen modellspezifischen Annahmen über Stabilität und Wandel vielfach gerade unterlaufen (so schon Schumpeter 1972 [1942]). Schon früh kamen, neben ökonomischen, auch psychologische, sozial- und kulturwissenschaftliche Ansätze auf und wurden, wenn auch nicht durchgehend oder konsequent, miteinander vernetzt.

Nach dem zweiten Weltkrieg war es der wegweisende Bericht von Vannevar Bush, *Science – the Endless Frontier* (1945), der die Vorstellung etablierte, dass Wissenschaft als Grundlagenforschung die systematische Quelle von Innovationen darstellt. Damit einher ging der Auf- und Ausbau von maßgeschneiderten Förderpolitiken; Innovationspolitik wurde Wissenschaftspolitik. Dies ist zugleich die Geburtsstunde des „linearen Modells", das Wissenschafts- und Innovationspolitik zu synchronisieren erlaubte und bis heute letztlich als Modellvorstellung Innovationsanalysen orientiert (Godin 2006, 2015; siehe auch Kapitel 2, Kaldewey).

Das lineare Modell der Innovationsforschung
Das lineare Modell basiert im Grunde, auch wenn es freilich verschiedene Formen gibt, auf einer Vorstellung, wonach auf die wissenschaftliche *Invention* die technologische *Innovation* und schließlich die Diffusion im Markt folgt (zur Diffusion: Rogers 1983). Abweichungen und Differenzierungen im linearen Modell kommen je nach Anwendungsfall hinein, je nachdem ob Prozesse in Unternehmen oder auf der Ebene von Kollektiven in den Blick genommen werden. Ersteres ist für das Management, zweiteres für die Innovationspolitik hilfreich.
Wirtschaftswissenschaftliche Analysen zeigten schon sehr bald, dass etwa die Bereitstellung von Grundlagenwissen (Inventionen) durch den Staat gefördert werden sollte, weil dies für Unternehmen unattraktiv ist (Arrow 1962). Denn die Suche nach Inventionen ist ressourcenaufwändig und besonders risikoreich. Eine andere Entwicklung war die seit dem Bush-Report (1945) zementierte Differenzsetzung zwischen Grundlagen- und Anwendungsforschung, welche die immer stärkere Verknüpfung von Wissenschafts- und Innovationspolitik signalisierte und operationalisierte (Lax 2015).

Schon diese knappe Skizze verdeutlicht, dass der Modellbegriff sehr nützlich für Innovationsanalysen ist, weist er doch eine narrative Struktur auf, die es erlaubt, politisch wirksam zu werden. Die politische Bedeutung und Förderung von Innovationen einerseits, die komplexe Struktur des Zustandekommens von Innovationen andererseits lässt es wenig überraschend erscheinen, dass weniger große

8 Soziologie der Innovation ⸺ **155**

Theorien als vielmehr Heuristiken und idealtypische Modelle das epistemische Handwerk der Innovationsforschung prägen (siehe etwa die vielfältigen Angebote in Blättel-Mink et al. 2021). Zum anderen treten Versuche zur Bildung einer theoretischen Synthese relativ selten auf. Das bedeutet jedoch nicht, dass es keine spezifischen, durchaus einer Disziplin zurechenbare Präferenzen gibt. Vor diesem Hintergrund werden im Folgenden einige Einsichten und Heuristiken sowie zwei relevante Strategien der Synthese der jüngeren Zeit vorgestellt.

Innovationen basieren auf zumeist komplexen Prozessen der Koordination von Akteuren, Technologien, Diskursen und Institutionen. Von daher widmen sich sehr viele Modellüberlegungen der Klärung dieser Verhältnisse. In einer instruktiven Klassifizierung sortiert Holger Braun-Thürmann (2005: 31, 30–64) die unterschiedlichen Perspektiven und Modelle zum einen in der Erklärungsdimension nach linear/nicht-linear und zum anderen in der Beschreibungsdimension nach Ebenen der sozialen Koordination, welche die Gesamtgesellschaft betreffen kann (gesellschaftlich) oder aber auch einzelne Kollektivakteure (Organisationen). Zusammen genommen ergeben sich vier Quadranten (Tabelle 8.1).

Tabelle 8.1: Ebenen und Modelle der Innovationsforschung (Quelle: Braun-Thürmann 2005: 31).

	Lineare Modelle	Non-lineare Modelle
Ebene des gesellschaftlich-technologischen Wandels	Technologieschub-Modell (*technology push*) Nachfragesog-Modell (*demand pull*)	Wellen-Zyklen-Modell Evolutionsmodell
Ebene des organisierten Innovationsprozesses	Phasen-Modelle	Ketten-, Reise-, Feuerwerk-Modelle

Nimmt man die Kombination linear/gesellschaftliche Ebene, dann ist in diesem Quadranten etwa das Modell von *technology push* (Technologieschub) und *demand pull* (Nachfragesog) verortet (Schmookler 1966). Ebenfalls bei den linearen Modellen, allerdings auf der Ebene von Organisationen, finden sich die linearen Modelle der Innovationsplanung, welche trotz der Kritik daran als „nützliche Fiktionen" unternehmerische Prozesse zu gestalten helfen. Nimmt man die nicht-linearen Modelle, so finden sich auf der Ebene von Gesellschaften insbesondere evolutionäre Modelle der Erklärung von Innovation. Hier hat Schumpeter mit seinen Überlegungen wesentliche Grundlagenarbeit geleistet, weil Innovationen nicht „von außen" in das System treten, sondern ein Ergebnis vielfältiger sozial bedingter Veränderungen sind. Ein in der Forschung breit rezipiertes Modell ist das der „technologischen Paradigmen" (Dosi 1982). Es differenziert in Anlehnung an die Kuhnsche Analyse vom Wandel in der Wissenschaft zwischen Phasen inkrementellen (also: paradigmatischen) und radikalen (also: revolutionären) Wandels. Damit lassen sich nicht nur Pfadabhängigkeiten, sondern eben auch die Nicht-Linearität von technologischem Wandel erklären. Das Problem der Nicht-Linearität zeigt sich dann auf der Ebene von Organisationen als Problem der Planbarkeit von Innovationen für Unternehmen. Sprechend ist hier das so genannte „Feuerwerksmodell" des Innovierens (van de Ven 2008), welches auf der Grundlage langjähriger, vielschichtiger Untersuchungen unternehmerischen Innovationshandelns entstand. Es zeigt die Vielzahl von Faktoren auf, die Innovationen als rekursive, Pfad-wechselnde und nur in seltenen Ausnahmefällen linear durchlaufende Aktivitäten erscheinen lassen.

Wie lassen sich also die spezifischen Koordinationsleistungen verstehen, sei es auf der Ebene kollektiver Ordnungen oder der von Unternehmen? In den unterschiedlichen Prozessmodellen zeigt sich, warum Heuristiken oft hilfreicher als Theorien sind: Die Komplexität von Innovationsprozessen lässt sich mit vorab definierten Kriterien der Bedeutungszuschreibung allenfalls selektiv erhellen. Ein zentrales Problem der Innovationsforschung besteht seit langem darin, Stabilität und Wandel von technischer und sozio-technischer Entwicklung zu erklären. In Anlehnung an die Luhmannsche Differenzierung von drei Sinndimensionen (sachlich, sozial, zeitlich) lassen sich exemplarische Einsichten zur Analyse von Stabilität und Wandel wie folgt sortieren.

Sachlich ist Technik nicht einfach als Artefakt, sondern als Produkt sozialer Prozesse zu verstehen (Weingart 1989; Bijker & Law 1992). Mehr noch tritt die Entfaltung von sozio-technischen Systemen in den Vordergrund (Mayntz & Hughes 1988; Büscher et al. 2019). Es wird deutlich, dass ein technologischer Determinismus – der sich vor dem Hintergrund der Einsicht in die überwältigende Wirkkraft technischer Artefakte und Ensembles des Technischen immer wieder aufdrängt – empirisch und theoretisch nicht weiterführend ist. Vielmehr stellt sich gerade das Problem der Verknüpfung und Kontrastierung von Perspektiven.

In der Zwischenzeit wird deshalb, gerade mit Blick auf die *soziale* Dimension, eine ganze Bandbreite von solchen Überschreitungen eines rein auf die Technik fokussierten Blicks thematisiert; sei dies als „sozio-technische" Innovation beziehungsweise Transformation (Dolata 2011) oder im weiter gehenden Kontrast unter dem Blickwinkel „sozialer Innovationen" (Howaldt & Schwarz 2010, 2017). Ein praxistheoretischer Blick kann dann soziale Innovationen als Umbau sozialer Praktiken durch Nachahmung eines funktional Verbesserung versprechenden Handlungsmusters entziffern. Entsprechend vielfältig sind die Formen (z. B. Howaldt et al. 2019).

In der *zeitlichen* Dimension wurden wichtige Erkenntnisse etwa in Form epochaler Muster verdichtet. Die Idee der Kondratieff-Zyklen, welche hier stilbildend war, teilt Epochen entlang großer technologischer Paradigmen ein (Kondratieff 1979 [1926]). Etwas feiner granuliert stellt sich das Konzept der *socio-technical imaginaries* dar, wonach Zukunftsbilder Innovationsprozesse gesellschaftlicher Kollektive trotz ihrer sozio-technischen Komplexität zu koordinieren in der Lage sind (Jasanoff 2015). Auf der Ebene konkreter technologischer Entwicklungen ist schließlich die Idee von *promise requirement cycles* einflussreich, wonach im Erwartungsabgleich zwischen technologischen Versprechen und sozialen Anforderungen diese immer enger aufeinander bezogen, verdichtet und stabilisiert werden (van Lente & Rip 1998).

Mit Blick auf diese Vielfalt erstaunt es wenig, dass insgesamt wenige ausgefeilte Vorschläge zu Innovations*theorien* vorliegen. Aus der jüngeren Zeit sollen exemplarisch zwei herausgegriffen werden.[1] Dabei versteht sich der von Frank W. Geels ausgearbeitete Vorschlag einer Multi-Level Perspektive (MLP) eher als eine Theorieheuristik beziehungsweise als eine Heuristik, welche die Theorie-Entwicklung anzuleiten hilft, wohingegen Werner Rammert dezidiert eine Innovationstheorie vorschlägt.

Zur Untersuchung von Innovations- und Transformationsprozessen wurde in den vergangenen zwei Jahrzehnten der sogenannte MLP-Ansatz entwickelt (Geels 2004; Geels & Schot 2007; Geels et al. 2016). Er betrachtet drei Ebenen – *sociotechnical regime, niches, socio-technical landscape* – sowie ihre Verknüpfung. Grundlegende Neuerungen werden diesem Ansatz zufolge vor allem in Nischen vorbereitet. Um zu einem Regime-Wechsel beizutragen, also die Innovationslandschaft in eine gewünschte Richtung zu verändern, müssen allerdings spezifische Rahmenbedingungen auf der Ebene der *landscape* herrschen. Geels und Schot (2007: 404) klassifizieren vier mögliche Rahmenbedingungen: Neben dem „regular change", der für einen normalen, langsamen und inkrementellen Wandel steht, machen die Autoren als Zweites den „specific shock" aus: Es handelt sich um eine plötzliche, starke Veränderung, welche allerdings nur wenige Dimensionen der *landscape* betrifft. Somit ist es offen, ob es zu einer gravierenden Veränderung oder zu einem Wiedereinpendeln auf den ursprünglichen Zustand kommt. „Disruptives changes" ereignen sich unregelmäßig und gehen langsam vonstatten. Sie betreffen – wie der „specific shock" – nur einige wenige Umweltdimensionen. Man könnte als Beispiel die Umweltbewegung der 1980er und 1990er Jahre anführen, deren Proteste schrittweise zu einem anderen Umweltbewusstsein in der Gesellschaft geführt haben. Beim „avalanche", bei der lawinenartigen Veränderung, handelt es sich um schnell ablaufende, intensive und weit ausgreifende Veränderungen. Man denke etwa an Kriegssituationen, politische Revolutionen oder Börsencrashs. Entsprechend ist Transition nicht gleichbedeutend mit Transformation:

---

1 Freilich gibt es weitere aufschlussreiche Theorien, beispielsweise die Theorie gradueller Transformation (Dolata 2011).

The transformation pathway consists of gradual reorientation of the existing regime through adjustments by incumbent actors in the context of landscape pressure, societal debates and tightening institutions. (Geels et al. 2016: 898)

Transition hingegen meint den Übergang von einem Regime in ein anderes, also etwa den Übergang vom fossilen zu einem post-fossilen Regime der Energieproduktion und Energiekonsumption. Die Stärke der MLP liegt in der scharfen analytischen Trennung von Mikro-, Meso- und Makrophänomenen im Zusammenhang mit Innovationen. Mit ihr lässt sich zudem die Stabilität und Resistenz etablierter soziotechnischer Konfigurationen erklären und sie stellt eine gute Heuristik zur historischen Rekonstruktion sozio-technischen Wandels als dynamische Ko-Evolution dar. Um einige gängige Kritiken zu nennen, war der Ansatz zunächst nur für *post festum*-Analysen konzipiert, rekonstruierte also die Technikgenese bereits vollzogener Innovationen. Weiter bemängeln Kritiker*innen, dass der Zusammenhang zwischen den Ebenen vage bleibt, dass ein überzeugendes Konzept von Agency fehlt und dass das Nischenkonzept zu wenig elaboriert wurde (siehe aber Smith & Raven 2012).

Einen ambitionierten und instruktiven Versuch, die Vielfalt der im Feld der Soziologie der Innovation vorfindlichen heuristischen Modelle stärker in Richtung einer Innovationstheorie zu strukturieren hat Werner Rammert (2010) vorgelegt. Sein Ausgangspunkt ist die Unterscheidung von Relation und Referenz. Die Kategorie der Relation adressiert die Frage, wie die Qualität des Neuen eigentlich erfasst werden kann. Dazu nutzt er eine Differenzierung, die entlang der drei sozialtheoretischen Dimensionen von sachlich, sozial, zeitlich gebildet wird, und daher zwischen alt und neu (zeitlich), gleichartig und neuartig (sachlich) sowie normal und abweichend (sozial) unterscheidet. Die Kategorie der Referenz hingegen fokussiert den Bezug auf ausgesuchte soziale Felder, in denen die Neuerung stattfindet. Denn die jeweiligen Felder – Rammert nimmt in seiner Analyse insbesondere die Wirtschaft, Politik und Kunst in den Blick, aber seine Theorie ist nicht auf diese beschränkt – prägen ihre eigenen strukturellen Merkmale der Hervorbringung, Bewertung und Selektion von Neuerungen. So zeichnet sich das Feld der Wirtschaft durch die Merkmale Gewinnversprechen und Markterfolg aus, das Feld der Politik durch die Merkmale Machtzuwachs und Kontrollgewinn. Besonders spannend wird es, wenn Innovationen nicht in einer „exklusiven" Referenz zu einem ausgesuchten sozialen Feld betrachtet werden, sondern gerade die multireferenzielle Dynamik gewürdigt wird. Denn die Nicht-Linearität sozio-technischen Wandels verdankt sich in vielen Fällen den kaum synchronisierten (bzw. auch nur begrenzt synchronisierbaren) Verzahnungen zwischen Feldern im Zuge von Innovationen. So gefasst, weitet diese Innovationstheorie den Blick für komplexe kollektive Prozesse der Strukturbildung, in denen und durch die sich Innovationen bilden, aber auch selektiert und normalisiert werden.

Soziale Räume von Innovationen

Soziale Räume von Innovationen lassen sich sehr unterschiedlich sortieren, weshalb hier der Einfachheit halber nach Makro, Meso und Mikro differenziert werden soll. Es sind ja vielfach die kulturellen wie institutionellen Rahmenbedingungen von Innovationen, denen eine große Prägekraft zugeschrieben wird. Deshalb beginnen wir auf der nationalen Ebene, leuchten diese aber auch kosmopolitisch aus, um dann über die Ebene regionaler Innovationssysteme bis auf die Ebene von Unternehmen als zentralen Akteuren in Innovationsprozessen herunter zu zoomen.

Theorien nationaler Innovationssysteme (NIS) (Freeman 1995; siehe auch Blättel-Mink & Ebner 2009) fokussieren auf die je besonderen institutionellen Randbedingungen nationalstaatlicher Prosperität. Dabei werden technologische Innovationen als eingebettet in einen sozialen Rahmen betrachtet. Innovation ist maßgeblicher Wettbewerbsfaktor und der politisch-ökonomische Gestaltungsanspruch in global konkurrierenden Wissensökonomien benötigt eine Wissensbasis. Deshalb versuchen NIS-Theorien die relative Geschwindigkeit technologischen Wandels und Wirtschaftswachstums durch die Vielfalt an nationalen Institutionen zu erklären, um so diagnostisches Wissen zu erlangen. Es sind wichtige Einsichten zu nennen, beispielsweise dass es ein breites Spektrum an Merkmalen nationaler Innovationssysteme gibt, dass Institutionen nicht nur für die Trägheit in NIS stehen, sondern auch für Innovation (z. B. in Form von Abteilungen für Forschung und Entwicklung, FuE) oder spezifische Finanzinstitutionen. Das FuE-System stellt die Quelle von Innovationen dar, wobei gerade Forschungsorganisationen eine hohe Relevanz zukommt (siehe auch Kapitel 5, Hölscher & Marquardt). Entsprechend legen Diagnosen, die auf NIS-Theorien basieren, sehr oft den Ausbau und die weitere Diversifikation der Forschungsinfrastruktur nahe. Darüber hinaus gelten Netzwerke institutionalisierter Nutzer-Produzenten-Beziehungen als Quelle komparativer Vorteile. So hilft interaktives Lernen auf der Ebene von Unternehmen Unsicherheit zu bewältigen. Die Politik einer lokalen Diversität von Innovationen bleibt trotz Globalisierung weiterhin bedeutsam und regionale Innovationssysteme stützen nationale Innovationssysteme.

Eine spezifische Frage ist die nach der Rolle von Multinationalen Unternehmen (MNU). Hier formiert sich eine Vereinheitlichungskraft in Richtung weltweiter Standardisierung, der Verstärkung von Ähnlichkeiten durch Nachahmung, des Technologie-Transfers und der Stimulierung wie Organisation von Lern- sowie Diffusionsprozessen. Im Gegensatz zu diesen Theorien positioniert sich die Theorie der *Varieties of Capitalism*. Sie erklärt Besonderheiten industrieller Entwicklungen anhand von kulturell-institutionellen Differenzen, welche industrielles Innovationshandeln prägen (Hall & Soskice 2001; Hope & Soskice 2016). Unter Bezug auf Karl Polanyi's Buch *The Great Transformation* (1973 [1944]), welches die Spannung zwischen selbst reguliertem Markt und sozialem Schutzbedürfnis der Gesellschaft unter-

suchte, wird hier die komplementäre Entwicklung und Beziehung von Institutionen
in den Blick genommen. Das diagnostische Ziel besteht darin, die je eigenen Sonder-
wege kapitalistischer Entwicklung trotz homogenisierendem Globalisierungsdruck
zu erklären.[2]

Varieties of Capitalism

Mit den *Varieties of Capitalism* lässt sich die Präferierung unterschiedlicher Innovationstypen in Abhängigkeit von kulturell-institutionellen Strukturen beschreiben. *Radikale Innovationen*, die sich auf
neue und grundlegende wissenschaftliche Entdeckungen stützen, können besser in liberalen Ökonomien, wie zum Beispiel den USA, entwickelt und verbreitet werden. Aufgrund von kurzfristigen
und eng gefassten Verträgen zwischen allen Wirtschaftsakteuren besteht hier eine große Flexibilität sowie die Bereitschaft, in völlig neue Ideen einzusteigen und alte entsprechend aufzugeben.
Die Grundlage radikaler Innovationen ist explizites Wissen, wie es von Schulen und Universitäten
vermittelt und als generelles Humankapital inkorporiert wird. *Kumulative Innovationen*, die sich auf
die Integration und allmähliche Verbesserung bestehender Technologien stützen, entwickeln sich
hingegen besser in koordinierten Ökonomien wie Japan oder Deutschland. Aufgrund von tendenziell langfristiger Kooperation und gewachsenen Vertrauensbeziehungen zwischen den Wirtschaftsakteuren lohnt es sich für alle Seiten, in die Optimierung der Produkte zu investieren. Die
Grundlage kumulativer Innovationen ist implizites Wissen, wie es vor allem durch Erfahrung in der
Firma oder im Beruf erworben und als spezielles Humankapital inkorporiert wird.

Als Zwischenfazit lässt sich festhalten, dass staatliche wie soziale Institutionen
marktwirtschaftliche Kräfte in jeweils besonderer Weise einbetten. Trotz der Homogenisierungswirkung von Globalisierung bleibt eine Vielfalt kulturell-institutioneller
Rahmenbedingungen – bis hin auf die Ebene regionaler Innovationssysteme. Diese
Homogenisierungswirkung sollte aber genauer in den Blick genommen werden. Gerade der Neo-Institutionalismus hat hier wichtige Arbeiten vorgelegt, bis hin zu
einer Analyse von „Weltkultur" (Meyer 2004). Aber auch die Soziologie des Vergleichs spielt hier eine wichtige Rolle, weil sie letztlich auf wirksame Logiken der
Vereinheitlichung durch Vergleich aufmerksam macht. Bettina Heintz hat wichtige
Arbeiten vorgelegt, die den Mechanismus des Vergleichens als grundlegende Opera-
tion in der Gegenwart auszeichnet (Heintz 2010; siehe auch Kapitel 14, Kosmützky &
Wöhlert). Gemeint sind damit vielfältige Instrumente zur Evaluierung, Messung,
Vergleichsbestimmung, Leistungsmessung von und zwischen ganz unterschiedli-
chen Einheiten. Entscheidend für die Wirksamkeit dieser Instrumente ist die darin
angelegte „Kombination von Gleichheitsunterstellung und Differenzbeobachtung"
(Heintz 2010: 164). Eine sehr instruktive Arbeit stellt hier die Analyse von Sebastian
Pfotenhauer und Sheila Jasanoff zum sogenannten MIT-Modell dar, welche auf-

---

2 Prominente Kritiken an dem Ansatz der Varieties of Capitalism beziehen sich zum einen auf die
mangelnde Vorhersagekraft in Bezug auf strukturelle Umbrüche (Jackson & Deeg 2006) beziehungsweise auf die unzureichende interne Differenzierung wirtschaftlicher Aktivitäten (Whitley 1999).

zeigt, dass dieses „Erfolgsmodell" eben nicht einfach zu entbetten und in andere kulturell-institutionelle Räume zu transferieren ist (Pfotenhauer & Jasanoff 2017).

Geht man jetzt auf die Ebene regionaler Innovationsnetzwerke, dann steht dies in der Gegenwart unter der Paradoxie der Neu-Codierung von Raum: denn die Emergenz globaler Wissensökonomien ist nicht ohne gleichzeitige regionale Verortung denkbar. Auf der einen Seite beobachtet man eine Globalisierung von Wissensverhältnissen, mit Merkmalen weltweiter Produktion und Tauschbarkeit von Wissen. Standards als Wissensform spielen hierbei eine zentrale Rolle, ebenso kodifiziertes Wissen in Form von Patenten. Dabei verlieren Entfernungen an Bedeutung. Auf der anderen Seite zeigt sich eine Regionalisierung von Wissensverhältnissen, bei der Innovationskraft durch Kontextualisierung und räumliche Dichte ermöglicht wird (Heidenreich & Mattes 2019). Dabei werden gerade Chancen auf den Tausch impliziten Wissens erschlossen. Das Implizit-Halten von Wissen ist dabei auch eine Möglichkeit, Wissen vor Wettbewerbern zu schützen. Die Bildung von Netzwerken wird durch räumliche Nähe erleichtert, gerade auch obwohl die Akteure heterogen sind, wie Hersteller*innen, Anwender*innen, Zulieferer*innen, Universitäten oder politische Akteure. Die Nähe eröffnet, zusammengenommen betrachtet, eine Fülle von Chancen: Lernvorteile, Bildung interaktionsbasierter Vertrauensbeziehungen, Teilhabe an informellen Informationsnetzwerken, Bereitstellung von passgenauen Produkten, Dienstleistungen und Qualifikationen sowie Wettbewerbsvorteile durch Gleichzeitigkeit von regionaler Verdichtung und globaler Vernetzung lassen sich durch enge regionale Kooperation generieren. Auch hier gibt es vielfältige Ansätze, die das Thema mit je eigenen Akzent- und Zielsetzungen aufgreifen, etwa der Ansatz „industrieller Symbiosen" (Velenturf & Jensen 2016) oder das Konzept „regionaler Innovationsökosysteme" (Adner 2017). Regionale kollektive Wettbewerbsgüter sowie Netzwerkmoderatoren führen zu regionalen Wettbewerbsvorteilen, wobei jedoch durch die Bindung an die Region ebenso *lock-ins* und Pfadabhängigkeiten entstehen können (Herberg et al. 2021).

Auf der Mikroebene schließlich sind es Unternehmen, die zentrale Innovationsakteure darstellen und lange Zeit quasi exklusiv im Blick der Innovationsforschung standen. Unternehmen bringen Innovationen hervor, um ihre Position in Märkten zu sichern. Dabei bilden sich spezifische Fähigkeiten aus (Windeler 2014), die oft durch einen besonderen Branchenbezug ausgezeichnet sind und als sektorale Modelle der Integration beschrieben werden können (Malerba 2004). Dabei fokussierten sich viele Analysen insbesondere auf solche Unternehmen, die wissenschaftsbasierte Innovationen beziehungsweise radikale Innovationen hervorbringen. Dabei wird vielfach unterschätzt, dass gerade inkrementelles Innovationshandeln in vielen Branchen und Unternehmen die Regel ist (Abel et al. 2013). Zudem treten neben diese Form der Innovation immer stärker auch Formen der Öffnung von Innovationsprozessen, die sich als *open innovation, collective innova-*

tion oder *user innovation* ausprägen (Schrape 2021). Diese lassen sich wiederum neben der produktiven Ausrichtung an Interessen von Nutzer*innen auch als Form der „Konstruktion von Nutzern" (Hyysalo et al. 2016) kritisch bewerten.

Governance von Innovationen

Das Feld der Governance von Innovationen hat sich in der Zwischenzeit vielgestaltig entfaltet (Smits et al. 2010). Der Komplexität von Innovationsprozessen korrespondiert die Vielschichtigkeit von Architekturen der Regulierung von Innovationsprozessen, etwa um Rahmenbedingungen von Innovationen zu gestalten, aber freilich auch konkrete Innovationen gezielt zu fördern. Dabei gilt grundsätzlich, dass es für öffentliche Haushalte weniger riskant ist, Rahmenbedingungen gezielt anzupassen als etwa ausgesuchte konkrete Innovationen zu fördern.

> **Staatliche Institutionen zur Förderung von Innovation**
> Auch wenn der Staat Innovationen primär über Rahmenbedingungen fördert, versucht er zugleich immer wieder, Innovationen konkret und direkt anzustoßen. Das Bundesministerium für Bildung und Forschung (BMBF) etwa legt entsprechende Forschungsprogramme auf, die von einzelnen Förderlinien bis hin zur Gründung von Institutionen führen kann (Weingart & Taubert 2006). Exponierte Beispiele sind etwa das Deutsche Internet-Institut (Weizenbaum Institut für die vernetzte Gesellschaft), oder die Gründung einer Bundesagentur für Sprunginnovationen (SPRIN-D).

Es lassen sich vielfältige Dimensionen für den Einfluss über Rahmenbedingungen unterscheiden: die Regulierung von Wirtschaftsaktivitäten, die Regulierung qua Wertdurchsetzung (z. B. Umweltstandards, Arbeitsmarktregulierung), das Festlegen von institutionellen Regelungen (Produktsicherheit, Immaterialgüterrecht), aber ebenso die Selbstregulierung (z. B. durch Informationsstandards) (Blind 2010: 231). Die Darlegung dieser Dimensionen würde hier zu weit führen, weshalb im Folgenden ein Fokus exklusiv gesetzt werden soll – gerade auch, weil er typischerweise nicht im Vordergrund der Wissenschafts- und Innovationsforschung steht: die Bedeutung des Rechts für Innovationsprozesse.

Innovationsprozesse werden durch hoheitliches Regulierungsrecht in Bahnen gelenkt. Regulierung ist hier definiert als „die intendierte, staatlich (mit)verantwortete Beeinflussung gesellschaftlicher Prozesse (...), die einen spezifischen, über einen Einzelfall hinausgehenden Gemeinwohl- bzw. Ordnungszweck verfolgt" (Hoffmann-Riem 2016: 279). Für die Rechtsordnung kommt dabei eine doppelte Perspektive zur Geltung: Auf der einen Seite sollen Inventionen stimuliert sowie die Diffusion und Umsetzung praktisch erheblicher Innovationen gefördert werden. Auf der anderen Seite geht es ebenso darum, schutzwürdige Rechtsgüter zu bewahren. Für die Innovationsseite steht exemplarisch das Immaterialgüterrecht (z. B. in Form von Patenten und Marken), für die Schutzseite typischerweise das Risikoverwaltungsrecht.

Geistiges Eigentum rückt die Autorschaft an einer kreativen Leistung in den Blick. Um den unterschiedlichen Leistungen gerecht zu werden, kennt der Schutz geistigen Eigentums ganz unterschiedliche Formen, welche letztlich eine Kompensation für die kreative Leistung ermöglichen soll. Bei den so genannten Immaterialgüterrechten nimmt der Patentschutz eine besondere Rolle ein. Dieser erlaubt bei Offenlegung der Innovation eine exklusive Nutzung dieser Innovation auf Zeit – ein zeitlich befristetes Monopol. Das System des Patentschutzes hat gerade in globalen Wissensökonomien eine hohe Attraktivität, weil es ein übergreifendes System des Wissensschutzes verspricht. Denn die funktionale wie räumliche Verflechtung ökonomischer Wertschöpfungsketten geht mit der Ausweitung von Ketten der Wissensproduktion einher und steigert das Problem des Wissensschutzes. Dabei stellt Wissen ein besonderes Schutzgut dar: es ist nicht-rival, nicht-konsumptiv und als explizites Wissen leicht kopierbar. Von daher praktizieren viele Firmen Wissensschutz gerade nicht durch Patente, sondern schützen es als implizites Wissen. Im Fall von Saatgut-Firmen werden die Züchter als Träger des impliziten Wissens besonders an die Firma gebunden; viele kleinere Maschinenbauunternehmen melden keine Patente an (Böschen et al. 2013).

Eine besondere Wendung kommt dadurch hinein, dass in den letzten 40 Jahren die Patentierbarkeit des Wissens bis in den Bereich der Grundlagenforschung ausgeweitet wurde. Auf diese Weise kann das System des Wissensschutzes Blockadeoptionen der Produktion neuen Wissens ermöglichen. Dies zeigt sich gerade bei der Patentierung von Grundlagenwissen, wie es nach amerikanischem Recht möglich ist (Bayh-Dole Act, 1980). Das hat zwar einerseits Möglichkeiten des akademischen Kapitalismus erweitert, die aber andererseits gerade auch kritisch zu bewerten sind. Das zeigt sich etwa am Beispiel der Patentierung des Brustkrebsgens (Orsi & Coriat 2005). Zudem kann die Ausweitung des Patentschutzes mit einer kritischen Monopolbildung in ausgesuchten Branchen einhergehen (für den Fall der Landwirtschaft: Brandl & Glenna 2017). Die für Wissensökonomien durchaus typische Verengung auf Patente verstellt zugleich leicht den Blick darauf, dass der Schutz von Innovationen einen komplexeren Prozess darstellt, den man als Autorisierung begreifen kann (Gill et al. 2012). Betrachtet man die Praxis in Unternehmen, dann zeigt sich, dass Immaterialgüterrechte durchaus multifunktional eingesetzt werden. Sie dienen nicht nur direkt dem Wissensschutz.[3]

---

3 Vielmehr werden weitere Funktionen damit berücksichtigt: Erstens können die Autor*innen und das Wissensgut identifizierbar gemacht werden. Das dient dem internen Wissensmanage

Neben der Innovationsförderung durch Gratifikation und spezifische Anreize (etwa als Förderpolitik) stellt freilich das Risikoverwaltungsrecht einen zentralen Mechanismus zur Governance von Innovationen dar – und mit ihm das Regulierungswissen (Bora et al. 2014). Mit ihm sollen immer mögliche Nebenfolgen bewältigt werden. Hierbei weist die Governance durch das Recht eine facettenreiche Geschichte des Ausgleichs von Innovationsstimulierung und Schutz von Rechtsgütern auf. Dabei lässt sich eine kontinuierliche Verfeinerung der rechtlichen Regulierung im Risikoverwaltungsrecht beobachten. Konzentrierte es sich anfangs (also Ende des 19. Jahrhunderts) im Wesentlichen auf den Schutz vor bekannten Risiken, so wurde es bis zum Ende des 20. Jahrhunderts mit der Generalisierung des Vorsorgeprinzips (European Commission 2000) auf eine ganz andere Grundlage gestellt und nicht-wissensorientiert ausgestaltet. Nicht zu unterschätzen dabei ist die Wissensabhängigkeit, in die sich Politik begeben hat und welche eindringlich bei der Regulierung von Industriechemikalien in der EU beobachtet werden kann (Führ 2014). Gleichviel kann hier Recht als ein zentrales Medium der Regulierung angesehen werden, das sich durch Öffnung („unbestimmte Rechtsbegriffe", „Prozeduralisierung") fortlaufend an die neuen Situationen der Hervorbringung von Neuerung anzupassen vermag.

Wie sich gegenwärtig die Governance von Innovationen verschiebt, lässt sich gebündelt in so genannten Reallaboren oder *living labs* beobachten (siehe auch Kapitel 7, Groß). Hier werden die verschiedenen Wissens- und Legitimationsprobleme von Innovationen dadurch zu lösen versucht, dass heterogene Akteure eine Kooperationsplattform erhalten, in denen Top-Down- und Bottom-Up-Dynamiken von Innovationen auszutarieren versucht werden. Gerade Universitäten erhalten hierbei eine wichtige Rolle (siehe auch Kapitel 5, Hölscher & Marquardt). Mehr noch: die Wissensproduktion wird gleichsam de-zentriert und diffundiert in unterschiedliche Bereiche von Gesellschaft. Wissenschaft und Gesellschaft treten in stärkere Interaktion (siehe auch Kapitel 2, Kaldewey). Darin steckt das Potenzial für eine neue Demokratisierung von Wissenschaft und Innovationen, aber nur dann, wenn der „Gesellschaft" tatsächlich zu sprechen erlaubt wird (Engels et al. 2019).

---

ment sowie dem externen Marketing als innovative Firma. Zweitens kann über Patente eine Platzierung in spezifischen Marktsegmenten signalisiert werden. Drittens wird über Patente eine amtliche Feststellung der Erfindungshöhe vollzogen und darin die Innovation validiert. Schließlich greifen viertens Mechanismen der Honorierung, sei es in Form von firmeninternem Benchmarking oder aber auch staatlicher Forschungsförderung (Gill et al. 2012).

Empfehlungen für Seminarlektüren

(1) Werner Rammerts Aufsatz über „Die Innovationen der Gesellschaft" (2010) macht den ambitionierten Versuch, eine allgemeine Innovationstheorie zu entwickeln. Das ist gerade mit Blick auf die Kennzeichnung von Gegenwartsgesellschaften als Innovationsgesellschaften sehr wertvoll.

(2) In seinem Beitrag „Infrastructure and Modernity" analysiert Paul N. Edwards (2004) Infrastrukturen als eine in sich verschränkte Kette „sozio-technischer Probleme". Warum deren Analyse gerade auch vor dem Hintergrund eines wachsenden Transformationsdrucks als nützlich anzusehen ist, wird anhand der vielen von ihm diskutierten Beispiele deutlich.

(3) Das Buch „Innovation" von Holger Braun-Thürmann (2005) gibt eine immer noch lesenswerte und vor allem sehr geraffte Überblicksdarstellung zum Thema.

(4) Im aktuellen „Handbuch Innovationsforschung", herausgegeben von Birgit Blättel-Mink, Ingo Schulz-Schaeffer und Arnold Windeler (2021) werden alle wesentlichen Angebote der sozialwissenschaftlichen Innovationsforschung thematisiert, so dass dieses Werk einen aktuellen und breit gefächerten Überblick erlaubt.

Literatur

Abel, J., G. Bender & K. Hahn (Hrsg.), 2013: *Traditionell innovativ*. Festschrift für Hartmut Hirsch-Kreinsen zum 65. Geburtstag. Berlin: edition sigma.

Adloff, F., K. Gerund & D. Kaldewey, 2015: Locations, Translations, and Presentifications of Tacit Knowledge. An Introduction. In: dies. (Hrsg.), *Revealing Tacit Knowledge. Embodiment and Explication*. Bielefeld: transcript, S. 7–17.

Adner, R., 2017: Ecosystem as Structure. An Actionable Construct for Strategy. *Journal of Management* 43: 39–58.

Arrow, K. J., 1962: Economic Welfare and the Allocation of Resources for Invention. In: ders., *The Rate and Direction of Inventive Activity*. Princeton, NJ: Princeton University Press, S. 609–626.

Bell, D., 1973: *The Coming of Post-Industrial Society. A Venture in Social Forecasting*. New York, NY: Basic Books.

Berger, P. & T. Luckmann 1969 [1966]: *Die gesellschaftliche Konstruktion der Wirklichkeit*. Frankfurt am Main: Fischer.

Bijker, W. E., & J. Law, (Hrsg.), 1992: *Shaping Technology / Building Society. Studies in Sociotechnical Change*. Cambridge, MA: MIT Press.

Blättel-Mink, B. & A. Ebner (Hrsg.), 2009: *Innovationssysteme. Technologie, Institutionen und die Dynamik der Wettbewerbsfähigkeit*. Wiesbaden: VS.

Blättel-Mink, B., I. Schulz-Schaeffer & A. Windeler (Hrsg.), 2021: *Handbuch Innovationsforschung*. Berlin: Springer VS.

Blind, K., 2010: The Use of the Regulatory Framework for Innovation Policy. In: Smits, R. E. et al. (Hrsg.), *The Theory and Practice of Innovation Policy. An International Handbook*. Cheltenham, Northampton: Edward Elgar, S. 217–246.

Böhle, F., 2003: Wissenschaft und Erfahrungswissen – Erscheinungsformen, Voraussetzungen und Folgen einer Pluralisierung des Wissens. In: Böschen, S. & I. Schulz-Schaeffer, (Hrsg.), *Wissenschaft in der Wissensgesellschaft*. Wiesbaden: Westdeutscher Verlag, S. 143–177.

Bora, A., 2009: Innovationsregulierung als Wissensregulierung. In: Eifert, M. & W. Hoffmann-Riehm (Hrsg.), *Innovationsfördernde Regulierung*. Berlin: Duncker & Humblot, S. 23–43.

Bora, A., A. Henkel & C. Reinhardt (Hrsg.), 2014: *Wissensregulierung und Regulierungswissen*. Weilerswist: Velbrück.

Böschen, S. & P. Wehling, 2012: Neue Wissensarten. Risiko und Nichtwissen. In: Maasen, S. et al. (Hrsg.), *Handbuch Wissenschaftssoziologie*. Wiesbaden: Springer VS, S. 317–327.

Böschen, S., B. Brandl, B. Gill, M. Schneider & P. Spranger, 2013: Innovationsförderung durch Geistiges Eigentum? – Passungsprobleme zwischen unternehmerischen Wissensinvestitionen und den Schutzmöglichkeiten durch Patente. In: Grande, E. et al. (Hrsg.), *Neue Governance der Wissenschaft. Reorganisation – externe Anforderungen – Medialisierung*. Bielefeld: transcript, S. 183–211.

Brandl, B. & L. L. Glenna, 2017: Intellectual Property and Agricultural Science and Innovation in Germany and the United States. *Science, Technology, & Human Values* 42: 622–656.

Braun-Thürmann, H., 2005: *Innovation*. Bielefeld: transcript.

Bucchi, M., 2015: Changing Contexts for Science and Society Interaction. From Deficit to Dialogue, from Dialogue to Participation – and Beyond? In: Wehling, P., W. Viehöver & S. Koenen (Hrsg.), *The Public Shaping of Medical Research. Patient Associations, Health Movements and Biomedicine*. London: Routledge, S. 211–225.

Büscher, C., J. Schippl & P. Sumpf (Hrsg.), 2019: *Energy as a Socio-Technical Problem. An Interdisciplinary Perspective on Control, Change, and Action in Energy Transitions*. London: Routledge.

Bush, V., 1945: *Science – The Endless Frontier*. A Report to the President. Washington, DC: United States Government Printing Office.

Chilvers, J. & M. Kearnes, 2019: Remaking Participation in Science and Democracy. *Science, Technology, & Human Values* 45: 347–380.

Christensen, C. M., M. Raynor & R. McDonald, 2015: What Is Disruptive Innovation? *Harvard Business Review* 84: 96–101.

Cohendet, P. & F. Meyer-Krahmer, 2001: The Theoretical and Policy Implications of Knowledge Codification. *Research Policy* 30: 1563–1591.

Collins, H. M., 2010: *Tacit and Explicit Knowledge*. Chicago, London: The University of Chicago Press.

Davies, S. R. & M. Horst, 2016: Futures. Innovation Communication as Performative, Normative, and Interest-Driven. In: Dies., *Science Communication: Culture, Identity and Citizenship*. London: Palgrave, S. 133–157.

Dickel, S., 2019: *Prototyping Society. Zur vorauseilenden Technologisierung der Zukunft*. Bielefeld: transcript.

Dickel, S., 2021: User Labs. In: Blättel-Mink, B. et al. (Hrsg.), *Handbuch Innovationsforschung*. Berlin: Springer VS, S. 1029–1043.

Dolata, U., 2011: *Wandel durch Technik. Eine Theorie soziotechnischer Transformation*. Frankfurt am Main: Campus.

Dosi, G., 1982: Technological Paradigms and Technological Trajectories. *Research Policy* 11: 147–162.

European Commission, 2000: *Communication from the Commission on the Pre-cautionary Principle*. Com (2000) 1 final. Brüssel: Europäische Union.

European Commission, 2016: *Open Innovation, Open Science, Open to the World – a Vision for Europe.* Luxembourg: Publications Office of the EU.

Edwards, P. N., 2004: Infrastructure and Modernity. Force, Time and Social Organization in the History of Sociotechnical Systems. In: Misa, T. J. et al. (Hrsg.), *Modernity and Technology.* Cambridge, MA: MIT Press, S. 185–226.

Freemann, C., 1995: The 'National System of Innovation' in Historical Perspective. *Cambridge Journal of Economics* 19: 5–24.

Führ, M., 2014: REACH als lernendes System. Wissensgenerierung und Perspektivenpluralismus durch Stakeholder Involvement. In: Bora, A., A. Henkel & C. Reinhardt (Hrsg.), *Wissensregulierung und Regulierungswissen.* Weilerswist: Velbrück, S. 109–134.

Geels, F. W., 2004: From Sectoral Systems of Innovation to Socio-Technical Systems. Insights About Dynamics and Change from Sociology and Institutional Theory. *Research Policy* 33: 897–920.

Geels, F. W. & J. Schot, 2007: Typology of Sociotechnical Transition Pathways. *Research Policy* 36: 399–417.

Geels, F. W. et al., 2016: The Enactment of Socio-Technical Transition Pathways. A Reformulated Typology and a Comparative Multi-Level Analysis of the German and UK Low-Carbon Electricity Transitions (1990–2014). *Research Policy* 45: 896–913.

Gill, B., B. Brandl, S. Böschen & M. Schneider, 2012: Autorisierung. Eine wissenschafts- und wirtschaftssoziologische Perspektive auf geistiges Eigentum. *Berliner Journal für Soziologie* 22: 407–440.

Godin, B., 2006: The Linear Model of Innovation. The Historical Construction of an Analytical Framework. *Science, Technology, & Human Values* 31: 639–667.

Godin, B., 2015: Models of Innovation. Why Models of Innovation are Models, or What Work is Being Done in Calling them Models? *Social Studies of Science* 45: 570–596.

Groß, M. & L. McGoey (Hrsg.), 2015: *Routledge International Handbook of Ignorance Studies.* London, New York: Routledge.

Grunwald, A., 2015: Die hermeneutische Erweiterung der Technikfolgenabschätzung. *Technikfolgenabschätzung – Theorie und Praxis* 24: 65–69.

Grunwald, A. & J. Kopfmüller, 2022: *Nachhaltigkeit.* 3. aktualisierte und erweiterte Neuauflage. Frankfurt am Main: Campus.

Hall, P. A. & D. Soskice (Hrsg.), 2001: *Varieties of Capitalism. The Institutional Foundations of Comparative Advantage.* Oxford: Oxford University Press.

Heidenreich, M., 2003: Die Debatte um die Wissensgesellschaft. In: Böschen, S. & I. Schulz-Schaeffer (Hrsg.), *Wissenschaft in der Wissensgesellschaft.* Wiesbaden: Westdeutscher Verlag, S. 25–51.

Heidenreich, M. & J. Mattes, 2019: Regionale Innovationssysteme und Innovationscluster. In: Blättel-Mink, B. et al. (Hrsg.), *Handbuch Innovationsforschung.* Berlin: Springer VS.

Heintz, B., 2010: Numerische Differenz. Überlegungen zu einer Soziologie des (quantitativen) Vergleichs. *Zeitschrift für Soziologie* 39: 162–181.

Herberg, J., J. Staemmler & P. Nanz (Hrsg.), 2021: *Wissenschaft im Strukturwandel.* München: oekom.

Hoffmann-Riem, W., 2016: *Innovation und Recht – Recht und Innovation. Recht im Ensemble seiner Kontexte.* Tübingen: Mohr Siebeck.

Hope, D. & D. Sockice, 2016: Growth Models, Varieties of Capitalism, and Macroeconomics. *Politics & Society* 44: 209–226.

Howaldt, J. & M. Schwarz, 2010: *„Soziale Innovation" im Fokus. Skizze eines gesellschaftstheoretisch inspirierten Forschungskonzepts.* Bielefeld: transcript.

Howaldt, J. & M. Schwarz, 2017: Die Mechanismen transformativen Wandels erfassen. Plädoyer für ein praxistheoretisches Konzept sozialer Innovationen. *GAIA* 26: 239–244.

Howaldt, J., C. Kaletka, A. Schröder, & M. Zirngiebl, (Hrsg.), 2019: *Atlas of Social Innovation. 2nd volume: A World of New Practices*. München: oekom.

Hughes, T., 1987: The Evolution of Large Technological Systems. In: Bijker, W., Th. P. Hughes & T. Pinch (Hrsg.), *The Social Construction of Technological Systems. New Directions in the Sociology and History of Technology*. Cambridge, MA: MIT Press, S. 51–82.

Hyysalo, S., T. E. Jensen, & N. Oudshoorn, (Hrsg.), 2016: *The New Production of Users. Changing Innovation Collectives and Involvement Strategies*. London: Routledge.

Jackson, G. & R. Deeg, 2006: *How Many Varieties of Capitalism? Comparing the Comparative Institutional Analyses of Capitalist Diversity*. (Discussion Paper 06/2). Köln: MPIfG.

Jasanoff, S., 2015: Future Imperfect. Science, Technology, and the Imaginations of Modernity. In: Jasanoff, S. & S.-H. Kim (Hrsg.), *Dreamscapes of Modernity. Sociotechnical Imaginaries and the Fabrication of Power*. Chicago, IL: University of Chicago Press, S. 1–33.

Kaiser, M., 2010: Futures Assessed. How Technology Assessment, Ethics and Think Tanks Make Sense of an Unknown Future. In: Kaiser, M. et al. (Hrsg.), *Governing Future Technologies. Nanotechnology and the Rise of an Assessment Regime*. Dordrecht: Springer, S. 179–197.

Kondratieff, N. D. 1979 [1926]: The Long Waves in Economic Life. *Review (Fernand Braudel Center)* 2: 519–562.

Latour, B., 1991: Technology Is Society Made Durable. In: Law, J. (Hrsg.), *A Sociology of Monsters. Essays on Power, Technology and Domination*. London: Routledge, S. 103–132.

Lax, G., 2015: *Das ‚lineare Modell der Innovation' in Westdeutschland: Eine Geschichte der Hierarchiebildung von Grundlagen- und Anwendungsforschung nach 1945*. (Wissenschafts- und Technikforschung; 14). Baden-Baden: Nomos.

Lösch, A. et al., 2017: Responsibilization Through Visions. *Journal of Responsible Innovation* 4: 138–156.

Malerba, F. (Hrsg.), 2004: *Sectoral Systems of Innovation*. Cambridge: Cambridge University Press.

Martin, B., 2012: The Evolution of Science Policy and Innovation Studies. *Research Policy* 41: 1219–1239.

Mayntz, R. & Th. Hughes, (Hrsg.), 1988: *The Development of Large Technical Systems*. (Schriften des Max-Planck-Instituts für Gesellschaftsforschung Köln; 2). Frankfurt am Main: Campus.

Meyer, J., 2004: *Weltkultur*. Frankfurt am Main: Suhrkamp.

Oreskes, N. & E. Conway, 2010: *Merchants of Doubt*. New York, NY: Bloomsbury Press.

Orsi, F. & B. Coriat, 2005: Are 'Strong Patents' Beneficial to Innovative Activities? Lessons from the Genetic Testing for Breast Cancer Controversies. *Industrial and Corporate Change* 14: 1205–1221.

Pavitt, K., 1984: Sectoral Patterns of Technical Change. Towards a taxonomy and a theory. *Research Policy* 13: 343–373.

Pfotenhauer, S. & S. Jasanoff, 2017: Panacea or Diagnosis? Imaginaries of Innovation and the 'MIT Model' in Three Political Cultures. *Social Studies of Science* 47: 783–810.

Polanyi, K., 1973 [1944]: *Die Große Transformation*. Frankfurt am Main: Suhrkamp.

Polanyi, M., 1985 [1966]: *Implizites Wissen*. Frankfurt am Main: Suhrkamp.

Rammert, W., 2007: Die technische Konstruktion als Teil der gesellschaftlichen Konstruktion der Wirklichkeit. In: ders., *Technik – Handeln – Wissen. Zu einer pragmatistischen Technik- und Sozialtheorie*. Wiesbaden: VS, S. 37–46.

Rammert, W., 2010: Die Innovationen der Gesellschaft. In: Howaldt, J. & H. Jacobsen (Hrsg.), *Soziale Innovation. Auf dem Weg zu einem postindustriellen Innovationsparadigma*. Wiesbaden: VS, S. 21–51.

Rammert, W., A. Windeler, H. Knoblauch & M. Hutter (Hrsg.), 2016: *Innovationsgesellschaft heute. Perspektiven, Felder und Felder*. Wiesbaden: Springer VS.

Rogers, E. M., 1983: *Diffusion of Innovations*. 3. Auflage. New York, NY: Free Press.

Rosenberg, N., 1974: Science, Invention and Economic Growth. *The Economic Journal* 84: 90–108.

Schmookler, J., 1966: *Invention and Economic Growth*. Cambridge, MA: Harvard University Press.

Smithson, M., 1985: Toward a Social Theory of Ignorance. *Journal for the Theory of Social Behaviour* 15: 151–172.

Smits, R., S. Kuhlmann & P. Shapira (Hrsg.), 2010: *The Theory and Practice of Innovation Policy. An International Research Handbook*. Cheltenham, Northampton: Edward Elgar.

Schrape, J.-F., 2021: Verteilte Innovationsprozesse. Collective Invention – User Innovation – Open Innovation. In: Blättel-Mink, B. et al. (Hrsg.), *Handbuch Innovationsforschung*. Berlin: Springer VS, S. 263–278.

Schubert, C., 2014: Situating Technological and Societal Futures. Pragmatist Engagements with Computer Simulations and Social Dynamics. *Technology and Society* 40: 4–13.

Schumpeter, J. A., 1964 [1911]: *Theorie der wirtschaftlichen Entwicklung*. 6. Auflage. Berlin: Duncker & Humblot.

Schumpeter, J. A., 1972 [1942]: *Kapitalismus, Sozialismus und Demokratie*. München: UTB.

Shove, E., M. Pantzar & M. Watsan, 2012: *The Dynamics of Social Practice. Everyday Life and How it Changes*. London: Sage.

Smith, A. & R. Raven, 2012: What Is Protective Space? Reconsidering Niches in Transitions to Sustainability. *Research Policy* 41, 1025–1036.

Stehr, N., 1994: *Arbeit, Eigentum und Wissen. Zur Theorie von Wissensgesellschaften*. Frankfurt am Main: Suhrkamp.

Suchmann, L., 2005: Affiliative Objects. *Organization* 12: 379–399.

van de Ven, A. et al., 2008: *The Innovation Journey*. Oxford: Oxford University Press.

van Lente, H. & A. Rip, 1998: Expectations in Technological Developments. An Example of Prospective Structures to be Filled in by Agency. In: Disco, C. & B. van der Meulen (Hrsg.), *Getting New Technologies Together. Studies in Making Sociotechnical Order*. Berlin, Boston: de Gruyter, S. 203–231.

Velenturf, A. P. & P. D. Jensen, 2016: Promoting Industrial Symbiosis. Using the Concept of Proximity to Explore Social Network Development. *Journal of Industrial Ecology* 20: 700–709.

von Hippel, E., 2005: Democratizing Innovation. The Evolving Phenomenon of User Innovation. *Journal für Betriebswirtschaft* 55: 63–78.

von Schomberg, R. & J. Hankins (Hrsg.), 2019: *International Handbook on Responsible Innovation. A Global Resource*. London: Routledge.

Weingart, P., (Hrsg.), 1989: *Technik als sozialer Prozess*. Frankfurt am Main: Suhrkamp.

Weingart, P. & N. Taubert (Hrsg.), 2006: *Das Wissensministerium*. Weilerswist: Velbrück.

Wenger, E., 1998: *Communities of Practice. Learning, Meaning, and Identity*. Cambridge: Cambridge University Press.

Whitley, R., 1999: *Divergent Capitalisms: The Social Structuring and Change of Business Systems*. Oxford: Oxford University Press.

Windeler, A., 2014: Können und Kompetenzen von Individuen, Organisationen und Netzwerken. Eine praxistheoretische Perspektive. In: Windeler, A. & J. Sydow (Hrsg.), *Kompetenz. Sozialtheoretische Perspektiven*. Wiesbaden: Springer VS, S. 225–301.

Windeler, A., 2016: Reflexive Innovation. Zur Innovation in der radikalisierten Moderne. In: Rammert, W. et al. (Hrsg.), *Innovationsgesellschaft heute*. Wiesbaden: Springer VS, S. 69–110.

Otto Hüther und Anna Kosmützky

9 Soziologie der Universität

In diesem Kapitel werden soziologische Perspektiven und Forschungsergebnisse zu Universitäten vorgestellt. Universitäten sind dabei von zentraler Bedeutung für moderne Gesellschaften, weil in ihnen einerseits neue wissenschaftliche Erkenntnisse produziert werden und andererseits dieses Wissen an Studierende vermittelt und damit in die Gesellschaft transferiert wird. Das war nicht immer so, lange Zeit waren Universitäten vor allem Lehranstalten zur Ausbildung von Priestern, Medizinern und später auch Staatsdienern und Lehrern. Diese Ausrichtung ändert sich erst im Laufe des 19. Jahrhunderts mit der allmählichen Durchsetzung der modernen Forschungsuniversität, deren Konzeption nicht nur in Deutschland, sondern weltweit eng mit dem Namen Wilhelm von Humboldt verknüpft ist (Paletschek 2002).

Mit dem Begriff der Universität werden damit historisch gesehen Einheiten bezeichnet, die zwar einige Gemeinsamkeiten aufweisen, sich aber auch stark unterscheiden können. Diese Gleichzeitigkeit von Gemeinsamkeiten und Unterschieden zeigt sich bis heute nicht zuletzt im internationalen Vergleich. Als eine geeignete Minimaldefinition erweist sich die Gemeinsamkeit, dass in modernen Universitäten Wissensvermittlung in einer Vielzahl von Fächern stattfindet, und dass sie Raum für unterschiedliche Arten der Forschung bieten. Universitäten sind also keine Spezialschulen und sie beschränken sich auch nicht auf bestimmte Forschungsarten. Sowohl die in den Universitäten vertretenen Wissensgebiete wie auch ihre Bildungszertifikate sind nahezu überall auf der Welt äußerst ähnlich (Frank & Meyer 2020). Eine begriffliche Differenzierung ist insbesondere in zwei Hinsichten sinnvoll. Erstens werden Universitäten, Fach- und Spezialhochschulen sowie Colleges international oft unter die Kategorie *higher education institutions* subsumiert. Zweitens hatte sich in den 1970er Jahren in Deutschland die Bezeichnung „Hochschulen" verbreitet und mit ihm die hochschulpolitische Ansicht, dass Einrichtungen mit weniger Forschungsbezug und angewandten Studienprogrammen sich zwar von Universitäten unterscheiden, aber in mancher Hinsicht mit ihnen vergleichbar sind. Wir differenzieren in diesem Kapitel entsprechend zwischen Universitäten im engeren Sinn und Hochschulen im weiteren Sinn (inkl. Fach- und Spezialhochschulen, Colleges etc.), legen den Schwerpunkt aber auf erstere.

Organisationen mit dem Anspruch einer solchen generalisierten Ausrichtung der Wissenserzeugung und Wissensvermittlung finden sich mittlerweile weltweit. Die Zahl der Universitäten stieg nach dem zweiten Weltkrieg stark an und wächst seit den späten 1960er Jahren exponentiell (Frank & Meyer 2020: 23). Parallel dazu sind die Studierendenzahlen exponentiell gewachsen (Meyer & Schofer 2007: 48). Hochschulbildung wurde für große und ständig wachsende Teile der Gesellschaft

https://doi.org/10.1515/9783110713800-009

zur Norm. Der Hochschulforscher Martin Trow hat diese Entwicklung bereits in den 1970er Jahren als Wandel von einer Elitenausbildung (bis zu 15% einer Alterskohorte studieren) zu einer Massenausbildung (mit Studienquoten von 16–50%) hin zu einer universalen Ausbildung (mit Studienquoten von mehr als 50%) bezeichnet (Trow 1974). Damit wandelt sich nicht nur die Universität selbst von einer elitären Bildungseinrichtung zu einer Bildungseinrichtung für die Bevölkerungsmehrheit, sondern auch das Verhältnis von Universität und Gesellschaft. Die Expansion, verbunden mit der steigenden Bedeutung von Wissensgenerierung und Wissensvermittlung in der Wissensgesellschaft, führt dazu, dass auch die soziologische Auseinandersetzung mit Universitäten im Zeitverlauf zunimmt.

Hierbei ist festzustellen, dass es keine Soziologie der Universität im Sinne einer etablierten Bindestrichsoziologie gibt. Vielmehr greift die soziologische Beschäftigung je nach Betrachtungsebene und Fragestellung auf verschiedene Bindestrichsoziologien zurück. Beispielsweise werden auf der Mesoebene häufig Erkenntnisse der Organisationssoziologie und der Professionssoziologie zur Analyse von Universitäten verwendet. Im Hinblick auf die Ausbildungsfunktion kommen hingegen eher Aspekte der soziologischen Bildungs-, Sozialisations- und Ungleichheitsforschung zur Anwendung. Einerseits führt dies zu einer hohen Flexibilität bei Forschungsthemen, -zugängen und -methoden, andererseits resultiert daraus auch eine starke Fragmentierung des Forschungsfeldes, welches wir in diesem Kapitel als Soziologie der Universität umreißen möchten.

Unsere weiteren Ausführungen nutzen die Unterscheidung von Makro-, Meso- und Mikroebene, um zentrale soziologische Perspektiven und Erkenntnisse zur Universität vorzustellen. Die Makroebene verweist auf die gesellschaftliche Einbettung der Universitäten, in der Mesoebene werden Universitäten als Organisationen in den Mittelpunkt gerückt, während wir uns auf der Mikroebene mit Forschung zu Studierenden und Wissenschaftler*innen beschäftigen. Das Kapitel schließt mit Überlegungen zu weiteren Forschungsperspektiven.

Makroebene: die Universität und ihre gesellschaftliche Einbettung

Im Folgenden wird die Makroperspektive aus drei unterschiedlichen Blickwinkeln eingenommen: Im ersten Abschnitt steht die Universität als gesellschaftliche Institution und der Wandel von gesellschaftlichen Erwartungen an Universitäten in Form von Zeitdiagnosen im Mittelpunkt. Im zweiten Abschnitt wird die Einbettung von Universitäten in nationale Hochschul- und Wissenschaftssysteme betrachtet. Hierbei stehen vergleichende Perspektiven auf institutionelle Konfiguration von

Hochschulsystemen im Zentrum. Im dritten Abschnitt werden Fragen der Steuerung und Governance von Universitäten thematisiert, da diese im Zusammenhang mit Unterschieden in nationalen politischen Strukturen variieren.

Wandel des Verhältnisses von Universität und Gesellschaft

In traditionellen Reflexionen über die Universität im 19. Jahrhundert und in der ersten Hälfte des 20. Jahrhunderts wurden Wissenschaft und Gesellschaft als voneinander unabhängige Sphären betrachtet. Nur selten wurden besondere gesellschaftliche Ansprüche und Relevanzanforderungen an Universitäten ausformuliert. Zweckfreie Grundlagenforschung, Gesellschaftsdistanz und Elitenausbildung waren Kennzeichen des Verhältnisses von Universität und Gesellschaft. Spätestens in den 1970ern Jahren wurde dieses Bild brüchig und es kommt eine negativ konnotierte Beschreibung von Universitäten als „Elfenbeinturm" auf. Die 1990er Jahre sind schließlich von einer breiten Entgrenzungsdebatte geprägt; es erscheinen mehrere wissenschaftspolitisch einflussreiche Publikationen, die einen weiterreichenden Wandel des Verhältnisses von Universität und Gesellschaft diagnostizieren. Im Zentrum steht jeweils die Annahme eines radikalen Wandels der zeitgenössischen wissenschaftlichen Wissensproduktion und der Universität als Ort der wissenschaftlichen Wissensproduktion. Studium und Lehre als Aufgabe der Universität spielen bei diesen zeitdiagnostischen Betrachtungen keine oder nur eine geringfügige Rolle. Zwei komplementäre Wandlungsdiagnosen, die unter den Bezeichnungen *mode 2* (Gibbons et al. 1994) und *academic capitalism* (Slaughter & Leslie 1997) bekannt geworden sind, werden hier exemplarisch diskutiert.

Das Buch „The New Production of Knowledge" diagnostizierte einen Wandel von einem *mode 1* zu einem *mode 2* der wissenschaftlichen Wissensproduktion (Gibbons et al. 1994). Genauer unterscheiden die Autor*innen fünf Aspekte dieses Wandels: Die Verschiebungen betreffen die Orte der Wissensproduktion, die epistemische Orientierung, die Forschungskontexte, die Qualitätsbewertung von Forschung sowie die (normative) Orientierung. Im *mode 1* sind Universitäten der zentrale Ort der wissenschaftlichen Wissensproduktion und im Mittelpunkt steht die Grundlagenforschung ohne direkten Anwendungsbezug, die gerade durch diese epistemische „Gesellschaftsdistanz" ihren gesellschaftlichen Nutzen legitimiert. Charakteristisch für *mode 1*-Forschung ist zudem, dass die wissenschaftlichen Disziplinen zentral die Wissenschaftsentwicklung beeinflussen und wissenschaftsinterne *peer review*-Verfahren der entscheidende Qualitätskontrollmechanismus sind. Forschung im *mode 1* klammert wissenschaftsexterne Wertbezüge wie beispielsweise Nachhaltigkeit oder Gerechtigkeit aus (inkl. möglicher negativer Effekte der Forschung für Mensch und Umwelt). Bei der Forschung im sogenannten *mode 2* dagegen findet die wissenschaftliche Wissensproduktion (auch) an vielfältigen Orten jenseits von Universitäten statt, die Forschung hat starke Anwendungsbezüge und ist transdisziplinär. Die Wissenschaftsentwicklung wird maßgeblich von interdisziplinären Forschungsgebieten vorangetrieben, in denen auch die wesentlichen wissenschaftlichen Innovationen entstehen. Zur Qualitätsbewertung von Wissenschaft setzen unterschiedliche Interessengruppen (z. B. Hochschul- und Wissenschaftspolitik oder Universitätsleitungen) vor allem quantitative Leistungsindikatoren ein. Kurz: Forschung soll nicht mehr im „Elfenbeinturm" stattfinden, sondern auch gesellschaftlich nützliches Wissen produzieren.

Im Zentrum der Diagnose des *academic capitalism* (Slaughter & Leslie 1997) steht die Beobachtung, dass Universitäten zunehmend unternehmerische Aktivitäten entfalten. Es entstehen so „unternehmerische Universitäten", die das Verhältnis von Universität und Gesellschaft neu kalibrieren. Diesem Wandel gehen die Autor*innen über eine Reihe von empirischen Fallstudien nach, wobei sie sich auf das US-amerikanische Hochschulsystem beschränken. Als akademischen Kapitalismus (geprägt hat den Begriff Hackett 1990) bezeichnen sie dabei zwei Arten von unternehmerischen Aktivitäten von und in Hochschulen: Erstens Aktivitäten rund um den (marktähnlichen) Wettbewerb um Drittmittel, Stipendien, Verträge, Stiftungsgelder, Partnerschaften zwischen Universität und Industrie oder auch Studiengebühren. Zweitens die de facto gewinnorientierten Aktivitäten rund um Patentierungen und Lizenzvereinbarungen, *Spin-off*-Unternehmen und Partnerschaften zwischen Universität und Industrie mit einer Gewinnkomponente, die allesamt darauf hinauslaufen, geistiges Eigentum zu kommerzialisieren. Damit eine Universität als Ganzes unternehmerisch werden kann, bedarf es auf allen Ebenen (Fakultäten, Institute etc.) einer Organisationskultur, die unternehmerisches Handeln der Hochschulmitglieder und auch der Studierenden fördert. Daraus ergibt sich ein spezifischer unternehmerischer Aktivitätsmodus der laufenden Konkurrenz um Ressourcen und Reputation von und in Universitäten (Kosmützky & Borggräfe 2012). Die Ursachen für diesen Wandel führen Slaugther und Leslie einerseits auf eine verringerte öffentliche Finanzierung von Universitäten zurück, die dadurch eher bereit sind, sich auf „kapitalistische" Aktivitäten einzulassen, andererseits auf einen erhöhten Innovationsdruck in der Industrie, die wiederum Unternehmen veranlasst, sich verstärkt an Universitäten zu wenden. Eine kritische Analyse liegt für das deutsche Hochschulsystem mit dem Buch *Akademischer Kapitalismus* vor (Münch 2011). Andere Studien betonen dagegen die Chancen dieser Entwicklungen (Clark 1998, 2004; Müller-Böling 2000). Darüber hinaus haben zahlreiche empirische Studien unterschiedliche Aspekte des Unternehmerisch-Seins und Unternehmerisch-Werdens von Universitäten untersucht, teilweise auch im internationalen Vergleich (für einen Überblick siehe Sigahi & Saltorato 2020).

Beide Diagnosen – *mode 2* und *academic capitalism* – haben viel hochschul- und wissenschaftspolitische Aufmerksamkeit, wissenschaftliche Kritik, aber auch Anerkennung erhalten.[1] Kritisch lässt sich beispielsweise einwenden, dass bestimmte wissenschaftlichen Gebiete (z. B. die Ingenieurwissenschaften) historisch bereits lange von einem Anwendungsbezug geprägt sind und Praxisdiskurse die wissenschaftliche Rationalität schon immer begleitet haben (Shinn 1997; Kaldewey 2013). Zudem zeigt neuere Forschung, dass Universitäten ihre zentrale Rolle als Ort der Wissensproduktion keineswegs eingebüßt haben und sich das Modell der Forschungsuniversität weiterhin weltweit verbreitet (Powell et al. 2017; Frank & Meyer 2020). Hinsichtlich der Reichweite des Wandels liegen disziplinäre Unterschiede nahe. Während neue inter- und transdisziplinäre Forschungsgebiete in Bereichen der Nanotechnologie, des Bioengineering oder der KI-Forschung liegen, aber auch die Hochschul- und Wissenschaftsforschung selbst gute und treffende Beispiele für *mode 2* Forschung bietet, lässt sich dies für andere Forschungsbereiche in den Naturwissenschaften, aber vor allem in den Geistes- und Sozialwissenschaften durchaus bezweifeln (Benneworth & Jongbloed 2010). Zudem lässt sich aus organisationssoziologischer Perspektive einwenden, dass es sich lediglich um eine symbolische Anpassung der Außendarstellung von Universitäten an die hochschulpolitische Erwartung handelt, eine unternehmerische Universität zu sein, während die Praxis sich nicht oder nur geringfügig ändert (Baumeler 2009; Kosmützky 2010). Auch lässt sich insbesondere für die Diagnose des *academic capitalism* fragen, wie weit dieser über unterschiedliche Hochschul- und Wissenschaftssysteme hinweg verbreitet ist und wo und warum Unterschiede bestehen (Cantwell & Kauppinen 2014; Hölscher 2016; Kosmützky & Ewen 2016). Nicht zuletzt lässt sich bemängeln, dass das Verhältnis von Universität, Wissenschaft und Gesellschaft gesellschaftstheoretisch nur rudimentär ausgearbeitet ist (Weingart 1997).

Die diskutierten Diagnosen sowie deren Kritik legen zusammengenommen nahe, dass entsprechende Wandlungstendenzen bestehen, zugleich aber empirisch genauer betrachtet werden muss, wie weit der Wandel reicht (in die Diskurse, in die Politik, in die Organisation, in die Forschungspraxis hinein), was sich wandelt (die Prozesse und Praktiken der Forschung selbst, die Steuerung, Governance und Leistungsmessung, der Policy-Diskurs und die gesellschaftlichen Erwartungen), wo der Wandel stattfindet (in Universitäten, in der Industrieforschung, international und über Disziplinen und Forschungsbereiche hinweg) und was den Wandel innerhalb und außerhalb der Wissenschaft vorantreibt (Akteure, Instanzen und Träger des Wandels).

---

1 Für einen Überblick unter Einbeziehung weiterer zeitdiagnostischer Studien und einer kritischen Diskussion siehe Hessels & van Lente (2008).

Universitäten in der institutionellen Konfiguration von Hochschulsystemen

Universitäten sind in unterschiedliche nationale Hochschulsysteme eingebettet. Die institutionellen Konfigurationen von Hochschulsystemen und die Arten von Bildungseinrichtungen des sogenannten tertiären Bildungsbereichs unterscheiden sich von Land zu Land. International vergleichende Forschung zieht zur Unterscheidung von Typen von Hochschulen unterschiedliche Merkmale heran (siehe auch Kapitel 14, Kosmützky & Wöhlert). Insbesondere werden Hochschulen danach unterschieden, ob sie ausschließlich Lehre oder auch Forschung organisieren. Eine enge Kopplung von Forschung und Lehre unterscheidet Universitäten in vielen nationalen Hochschulsystemen von anderen Bildungseinrichtungen des tertiären Bereichs. Darüber hinaus wird zwischen Universitäten mit starker Forschungsorientierung und Hochschulen mit einer Forschungsorientierung unter Anwendungsbezug differenziert. Eine andere Art der Binnendifferenzierung basiert auf vertikalen und horizontalen Differenzen (Teichler 1988): Vertikal geht es dabei in der Regel um Leistungs- oder Reputationsdifferenzen zwischen Hochschulen, horizontal um unterschiedliche fachliche Profile oder Funktionen (z. B. Volluniversitäten, technische Universitäten, fächerspezialisierte Universitäten). Darüber hinaus lassen sich Hochschulen auch nach ihrer Finanzierung und Trägerschaft (z. B. staatlich bzw. öffentlich vs. privat) unterscheiden und ganze Hochschulsysteme entsprechend ihrer generellen institutionellen Konfiguration des öffentlichen und privaten Sektors (Geiger 1988).[2]

In Anlehnung an die Klassifikation von institutionellen Konfigurationen von Hochschulsystemen von Svein Kyvik (2008), kann man aktuell folgende Typen von Hochschulsystemen unterscheiden: (a) binäre Systeme, (b) vereinheitlichte Systeme und (c) stratifizierte Systeme (siehe Tabelle 9.1).[3]

---

2 Geiger (1988) unterscheidet drei Typen von nationalen Hochschulsystemen: (1) Hochschulsysteme mit einem massiven privaten und beschränkten öffentlichen Sektor, (2) Hochschulsysteme mit einem parallelen öffentlichen und privaten Sektor und (3) Hochschulsysteme mit einem umfassenden öffentlichen und peripheren privaten Sektor. Da das deutsche System von staatlichen Hochschulen und deren öffentlicher Finanzierung bestimmt ist, lässt es sich Geigers drittem Typ zuordnen.
3 Für eine ausführliche Diskussion aller fünf Typen von Kyvik (2008) siehe auch Hüther & Krücken (2016a); für eine Diskussion alternativer Klassifikationen von Hochschulsystemen siehe Teichler (2017).

Tabelle 9.1: Institutionelle Konfigurationen von Hochschulsystemen.

Typ	Merkmale	Beispielländer
Binäres Hochschulsystem	Neben Universitäten gehören weitere Einrichtungen, die stärker anwendungs- und berufsbezogen orientiert sind (z. B. Fachhochschulen) zum Hochschulsystem, werden aber formal (durch staatliche Vorgaben) als eigener Typus von den Universitäten unterschieden	Deutschland, Niederlande, Irland, Dänemark, Schweden, Finnland, Schweiz, Schweden, Norwegen, Israel, China, Mexiko
Vereinheitlichtes Hochschulsystem	Die anwendungs- und berufsbezogene Ausbildung ist in Universitäten integriert und ehemals nicht-universitäre Einrichtungen haben den Universitätsstatus erhalten (z. B. ehemalige Polytechnics).	Großbritannien, Spanien, Australien Island, Südafrika
Stratifiziertes Hochschulsystem	Die Grenze zwischen Hochschul- und Ausbildungssystem ist fluide und die institutionelle Konfiguration ist durch eine vertikale Einteilung von Einrichtungen geprägt (z. B. Universities, Liberal Art Colleges, Community Colleges).	USA, Indien, Japan, Russische Föderation

Derartige Typen sind jedoch keinesfalls starr, da die Hochschulsysteme einem kontinuierlichen Wandel mit spezifischen Wandlungsdynamiken unterliegen. Beispielsweise zeigt sich in den meisten Systemen ein sogenannter *academic drift* von statusniedrigeren Einrichtungen, die sich zu einer Einrichtung mit höherem Status entwickeln wollen (Tight 2018; der Begriff *academic drift* wurde von Riesman 1956 geprägt). Besonders ausgeprägt ist dies in stratifizierten Systemen, wie in den USA, aber auch im deutschen binären Hochschulsystem wurden historisch betrachtet technische Schulen zu technischen Universitäten aufgewertet (König 1990). Ende der 1990er Jahre haben Fachhochschulen und Colleges in europäischen dualen Hochschulsystemen begonnen, sich als „University Colleges" und „Universities of Aplied Sciences" zu bezeichnen (Kyvik 2008). Gleichzeitig zeigt sich in vielen Ländern im Kontext des sogenannten Bologna-Prozesses und der Einführung von Bachelor- und Masterstudiengängen, dass neu geschaffene Wettbewerbe unter Hochschulen um Ressourcen und Reputation zu einer verstärkten Sichtbarkeit und faktischen Verstärkung von Statusdifferenzen führen (Musselin 2018).

Governance von Hochschul- und Wissenschaftssystemen

Nationale Unterschiede des Verhältnisses von Universität und Gesellschaft kommen nicht nur in den institutionellen Konfigurationen von Hochschulsystemen zum Ausdruck, sondern auch in der Steuerung und Governance von Universitäten (siehe Box Steuerung und Governance). Über die Schaffung von Steuerungsstrukturen greift Politik in das Hochschul- und Wissenschaftssystem ein und konfiguriert so auch ihre eigenen Eingriffsmöglichkeiten in das Hochschul- und Wissenschaftssystem sowie in Universitäten selbst. Steuerungskonstellationen von nationalen Hochschul- und Wissenschaftssystemen unterscheiden sich, weisen aber auch Gemeinsamkeiten auf, die sich typologisieren lassen.

Steuerung und Governance

Die Begriffe der Steuerung und Governance bezeichnen Paradigmen in der sozialwissenschaftlichen Forschung, die sich mit Mustern der Handlungskoordination von prinzipiell unabhängigen Akteuren – seien es individuelle oder kollektive Akteure – beschäftigt (Schimank 2007). Während unter dem Governance-Begriff typischerweise das Zusammenspiel unterschiedlicher Governance-Mechanismen (Hierarchie, Markt, Netzwerke etc.) und auch Governance-Ebenen (Staat, Organisationen, Individuen) untersucht werden, trägt der Steuerungsbegriff „Spuren" der Planungsdebatte der 1960er und 1970er und deren Planungsoptimismus hinsichtlich einer Steuerung „von oben" (sowohl in Form einer radikalen Absetzung von der Vorstellung eines Eingriffes in autonome Systeme als auch dem Festhalten an der Vorstellung von intendierter Steuerung). Governance kann man daher auch als den „moderneren" Begriff bezeichnen (Mayntz 2008). Er bezeichnet nicht nur komplexe Steuerungskonstellationen, individueller und kollektiver Akteure, sondern nimmt auch differenziert die Möglichkeit für gezielte Eingriffe und Veränderungen in den Blick (Hüther & Krücken 2016a).

Eine der bekanntesten Typologien stammt von dem US-amerikanischen Soziologen Burton Clark, der auch einer der Vorreiter der international vergleichenden Forschung zur Governance von Hochschulen ist (Clark 1983). Auf Basis einer international vergleichenden Untersuchung der Steuerung von Universitäten in unterschiedlichen Hochschul- und Wissenschaftssystemen entwickelt Clark das sogenannte Koordinationsdreieck (*the triangle of coordination*) als analytisches Modell zur Typenbildung. Hochschul- und Wissenschaftssysteme unterscheiden sich bei Clark dahingehend, wie gewichtig die drei Steuerungsmechanismen – staatliche Einflussnahme, Markt und akademische Oligarchie, das heißt die Selbststeuerung durch Akademiker*innen – im jeweiligen System sind (Clark 1983: 136 f; siehe zur Diskussion auch Hüther & Krücken 2016a: 134 f). In einer Weiterentwicklung des Modells von Clark unterscheidet Dietmar Braun vier real existierende Steuerungsmodelle: 1) das bürokratisch-oligarchische Modell, das von einer Mischung der Governancemechanismen staatliche Steuerung und akademische Oligarchie geprägt ist und beispielsweise in Deutschland, Frankreich oder auch Schweden zu finden war, 2) das bürokratisch-etatistische (Staats-)Modell, das in der ehemaligen UDSSR stark ausgeprägt war, 3) das Kollegium-Modell, das beispielsweise in Großbritannien, aber auch in Italien vorherrschte und 4) das Markt-Modell, das in den USA zu finden war (Braun 2001: 248 f).

In vielen nationalen Hochschul- und Wissenschaftssystemen sind seit Anfang der 1990er Jahre Markt und Wettbewerb zentrale Schlüsselbegriffe hochschulpolitischer Reformen geworden und es hat sich ein sogenanntes „Neues Steuerungsmodell" für die Makro-Governance verbreitet, das auch unter dem Stichwort „New Public Management" (NPM) bekannt ist (Meier 2019: 26). Den Ausgangspunkt des Wandels hin zu einer stärkeren Steuerung über Markt und Wettbewerb bildeten finanzielle Engpässe der öffentlichen Hand, die zu entsprechenden Sparprogrammen und Budgetkürzungen führten. „Mit weniger mehr erreichen" lautete im übertragenden Sinn die Devise, die sich zunächst im Politikfeld öffentlicher Verwaltungsreform verbreitete und von dort aus auf andere öffentliche Einrichtungen (z. B. Krankenhäuser, Kindergärten, Schulen) und auf Universitäten übertragen wurde (Brunsson & Sahlin-Anderson 2000). Die Steuerung erfolgt im NPM-Modell durch Quasi-Märkte, Wettbewerb und Anreize. Da es sich jedoch weiterhin um öffentliche Dienstleistungen handelt, deren Grundfinanzierung weiter staatlicherseits gewährleistet wird und für die insofern kein echter Markt vorhanden ist, kann immer nur von einem Quasi-Markt die Rede sein (Le Grand 1991; Schimank & Volkmann 2008). Grundsätzlich werden damit jedoch Markt und Wettbewerb einer hierarchischen staatlichen Lenkung als Steuerungsalternative vorgezogen. Sie sollen nicht nur zu einer besseren Verteilung der Mittel zwischen den Hochschulen führen, sondern auch den Mitteleinsatz in den Hochschulen effizienter machen. Als Rahmenbedingungen hierfür wurde eine Erhöhung von Transparenz, Autonomie und Entscheidungsspielräumen, aber auch Rechenschafts- und Berichtspflichten auf Organisationsebene angesehen (Meier 2009). Zudem erfordert eine Steuerung über Wettbewerb auch Wettbewerber*innen, die Unterschiede beziehungsweise Ungleichheiten aufweisen und entsprechend um Wettbewerbsgüter konkurrieren (Szöllösi-Janze 2021). Dies wird im Abschnitt Mesoebene nochmals thematisiert.

Damit ergibt sich nicht nur eine Verschiebung in Clarks Koordinationsdreieck hin zum Steuerungsmechanismus Markt und zu neuen Steuerungskonstellationen, sondern auch ein grundlegender Wandel des Verhältnisses von Universität und Gesellschaft.[4] Während der traditionelle „Gesellschaftsvertrag" auf einem

---

4 Diese Verschiebungen wurden in neueren Modellen zur Analyse der Makro-Governance von Universitäten ergänzt. Siehe hierzu beispielsweise den Governance-Equalizer von de Boer, Enders & Schimank (2007) oder die Indikatorik auf Basis von Clarks Idealtypen von Dobbins, Knill & Vögtle (2011).

institutionalisierten Vertrauen in Universitäten beruhte und ihnen ein sinnvoller und sorgfältiger Umgang mit öffentlichen Mitteln unterstellt wurde, zeichnet sich im Rahmen der vom NPM geprägten Steuerungskonstellation ein „New Deal" ab, der auf kontrollierbaren Verantwortlichkeiten und neuen Selbstverantwortlichkeiten basiert (Maasen & Weingart 2006: 20), die gesellschaftsweit zu zentralen Prinzipien der sozialen Organisation und Kontrolle in der sogenannten „Audit Society" (Power 1997) geworden sind.

Mesoebene: Universität als Organisation

Bei einer soziologischen Betrachtung von Universitäten auf der Mesoebene werden diese vor allem als Organisationen in den Blick genommen (siehe auch Kapitel 5, Hölscher & Marquardt). Diese Betrachtungsweise von Universitäten ist relativ neu und hat sich erst mit der Institutionalisierung der Organisationssoziologie in den 1950er und 1960er Jahren allmählich etabliert. Es kommt so zur Ergänzung der Mesoebene der klassischen Wissenschaftssoziologie: Neben die wissenschaftlichen Gemeinschaften (Gläser 2006) beziehungsweise die disziplinären Kulturen (siehe Kapitel 4, Roth) tritt als weitere Analyseeinheit der Mesoebene die Organisation. In der Folge hat sich dann eine mehr oder weniger offen ausgetragene Debatte entwickelt, welche Mesoebene wichtiger ist (z. B. Musselin 2021). Tendenziell ergibt sich hierbei, dass die Organisationsebene eher in der Hochschulforschung und die Ebene der wissenschaftlichen Gemeinschaft beziehungsweise der disziplinären Kulturen eher in der Wissenschaftsforschung betont wird. Eine Besonderheit und Stärke der deutschen wissenschafts- und hochschulsoziologischen Forschung ist wiederum die Kombination beider Perspektiven (Kosmützky & Krücken 2021).

Universität als Institution und Organisation

Aus soziologischer Perspektive kann man eine Organisation als organisierte soziale Entität bezeichnen und eine Institution als abstrakte, sozial geteilte gesellschaftliche Erwartungsstruktur. Formale Organisationen sind soziale Entitäten, die versuchen oder zumindest vorgeben, auf rationale Weise Ziele zu erreichen, eine entsprechende Organisationsstruktur haben (Organisationseinheiten, Personalstruktur, Kommunikationswege etc.) und formelle Mitgliedschaftsregeln aufweisen (Scott 1981). Anders ist dies bei Institutionen. Als gesellschaftliche Erwartungsstrukturen strukturieren sie soziales Verhalten und geben Sinn (Berger & Luckmann 1969). Institutionen handeln nicht, sie beschränken und ermöglichen Handeln, sofern Akteur*innen sich an ihnen orientieren. Sie gelten mehr oder weniger selbstverständlich und unhinterfragt (*taken for granted*) und bleiben auch dann stabil, wenn Fakten gegen sie sprechen (Scott 1995). Wenn auch Universitäten vom Beginn ihrer Geschichte im 11. Jahrhundert an organisiert waren, wurde die Universität als gesellschaftliche Bildungs- und Forschungseinrichtung bis weit in die 1970er Jahre als Institution bezeichnet und auch als solche analysiert. Die Universität wurde insoweit mit einer etablierten Praxis in Verbindung gebracht und ihr wurde oft ein entsprechend selbstverständliches Vertrauen entgegengebracht. Im Rahmen zeitgenössischer Hochschulreformen zeichnet sich – zumindest im deutschsprachigen Raum – ein Wechsel der favorisierten Begrifflichkeiten von der Institution zur Organisation ab. Dieser begriffliche Wandel indiziert einen strukturellen Wandel, bei dem sich nicht nur die gesellschaftlichen Erwartungen an die Universität, sondern auch das Selbstverständnis von Universitäten und ihre Organisationsweise ändern (Kosmützky 2010).

Bei einer soziologischen Betrachtung der Universitäten als Organisationen sind vor allem zwei Analyseperspektiven von Bedeutung. Erstens können die internen Organisationsabläufe und -prozesse im Mittelpunkt stehen (interne Perspektive). Zweitens kann analysiert werden, welche Umweltbeziehungen für Universitäten von besonderer Bedeutung sind und wie Universitäten versuchen mit diesen umzugehen (Umweltperspektive). Im Folgenden werden typische soziologische Theorien und Fragestellungen für beide Perspektiven dargestellt.

Interne Perspektive

Im Zentrum der soziologischen Diskussion zu internen Organisationsstrukturen steht die Frage, ob Universitäten als „spezifische" oder als „normale" Organisationen anzusehen sind. Im ersten Fall wird betont, dass die internen Abläufe und Prozesse in Universitäten sich stark vom formal-bürokratischen Idealtyp der Organisation von Max Weber unterscheiden, während im zweiten Fall darauf hingewiesen wird, dass sich dies im Laufe der vielfältigen Universitätsreformen seit den 1990er Jahren verändert hat und damit eine Angleichung an formal-bürokratische Organisationen vorgenommen wurde. Wenn betont werden soll, dass Universitäten spezifische Strukturen aufweisen, dann werden sie als lose gekoppelte Organisationen, als organisierte Anarchien oder als Professionsorganisationen beschrieben. Die Angleichungsperspektive dagegen verwendet vor allem das Konzept der vollständigen Organisation.

Das Konzept der losen Kopplung beschreibt, dass innerhalb der Universitäten eine Reihe von Elementen (z. B. Stellen, Abteilungen, Ziele) nur über schwache Verbindungen beziehungsweise Abhängigkeiten verfügen (Weick 1976). So weisen die Lehre oder Forschung in der Physik und der Soziologie zum Beispiel keine wechselwirkenden Verbindungen auf. Die Leistungserbringung in Untereinheiten der Organisation ist damit relativ unabhängig voneinander. In formal-bürokratischen Organisationen ist dies in aller Regel anders, hier tragen alle Untereinheiten zu einem gemeinsamen Ziel oder Produkt bei und eine Störung in einer Untereinheit hat direkten Einfluss auf die Leistungserbringung in anderen Untereinheiten beziehungsweise auf die Gesamtorganisation. Universitäten weisen auch in Bezug auf hierarchische Verbindungen zwischen den Elementen Spezifika auf: Am deutlichsten sicher dadurch, dass – zumindest im deutschen System – Professor*innen keine Fachvorgesetzen haben. Die in typischen Organisationen vorhandenen Kontroll- und Anweisungsrechte hierarchisch höherer Ebenen sind demnach nicht vorhanden: Weder Hochschulleiter*innen noch Dekan*innen können Professor*innen vorgeben, was oder wie sie lehren oder forschen sollen.

Werden Universitäten als organisierte Anarchien gekennzeichnet, wird betont, dass das klassische rationale Entscheidungsmodell viele Entscheidungsprozesse nur unzureichend erklären kann. Vielmehr folgen viele Entscheidungen dem sogenannten Mülleimer-Modell beziehungsweise „Garbage Can Model" (Cohen et al. 1972). Während das klassische Entscheidungsmodell von spezifischen Problemen ausgeht, für die möglichst effiziente Lösungen gesucht werden, wird im Mülleimer-Modell von einer losen Kopplung der Problem-Lösungssequenz ausgegangen: So können in der Organisation Lösungen von Problemen vorhanden sein, die noch gar nicht aufgetaucht sind; es können Probleme vorhanden sein, für die es keine ersichtlichen Lösungen gibt; es können Entscheidungsressourcen vorhanden sein, die einen Entscheidungszwang auslösen, der dazu führt, dass irgendeine vorhandene Lösung mit irgendeinem Problem verbunden wird – obwohl damit das Problem nicht gelöst werden kann beziehungsweise obwohl die Problemlösung damit sehr kostenintensiv ist.

Nach Cohen et al. (1972) ist die Anzahl von „Garbage Can"-Entscheidungen in Organisationen besonders hoch, wenn drei Sachverhalte gegeben sind. Erstens, wenn Organisationsziele nicht eindeutig festgelegt sind oder in Konflikt zueinander stehen (bei Universitäten z. B. Zielkonflikte zwischen Lehre, Forschung, Transfer, Frauenförderung, Nachhaltigkeit). Zweitens, wenn in der Organisation „unklare Technologien" benutzt werden, das heißt, wenn nicht vollständig bekannt ist, wie aus einem bestimmten Input ein bestimmter Output entsteht (in Universitäten ist z. B. unklar, wie genau neue Forschungsergebnisse produziert werden). Drittens, gibt es eine „fluktuierende Partizipation" in Entscheidungsarenen und/oder -prozessen. Das heißt, die Teilnehmendenzusammensetzung und/oder die Teilnehmendenaufmerksamkeit verändert sich im Entscheidungsprozess (so gibt es in Universitäten regelmäßige Wechsel bei Dekan*innen, Institutsleitungen und bei den Mitgliedern akademischer Gremien).

Auch die Kennzeichnung der Universitäten als Professionsorganisation verweist auf spezifische Abweichungen zum formal-bürokratischen Organisationstyp (Scott 1966; Mintzberg 1989). Die Abweichung entsteht dadurch, dass in Professionsorganisationen der operative Kern durch Professionsangehörige geprägt wird und diese sehr hohe Freiheitsgrade in Bezug auf die Kontrolle von Vorgesetzten und/oder von formalen Vorgaben zur Durchführung von Aufgaben in der Organisation besitzen. Klassische Professionen sind Medizin, Rechtswissenschaften und Theologie. Viele organisationssoziologische Theorien begreifen auch die Wissenschaft als eine spezifische Profession. Insofern sind Krankenhäuser, Rechtsanwaltkanzleien und Universitäten klassische Beispiele für Professionsorganisationen. Professionsangehörige benötigen die Freiheitsgrade, weil sie eine abstrakte Wissensstruktur auf Einzelfälle anwenden müssen und dies Erfahrung und Intuition benötigt. Damit verbunden ist, dass die Anwendung immer scheitern kann (Luhmann 2002: 148) und nicht durch standardisierte oder formalisierte Ablaufregeln bestimmt werden kann. Bei der Entdeckung neuer Wahrheiten müssen Wissenschaftler*innen zum Beispiel ihr methodisches und technisches Wissen auf spezifische Fragestellungen ausrichten, wobei der Erfolg auch bei großer Forschungserfahrung nicht sicher ist.

Die in den hier zitierten klassischen organisationssoziologischen Texten betonte Abweichung der Universitäten vom formal-bürokratischen Organisationsmodell wurde in den letzten beiden Jahrzenten durch eine Angleichungsthese ergänzt und relativiert. Zentraler Startpunkt dieser Diskussion war ein Artikel von Nils Brunsson und Kerstin Sahlin-Andersson (2000) in dem beschrieben wird, wie aufgrund der Reformen im öffentlichen Sektor seit den 1990er Jahren eine Angleichung von öffentlichen Organisationen an sogenannte vollständige Organisationen („complete organizations") mit Akteursstatus stattgefunden hat. Organisationsakteure verfügen über eine relativ hohe Autonomie gegenüber der Umwelt, sie besitzen eine funktionierende interne Hierarchie, die die Mitglieder steuert und kontrolliert und sie verfügen über Rationalität – sie können Ziele festlegen und Wege zur Zielerreichung bestimmen; ebenso kann festgestellt werden, ob Ziele erreicht wurden und wer dafür verantwortlich ist. Tatsächlich gibt es vielfältige Hinweise darauf, dass solche Umwandlungen stattgefunden haben: Die Autonomie der Universitäten gegenüber dem Staat hat an verschiedenen Stellen zugenommen, es gibt einen formalen Kompetenzanstieg der Universitätsleitungen und der erhebliche Ausbau von Managementkapazitäten in den Universitäten spricht für eine zunehmende Bedeutung der internen Hierarchie (Hüther 2010; Krücken et al. 2013). Außerdem versuchen Universitäten vermehrt, über Profilbildungen Ziele festzulegen und die eigenen Leistungen beziehungsweise die ihrer Mitglieder zu quantifizieren und zu evaluieren (siehe auch Kapitel 10, Reinhart; Kapitel 13, Gauch). Allerdings ist auch darauf hinzuweisen, dass die Konstruktion des Organisationsstatus vor allem auf der diskursiven Ebene – also in der Selbst- und Fremdbeschreibung der Universitäten – stattfindet, sich aber deutlich weniger stark in die Formalstrukturen und in die gelebte Praxis einschreibt. Um hier nur einige Beispiele zu nennen: Trotz hoher rechtlicher Autonomie sind Universitäten von den öffentlichen Finanzen abhängig, was die faktische Autonomie deutlich einschränkt; trotz hoher formaler hierarchischer Entscheidungskompetenzen von Universitätsleitungen werden Entscheidungen in aller Regel durch kollegiale Verhandlungen getroffen beziehungsweise zumindest vorbereitet (Kleimann 2016; Bieletzki 2018).

Diese Diskrepanz zwischen Diskurs, formalen Regelungen und gelebter Praxis kann auch als Hinweis darauf verstanden werden, dass es bei der Frage, ob Universitäten besondere oder normale Organisationen sind, nicht nur theoretisch-soziologische Aspekte relevant sind, sondern auch weitreichende praktische Fragen im Hintergrund mitlaufen. Um hier nur zwei zu nennen: Brauchen Forschung und Lehre spezifische Organisationsstrukturen oder kann eine Steuerung und Kontrolle mit den Standardmitteln von formal-bürokratischen Organisationen erfolgen? Wie stark ist der Zusammenhang von spezifischen Organisationsstrukturen und einer erfolgreichen Wissensgenerierung und Wissensvermittlung?

Umweltperspektive

Alle Organisationen und damit auch Universitäten existieren in einer sozialen Umwelt. Die soziale Umwelt besteht dabei aus einer Vielzahl von Individuen, anderen Organisationen, gesellschaftlichen Teilsystemen sowie der Gesamtgesellschaft. Für Organisationen ist dabei nicht die gesamte soziale Umwelt gleichermaßen relevant, sondern es bestehen unterschiedlich starke Abhängigkeiten gegenüber verschiedenen Umweltsegmenten. Im Fall der deutschen Universitäten besteht zum Beispiel eine starke Abhängigkeit gegenüber der Politik, weil diese die Finanzierung sicherstellen muss. Starke Abhängigkeiten führen dann auch zu größeren Beeinflussungspotentialen, was im Rahmen der *ressource dependence theory* breit behandelt wird (Pfeffer & Salancik 1978; Cobb & Davis 2010). Auch die neo-institutionalistische Organisationstheorie behandelt zentral die Umweltbeziehungen von Organisationen und betont, dass Organisationen darauf angewiesen sind, dass sie von ihrer Umwelt als legitime Organisationen anerkannt werden (Hasse & Krücken 2005; Walgenbach & Meyer 2007). Um Legitimation aufzubauen, passen sich Organisationen deshalb bestimmten Umwelterwartungen an. So schaffen Universitäten und viele andere Organisationen beispielsweise Abteilungen für Diversity Management, weil in der organisationalen Umwelt die Erwartung besteht, dass moderne Universitäten/Organisationen eine solche Abteilung haben sollten. Ob diese Abteilung dann aber tatsächlich auf der Arbeitsebene der Universitäten Diversitäts-Maßnahmen umsetzt, ist eine davon unabhängig zu untersuchende Frage. Die neo-institutionalistische Organisationstheorie rechnet zunächst einfach damit, dass Universitäten durch die Schaffung der Abteilung der Umwelt signalisieren, dass Diversity wichtig ist. Darüber hinaus geht sie grundsätzlich von der Möglichkeit einer Entkopplung von formaler Struktur (der Abteilung) und Aktivitätsstruktur (den tatsächlichen Arbeitsabläufen) aus.

Eine im Rahmen verschiedener Organisationstheorien immer wieder aufgeworfene Frage ist dabei, ob Organisationen gegenüber ihrer Umwelt eher passiv agieren oder aber durch verschiedene Strategien versuchen, Einfluss auf die Umwelt zu nehmen und sich aus Abhängigkeiten zu befreien. Unsere Ausführungen zur Umwandlung der Universitäten in Richtung „complete organization" mit Akteursstatus legen nahe, dass Universitäten nicht nur passive Einheiten sind, sondern auch versuchen, aktiv ihre Umweltbeziehungen zu beeinflussen (Hasse & Krücken 2013). In der Tat halten wir für zukünftige soziologische Analysen Fragen des strategischen Handelns von Universitäten in Bezug auf ihre Umwelt für besonders interessant (siehe hierzu auch Hüther & Krücken 2016b). Wir werden dies im Folgenden anhand eines Beispiels aus unserer eigenen Forschung darstellen.

Der aktiv strategische Umgang von Universitäten mit ihrer Umwelt wird deutlich, wenn beobachtet wird, wie Universitäten auf neue Handlungsoptionen reagieren und dabei versuchen, neue strategische Handlungsfelder zu konstruieren (zur Theorie strategischer Handlungsfelder siehe Fligstein & McAdam 2012). Ein solches Verhalten ist zum Beispiel in Bezug auf *Massive Open Online Courses* (MOOCs) zu konstatieren (Hüther et al. 2020). Nachdem 2012 ein MOOC zu künstlicher Intelligenz der Stanford Universität eine Teilnehmendenzahl von mehr als 100.000 erreichte, fand ein regelrechter Hype um MOOCs statt. Für die Universitäten eröffnete sich ein neues strategisches Handlungsfeld, sodass viele von ihnen relativ schnell solche Kurse entwickelten. Allerdings haben nicht nur Universitäten, sondern auch andere Organisationen und sogar Einzelpersonen MOOCs zunächst sehr erfolgreich angeboten. Vor allem durch Kooperationen mit anderen Universitäten wurden diese anderen Anbieter allerdings in recht kurzer Zeit marginalisiert und mittlerweile wird das globale MOOC-Handlungsfeld durch Anbieter dominiert und strukturiert, die von Universitäten gegründet wurden oder die Teil von Universitäten sind (z. B. edX, FutureLearn). Das Beispiel zeigt, dass Universitäten – nicht nur im englischsprachigen Raum[5] – aktiv versucht haben, die mit dem MOOC-Hype entstehenden Handlungsoptionen zu ihrem Vorteil strategisch zu nutzen. Weitere Beispiele für die aktive Nutzung sowie für die aktive Produktion von neuen strategischen Handlungsfeldern – allerdings nicht in Bezug auf die deutschen Universitäten – sind die Etablierung von internationalen Branch-Campus-Universitäten vor allem durch amerikanische und britische Universitäten (Kosmützky 2018).

---

5 Auch deutsche Universitäten versuchten sich als eigenständiger Anbieter von MOOCs beziehungsweise haben sich zusammengeschlossen, um MOOCs gemeinsam anzubieten. Zu nennen wäre hier z. B. der Zusammenschluss für MOOCs der führenden technischen Universitäten in Deutschland (TU9) zum „MOOC@T9" oder die Gründung von „openHPI" durch das Hasso-Plattner-Institut (HPI) der Universität Potsdam.

Mikroebene: Studierende und Wissenschaftler*innen

Als Mikrostrukturen möchten wir hier die Personengruppen der Studierenden und Wissenschaftler*innen ins Zentrum der Betrachtung rücken, und nicht, wie es beispielsweise aus einer praxistheoretischen Perspektive naheläge, die Forschungs- und Lehrprozesse. Unser Fokus erklärt sich dadurch, dass in diesem Lehrbuch Forschungsprozesse an vielen anderen Stellen eine prominente Rolle einnehmen und mit einer Betrachtung von Forschungsprozessen in Universitäten wenig neue Aspekte hinzukämen. Zudem beschäftigt sich die Soziologie kaum mit Lehrprozessen, sondern diese sind zentraler Gegenstand der Pädagogik beziehungsweise Hochschulpädagogik. Wir finden hingegen sehr vielfältige soziologische Forschungen zu Studierenden und Wissenschaftler*innen, auf die wir im Folgenden eingehen wollen.

Wir finden soziologische Forschung vor allem zu drei Personengruppen in Universitäten: Studierende, Wissenschaftler*innen und Verwaltungsmitarbeiter*innen. Die letztere Gruppe kann hier aus Platzgründen nicht thematisiert werden (siehe aber Hüther & Krücken 2016a: 245 ff.). Bevor wir auf die ersten beiden Gruppen eingehen, wollen wir noch auf einen querliegenden Aspekt hinweisen: Ein Teil der Forschungen zu den Personengruppen beschäftigt sich mit einer Reihe von individuellen, insbesondere den Lebenslauf betreffenden Entscheidungen (z. B. für ein Studium oder für eine wissenschaftliche Karriere). Während wir die Ergebnisse dieser Entscheidungen empirisch gut nachvollziehen können, gilt dies weit weniger für die Frage, wie die individuellen Entscheidungsprozesse eigentlich ablaufen. Hier gibt es zwei sehr unterschiedliche Positionen: Die Anhänger der Rational Choice-Theorie (Coleman et al. 1992) gehen davon aus, dass Individuen eine bewusste Entscheidung treffen, bei der aufgrund von subjektiver Zielpräferenz und subjektiven Erwartungen Handlungsoptionen abgewogen werden. Gewählt wird die Alternative mit dem größten Nutzen und den geringsten Kosten. Die Gegenposition verweist hingegen darauf, dass viele Entscheidungen gar keine bewusste Wahl sind, sondern unbewussten Werten, Normen, Sinnstrukturen und Handlungsroutinen folgen. Häufig wird hier mit dem Habituskonzept von Pierre Bourdieu argumentiert und zum Beispiel darauf hingewiesen, dass für bestimmte soziale Schichten eine Universitätsausbildung, die Wahl bestimmter Fächer oder die Entscheidung für einen Studienort den habituellen Sozialisationsprägungen widersprechen und damit gar nicht erst als Handlungsoption wahrgenommen werden (Ball et al. 2002).

Studierende

Bei Studierenden können die Forschungsthemen anhand der drei Studienphasen strukturiert werden: Studieneingangsphase, Studienphase und Studienabschluss beziehungsweise Übergang ins Berufsleben.

Forschung zur Studieneingangsphase beschäftigt sich vor allem mit den Entscheidungen im Hinblick auf eine Studienaufnahme, die Wahl des Studienfachs und des Hochschulortes. Zu beachten ist hierbei, dass diese Entscheidungen zwar grundsätzlich für Studierende in allen Ländern relevant sind, die Zentralität der jeweiligen Entscheidung und die möglichen Alternativen aber stark vom nationalen Kontext abhängen. So gibt es in Deutschland ein gut ausgebautes und weithin anerkanntes berufliches Ausbildungssystem, welches auch für Studienberechtigte eine relevante Alternative darstellt. In stark stratifizierten oder nach Reputation differenzierten Universitätssystemen ist hingegen die Wahl des Universitätsorts und der konkreten Universität viel relevanter im Blick auf zukünftige Berufsperspektiven als im nur schwach differenzierten deutschen Universitätssystem.

Für Deutschland können wir hier folgende empirische Ergebnisse festhalten: Rund 80 Prozent der Studienberechtigten beginnen ein Hochschulstudium. Vorteile eines Studiums gegenüber einer Berufsausbildung werden in besseren Karrierechancen, einem höheren Einkommen und einer besseren Verwirklichung eigener Interessen gesehen. Im Hinblick auf die Studienfachwahl dominieren Aspekte des Interesses und der Neigung/Begabung gegenüber Sicherheit, Status und Nachfrage auf dem Arbeitsmarkt. Während bei der Entscheidung für die Aufnahme eines Studiums also extrinsische Motive dominieren (Karriereaussichten, hohes Einkommen), findet sich bei der Studienfachwahl eine Dominanz intrinsischer Motive (Interesse, Neigung/Begabung). Bei der Wahl des Studienorts dominiert die Wohnortnähe und die Passung von Studienangebot und fachlichem Interesse, während Reputationsunterschiede kaum eine Rolle spielen (vgl. Scheller et al. 2013; Schneider et al. 2017).

Ein Kernthema der soziologischen Forschung zum Studium ist der Studienabbruch und Studienerfolg, wobei Erfolg hier mit einem erfolgreichen Abschluss gleichgesetzt wird.[6] Problematisch ist, dass über das tatsächliche Ausmaß von Studienabbrüchen in Deutschland keine verlässlichen Zahlen vorhanden sind. Dies liegt daran, dass die vorhandenen Daten keine Unterscheidung zulassen, ob jemand des Hochschulsystem dauerhaft ohne Abschluss verlässt (Studienabbruch), das Studium kurzzeitig unterbricht, einen Fachwechsel vornimmt, die Hochschule oder die Hochschulart wechselt und/oder der Abschluss an einer

---

6 Weitere Themen sind beispielsweise studentische Milieus (Engler 1993), studentisches Trinkverhalten (Franke 2018) und studentischer Aktivismus (Klemenčič & Yun Park 2018).

Hochschule in einem anderen Land stattfindet. Studienabbruchsquoten können deshalb für Deutschland nur mehr oder weniger gut geschätzt werden. Insgesamt zeigen diese Schätzungen, dass in den letzten 20 Jahren die Studienabbruchquote bei den Universitätsstudierenden etwas über 30 Prozent liegen, wobei große Unterschiede zwischen den Fächern bestehen (Heublein et al. 2020). Zumindest bisher hat die Umstellung auf Bachelor- und Masterabschlüsse nicht zu einer nachhaltigen Reduzierung der Studienabbrüche geführt. Allerdings zeigt sich, dass die Studienabbrüche früher erfolgen, was auch mit der Integration aller Prüfungsleistungen in die Abschlussnote zusammenhängen könnte.

Zur Erklärung des Studienabbruchs bieten sich zwei klassische theoretische Modelle an, die mittlerweile in der empirischen Forschung auch kombiniert werden. Das erste Modell ist das soziologisch-institutionelle Modell (grundlegend Spady 1970; Tinto 1988). In diesem wird eine nicht ausreichende Integration der Studierenden in die soziale und akademische Welt der Universitäten als zentraler Grund für den Studienabbruch angesehen. Diese Integration ist insbesondere dann gefährdet, wenn die bisherigen Einstellungen, Werte und Handlungsroutinen der Studierenden in Widerspruch zu denen der sozialen und akademischen Welt der Universitäten stehen. Findet sich im Zeitverlauf keine Anpassung der individuellen Einstellungen, Werte und Handlungsroutinen wird ein Studienabbruch wahrscheinlicher. Das zweite Modell ist das psychologisch-individuelle Modell (grundlegend Bean & Metzner 1985; Bean & Eaton 2001). Hier wird der Studienabbruch vor allem durch eine unzureichende Passung der wahrgenommen individuellen Fähigkeiten und den wahrgenommenen Anforderungen des Studiums erklärt. Individuelle Einschätzungen zu den Anforderungen, die Lernmotivation und die verwendeten Lernstrategien stehen im Mittelpunkt dieses Erklärungsmodells. Die vorhandenen Studien zeigen, dass in aller Regel ein Studienabbruch durch das Zusammenwirken mehrerer Faktoren erklärt werden muss – verschiedene psychologisch-individuelle und soziologisch-institutionelle Faktoren wirken also häufig zusammen. Für Deutschland zeigt sich, dass vor allem Leistungsprobleme, Leistungsmotivation und finanzielle Probleme zu einem Studienabbruch führen können (Heublein & Wolter 2011; Blüthmann 2014).

Zum Übergang von Absolvent*innen in den Arbeitsmarkt gibt es ebenfalls eine Reihe von soziologischen Studien. In Deutschland wird der Verbleib der Universitätsabsolvent*innen in sogenannten Absolventenstudien seit ca. 20 Jahren systematisch erfasst.[7] Es finden sich zudem einige Studien, die Vergleiche zwischen verschiedenen Ländern vorgenommen haben. Hauptfragestellung der Absolventenstudien ist dabei, ob und wie schnell eine Integration in den Arbeits-

---

7 Z.B. das Bayerische Absolvent*innenpanel (BAP), das Kooperationsprojekt Absolventenbefragungen (KOAB) und die Absolventenpanels des DZHW.

markt erfolgt, ob die Beschäftigungen horizontal und vertikal adäquat sind und ob sich die Bildungsinvestitionen im Zeitverlauf auszahlen. Die Studien zeigen ein recht einheitliches Bild: Gerade im Vergleich zu anderen Ländern werden Absolvent*innen in Deutschland relativ schnell in den Arbeitsmarkt integriert. Im Durchschnitt haben Universitätsabsolvent*innen des Prüfungsjahrgangs 2013 3,5 Monate gebraucht, um eine Beschäftigung zu finden (Fabian et al. 2016: 115). Nach dem bayerischen Absolventenpanel schätzen 73 Prozent der Universitätsabsolventen*innen des Jahrgangs 2013–2014 die erste Beschäftigung als vertikal adäquat ein, das heißt, für die Stelle wird ein Studium benötigt. Rund 69 Prozent gibt zudem an, dass die fachlichen Inhalte ihres Studiums bei der Stelle genutzt werden können (horizontale Adäquanz) und gar 76 Prozent sind mit der Beschäftigung zufrieden. Hierbei sind die Werte der Masterabsolvent*innen deutlich besser als bei den Bachelorabsolventen*innen (Wieschke et al. 2018: 449 ff.). Wird die Beschäftigung fünf Jahre nach Abschluss betrachtet, erhöhen sich diese Anteile noch und nur ein sehr geringer Anteil der Absolvent*innen ist dann noch inadäquat beschäftigt, das heißt, für die eingenommene Stelle wäre weder ein Studium erforderlich noch können die fachlichen Inhalte des Studiums auf der Stelle genutzt werden (Grotheer et al. 2012: 140). Trotz erheblich ansteigender Absolventenzahlen in den letzten 20 Jahren zeigen alle vorhandenen Studien, dass nach wie vor eine relativ schnelle und adäquate Integration der Universitätsabsolvent*innen in den Arbeitsmarkt in Deutschland vorhanden ist. Diskussionen im Hinblick auf eine „Überakademisierung" oder zur „Entstehung eines akademischen Proletariats", werden durch die vorliegenden empirischen Daten nicht unterstützt (Hüther & Krücken 2016a: 220 ff.).

Im Hinblick auf finanzielle Bildungsrenditen lässt sich folgendes zeigen: Ein Studium führt in der Regel zu höheren Bildungsrenditen als eine Ausbildung. Dies gilt bereits für ein duales Studium und verstärkt sich bei einen Fachhochschulstudium und einem Universitätsstudium (Brändle et al. 2021). Gleichfalls sind die Bildungsrenditen von Masterabsolvent*innen höher als bei den Bachelorabsolventen*innen (Trennt 2019). Ein Studium hat aber nicht nur direkte finanzielle Vorteile: Bei Akademiker*innen – nicht nur in Deutschland, sondern in fast allen OECD-Ländern – ist die Arbeitslosenquote deutlich geringer als bei Personen mit Berufsausbildung, sie leben länger, sind seltener übergewichtig und sie fühlen sich insgesamt gesünder (OECD 2021: 64 ff.).

Wissenschaftler*innen

Soziologische Forschung zu Wissenschaftler*innen beschäftigt sich insbesondere mit Karrieresystemen im internationalen Vergleich und mit Berufungsverfahren für Professuren. Bereits in Max Webers berühmtem Aufsatz *Wissenschaft als*

Beruf (1992 [1919]) werden die deutschen Karrierestrukturen mit den amerikanischen verglichen, um ihre Besonderheiten herauszuarbeiten. Und auch mehr als 100 Jahre später gilt noch immer: Wissenschaftliche Karrierestrukturen unterscheiden sich erheblich zwischen den Ländern (Enders 2000; Musselin 2004; Frølich et al. 2018). Um nur einen Unterschied konkret zu benennen: In den USA und UK sind die meisten Promovierenden Studierende, die nicht selten Studiengebühren entrichten müssen. In Deutschland und Österreich sind die meisten Promovierenden bei den Universitäten als Mitarbeiter*innen beschäftigt und beziehen ein Gehalt.

Nach Erreichen der Promotion finden sich – bei allen nationalen Unterschieden im Detail – vor allem zwei Karrieresysteme: Das Habilitationssystem und das Tenure-Track-System. Das Habilitationssystem sieht nach der Promotion eine weitere Qualifikationszeit vor, die mit der Habilitation als einem formalen Prüfungsprozess abgeschlossen wird. Die Habilitation gilt dabei als formale Zugangsvoraussetzung zur Professur. Im Tenure-Track-System erfolgt hingegen nach der Promotion eine Berufung auf eine niedrige Professur und höherwertige Professuren werden nach einer Evaluation an der gleichen Universität erreicht (Typische Stufen sind: *assistant*, *associate* und *full professor*). Hier geht es also nicht um eine weitere formale Qualifikation, sondern um eine Bewährung innerhalb der Organisation. Traditionellerweise galt das deutsche System als Prototyp des Habilitationssystems und das amerikanische als Prototyp des Tenure-Track-Systems. In den letzten beiden Jahrzehnten gibt es hier allerdings erhebliche Verschiebungen. Im amerikanischen System sind viele Stellen nicht mehr in einem Karrieretrack integriert. In Deutschland wurden hingegen mit der Juniorprofessur (ab 2006) und dem Tenure-Track-Programm von Bund und Ländern (ab 2017) Elemente des Tenure-Track Systems eingeführt. Das Karrieresystem in Deutschland ist mittlerweile als Mischtyp anzusehen. Andere Länder, etwa Finnland und die Niederlande haben eindeutiger und umfassender eine Umstellung vom Habilitations- in ein Tenure-Track-System vorgenommen (Frølich et al. 2018; Pietilä 2019)

Während wissenschaftliche Karrierestrukturen in den Ländern sehr unterschiedlich ausgestaltet sein können, trifft dies nicht auf das offizielle Auswahlkriterium für begehrte Stellen in der Wissenschaft beziehungsweise in Universitäten zu. Auch wenn dies im Einzelfall nicht so ist, müssen Auswahlprozesse in der Wissenschaft immer mit Leistungsunterschieden legitimiert werden (siehe auch Kapitel 10, Reinhart). Die von Robert Merton formulierte Universalismus-Norm innerhalb der Wissenschaft fasst diesen Sachverhalt sehr gut zusammen. Nach dieser Norm ergibt sich einerseits, dass wissenschaftliches Talent und Kompetenzen die zentralen Kriterien für Karrieren sind und anderseits, dass die Bewertung von Talent, Kompetenzen und Leistungen unabhängig von Eigenschaften wie Geschlecht, Ethnie, sexueller Präferenz, Sozialverträglichkeit oder Charakter erfolgen soll (Merton 1973 [1942]: 270).

Ob und wann gegen diese Norm in Einzelfällen oder systematisch verstoßen wurde oder wird, beschäftigt die Soziologie seit Jahrzehnten (Caplow & McGee 1958; Hargens & Hagstrom 1967; Allison et al. 1982; Beaufaÿs et al. 2012). Die zentrale Frage ist dann, ob Leistung das zentrale Auswahlkriterium ist oder aber das Leistungskriterium vor allem eine Legitimationsfassade darstellt, um die tatsächlichen Auswahlkriterien (z. B. soziale Passung, Patronage) zu verschleiern.

Die Frage der Besetzung von Professuren ist durchaus nicht trivial und auch nicht einfach zu beantworten. Dies liegt schon daran, dass die Messung von wissenschaftlicher Leistung nicht direkt möglich ist, sondern eine Vielzahl von Hilfskriterien benutzt werden können und müssen. Forschungsleistung kann so über die Anzahl von Publikationen, über die Art von Publikationen (Bücher, Artikel), über den Publikationsorte (Sammelbände, nationale oder internationale Zeitschriften), über die Anzahl von Artikeln in Zeitschriften mit einem hohen *impact factor*, über die Anzahl der Zitationen für Publikationen oder aber über die erfolgreiche Einwerbung von Drittmitteln gemessen werden (siehe auch Kapitel 13, Gauch). Hinzu kommen verschiedene mögliche Leistungsdimensionen bei der Lehre, dem Wissenstransfer sowie zunehmend bei der Wissenschaftskommunikation (siehe auch Kapitel 12, Wormer). Verkompliziert wird die Messung zusätzlich dadurch, dass in den einzelnen Fächern sehr unterschiedliche Gewichtung von Leistungsdimensionen (Forschung, Lehre, Transfer) und den dazugehörenden Leistungsindikatoren vorhanden sind (Gross & Jungbauer-Gans 2008; Musselin 2010). Während zum Beispiel in bestimmten Fächern vor allem Monographien zählen, sind in anderen Fächern englischsprachige Artikel in Zeitschriften mit hohem *impact factor* relevant.

Trotz all dieser Messprobleme zeigen die vorhandenen Studien, dass bei der Berufung von Wissenschaftler*innen auf Universitätsprofessuren Leistung durchaus eine Rolle spielt, allerdings weisen fast alle Studien auch darauf hin, dass nichtlegitime Kriterien im Sinne der Universalismus-Norm von Merton ebenfalls einen systematischen Einfluss auf Auswahlentscheidungen haben. So finden sich Effekte der sozialen Herkunft, dem Vorhandensein von einflussreichen Mentoren oder der Größe des Standortes an dem promoviert wurde (Lang & Neyer 2004; Plümper & Schimmelpfennig 2007; Jungbauer-Gans & Gross 2013; Blome 2023). Hinzu kommt, dass neuere Studien für die Soziologie und die Politikwissenschaften zeigen, dass sich in Deutschland die Leistungsprofile, die für eine Berufung ausreichen, zwischen Männern und Frauen deutlich unterscheiden (Lutter & Schröder 2016; Schröder et al. 2021). Dies mag zwar gesellschaftlich und politisch gewollt und erstrebenswert sein, bleibt aber dennoch ein Widerspruch zur Universalismus-Norm. Zudem zeigen Hüther & Kirchner (2018) für den Zeitraum von 1992 bis 2014, dass die Berufungschancen von Frauen und Männern an einer Hochschule auch davon abzuhängen scheinen, wie hoch der bereits erreichte Professor*innen-Anteil an der jeweiligen Hochschule ist. Auch dieser Effekt hat nichts mit der individuellen wissenschaftlichen Leistung zu tun und widerspricht ebenfalls der Universalismus-Norm (siehe auch Kapitel 3, Paulitz & Meier-Arendt).

Forschungsperspektiven

Wir schließen das Kapitel mit vier zentralen Forschungsperspektiven ab.

Bislang werden die Auswirkungen der immensen Bildungsexpansion, die sich seit den 1960er Jahren weltweit vollzogen hat, und der gestiegenen gesellschaftlichen Relevanz von Universitäten nicht hinreichend in der soziologischen Gesellschaftstheorie reflektiert. Seit Martin Trows Diagnose (1974) über den Wandel der Hochschulbildung wird die „Massenuniversität" beziehungsweise die „Vermassung" der Universität als reine Defizitdiagnose verstanden, die zu einer Verschlechterung der Studienbedingungen und zu einer Entwertung des Distinktionspotentials akademischer Bildungstiteln auf dem Arbeitsmarkt führt. Diese kulturpessimistische Lesart der Hochschulexpansion hat gelegentlich dazu geführt, dass andere Aspekte weniger in den Bick der Öffentlichkeit geraten. Hervorzuheben ist zum Beispiel, dass Universitäten und Hochschulen über die massiv angestiegenen Ausbildungsleistung hinaus zu einer zentralen Sozialisationsinstanz der Gesellschaft geworden sind, die über die Wissensaneignung hinaus auch Grundprinzipien der modernen Individualität vermittelt (Frank & Meyer 2020). Die veränderte Rolle, die Universitäten aufgrund dessen für die Gesellschaft haben, bleibt bisher jedoch weitestgehend unbeleuchtet.

Eine weitere mit dem gesellschaftlichen Bildungsniveau verbundene Forschungsperspektive betrifft das Verhältnis von wissenschaftlichen Expert*innen und ihrem Publikum. Klassischerweise bilden Laien das externe Publikum der Wissenschaft (Weingart 2011). Mit dem Anteil der Bevölkerung, die ein Hochschulstudium absolviert hat, und damit zumindest zeitweise im Wissenschaftssystem inkludiert war, ändert sich dieses Verhältnis. Wissenschaft wird zunehmend nicht mehr von wissenschaftlichen Laien, sondern von einer Gesellschaft beobachtet, deren Mitglieder zunehmend selbst Erfahrungen in der Wissenschaft gesammelt haben. So hat die Corona-Pandemie gezeigt, dass Besonderheiten der wissenschaftlichen Arbeitsweise (z. B. Peer-Review-Verfahren, Doppelblindstudien etc.) und aktuelle wissenschaftliche Erkenntnisse fester Bestandteil öffentlicher und medialer Diskurse geworden sind – eine Entwicklung, die noch vor wenigen Jahren undenkbar gewesen wäre. Dieser Wandel des Publikums der Gesellschaft sowie deren Rollenverschiebung werden in der Forschung zum Verhältnis von Wissenschaft und Gesellschaft bisher nicht hinreichend reflektiert.

Mit Bezug auf die Forschungsaufgabe von Universitäten und die diskutierte Zunahme einer wettbewerblichen Steuerung von Universitäten stellen sich Fragen nach den Folgen des neuen Steuerungsmodus sowohl für die wissenschaftliche Wissensproduktion insgesamt als auch für die Produzent*innen dieses Wissens. In der neueren soziologischen Literatur zum Wettbewerb im Hochschulsystem wird davon ausgegangen, dass nicht nur individuelle, sondern auch organisationale Akteure und Staaten miteinander konkurrieren und an verschiedenen Wettbewerben beteiligt sind (Musselin 2018; Brunsson & Wedlin 2021; Krücken 2021). Diese Vervielfältigung von Wettbewerbsakteuren und Wettbewerbssituationen und deren Interdependenzen (aber auch möglichen Entkopplungen) werfen vielfältige Forschungsfragen auf. Mit Bezug auf Wissenschaftler*innen stellt sich beispielsweise die Frage, welchen Einfluss die Vervielfältigung des Wettbewerbs auf deren Forschung sowie Karriereplanung und -verläufe hat (insbesondere bei befristet Beschäftigten) und inwieweit hierbei Fächerunterschiede bestehen. Mit Blick auf Universitäten ist zu fragen, wie sich organisationale Wettbewerbsambitionen hochschulintern auswirken (z. B. im Hinblick auf organisationale Struktur- und Governanceveränderungen oder dem Aufbau von Organisationsabteilungen für die Rankings). Aus Systemperspektive stellt sich die Frage, inwieweit der Wettbewerb zwischen Universitäten Diversifizierungs- und Stratifizierungsdynamiken intensiviert. Derartige Fragestellungen haben auch erhebliche wissenschaftspolitische Implikationen.

In Deutschland findet sich (bislang) keine institutionalisierte Universitäts- oder Hochschulsoziologie, während sie sich in andernorts als eigenständiges Forschungsgebiet etabliert hat. Dies ist jedoch nicht per se als Defizit zu verstehen, da sich soziologische Forschung über Universitäten in Deutschland in unterschiedlichen soziologischen Bindestrichdisziplinen – von der Arbeitsmarktsoziologie und Bildungssoziologie über die Organisationssoziologie und Professionssoziologie bis hin zur Wissenschaftssoziologie – findet. Dies hat den Vorteil, dass Forschung zur Universität auf ein reichhaltiges Theoriespektrum und auf unterschiedliche empirischen Methodenentwicklungen zurückgreifen kann. Eine Diskussion quer zu den soziologischen Fachgebieten muss dann allerdings jeweils initiiert und hergestellt werden. An der Schnittstelle von Hochschul- und Wissenschaftssoziologie findet bereits eine fruchtbare Zusammenarbeit statt (vgl. Hamann et al. 2018). Insbesondere an der Schnittstelle von Organisations- und Wissenschaftssoziologie ist eine weitere Integration der Forschung zu Wissenschaft, Universität und Organisation sehr sinnvoll. Bisher untersuchen organisationssoziologische Studien meist Governance-Arrangements und Steuerungsprozesse, während sich die Wissenschaftssoziologie auf die Produktion von wissenschaftlichem Wissen konzentriert. Ein vermehrter Fokus auf die Verkettung der Wissensproduktion mit den Organisationen, in denen diese stattfindet, wäre wünschenswert und damit auch eine stärkere Verbindung dieser Forschungsgebiete (siehe auch Kapitel 5, Hölscher & Marquardt). Ähnliches gilt für die Schnittstelle von Arbeitsmarkt- und Organisationssoziologie. Die Arbeitsmarktsoziologie untersucht typischerweise den Verbleib und die Einkommensentwicklung von Absolvent*innen der Universität, ohne die Universität als Organisation zu berücksichtigen. Umgekehrt hat sich die Organisationssoziologie bisher kaum für das Verhältnis der Universität als Organisation zum Arbeitsmarkt interessiert, dabei sind Universitäten wichtige Standortfaktoren und Arbeitgeber sowie Antriebskräfte der sozio-ökonomischen Entwicklung in ihrer Region. Eine stärkere Zusammenarbeit scheint daher auch hier fruchtbar.

Empfehlungen für Seminarlektüren

(1) Einen umfassenden Überblick zu den zentralen thematischen Perspektiven und Ergebnissen der Hochschul- und Universitätsforschung geben Otto Hüther und Georg Krücken (2016a). In Kapitel 3 werden Makro-, Meso- und Mikrostrukturen des deutschen Hochschulsystems behandelt; den jeweiligen Ebenen sind dann jeweils Unterkapitel zugeordnet.

(2) David J. Frank und John W. Meyer analysieren in ihrem Buch *The University and the Global Knowledge Society* (2020) aus einer soziologischen Makroperspektive und einer historischen Langzeitperspektive die Rolle der Universität in der globalen Wissensgesellschaft und rekonstruierten ihren Aufstieg zu einer zentralen Institution in dieser. Als selektive Lektüre eignet sich das zweite Kapitel, das die weltweite Verbreitung von Universitäten sowie verwandten Einrichtungen, die schnell von der Universität absorbiert werden oder ihr ähnlich werden, beschreibt.

(3) Drei Jahrzehnte nach seinem berühmten Aufsatz von 1974, in dem er drei Formen der Hochschulbildung unterschieden hat (Elitenbildung, Massenbildung, Universalbildung), greift Martin Trow (2007) diese in einem aktualisierten Beitrag wieder auf, erläutert nochmals ihre Merkmale und diskutiert inwieweit sie für das Verständnis moderner Hochschulsysteme, die viel größer, vielfältiger und komplexer sind als die Systeme der 1970er, nützlich sind.

(4) Eine weitere der im vorliegenden Kapitel angesprochenen klassischen Zeitdiagnosen zum Verhältnis von Universität und Gesellschaft findet sich in prägnanter Form im Artikel „The Dynamics of Innovation" von Henry Etzkowitz und Loet Leydesdorff (2000). Die Autoren fassen die zeitgenössischen Beziehungen zwischen Universität, Industrie und Staat als eng verflochtene „Triple Helix" (als Analogie zur Double Helix der DNA).

Literatur

Allison, P. D., J. S. Long & T. K. Krauze, 1982: Cumulative Advantage and Inequality in Science. *American Sociological Review* 47: 615–625.

Ball, S. J., J. Davies, M. David & D. Reay, 2002: 'Classification' and 'Judgement.' Social Class and the 'Cognitive Structure' of Choice of Higher Education. *British Journal of Sociology of Education* 23: 51–72.

Baumeler, C., 2009: Entkopplung von Wissenschaft und Anwendung. Eine neo-institutionalistische Analyse der unternehmerischen Universität. *Zeitschrift für Soziologie* 38: 68–84.

Bean, J. & S. B. Eaton, 2001: The Psychology Underlying Successful Retention Practices. *Journal of College Student Retention* 3: 73–89.

Bean, J. P. & B. S. Metzner, 1985: A Conceptual Model of Nontraditional Undergraduate Student Attrition. *Review of Educational Research* 55: 485–540.

Berger, P. L. & T. Luckmann, 1969 [1966]: *Die gesellschaftliche Konstruktion der Wirklichkeit*. Frankfurt am Main: Fischer.

Beaufaÿs, S., A. Engels & H. Kahlert (Hrsg.), 2012: *Einfach Spitze? Neue Geschlechterperspektiven auf Karrieren in der Wissenschaft*. Frankfurt, New York: Campus.

Benneworth, P. & B. W. Jongbloed, 2010: Who Matters to Universities? A Stakeholder Perspective on Humanities, Arts and Social Sciences Valorisation. *Higher Education* 59: 567–588.

Bieletzki, N., 2018: *The Power of Collegiality. A Qualitative Analysis of University Presidents' Leadership in Germany*. Wiesbaden: Springer VS.

Blome, F., 2023: *Universitätskarrieren und soziale Klasse. Soziale Aufstiegs- und Reproduktionsmechanismen in der Rechts- und Erziehungswissenschaft*. Weinheim, Basel: Juventa.

Blüthmann, I., 2014: *Studierbarkeit, Studienzufriedenheit und Studienabbruch. Analysen von Einflussfaktoren in den Bachelorstudiengängen*. Dissertation am Fachbereich Erziehungswissenschaft und Psychologie der Freien Universität Berlin. Berlin.

Brändle, T., P. Kugler & A. Zühlke, 2021: Individuelle Erträge eines dualen Studiums. *Zeitschrift für Erziehungswissenschaft* 24: 1007–1032.

Braun, D., 2001: Regulierungsmodelle und Machtstrukturen an Universitäten. In: Stölting, E. & U. Schimank (Hrsg.), *Die Krise der Universitäten*. Opladen: Westdeutscher Verlag, S. 243–262.

Brunsson, N. & K. Sahlin-Andersson, 2000: Constructing Organizations. The Example of Public Sector Reform. *Organization Studies* 21: 721–746.

Brunsson, N. & L. Wedlin, 2021: Constructing Competition for Status. Sports and Higher Education. In: Brunsson, N. & L. Wedlin (Hrsg.), *Competition*. Oxford, Oxford University Press, S. 93–111.

Cantwell, B. & I. Kauppinen (Hrsg.), 2014: *Academic Capitalism in the Age of Globalization*. Baltimore, MD: Johns Hopkins University Press.

Caplow, T. & R. J. McGee, 1958: *The Academic Marketplace*. New York, NY: Basic Books.

Clark, B. R., 1983: *The Higher Education System. Academic Organization in Cross-National Perspective*. Berkeley, CA: University of California Press.

Clark, B. R., 1998: *Creating Entrepreneurial Universities. Organizational Pathways of Pransformation*. Oxford: Published for the IAU Press by Pergamon Press.

Clark, B. R., 2004: *Sustaining Change in Universities. Continuities in Case Studies and Concepts*. Buckingham: Society for Research into Higher Education & Open University Press.

Cobb, J. A. & G. F. Davis, 2010: Resource Dependence Theory. Past and Future. In: Bird Schoonhoven, C. & F. Dobbin (Hrsg.), *Stanford's Organization Theory Renaissance, 1970–2000*. Bingley, UK: Emerald, S. 21–42.

Cohen, M. D., J. G. March & J. P. Olsen, 1972: A Garbage Can Model of Organizational Choice. *Administrative Science Quarterly* 17: 1–25.

Coleman, J. S. & T. J. Farraro, 1992: *Rational Choice Theory. Advocacy and Critique*. London: Sage.

de Boer, H., J. Enders & U. Schimank, 2007: On the Way Towards New Public Management? The Governance of University Systems in England, the Netherlands, Austria, and Germany. In: Jansen, D. (Hrsg.), *New Forms of Governance in Research Organizations. Disciplinary Approaches, Interfaces and Integration*. Dordrecht: Springer, S. 137–152.

Dobbins, M., C. Knill & E. M. Vögtle, 2011: An Analytical Framework for the Cross-Country Comparison of Higher Education Governance. *Higher Education* 62: 665–683.

Enders, J., 2000: Academic Staff in the European Union. In: Enders, J. (Hrsg.), *Employment and Working Conditions of Academic Staff in Europe*. Frankfurt am Main: German Trade Union for Education & Science, S. 29–53.

Engler, S., 1993: *Fachkultur, Geschlecht und soziale Reproduktion. Eine Untersuchung über Studentinnen und Studenten der Erziehungswissenschaft, Rechtswissenschaft, Elektrotechnik und des Maschinenbaus*. Weinheim: Deutscher Studien Verlag.

Etzkowitz, H., & L. Leydesdorff, 2000: The Dynamics of Innovation. From National Systems and 'Mode 2' to a Triple Helix of University–Industry–Government Relations. *Research Policy* 29: 109–123.

Fabian, G., J. Hillmann, F. Trennt & K. Briedis, 2016: *Hochschulabschlüsse nach Bologna: Werdegänge der Bachelor-und Masterabsolvent(inn)en des Prüfungsjahrgangs 2013*. Hannover: DZHW, Deutsches Zentrum für Hochschul- und Wissenschaftsforschung.

Fligstein, N. & D. McAdam, 2012: *A Theory of Fields*. Oxford: Oxford University Press.

Frank, D. J. & J. W. Meyer, 2020: *The University and the Global Knowledge Society*. Princeton, NJ: Princeton University Press.

Franke, R., 2018: Drinking, smoking, partying – And still graduate on time? Eine Mehrebenenanalyse zum Einfluss von adversem Studierverhalten auf den Bachelorabschluss. *Beiträge zur Hochschulforschung* 40: 34–57.

Frølich, N., et al., 2018: *Academic Career Structures in Europe. Perspectives from Norway, Denmark, Sweden, Finland, the Netherlands, Austria and the UK*. Oslo: NIFU.

Geiger, R. L., 1988: Public and Private Sectors in Higher Education. A Comparison of International Patterns. *Higher Education* 17: 699–711.

Gibbons, M., C. Limoges, H. Nowotny, S. Schwartzman, P. Scott & M. Trow, 1994: *The New Production of Knowledge. The Dynamics of Science and Research in Contemporary Societies*. London: Sage.

Gläser, J., 2006: *Wissenschaftliche Produktionsgemeinschaften. Die soziale Ordnung der Forschung*. Frankfurt, New York: Campus.

Gross, C. & M. Jungbauer-Gans, 2008: Die Bedeutung meritokratischer und sozialer Kriterien für wissenschaftliche Karrieren. Ergebnisse von Expertengesprächen in ausgewählten Disziplinen. *Beiträge zur Hochschulforschung* 30: 8–32.

Grotheer, M., S. Isleib, N. Netz & K. Briedis, 2012: *Hochqualifiziert und gefragt. Ergebnisse der zweiten HIS-HF Absolventenbefragung des Jahrgangs 2005*. Hannover: HIS.

Hackett, E. J., 1990: Science as a Vocation in the 1990s. The Changing Organizational Culture of Academic Science. *The Journal of Higher Education* 61: 241–279.

Hamann, J. et al., 2018: Aktuelle Herausforderungen der Wissenschafts- und Hochschulforschung. Eine kollektive Standortbestimmung. *Soziologie* 47: 187–203.

Hargens, L. L. & W. O. Hagstrom, 1967: Sponsored and Contest Mobility of American Academic Scientists. *Sociology of Education* 40: 24–38.

Hasse, R. & G. Krücken, 2005: *Neo-Institutionalismus*. Bielefeld: transcript.

Hasse, R. & G. Krücken, 2013: Competition and Actorhood. A Further Expansion of the Neo-Institutional Agenda. *Sociologia Internationalis* 51: 181–205.

Hessels, L. K. & H. van Lente, 2008: Re-thinking New Knowledge Production. A Literature Review and a Research Agenda. *Research Policy* 37: 740–760.

Heublein, U., J. Richter & R. Schmelzer, 2020: *Die Entwicklung der Studienabbruchquoten in Deutschland*. Hannover: DZHW.

Heublein, U. & A. Wolter, 2011: Studienabbruch in Deutschland. Definition, Häufigkeit, Ursachen, Maßnahmen. *Zeitschrift für Pädagogik* 57: 214–236.

Hölscher, M., 2016: *Spielarten des akademischen Kapitalismus. Hochschulsysteme im internationalen Vergleich*. Wiesbaden: Springer VS.

Hüther, O. & G. Krücken, 2016a: *Hochschulen. Fragestellungen, Ergebnisse und Perspektiven der sozialwissenschaftlichen Hochschulforschung*. Wiesbaden: Springer VS.

Hüther, O. & G. Krücken, 2016b: Nested Organizational Fields. Isomorphism and Differentiation Among European Universities. In: Popp Berman, E. & C. Paradeise (Hrsg.), *The University Under Pressure*. Bingley, UK: Emerald, S. 53–83.

Hüther, O. & S. Kirchner, 2018: Kritische Masse, Wettbewerb oder Legitimität? *Kölner Zeitschrift für Soziologie und Sozialpsychologie* 70: 565–591.

Hüther, O., 2010: *Von der Kollegialität zur Hierarchie? Eine Analyse des New Managerialism in den Landeshochschulgesetzen*. Wiesbaden: VS.

Hüther, O., A. Kosmützky, I. Asanov, G. Bünstorf & G. Krücken, 2020: *Massive Open Online Courses after the Gold Rush: Internationale und nationale Entwicklungen und Zukunftsperspektiven*. Hannover: LCSS.

Jungbauer-Gans, M. & C. Gross, 2013: Determinants of Success in University Careers: Findings from the German Academic Labor Market. *Zeitschrift für Soziologie* 42: 74–92.

Kaldewey, D., 2013: *Wahrheit und Nützlichkeit: Selbstbeschreibungen der Wissenschaft zwischen Autonomie und gesellschaftlicher Relevanz*. Bielefeld: transcript.

Klemenčič, M. & B. Yun Park, 2018: Student Politics. Between Representation and Activism. In: Cantwell, B., H. Coates, & R. King (Hrsg.), *Handbook on the Politics of Higher Education*. Cheltenham, Northampton: Edward Elgar, S. 468–486.

Kleimann, B., 2016: *Universität und präsidiale Leitung. Führungspraktiken in einer multiplen Hybridorganisation*. Wiesbaden: Springer VS.

König, W., 1990: Technische Hochschule und Industrie. Ein Überblick zur Geschichte des Technologietransfers. In: Schuster, H. J. (Hrsg.), *Handbuch des Wissenschaftstransfers*. Berlin, Heidelberg: Springer, S. 29–41.

Kosmützky, A., 2010: *Von der organisierten Institution zur institutionalisierten Organisation Untersuchung der (Hochschul-)Leitbilder von Universitäten*. Disseratation an der Fakultät für Soziologie der Universität Bielefeld. https://pub.uni-bielefeld.de/record/2303944 (aufgerufen am 23.12.2022).

Kosmützky, A. & M. Borggräfe, 2012: Zeitgenössische Hochschulreform und unternehmerischer Aktivitätsmodus. In: Wilkesmann, U. & C. J. Schmid (Hrsg.), *Hochschule als Organisation*. Wiesbaden: Springer VS, S. 69–85.

Kosmützky, A. & A. Ewen, 2016: Global, National and Local? Multilayered Spatial Ties of German Universities. In: Välimaa, J. & D. Hoffman (Hrsg.), *Re-Becoming Universities. Higher Education Institutions in Networked Knowledge Societies*. Dordrecht: Springer, S. 223–245.

Kosmützky, A. 2018: Tracing the Development of International Branch Campuses. From Local Founding Waves to Global Diffusion? *Globalisation, Societies and Education* 16: 453–477.

Kosmützky, A. & G. Krücken, 2021: Science and Higher Education. In: Hollstein, B. et al. (Hrsg.), *Soziologie – Sociology in the German-Speaking World*. (Special Issue, Soziologische Revue). Berlin: de Gruyter, S. 345–359.

Krücken, G., A. Blümel & K. Kloke, 2013: The Managerial Turn in Higher Education? On the Interplay of Organizational and Occupational Change in German Academia. *Minerva* 51: 417–442.

Krücken, G., 2021: Multiple Competitions in Higher Education. A Conceptual Approach. *Innovation* 23: 163–181.

Kyvik, S., 2008: *The Dynamics of Change in Higher Education. Expansion and Contraction in an Organisational Field*. Dordrecht: Springer.

Lang, F. & F. Neyer, 2004: Kooperationsnetzwerke und Karrieren an deutschen Hochschulen. Der Weg zur Professur am Beispiel des Faches Psychologie. *Kölner Zeitschrift für Soziologie und Sozialpsychologie* 56: 520–538.

Le Grand, J., 1991: Quasi-Markets and Social Policy. *The Economic Journal* 101: 1256–1267.

Luhmann, N., 2002: *Das Erziehungssystem der Gesellschaft*. Frankfurt am Main: Suhrkamp.

Lutter, M. & M. Schröder, 2016: Who Becomes a Tenured Professor, and Why? Panel Data Evidence from German Sociology, 1980–2013. *Research Policy* 45: 999–1013.

Maasen, S. & P. Weingart, 2006: Unternehmerische Universität und neue Wissenschaftskultur. *Die Hochschule* 15: 19–46.

Mayntz, R., 2008: Von der Steuerungstheorie zu Global Governance. In: Schuppert, G. F. & M. Zürn (Hrsg.), *Governance in einer sich wandelnden Welt*. Wiesbaden: VS, S. 43–60.

Meier, F., 2009: *Die Universität als Akteur. Zum institutionellen Wandel der Hochschulorganisation*. Wiesbaden: VS.

Meier, F., 2019: Trends der Hochschulentwicklung. Der Weg zur wettberblichen Organisation. In: Fähnrich, B. et al. (Hrsg.), *Forschungsfeld Hochschulkommunikation*. Wiesbaden: Springer VS, S. 25–38.

Merton, R. K., 1973 [1942]: The Normative Structure of Science. In: *The Sociology of Science. Theoretical and Empirical Investigations*. Chicago, IL: University of Chicago Press, S. 267–279.

Meyer, J. W. & Schofer, E., 2007: The University in Europe and the World. Twentieth Century Expansion. In: Krücken, G., A. Kosmützky & M. Torka (Hrsg.), *Towards a Multiversity? Universities Between Global Trends and National Traditions*. Bielefeld: transcript, S. 7–16.

Mintzberg, H., 1989: *Mintzberg on Management. Inside Our Strange World of Organizations*. New York, NY: Free Press.

Müller-Böling, D., 2000: *Die entfesselte Hochschule*. Gütersloh: Bertelsmann-Stiftung.

Münch, R., 2011: *Akademischer Kapitalismus. Zur politischen Ökonomie der Hochschulreform*. Berlin: Suhrkamp.

Musselin, C., 2004: Towards a European Academic Labour Market? Some Lessons Drawn from Empirical Studies on Academic Mobility. *Higher Education* 48: 55–78.

Musselin, C., 2010: *The Market for Academics*. New York, NY: Routledge.

Musselin, C., 2018: New Forms of Competition in Higher Education. *Socio-Economic Review*, 16: 657–683.

Musselin, C., 2021: University Governance in Meso and Macro Perspectives. *Annual Review of Sociology* 47: 305–325.

OECD, 2021: *Education at a Glance 2021*. Paris: OECD.

Paletschek, S., 2002: Die Erfindung der Humboldtschen Universität. Die Konstruktion der deutschen Universitätsidee in der ersten Hälfte des 20. Jahrhunderts. *Historische Anthropologie* 10: 183–205.

Pfeffer, J. & G. R. Salancik, 1978: *The External Control of Organizations. A Resource Dependence Perspective*. New York, NY: Harper & Row.

Pietilä, M., 2019: Incentivising Academics. Experiences and Expectations of the Tenure Track in Finland. *Studies in Higher Education* 44: 932–945.

Plümper, T. & F. Schimmelpfennig, 2007: Wer wird Prof – und wann? Berufungsdeterminanten in der deutschen Politikwissenschaft. *Politische Vierteljahresschrift* 48: 97–117.

Powell, J. J. W., D. P. Baker & F. Fernandez (Hrsg.), 2017: *The Century of Science. The Global Triumph of the Research University*. Bingley, UK: Emerald.

Power, M., 1997: *The Audit Society. Rituals of Verification*. Oxford: Oxford University Press.

Riesman, D. 1956: *Constraint and Variety in American Education. The Academic Procession*. Lincoln, NE: University of Nebraska Press.

Schimank, U., 2007: Elementare Mechanismen. In: Benz, A. et al. (Hrsg.), *Handbuch Governance. Theoretische Grundlagen und empirische Anwendungsfelder*. Wiesbaden: VS, S. 29–45.

Schimank, U. & Volkmann, U. (2008). Ökonomisierung der Gesellschaft. In: Maurer, A. (Hrsg.), *Handbuch der Wirtschaftssoziologie*. Wiesbaden: VS, S. 382–393

Scheller, P., S. Isleib & D. Sommer, 2013: *Studienanfängerinnen und Studienanfänger im Wintersemester 2011/12. Tabellenband*. Hannover: HIS.

Schneider, H., B. Franke, A. Woisch & H. Spangenberg, 2017: *Erwerb der Hochschulreife und nachschulische Übergänge von Studienberechtigten*. Hannover: DZHW.

Schröder, M., M. Lutter & I. M. Habicht, 2021: Publishing, Signaling, Social Capital, and Gender. Determinants of Becoming a Tenured Professor in German Political Science. *PLOS ONE* 16: e0243514.

Scott, R. W., 1966: Professionals in Bureaucracies – Areas of Conflict. In: Vollmer, H. M. & D. L. Mills (Hrsg.), *Professionalization*. Englewood Cliffs, NJ: Prentice-Hall, S. 265–275.

Scott, R. W., 1981: *Organizations. Rational, Natural, and Open Systems*. Englewood Cliffs, NJ: Prentice-Hall.

Scott, R. W., 1995: *Institutions and Organizations*. Thousand Oaks, CA: Sage.

Shinn, T., 1997: Crossing Boundaries. The Emergence of Research-Technology Communities. In: Etzkowitz, H. & L. Leyesdorff (Hrsg.), *Universities and the Global Knowledge Economy*. London: Pinter, S. 85–96.

Sigahi, T. F. A. C. & P. Saltorato, 2020: Academic Capitalism. Distinguishing Without Disjoining Through Classification Schemes. *Higher Education*, 80: 95–117.

Slaughter, S. A. & L. L. Leslie, 1997: *Academic Capitalism. Politics, Policies, and the Entrepreneurial University*. Baltimore, MD: Johns Hopkins University Press.

Spady, W. G., 1970: Dropouts from Higher Education. An Interdisciplinary Review and Synthesis. *Interchange* 1: 64–85.

Szöllösi-Janze, M., 2021: Archäologie des Wettbewerbs. *Vierteljahrshefte für Zeitgeschichte* 69: 241–276.

Teichler, U., 1988: *Changing Patterns of the Higher Education System. The Experience of Three Decades*. London: Taylor and Francis.

Teichler, U., 2017: Higher Education System Differentiation, Horizontal and Vertical. In: Shin J. & P. Teixeira (Hrsg.), *Encyclopedia of International Higher Education Systems and Institutions*. Dordrecht: Springer, S. 772–778.

Tight M., 2018: Institutional Drift in Higher Education. In: Shin J. & P. Teixeira (Hrsg.), *Encyclopedia of International Higher Education Systems and Institutions*. Dordrecht: Springer, S. 1755–1760.

Tinto, V., 1988: Stages of Student Departure. Reflections on the Longitudinal Character of Student Leaving. *The Journal of Higher Education* 59: 438–455.

Trennt, F., 2019: Zahlt sich ein Master aus? Einkommensunterschiede zwischen den neuen Bachelor- und Masterabschlüssen. In: Lörz, M. & H. Quast (Hrsg.), *Bildungs- und Berufsverläufe mit Bachelor und Master. Determinanten, Herausforderungen und Konsequenzen.* Wiesbaden: Springer VS, S. 371–397.

Trow, M., 1974: Problems in the Transition from Elite to Mass Higher Education. In: OECD (Hrsg.), *Policies for Higher Education. General Report on the Conference on Future Structures of Post-Secondary Education.* Paris: OECD, S. 55–101.

Trow, M., 2007: Reflections on the Transition from Elite to Mass to Universal Access. Forms and Phases of Higher Education in Modern Societies since WWII. In: Forest, J. J. F. & P. G. Altbach (Hrsg.), *International Handbook of Higher Education.* Dordrecht: Springer, S. 243–280.

Walgenbach, P. & R. E. Meyer, 2007: *Neoinstitutionalistische Organisationstheorie.* Stuttgart: Kohlhammer.

Weber, M., 1992 [1919]: Wissenschaft als Beruf. In: Mommsen, W. J. & W. Schluchter (Hrsg.), *Wissenschaft als Beruf: 1917/1919; Politik als Beruf: 1919.* Tübingen: Mohr Siebeck, S. 71–111.

Weick, K. E., 1976: Educational Organizations as Loosely Coupled Systems. *Administrative Science Quarterly* 21: 1–19.

Weingart, P., 1997: From 'Finalization' to 'Mode-2': Old Wine in New Bottles? *Social Science Information* 36: 591–613.

Weingart, P., 2011: Die Wissenschaft der Öffentlichkeit und die Öffentlichkeit der Wissenschaft. In: Hölscher, B. & J. Suchanek (Hrsg.), *Wissenschaft und Hochschulbildung im Kontext von Wirtschaft und Medien.* Wiesbaden: VS, S. 45–61.

Wieschke, J., S. Kopecny, M. Reimer, S. Falk & C. Müller, 2018: *Bildungswege und Berufseinstiege bayerischer Absolventen des Jahrgangs 2014. Ergebnisse des bayerischen Absolventenpanels (BAP).* München: IHF.

Teil III: **Wissenschaftspolitische Debatten**

Martin Reinhart

10 Wertvolle Forschung: Die Konstruktion, Produktion, Bewertung und Sicherung wissenschaftlicher Qualität

Die Qualität von Forschung wird in der Wissenschaft fortlaufend bewertet, wobei dieses Bewerten gleichermaßen auffällig sichtbar ist, aber auch gezielt unsichtbar gehalten wird. Für herausragende Forschung werden Preise verliehen, wie beispielsweise der Nobelpreis, die über die Wissenschaft hinaus für An- und Aufsehen sorgen. Universitäten werden bezüglich ihrer Qualität in Hochschulrankings bewertet und verglichen, worüber massenmedial nicht nur prominent berichtet wird, sondern was die Erfolgreichen auch dazu veranlasst, ihre Position als Ausweis ihrer Leistung und als Zeichen ihrer Reputation öffentlich herauszustellen. Augenfällig ist auch, dass Forscher*innen ihre Lebensläufe mit umfangreichem Leistungsausweis an Publikationen, Forschungsprojekten oder Vorträgen auf Webseiten präsentieren, als ob sie im Rahmen eines permanenten Stellenbewerbungsverfahrens die Bewertung ihrer individuellen Qualitäten einfordern würden. Sogar schlechte Forschungsqualität und deren Bewertung sind auffällig, ja gar spektakulär, sichtbar, wenn Irrtümer oder Fälle von wissenschaftlichem Fehlverhalten publik und als massenmediale Skandale inszeniert werden.

Während die Ergebnisse von Bewertungsprozessen oft deutlich sichtbar sind, so sind es die Prozesse, die zu diesen Ergebnissen führen, meist nicht. Kommissionen, die Preise vergeben, Doktortitel gewähren, Professuren besetzen oder Mittel für Forschungsprojekte zuweisen, tagen vornehmlich unter Ausschluss der Öffentlichkeit. Dabei stützen sie sich oft auf Gutachten, die von Expert*innen vertraulich verfasst sind und manchmal auch den darin Bewerteten nicht zur Kenntnis gegeben werden. Auch Gutachten zur Bewertung von eingereichten Manuskripten bei Zeitschriften oder Verlagen bleiben meist vertraulich, so dass Gutachten als Genre der schriftlichen Bewertung wissenschaftlicher Qualität zwar als eine der häufigsten Textsorten in der Wissenschaft überhaupt gelten können, gleichzeitig aber nur einem sehr kleinen Publikum zugänglich sind.

Neben dieser Vielfalt ist es die Häufigkeit, mit der begutachtet, bewertet, evaluiert wird, die eine Auffälligkeit des Wissenschaftssystems darstellt. Robert K. Merton hat dafür den Begriff des organisierten Skeptizismus als eine der fundamentalen normativen Orientierungen in der Wissenschaft geprägt (Merton 1973 [1942]).

https://doi.org/10.1515/9783110713800-010

Mertons Ethos der Wissenschaft

Was sind die moralischen Imperative, denen sich Forschende verpflichtet fühlen? Merton stellt sich diese Frage 1942 unter dem Eindruck der Bedrohung wissenschaftlicher Autonomie durch Krieg und Diktatur. Er identifiziert vier institutionelle Imperative, die zusammen als moralischer Kern eines wissenschaftlichen Ethos fungieren: (1) *Universalismus* bedeutet, wissenschaftliche Aussagen nach unpersönlichen Kriterien und damit unter Absehung von Kultur, Nationalität, Geschlecht, etc. zu bewerten. (2) *Kommunalismus* fordert dazu auf, Wissenschaft als gemeinschaftliches Unterfangen zu verstehen und sich auf eine offene Form der Kommunikation frei von Geheimhaltung und kapitalistischen Verwertungsinteressen zu verpflichten. (3) *Desinteressiertheit* bedeutet, wissenschaftliche Aussagen rigoros auf Wahrheit und mögliche Einflussnahme zu prüfen, um so problematische Interessensverflechtungen auszuschalten. (4) *Organisierter Skeptizismus* schließlich fordert dazu auf, sowohl die Forschung wie die Institutionen der Wissenschaft so zu organisieren, dass den Normen des Universalismus, des Kommunalismus und der Desinteressiertheit dauerhaft Genüge getan wird. Forschende halten diese Normen nicht nur deshalb für verbindlich, weil sie der Erweiterung bestätigten Wissens zuträglich sind, sondern weil sie für gut und richtig gehalten werden, so Merton.

Auffällig sind aber auch die Sichtbarkeitsverhältnisse rund um das Bewerten von wissenschaftlicher Qualität, die nicht einfach auf maximale Transparenz zielen, sondern das Resultat einer historisch gewachsenen Struktur der Qualitätssicherung darstellen. Deren Funktion ist nicht nur die Sicherung der Qualität des produzierten Wissens, indem Fehler korrigiert, methodische Standards aufrechterhalten oder originelle Beiträge als solche erkannt werden. Sie weist auch Reputation zu, sie fördert Kollegialität im Wettbewerb um diese Reputation und sie schafft einen professionellen Raum, in dem Wissensproduktion in relativer Autonomie zu gesellschaftlichen Ansprüchen – etwa aus der Politik, der Wirtschaft oder den Massenmedien – stattfinden kann. Fragen danach, wie Qualität in der Wissenschaft bewertet wird, sind damit immer auch Fragen danach, wie die Wissenschaft gesteuert und regiert wird.

Phänomene wissenschaftlichen Bewertens

Auf den ersten Blick scheint das Bewerten von wissenschaftlicher Qualität ein sehr heterogenes Phänomen zu sein (Schendzielorz & Reinhart 2020). Wie oben angedeutet können darunter so unterschiedliche Dinge wie die öffentliche Vergabe von Preisen für herausragende Leistungen oder die streng vertrauliche Untersuchung eines Verdachts auf wissenschaftliches Fehlverhalten fallen. Während diese beiden Formen des Bewertens relativ seltene Ereignisse sind, gehören andere Formen zum wissenschaftlichen Alltag. Niederschwellige und alltägliche Formen des Bewertens finden sich in jeder Forschungsgruppe, in der Kooperation und kollegialer Austausch, aber auch Konkurrenz und Streit stattfinden. In Flurgesprächen, beim Mittagessen oder beim unmittelbar gemeinsam Forschen drehen sich Gespräche immer wieder darum, ob eine benutzte Methode verbessert werden kann, ob die bestmöglichen Forschungsmaterialien verwendet werden, ob jemand von neuen und besseren Experimenten oder Argumenten weiß, bis hin zu hitzigen Debatten, ob ein bestimmtes Vorgehen noch dem Stand des Fachs entspricht oder überhaupt in der Lage ist, einen relevanten Beitrag zur anvisierten Forschungsfrage zu leisten. So beiläufig diese Formen scheinen mögen, so kommt in ihnen doch zum Ausdruck, dass zum wissenschaftlichen Alltag und für einen wissenschaftlichen Habitus eine kritische Grundstimmung gehört, die im Extremfall jeden Arbeitsschritt einer erneuten Prüfung unterziehen kann. Ein taxierender, auf Qualität gerichteter Blick gehört somit zum geteilten Grundverständnis von Wissenschaftler*innen. Das heißt nicht, dass im Forschungsalltag keine Routinen und Konventionen zu finden sind, denen selbstverständlich einfach gefolgt wird. Es heißt vielmehr, dass diese Routinen und Konventionen eine erhöhte Chance haben, problematisiert zu werden, falls sich dieser taxierend bewertende Blick aus Qualitätsgründen auf sie richtet. Ein Beispiel hierfür ist die aktuelle Kritik an statistischen Standardmethoden, die weiter unten noch diskutiert werden.

Weniger beiläufige Formen des Bewertens finden sich überall da, wo Forschungsvorhaben und Forschungsergebnisse explizit zur Diskussion gestellt werden. Der wissenschaftliche Alltag ist durchsetzt von Besprechungen in Forschungsgruppen, Workshops zum Austausch mit Fachkolleg*innen, Kolloquien zu laufenden Promotionsvorhaben, bis hin zu den regelmäßigen Konferenzen von nationalen und internationalen Fachgesellschaften, an denen Vorträge gehalten werden. Als Selbstverständlichkeit gehört zu diesen Vorträgen, dass an sie eine Diskussion anschließt, in der Verständnisfragen gestellt, kritische Diskussionsbedarfe angemerkt und manchmal auch Bewunderung oder Verachtung zum Ausdruck gebracht werden können. Schließt an einen Vortrag keine Diskussion an, in der dieser taxierende bewertende Blick zum Ausdruck kommt, stellt sich im wissenschaftlichen Feld schnell die Frage, ob es sich dabei denn überhaupt um einen wissenschaftlichen Vortrag gehandelt habe. Im Rahmen von wissenschaftlichen Konferenzen zeigt sich das schon in der Vorbereitung, indem Bewertung und Kritik stärker organisiert und formalisiert werden. Forschende bewerben sich darum, an einer Konferenz vortragen zu dürfen, indem sie ein *abstract* oder ein Manuskript einreichen, das von Fachkolleg*innen begutachtet wird.

Solche Begutachtungsverfahren, in denen ein Ergebnis wissenschaftlicher Arbeit eingereicht und von Fachkolleg*innen bewertet wird, werden allgemein als *peer review* bezeichnet (Neidhardt 2016). Bewertungsgegenstand können dabei nicht nur *abstracts* für Konferenzvorträge sein, sondern auch Zeitschriftenartikel, Bücher, Anträge für Forschungsprojekte oder Stellenbewerbungen. *Peer review*-Verfahren kommen deshalb bei Konferenzen, bei Zeitschriften, bei Verlagen, in der Forschungsförderung und bei Stellenbesetzungen zum Einsatz. Analoge Verfahren werden in der Wissenschaft auch zur institutionellen Evaluation verwendet, also beispielsweise wenn die Arbeit eines ganzen Forschungsinstituts, einer großen Forschungskooperation mit zahlreichen Partnerinstitutionen oder die Ergebnisse eines ganzen Programms zur Forschungsförderung bewertet werden sollen. Was dabei als *peer review* bezeichnet wird, kann sehr vielfältig sein. Gemeinsam ist allen Verfahren, dass ein Bewertungsobjekt vorgelegt werden muss („Postulat"), dass eine Bewertung auf der Basis von fachbezogener Expertise stattfinden muss und dass eine Entscheidung über Publikation, Förderung, Einstellung, etc. anschließt (Schendzielorz & Reinhart 2020: 115 ff.). Diese drei Verfahrensschritte können aber sehr unterschiedlich ausgeprägt sein und es können auch zusätzliche Schritte hinzukommen. Die Begutachtung kann durch eine feste Gruppe erfolgen oder durch immer wieder neu ausgewählte Fachgutachtende. Bei der Deutschen Forschungsgemeinschaft (DFG), die staatliche Mittel für Grundlagenforschung vergibt, gibt es sogar beides in Kombination: gewählte Fachvertreter*innen, die als Fachkollegien organisiert begutachten, die aber bei Bedarf externe Gutachtende hinzuziehen.

Die Deutsche Forschungsgemeinschaft (DFG)

In Deutschland wird Forschung durch öffentliche Mittel (Bund und Länder) primär auf zwei Wegen finanziert: Einerseits als Grundhaushalt für Universitäten und ausseruniversitäre Forschungseinrichtungen (beispielsweise der Max-Planck-Gesellschaft) andererseits als wettbewerblich vergebene Drittmittel über die Deutsche Forschungsgemeinschaft (DFG). Diese ist als eingetragener Verein organisiert und beschreibt sich als „Selbstverwaltungsorganisation der Wissenschaft". Anträge von Forschenden werden anhand disziplinärer Zugehörigkeit in 48 Fachkollegien begutachtet und zur Bewilligung oder Ablehnung vorgeschlagen. Dem Anspruch auf wissenschaftliche Selbstverwaltung wird dadurch Rechnung getragen, dass die Mitglieder der Fachkollegien durch die Forschenden in den jeweiligen Fächern für vier Jahre gewählt werden. Zum Hauptausschuss, der über die Vorschläge der Fachkollegien definitiv entscheidet, gehören neben Wissenschaftler*innen aber auch Vertreter*innen von Bund und Ländern. Die DFG hat nicht nur Förderprogramme für individuelle Forschungsprojekte, sondern auch für Forschungskollaborationen (beispielsweise Sonderforschungsbereiche) oder für individuelle Karrieren (beispielsweise Emmy Noether-Programm). Die DFG ist ein gutes Beispiel für das, was weiter unten als Grenzorganisation beschrieben wird.

Die Begutachtung kann durch individuelles Lesen des Postulats und Verfassen eines schriftlichen Gutachtens erfolgen, aber auch durch Diskussion einer Gruppe von Gutachtenden (*panel*), die vor Ort stattfindet. Eine solche *panel*-Begutachtung enthält manchmal auch das Element, dass die Bewerteten ihr Postulat vor Ort präsentieren und mit den Gutachtenden diskutieren. Extrem aufwändige Formen der Begutachtung können zehn oder mehr solcher Verfahrensschritte beinhalten und müssen entsprechend organisiert werden: Die Begutachtung in der Exzellenzstrategie für deutsche Universitäten (Möller et al. 2012) oder die Vergabe von Personenförderung durch das *European Research Council* (ERC) wären Beispiele dafür (Reinhart & Schendzielorz 2021a).

Was die konkreten Eigenschaften wissenschaftlicher Arbeit sind, die das Attribut „Qualität" oder „qualitativ hochwertig" tragen können, ist schwer zu bestimmen (Dahler-Larsen 2019). Häufig genannte Aspekte sind Originalität, methodische Strenge oder Widerspruchsfreiheit. Im wissenschaftlichen Alltag werden Qualitätskriterien kaum explizit definiert und oft mit „I know it when I see it" ins Auge der Betrachtenden verlagert. Dazu gehört auch, dass meist davon ausgegangen wird, dass sich Qualitätsvorstellungen zwischen den Disziplinen stark unterscheiden, aber trotzdem unterstellt wird, dass es basale Qualitäten gibt, die wissenschaftliche und nichtwissenschaftliche Arbeit abgrenzen können. In der Folge sind Versuche der Wissenschaftsforschung, Qualitätsvorstellungen zu rekonstruieren, nur begrenzt ergiebig (Guetzkow et al. 2004; Hug & Aeschbach 2020). Diese Unterbestimmtheit führt in der Bewertungspraxis oft dazu, dass einfacher bestimmbare Kriterien herangezogen werden, die man allenfalls als sekundäre Qualitäten bezeichnen könnte. So werden die Anzahl Zitate als Indikatoren für die Qualität von Publikationen genutzt oder eingeworbene Drittmittelsummen für die Qualität von Forschungsprojekten. Wie sich unten zeigen wird, macht es deshalb Sinn, davon auszugehen, dass es die Bewertungsverfahren selbst sind, die wissenschaftliche Qualität hervorbringen, womit die Performativität und Reflexivität des Bewertens in Rechnung gestellt wird.

Bewerten als gesellschafts- und sozialtheoretisches Phänomen

Bewertungsprozesse sind grundlegend dafür, wie wir als Individuen und Kollektive die Welt wahrnehmen und gestalten (Krüger & Reinhart 2016). Schon Georg Simmel hatte betont, dass es sich hier um ein elementares sozialtheoretisches Phänomen handelt:

> Man macht sich selten klar, dass unser ganzes Leben [...] in Wertgefühlen und Wertabwägungen verläuft und überhaupt nur dadurch Sinn und Bedeutung bekommt, dass die mechanisch abrollenden Elemente der Wirklichkeit über ihren Sachgehalt hinaus unendlich mannigfaltige Maße und Arten von Wert für uns besitzen (Simmel 2008 [1900]: 25).

Denkt man in dieser Allgemeinheit über das Phänomen nach, so lässt sich das Bewerten in zwei Momente zerlegen: Zuschreiben („Wertgefühle") und Vergleichen („Wertabwägungen"). Der Wert eines Objekts besteht damit nicht einfach in einer intrinsischen Eigenschaft, etwa der Schönheit eines Gemäldes oder der Seltenheit eines Rohstoffes, sondern darin, dass dem Objekt zugeschrieben wird, überhaupt wertvoll genug zu sein, um bewertet zu werden, und es sich dann im Vergleich zu anderen ähnlichen Objekten einordnen lässt. In der Praxis lassen sich diese Momente jeweils nur schwer auseinanderhalten: Eine Rangliste von vielzitierten Publikationen impliziert beispielsweise gleichzeitig, dass Publikationen in der Wissenschaft an sich etwas Wertvolles sind und dass sie sich anhand von Zitationen miteinander vergleichen lassen. Ein derartiges Zusammenspiel des Zuschreibens und Vergleichens von Wert bildet die Grundlage dafür, was gesellschaftlich als sinnvoll oder bedeutsam angesehen werden kann (Krüger & Reinhart 2017).

In diesem allgemeinen Sinn ist das Bewerten ein fast unsichtbares Phänomen, weil soziale Akteure in ihrem Tun nicht anders können, als laufend Wertzuschreibungen und Wertabwägungen vorzunehmen. Gerade weil dies laufend und implizit geschieht, treten immer wieder Störungen auf, wenn unterschiedliche Bewertungen aufeinandertreffen. Eine Universität ist beispielsweise nicht mit der Rangierung im neuesten Hochschulranking einverstanden und hinterfragt damit nicht nur das Ergebnis, sondern auch die Methode der vorgenommenen Bewertung. Über solche Störungen und Widersprüche kommt ein gesellschaftlicher Prozess in Gang, der die Bewertungsprozesse selbst problematisiert und auf deren Explizierung oder gar Formalisierung drängt. Das Resultat davon sind Bewertungs*verfahren*, oder, wie der französische Neopragmatismus sagen würde, „Tests" (Potthast 2017). Verfahren oder Tests explizieren das Bewerten nicht nur in sichtbarer Weise, sie machen es auch kritisierbar und damit gestaltbar. Beispiele hierfür finden sich in allen gesellschaftlichen Bereichen, aber in Wissenschaft und Bildung sind sie besonders prägnant (Schulnoten, Abitur, Promotion, Berufsabschlüsse, etc.). Die Sichtbarkeit und Erwartbarkeit dieser Tests führen dazu, dass diejenigen, die sich ihnen unterziehen müssen oder wollen, sich darauf vorbereiten. Durch das Lernen aufs Abitur oder durch das Schreiben einer Dissertation zur Promotion produzieren die zu Bewertenden schon im Vorgriff auf das eigentliche Bewertungsverfahren die eingeforderten Qualitäten. Für den Fall der Hochschulrankings wird dies von Wendy Sauder und Michel Espeland (2009) eindrücklich dargestellt. In diesem Sinne messen Bewertungsverfahren nicht einfach die Qualität von etwas, sondern bringen diese überhaupt erst hervor (Schendzielorz & Reinhart 2020: 113–115).

Damit lässt sich sagen, dass Bewertungsverfahren performativ und reflexiv sind. Performativ sind sie in dem Sinne, dass Akteure sich ihnen unterwerfen (müssen) und damit erzeugen, was die Verfahren zu bestimmen versuchen. Reflexiv sind sie, weil sie den Akteuren ermöglichen, durch Kritik zur Umgestaltung der Verfahren oder durch Boykott zu deren Abschaffung beizutragen.[1] Die Wissenschaftsforschung adressiert diese Themen, indem sie nach den gesellschaftlichen Bedingungen und Folgen der Performativität und Reflexivität von Bewertungsverfahren fragt. Michael Power spricht in diesem Zusammenhang von einer „audit society" (1997), Peter Dahler-Larsen von einer „evaluation society" (2012) und zunehmend tauchen jetzt auch Diagnosen eines „Plattformkapitalismus" auf (Mirowski 2018). Das Phänomen bleibt entsprechend nicht auf die Wissenschaft beschränkt, sondern betrifft die Gesellschaft als Ganze. Herausgebildet hat sich auch eine spezialisierte Literatur, die stärker am Funktionieren einzelner dieser Bewertungsverfahren interessiert ist. Michèle Lamont bezeichnet diese als „comparative sociology of valuation and evaluation" (2012), die mit „Valuation Studies" seit 2013 auch eine eigene Zeitschrift kennt.

Peer Review als spezifisches Bewertungsformat der Wissenschaft

Das augenfälligste Bewertungsverfahren in der Wissenschaft ist das *peer review*. Dieses gibt es in unzähligen Formen, so dass sich die Frage stellt, ob diese alle unter einem Begriff subsumiert werden können. Die Bewertungsobjekte können sehr unterschiedlich sein: Manuskripte, Projektanträge, Lebensläufe oder institutionelle Selbstberichte. In die Begutachtung können nur wenige Expert*innen involviert sein, die aus der Ferne ein Gutachten verfassen, oder eine größere Gruppe, die vor Ort als *panel* tagt. Die notwendige Expertise zur Bewertung kann sehr eng und fachbezogen, aber auch nur sehr allgemein wissenschaftsbezogen sein. Aufgrund dieser Heterogenität ist eine Konvention in der Wissenschaft, vor allem die Begutachtung bei Zeitschriften und bei der Forschungsförderung als *peer review* zu bezeichnen, während institutionelle Evaluationen und Stellenbesetzungsverfahren oft ausgeklammert werden. Im Gegensatz dazu soll hier aus drei Gründen an einem umfassenderen *peer review*-Begriff festgehalten werden.

(1) Theoretisch lässt sich trotz der Heterogenität argumentieren, dass all diesen Verfahren ähnliche Steuerungsfunktionen zukommen, die die relative Autonomie der Wissenschaft begründen. Dietmar Braun spricht in diesem Zusammenhang vom „Dualismus von Regulierungsanspruch und korporatistischer Selbstverwaltung" (1997: 100; siehe auch Neidhardt 2016). (2) Praktisch lässt sich zeigen, dass sich die

---

1 Die hier zugrunde gelegte Unterscheidung von „exit", „voice" und „loyalty" stammt von Hirschman (1970). Eine weiterführende theoretische Auseinandersetzung zur Reflexivität öffentlicher Kritik findet sich bei Boltanski & Thévenot (1999).

Verfahren als Ganzes zwar stark unterscheiden, dass sie aber jeweils aus ähnlichen Verfahrenselementen zusammengesetzt sind (Schendzielorz & Reinhart 2020). (3) Methodisch besteht das Problem, dass die Wissenschaftsforschung zum *peer review* vor allem aus Fallstudien zu einzelnen Verfahren besteht, so dass ein Mangel an vergleichenden Arbeiten einen fragmentierten Forschungsstand zurücklässt (Hirschauer 2004). Es ist vor allem das *peer review* bei Zeitschriften und in geringerem Umfang in der Forschungsförderung, zu dem zahlreiche empirische Forschungsarbeiten vorliegen.

Der Stand der Forschung zum *peer review* ist ungewöhnlich, weil vergleichsweise wenige empirische Studien vorliegen, die eindeutig in der Literatur der Wissenschaftsforschung verankert sind (Reinhart 2012). Viele Arbeiten stammen von (ehemaligen) Verfahrensbeteiligten wie etwa Zeitschrifteneditoren, die dadurch einen privilegierten Datenzugang haben und mit primär praxisorientierten Fragestellungen arbeiten („wie lässt sich unser Verfahren verbessern?"). Auch sind viele Arbeiten einem Defizitmodell verpflichtet, gehen also von einem spezifischen Mangel des *peer review* aus und suchen diesen zu bestätigen beziehungsweise Vorschläge zu dessen Behebung zu machen (Reinhart & Schendzielorz 2021b). Trotzdem lassen sich aus der Summe dieser Arbeiten einige Schlussfolgerungen ziehen (Guthrie et al. 2018; Neidhardt 2016): Ob *peer review*-Verfahren valide sind, also gute und schlechte Qualität unterscheiden können, lässt sich direkt nicht beantworten, unter anderem weil Verfahren wie oben beschrieben performativ und reflexiv sind. Zeigen lässt sich aber, dass es eher die Ausnahme als die Regel ist, dass sich Gutachtende in ihrem Urteil einig sind (geringe Reliabilität). Gut bestätigt ist auch, dass sich die Auswahlentscheidungen erheblich ändern, wenn andere aber gleichermaßen qualifizierte Gutachtende zum Einsatz kommen. Valide scheinen die Verfahren in dem Sinne, dass der frühere Erfolg von Begutachteten eine gute Vorhersage für den Erfolg in zukünftigen Begutachtungsverfahren ermöglicht. Letzteres wirft die Frage auf, inwiefern im *peer review* ein „old boys network" am Werk ist und dadurch Entscheidungen nach nicht universellen Kriterien gefällt werden. Gut nachweisbar ist ein solches Defizit in Bezug auf die Nationalität von Begutachteten, die insbesondere bei Zeitschriften als *Bias* deutlich ist. Ob es eine generelle Benachteiligung von jüngeren und weiblichen Forschenden gibt, ist umstritten und deutet daraufhin, dass es eher vor und nach dem *peer review*, etwa durch institutionelle Karrierehindernisse, zu Benachteiligungen kommt.

Aufschlussreicher sind Arbeiten, die eine prozessuale Perspektive einnehmen; die sich also weniger für die Ergebnisse von *peer review*-Verfahren interessieren, sondern für deren verfahrensförmigen Ablauf. Melinda Baldwin (2018) etwa kann zeigen, dass die Einführung von externen Gutachtenden in der staatlichen Forschungsförderung eine entscheidende Verfahrensmodifikation war, um politische Unabhängigkeit zu sichern. Michèle Lamont zeigt, dass bei interdisziplinär zusammengesetzten *panels* ein Aushandlungsprozess stattfindet, in dem fachspezifische Qualitätskriterien durch Fairnesskriterien ergänzt oder gar überlagert werden (Lamont 2009; Mallard et al. 2009). Stefan Hirschauer (2005, 2010, 2015) kann zeigen, dass die Funktion von Zeitschriften, die Lesezeit einer Disziplin zu kalibrieren, in eine komplexe kommunikative Interaktion im *peer review* hineinwirkt. Durch ethnographische teilnehmende Beobachtung vollzieht er im Detail nach, wie Gutachtende nicht einfach nur ein Urteil abgeben, sondern ihre Einschätzungen in der Kommunikation mit Autor*innen, Herausgeber*innen und anderen Gutachtenden auf deren Erwartungen ausrichten und in der Interaktion immer wieder strategisch anpassen. Als Resultat solcher Arbeiten wird deutlicher, dass Begutachtungsverfahren einerseits nicht einfach Messverfahren für wissenschaftliche Qualität sind und ihre Entscheidungsvalidität problemlos optimiert werden können. Andererseits sind sie intern komplex, weil sie an der Konstruktion und Produktion wissenschaftlicher Qualität mitbeteiligt sind und dadurch Funktionen erfüllen, die über einzelne Verfahrensentscheidungen hinaus reichen.

Bewerten und Autonomie der Wissenschaft

Peer review ist offensichtlich nicht nur vielfältig, sondern funktioniert auch als Regierungsprinzip der Wissenschaft. Die Allgegenwärtigkeit des Bewertens zeigt sich in der Wissenschaft als eine dezentrale Form des Regierens und Steuerns (Zuckerman & Merton 1971; Jasanoff 1990: 61 ff.; Weingart 2001: 284 ff.). Entscheidungen darüber, welche Forschungsthemen, welche Theorien und Methoden, welche Institutionen und welche Forschenden wichtig und erfolgreich sind, finden verteilt über *peer review*-Verfahren an unterschiedlichsten Orten statt (Zeitschriften, Forschungsförderungsorganisationen, Fachgesellschaften, Universitäten, etc.) und entziehen sich damit einer gezielten Steuerung, etwa durch nationalstaatliche Politik. Aus diesem Grund wird in der Literatur oft nicht von Regierung, sondern von *governance* gesprochen. Eine dezentrale Steuerungsform wird in Verbindung damit gebracht, dass der Wissenschaft ein überdurchschnittliches Maß an Autonomie zukommt oder zukommen sollte (Wilholt 2012). Politisch kommt diese Autonomie in gesetzlichen Sonderregelungen zur Wissenschaftsfreiheit zum Ausdruck; im deutschen Grundgesetz beispielsweise in Paragraph 5: „Forschung und Lehre sind frei". Praktisch bedeutet dies, dass die Erwartung besteht, dass Entscheidungen, die die Wissenschaft betreffen, nach wissenschaftlichen Qualitätsmaßstäben getroffen werden sollten, die wiederum in disziplinären Forschungskulturen verankert sein müssen (siehe auch Kapitel 4, Roth). Da solche Entscheidungen nicht an Akteure außerhalb der Wissenschaft delegiert werden können, da es dort an Fachexpertise mangelt, sind es die beschriebenen Begutachtungsverfahren, in denen nicht nur die Qualität des Wissens gesichert wird, sondern auch die gesellschaftliche Autonomie der Wissenschaft.

Es ist eine historische Besonderheit, dass Bewertungsverfahren und Qualitätsfragen zum zentralen Moment der Steuerung und Regierung von Wissenschaft werden. Die Entstehung der Wissenschaft als gesellschaftlicher Sonderbereich im 16. und 17. Jahrhundert in Europa geht mit der Lösung zweier Probleme einher (Shapin 1994; Biagioli 2002). Einerseits entstehen neue Formen der Wissensproduktion, die im Empirismus und der Ablehnung traditioneller Wissensautoritäten (Scholastik und Kirche) begründet sind. Diese fordern im Prinzip jeden und jede auf, „im Buch der Natur zu lesen" und durch unvoreingenommene empirische Betrachtung der Welt neue Erkenntnisse zu produzieren. Dabei ist vorerst unklar, welches neue Wissen als zuverlässig und welche Wissensproduzenten als vertrauenswürdig gelten können. So finden sich in den ersten Ausgaben der *Philosophical Transactions* der *Royal Society* neben Berichten von physikalischen Experimenten ihrer Mitglieder auch aus heutiger Sicht gänzlich unwissenschaftlich oder irrelevant wirkende Berichte, etwa von Handelsreisenden, die über fremde Völker mit Gesichtern zwischen den Schultern berichten. Andererseits wird neues Wissen dringend gebraucht, beispielsweise im Minenbau, der Schiffsnavigation oder dem Waffenbau, wodurch die Verfügung über dieses Wissen gesellschaftliche Macht verspricht, die aber vorerst nicht unter Kontrolle der herrschenden politischen Autoritäten (König, Kirche) steht. Die gleichzeitige Lösung beider Probleme ist am augenfälligsten in England, wo kraft königlicher Satzung 1660 eine wissenschaftliche Gesellschaft (*Royal Society*) gegründet wird, deren Mitglieder dem Adelsstand angehören.[2] Als *peers* (wörtlich: gleich, ebenbürtig; meint aber: hochadlig) stellen diese in staatstragender Funktion sicher, dass das publizierte Wissen den politischen Status Quo nicht gefährdet und werden dafür von der Zensur ausgenommen, um wissenschaftlich publizieren zu können. Die Kontrolle des zu Publizierenden geschieht dann im Kreis der *peers*, die Zuschriften begutachten und dabei auch gleich auf ihre wissenschaftliche Qualität prüfen; deshalb *peer review*.

Auch wenn sich sicher keine gradlinige historische Entwicklung aus dem 17. Jahrhundert in die Gegenwart verfolgen lässt, so kann man doch sagen, dass diese doppelte Leistung, auf der die relative Autonomie der Wissenschaft gründet – Qualitätssicherung nach innen und Legitimierung nach außen – weiterhin erbracht wird. Dies geschieht nicht mehr durch eine einzelne Fachgesellschaft wie die *Royal Society* mit privilegierten Beziehungen zu politischen Autoritäten,

---

2 Die Gründungsgeschichte der Royal Society hat in der Wissenschaftsforschung viel Aufmerksamkeit erhalten, weil sie als exemplarischer Fall für die Institutionalisierung moderner Wissenschaft im 17. Jahrhundert gesehen werden kann. Zu Fragen des Bewertens von Forschung liefern die Arbeiten von Zuckerman & Merton (1971) und Shapin (1994) einen guten Einstieg.

sondern durch eine ganze Landschaft von Bewertungspraktiken. Zwei Entwicklungen können verdeutlichen, wie sich diese relative gesellschaftliche Autonomie gegenwärtig darstellt.

Erstens ist die Verbreitung und Formalisierung von *peer review*-Verfahren eine Reaktion auf Entwicklungen in den 1960er und 1970er Jahren, um der Politisierung der Forschungsförderung durch parteipolitische Interessen entgegen zu wirken (Baldwin 2018). David Guston (2000) spricht davon, dass eine Art Gesellschaftsvertrag entstanden ist, der die öffentliche Finanzierung von Wissenschaft an allgemeine Rechenschaftspflichten gegenüber der Politik bindet, aber ohne dass dadurch Einfluss auf Themen und Inhalte der Forschung stattfinden sollen. Trotzdem ist seit den 1980er Jahren eine zunehmend an Themen und Inhalten interessierte Wissenschaftspolitik zu beobachten, die von der Forschung beispielsweise mehr gesellschaftliche Relevanz oder mehr Interdisziplinarität einfordert (Flink & Kaldewey 2018). Als Folge tauchen diese Forderungen einerseits zunehmend als thematische Setzungen für Programme der Forschungsförderung auf. Programme, die gezielt nur anwendungsbezogene, interdisziplinäre, translationale oder gar Forschung mit nichtwissenschaftlichen Akteuren (*citizen science*) fördern, sind ein Instrument, mit dem öffentlichen und politischen Rechenschaftsforderungen nachgekommen wird (siehe auch Kapitel 11, Hamann & Schubert). Andererseits tauchen diese Themen vermehrt auch als Qualitätskriterien im *peer review* selbst auf, wo sie mehr oder weniger gleichberechtigt neben fachnahen Kriterien wie methodischer Strenge oder Originalität bei der Bewertung zur Anwendung kommen.

Zweitens ist der gesamtgesellschaftliche Trend zur vermehrten Evaluation (Power 1997) auch in der Wissenschaft zu beobachten, wo er in Kombination mit digitalen Formen der Kommunikation und sozialer Medien neue Bewertungsphänomene produziert. Ein Trend zur vermehrten Evaluation in der Wissenschaft heißt, dass neben den allgegenwärtigen und informellen Praktiken des Bewertens eine Zunahme an formalisierten Evaluationsverfahren zu verzeichnen ist. Hochschulrankings sind hierfür ein gutes Beispiel, weil sie einerseits ein außerwissenschaftliches Publikum adressieren und andererseits nur peripher auf fachbezogene Expertise für die Bewertung angewiesen sind (Hazelkorn 2014). Grundlage hierfür sind quantifizierbare Informationen über die Wissenschaft, die dann als statistisch nutzbare Indikatoren verwendet werden können. Für Hochschulrankings sind das beispielsweise die Anzahl hochzitierter Publikationen einer Universität. Viele dieser quantifizierbaren Informationen sind Metadaten wissenschaftlicher Kommunikation, die wertend gedeutet werden können; so wenn Zitate als Einfluss, Reputation oder Qualität gedeutet werden. Da wissenschaftliche Kommunikation in der Zwischenzeit mehrheitlich digital stattfindet, entstehen auch hier in großem Umfang Metadaten, die sich für Bewertungen nutzen lassen. *Tweets*, *downloads*, *views*, etc. sind Bestandteil sog. alternativer Metriken (*altmetrics*), die für die Bewertung von Forschungsarbeiten,

Forschenden und Forschungsorganisationen herangezogen werden und die die Bedeutung von digitalen Kommunikationsplattformen (*social media*) im wissenschaftlichen Alltag zum Ausdruck bringen (Sugimoto et al. 2017; siehe auch Kapitel 13, Gauch).

Bewerten zur Steuerung und Regierung der Wissenschaft

Wie oben beschrieben, zieht sich der organisierte Skeptizismus durch unzählige informelle Praktiken und formalisierte Verfahren des Bewertens, die nach innen auf unterschiedlichste Qualitätsanforderungen einer nach Disziplinen differenzierten Wissenschaft Rücksicht nehmen und die nach außen für unterschiedlichste Anspruchsgruppen in multipolaren Wissensgesellschaften Anschlüsse schaffen. Dass die Frage „is it peer reviewed?" zunehmend auch im massenmedialen Diskurs auftaucht, belegt die Schlüsselstelle, die Bewertungsverfahren dabei einnehmen, täuscht aber auch über die Vielfältigkeit dieser Landschaft hinweg. Es ist eben nicht nur das *peer review*, sondern eine ganze Reihe von Institutionen, die dies leisten. Zwei davon sollen hier exemplarisch herausgegriffen werden: Grenzorganisationen und soziale Bewegungen.

David Guston (2001) bezeichnet jene Organisationen als Grenzorganisationen, die zwischen der Wissenschaft und anderen gesellschaftlichen Akteuren vermitteln. Staatliche Forschungsförderungsorganisationen sind hierfür ein klassisches Beispiel, weil sie gegenüber der Wissenschaft für die Bereitstellung und Verteilung öffentlicher Forschungsmittel sorgen und gegenüber der Politik für Rechenschaft über deren Verwendung. Dass dies mehrheitlich über *peer review* als Bewertungsverfahren geschieht, ist dabei nicht zwingend, wie man an anderen Grenzorganisationen sehen kann. Guston erwähnt zum Beispiel Organisationen, die geschaffen wurden, um Fällen wissenschaftlichen Fehlverhaltens nachzugehen, in den USA etwa das *Office of Research Integrity*. Deren Bewertungsverfahren sind eher dem Rechtssystem entliehen und resultieren in Sanktionen gegen inkriminierte Forschende. Ihre Grenzfunktion besteht darin, nach innen ein Minimum an Forschungsqualität abzusichern und nach außen für Legitimität zu sorgen.

Während Grenzorganisationen, wie der Name sagt, Grenzarbeit leisten, gibt es in dieser Bewertungslandschaft auch zunehmend soziale Bewegungen, die über die Grenze der Wissenschaft hinweg aktiv sind und Fragen der Forschungsqualität adressieren. Als soziale Bewegungen werden sie hier bezeichnet, weil sie von einer Unzufriedenheit bezüglich der Qualität von Forschung ausgehen, die dann zu kollektiven Aktivitäten von Forschenden führt, die vorerst nur temporär und minimal organisiert sein können (Hess et al. 2008). Austausch und Koordination findet dann vermehrt über soziale Medien und durch den Einsatz algorithmischer Tools statt. Ein in Deutschland prominentes Beispiel ist *VroniPlag Wiki*,[3] wo Plagiate in Doktorarbeiten aufgedeckt und dokumentiert werden (Hesselmann & Reinhart 2020). Die Zusammenarbeit der mehrheitlich anonymen Gruppe findet offen über eine Wiki-Plattform statt und die Ergebnisse der oft minutiösen Dokumentation von Plagiaten, erregen immer wieder großes mediales Interesse; nicht zuletzt, weil so auch Personen des öffentlichen Lebens, insbesondere aus der Politik, überführt wurden. Dieses Plagiate aufdeckende Bewertungsverfahren problematisiert nicht nur ein anderes bestehendes Verfahren in der Wissenschaft (die Promotion), sondern involviert auch nichtwissenschaftliche Akteure in der Bewertung von Forschungsqualität. Weitere Beispiele für soziale Bewegungen zu Forschungsqualität finden sich im nächsten Abschnitt.

Zusammengefasst ergibt sich folgendes Bild: Das Bewerten von wissenschaftlicher Leistung und Qualität ist allgegenwärtig und vielfältig, so dass man bildlich sagen könnte, dass das Feld der Wissenschaft durch eine Landschaft von Bewertungspraktiken strukturiert ist. Diese Bewertungspraktiken sind auf zwei primäre Ziele ausgerichtet, einerseits auf die Sicherung einer minimalen Qualität und andererseits auf die Auszeichnung besonders wertvoller Forschung. Obwohl viele Bewertungspraktiken alltäglich und informell ablaufen, sind es vor allem formalisierte Bewertungsverfahren,[4] wie das *peer review*, denen eine Steuerungs- oder Regierungsfunktion zukommen. Diese Steuerungsfunktion regelt innerhalb der Wissenschaft, welche Forschung finanziert und publiziert wird, welchen Arbeiten und Akteuren Aufmerksamkeit und Reputation zukommt. Gleichzeitig regeln diese Verfahren aber auch das Außenverhältnis der Wissenschaft zur Gesellschaft, indem sie eine Grenze um das Wissenschaftliche ziehen und den Wert wissenschaftlicher Arbeit nach Außen legitimieren. Diese Innen- und Außenverhältnisse sind dynamisch, was sich abschließend an aktuellen Entwicklungen darstellen lässt.

Aktuelle Entwicklungen

Eine derart vielfältige Landschaft der Bewertungsverfahren zeugt einerseits davon, dass die relative Autonomie der Wissenschaft weiterhin über Grenzarbeit und Grenzorganisationen abgesichert wird. Andererseits zeugen soziale Bewegungen – die sich beispielsweise der Plagiatsaufdeckung oder der Replikation von Forschungs-

---

3 Siehe https://vroniplag.fandom.com/.
4 Zur Verfahrensförmigkeit des Bewertens in der Wissenschaft siehe Schendzielorz & Reinhart (2020: 103–106).

ergebnissen verpflichtet haben – davon, dass diese Abgrenzung in gegenwärtigen Wissensgesellschaften nur bedingt möglich ist. Es eröffnen sich daraus zwei paradoxale Herausforderungen für die Bewertung wissenschaftlicher Qualität: (1) Je offener und zugänglicher die Wissenschaft wird, desto mehr erlaubt diese Offenheit auch fachfremde Kritik an der Qualität der Forschung. (2) Wissenschaft ist mit konfligierenden Ansprüchen an Wertfreiheit konfrontiert: Sie soll Wissen und Expertise produzieren, die ihre gesellschaftliche Autorität dadurch begründet, dass sie unabhängig von (politischen) Interessenlagen ist. Sie soll aber auch gesellschaftlich relevante Werte (Nachhaltigkeit, Diversität, etc.) in ihre Bewertungsverfahren aufnehmen, während immer nachdrücklicher kritisiert wird, dass diese Bewertungsverfahren den schon bestehenden Ansprüchen an Universalität und Offenheit nicht gerecht würden. Es bleibt vorerst offen, wie diese Herausforderungen tatsächlich bewältigt werden, aber es lassen sich zumindest Beispiele anführen, wo diese gegenwärtig problematisiert und bearbeitet werden.

Ausgehend von der biomedizinischen Forschung tauchen zunehmend Fragen nach Mindeststandards von Forschungsqualität auf. „Why most published research findings are false" (Ioannidis 2005) lautet der unironische Titel eines vielbeachteten Artikels, an den sich Fragen anschließen, ob die publizierten Arbeiten denn überhaupt alle replizierbar seien, ob die statistischen Analysen genügend zuverlässig seien (*p-hacking*) oder ob nur selektiv jene Experimente publiziert würden, die erfolgreich ein Phänomen bestätigen können (*file-drawer problem*). Als Reaktion darauf gibt es über die Medizin hinaus sogenannte Replikationsinitiativen (Stroebe & Strack 2014; Reinhart 2016), die die für die Reputation undankbare Aufgabe übernehmen, wichtige Forschungsarbeiten zu wiederholen, um sie mit größerer Sicherheit bestätigen zu können. Zeitschriften haben begonnen, die Autor*innen aufzufordern, nicht nur die finalen Texte mit den Forschungsergebnissen zu publizieren, sondern auch die zugrundeliegenden Daten und die Protokolle zu deren Analyse öffentlich zu hinterlegen. Schließlich werden auch digitale Tools entwickelt, die große Mengen wissenschaftlicher Publikationen auf Qualität prüfen können (Introna 2016; Weber-Wulff 2019): Plagiats- und Bildmanipulationserkennung, Erkennung von gängigen statistischen Fehlern oder Überprüfung der Verfügbarkeit zugehöriger Daten. Viele dieser Initiativen bilden den Kern von kleineren oder größeren sozialen Bewegungen innerhalb der Wissenschaft und zielen darauf, dass die entsprechenden Tools und Kriterien auch in den Bewertungsverfahren bei Zeitschriften oder in der Forschungsförderung Eingang finden.

Begründet werden diese Qualitätssicherungsmaßnahmen oft damit, dass mehr Anreize geschaffen werden sollen, hochwertige Forschung zu produzieren, weil dies direkt in Bewertungsverfahren belohnt würde. Diese naive Sichtweise trifft auf eine gleichzeitig stattfindende Diskussion, die die systemischen Effekte bestehender Evaluationssysteme problematisiert. Dort geht es um die Frage, ob die Wissenschaft nicht mit formalisierten Bewertungsverfahren überladen sei, die sowohl die Begutachteten wie die Begutachtenden überforderten (Neidhardt 2016: 269 f.). Gutachtende seien überlastet und es sei deshalb schwierig, die notwendige Fachexpertise in den Verfahren aufzubringen. Die Forschenden würden durch unablässigen Evaluationsdruck und unsichere Karriereperspektiven demotiviert (Loveday 2018). Dabei kommt hinzu, dass dieser Druck durch soziale Medien wie *ResearchGate*, *Google Scholar* etc. verschärft wird (Reinhart 2021). Zerschlagen ist in der Zwischenzeit auch die Hoffnung, dass eine Entlastung dadurch geschaffen werden kann, dass ein Teil des als aufwändig wahrgenommenen *peer review* durch die Nutzung von quantitativen Indikatoren ersetzt werden kann. Die Ausweitung der Praxis, Forschende, Zeitschriften oder Universitäten nach berechenbaren Indikatoren (*h-index*, *impact factor*, *altmetrics*, Drittmitteleinwerbungen, Studierendenzahlen, etc.) zu bewerten (Blümel & Gauch 2021), hat im Gegenzug zu Aufrufen, Manifesten und gar Boykotten gegen eine solche Praxis geführt (Leckert 2021).[5] Es zeichnet sich ab, dass die Bewertung wissenschaftlicher Qualität zu einem zentralen wissenschaftspolitischen Thema wird. Forschungsorganisationen, nationale Wissenschaftspolitiken und internationale Forschungsförderung sind aufgerufen, Evaluationssysteme zu gestalten, die auf „intrinsic merits" und einen „responsible use of quantitative indicators" ausgerichtet sind (European Commission 2021: 3). Es wird sich zeigen, inwiefern dieser Gestaltungswille den komplexen Anforderungen gerecht werden kann: Die Regierung der Wissenschaft bleibt eng mit der Bewertung von Forschungsqualität verknüpft, aber die Vervielfältigung von gesellschaftlichen Ansprüchen strapaziert sowohl die bestehenden als auch neue Verfahren, so dass die relative gesellschaftliche Autonomie der Wissenschaft ein Dauerthema bleiben wird.

Empfehlungen für Seminarlektüren

(1) Melinda Baldwin identifiziert im Aufsatz „Scientific Autonomy, Public Accountability, and the Rise of Peer Review in the Cold War United States" (2018) den historischen Moment, in dem der Einsatz von *peer review* selbstverständlich wurde. Kritik an der staatlichen Forschungsförderung wird seit den 1970er Jahren mit der Einführung oder Verbesserung von *peer review* begegnet.

(2) Mario Biagioli zeigt in „From Book Censorship to Academic Peer Review" (2002) wie das *peer review* in seinen historischen Anfängen im 17. Jahrhundert gleichermaßen als Instrument der Qualitätssicherung und der Zensur entsteht.

---

5 So z. B. die Declaration on Research Assessment (DORA): https://sfdora.org/.

(3) Stefan Hirschauer schöpft aus teilnehmender Beobachtung bei einer soziologischen Zeitschrift und beschreibt in seinem Aufsatz „Publizierte Fachurteile. Lektüre und Bewertungspraxis im Peer Review" (2005) detailliert, was während des Begutachtungsprozesses vor sich geht. Es werden nicht einfach Urteile über Manuskripte abgeben, sondern es entfalten sich komplexe Muster strategischer Kommunikation zwischen Autor*innen, Gutachter*innen und Herausgeber*innen, bei denen sich die Akteure auch gegenseitig beobachten und bewerten.

(4) Vik Loveday hat für den Aufsatz „Luck, Chance, and Happenstance? Perceptions of Success and Failure Amongst Fixed-term Academic Staff in UK Higher Education" (2018) Forschende danach gefragt, wie sie sich ihre Erfolge und Misserfolge erklären. Aus einem geschickten Befragungsdesign kann sie ableiten, dass die Unsicherheit befristeter Stellen und regelmäßige Evaluationen zu paradoxalen Selbsteinschätzungen führen: Eigene Erfolge werden als glücklich und eigene Misserfolge als verdient interpretiert, während die Erfolge anderer als verdient und die Misserfolge als unglücklich gedeutet werden.

Literatur

Baldwin, M., 2018: Scientific Autonomy, Public Accountability, and the Rise of „Peer Review" in the Cold War United States. *Isis* 109: 538–558.

Biagioli, M., 2002: From Book Censorship to Academic Peer Review. *Emergences: Journal for the Study of Media & Composite Cultures* 12: 11–45.

Blümel, C. & S. Gauch, 2020: *History, Development and Conceptual Predecessors of Altmetrics.* In: Ball, R. (Hg.): *Handbook Bibliometrics.* Berlin, Boston: De Gruyter Saur, S. 191–200.

Boltanski, L. & L. Thévenot, 1999: The Sociology of Critical Capacity: *European Journal of Social Theory* 2: 359–377.

Braun, D., 1997: *Die politische Steuerung der Wissenschaft. Ein Beitrag zum kooperativen Staat.* Frankfurt, New York: Campus.

Dahler-Larsen, P., 2012: *The Evaluation Society.* Stanford, CA: Stanford Business Books.

Dahler-Larsen, P., 2019: *Quality. From Plato to Performance.* Cham: Palgrave Macmillan.

European Commission, Directorate-General for Research and Innovation, 2021: *Towards a Reform of the Research Assessment System. Scoping Report.* Luxembourg: Publications Office of the European Union.

Flink, T. & D. Kaldewey, 2018: The Language of Science Policy in the Twenty-First Century. In: Kaldewey, D. & D. Schauz (Hrsg.), *Basic and Applied Research. The Language of Science Policy in the Twentieth Century.* New York, NY: Berghahn Books, S. 251–284.

Guetzkow, J., M. Lamont & G. Mallard, 2004: What is Originality in the Humanities and the Social Sciences? *American Sociological Review* 69: 190–212.

Guston, D. H., 2000: *Between Politics and Science. Assuring the Integrity and Productivity of Research.* Cambridge: Cambridge University Press.

Guston, D. H., 2001: Boundary Organizations in Environmental Policy and Science. An Introduction. *Science, Technology, & Human Values* 26: 399–408.

Guthrie, S., I. Ghiga & S. Wooding, 2018: What do we know about grant peer review in the health sciences? *F1000Research* 6: 1335.

Hazelkorn, E., 2014: Reflections on a Decade of Global Rankings. What We've Learned and Outstanding Issues. *European Journal of Education* 49: 12–28.

Hess, D. et al., 2008: Science, Technology, and Social Movements. In: Hackett, E. J. et al. (Hrsg.), *The Handbook of Science and Technology Studies*. Third Edition. Cambridge, MA: MIT Press, S. 473–498.

Hesselmann, F. & M. Reinhart, 2020: Fragmentierte Sichtbarkeiten: Visualität, Sichtbarkeit und Unsichtbarkeit beim Umgang mit wissenschaftlichem Fehlverhalten. *Kriminologisches Journal* 52: 6–20.

Hirschauer, S., 2004: Peer Review Verfahren auf dem Prüfstand. Zum Soziologiedefizit der Wissenschaftsevaluation. *Zeitschrift für Soziologie* 33: 62–83.

Hirschauer, S., 2005: Publizierte Fachurteile. Lektüre und Bewertungspraxis im Peer Review. *Soziale Systeme* 11: 52–82.

Hirschauer, S., 2010: Editorial Judgments. A Praxeology of "Voting" in Peer Review. *Social Studies of Science* 40: 71–103.

Hirschauer, S., 2015: How Editors Decide. Oral Communication in Journal Peer Review. *Human Studies* 38: 37–55.

Hirschman, A. O., 1970: *Exit, Voice, and Loyalty. Responses to Decline in Firms, Organizations, and States*. Cambridge, MA: Harvard University Press.

Hug, S. E. & M. Aeschbach, 2020: Criteria for Assessing Grant Applications. A systematic Review. *Palgrave Communications* 6, 37.

Introna, L. D., 2016: Algorithms, Governance, and Governmentality. On Governing Academic Writing. *Science, Technology, & Human Values* 41: 17–49.

Ioannidis, J. P. A., 2005: Why Most Published Research Findings Are False. *PLOS Med* 2(8): e124.

Jasanoff, S., 1990: *The Fifth Branch. Science Advisers as Policymakers*. Cambridge, MA: Harvard University Press.

Krüger, A. K. & M. Reinhart, 2016: Wert, Werte und (Be)Wertungen. Eine erste begriffs- und prozesstheoretische Sondierung der aktuellen Soziologie der Bewertung. *Berliner Journal für Soziologie* 26: 485–500.

Krüger, A. K. & M. Reinhart, 2017: Theories of Valuation – Building Blocks for Conceptualizing Valuation Between Practice and Structure. *Historical Social Research* 42: 263–285.

Lamont, M., 2012: Towards a Sociology of Valuation. Convergence, Divergence, and Synthesis. *Annual Review of Sociology* 38: 201–221.

Leckert, M., 2021: (E-) Valuative Metrics as a Contested Field. A Comparative Analysis of the Altmetrics- and the Leiden Manifesto. *Scientometrics* 126: 9869–9903.

Loveday, V., 2018: Luck, Chance, and Happenstance? Perceptions of Success and Failure Amongst Fixed-term Academic Staff in UK Higher Education. *The British Journal of Sociology* 69: 758–775.

Mallard, G., M. Lamont & J. Guetzkow, 2009: Fairness as Appropriateness. Negotiating Epistemological Differences in Peer Review. *Science Technology & Human Values* 34: 573–606.

Merton, R. K., 1973 [1942]: The Normative Structure of Science. In: *The Sociology of Science. Theoretical and Empirical Investigations*. Chicago, IL: University of Chicago Press, S. 267–279.

Mirowski, P., 2018: The Future(s) of Open Science. *Social Studies of Science* 48: 171–203.

Möller, T., P. Antony, S. Hinze & S. Hornbostel, 2012: Exzellenz begutachtet. Befragung der Gutachter in der Exzellenzinitiative. *iFQ-Working Paper* 11. Berlin.

Neidhardt, F., 2016: Selbststeuerung der Wissenschaft durch Peer-Review-Verfahren. In: Simon, D. et al. (Hrsg.), *Handbuch Wissenschaftspolitik*. Wiesbaden: Springer VS, S. 261–277.

Potthast, J., 2017: The Sociology of Conventions and Testing. In: Benzecry, C.E., M. Krause & I. Ariail Reed (Hrsg.), *Social Theory Now*. Chicago, IL: University of Chicago Press, S. 337–360.

Power, M., 1997: *The Audit Society. Rituals of Verification*. Oxford: Oxford University Press.

Reinhart, M., 2012: *Soziologie und Epistemologie des Peer Review*. Baden-Baden: Nomos.

Reinhart, M., 2016: Rätsel und Paranoia als Methode – Vorschläge zu einer Innovationsforschung der Sozialwissenschaften. In: Froese, A., D. Simon & J. Böttcher (Hrsg.), *Sozialwissenschaften und Gesellschaft: Neue Verortungen von Wissenstransfer*. Bielefeld: Transcript, S. 159–191.

Reinhart, M., 2021: Open Science as an Engine of Anxiety. How Scientists Promote and Defend the Visibility of Their Digital Selves, while Becoming Fatalistic about Academic Careers. SocArXiv. doi:10.31235/osf.io/2vr7j.

Reinhart, M. & C. Schendzielorz, 2021a: Trends in Peer Review. SocArXiv. doi:10.31235/osf.io/nzsp5.

Reinhart, M. & C. Schendzielorz, 2021b: Peer Review Procedures as Practice, Decision, and Governance – Preliminaries to Theories of Peer Review. SocArXiv. doi:10.31235/osf.io/ybp25.

Sauder, M. & W. N. Espeland, 2009: The Discipline of Rankings. Tight Coupling and Organizational Change. *American Sociological Review* 74: 63–82.

Schendzielorz, C. & M. Reinhart, 2020: Die Regierung der Wissenschaft im Peer Review / Governing Science Through Peer Review. *dms – der moderne staat – Zeitschrift für Public Policy, Recht und Management* 13: 101–123.

Shapin, S., 1994: *A Social History of Truth. Civility and Science in Seventeenth-Century England*. Chicago, IL: University of Chicago Press.

Simmel, G., 2008 [1900]: *Philosophie des Geldes*. Frankfurt am Main: Suhrkamp.

Stroebe, W. & F. Strack, 2014: The Alleged Crisis and the Illusion of Exact Replication. *Perspectives on Psychological Science* 9: 59–71.

Sugimoto, C. R. et al., 2017: Scholarly Use of Social Media and Altmetrics. A Review of the Literature. *Journal of the Association for Information Science and Technology* 68: 2037–2062.

Weber-Wulff, D., 2019: Plagiarism Detectors Are a Crutch, and a Problem. *Nature* 567: 435.

Weingart, P., 2001: *Die Stunde der Wahrheit? Zum Verhältnis der Wissenschaft zu Politik, Wirtschaft und Medien in der Wissensgesellschaft*. Weilerswist: Velbrück.

Wilholt, T., 2012: *Die Freiheit der Forschung*. Berlin: Suhrkamp.

Zuckerman, H. & R. K. Merton, 1971: Patterns of Evaluation in Science. Institutionalisation, Structure and Functions of the Referee System: *Minerva* 9: 66–100.

Julian Hamann und Julia Schubert

11 Nützliche Forschung: Die Bewertung und Vermessung der gesellschaftlichen Relevanz von Wissenschaft

Das Bedürfnis, die gesellschaftliche Relevanz der Wissenschaft zu bewerten, ist so alt wie die Wissenschaft selbst. Schon die griechische Antike bietet hier anschauliche Beispiele. Einer alten Anekdote zufolge war Thales, weil er den Blick auf die Sterne gerichtet hatte, in einen Brunnen gefallen und wurde daraufhin von einer thrakischen Magd ausgelacht – dieses Lachen steht in der Philosophiegeschichte idealtypisch für ein von der Gesellschaft gefälltes negatives Relevanzurteil (Blumenberg 1987; Schües 2008). Andererseits weiß schon Aristoteles, wie man umgekehrt die Relevanz theoretischer Weltbetrachtung kommuniziert: Thales habe mit Hilfe der Astronomie eine ergiebige Olivenernte vorausgesehen – und daraufhin für wenig Geld alle verfügbaren Olivenpressen aufgekauft, um diese dann für einen viel höheren Preis wieder zu verpachten.

Insbesondere unter dem Stichwort *societal impact* hat das Bedürfnis der Bewertung der gesellschaftlichen Relevanz der Wissenschaft in der jüngeren Vergangenheit einen ungeahnten wissenschaftspolitischen Aufschwung erlebt. Das Konzept des *impact* wird von verschiedenen Akteuren mobilisiert, um neben der Qualität auch den gesellschaftlichen Nutzen von Forschung zu bewerten. Das gängige Argument lautet, dass wissenschaftlich erfolgreiche und womöglich gar „exzellente" Forschung zwar „gut für die akademische Disziplin" sein kann, damit aber noch lange nicht „gut für die Gesellschaft" sein muss (Nightingale & Scott 2007: 547). Hinter der Unterscheidung von Relevanz und Qualität steht also die wissenschaftspolitische Annahme, dass die Wissenschaft nicht nur innerwissenschaftlichen Communities, sondern auch der sie tragenden Gesellschaft gegenüber in der Pflicht stehe und deshalb auf gesellschaftlichen Nutzen hin orientiert sein müsse. In diesem Sinne liegt gerade für öffentlich finanzierte Forschung eine Rechenschaftspflicht gegenüber der Gesellschaft auf der Hand. Von dieser Orientierung an gesellschaftlicher Relevanz, so die Annahme, profitiere dann im Gegenzug auch die Wissenschaft selbst, da sie sich auf diese Weise laufend ihres gesellschaftlichen Rückhaltes versichere und sich nicht in ihren Elfenbeinturm zurückziehe. Transparente Nachweise der gesellschaftlichen Relevanz von Forschung stärken demnach das Vertrauen der Öffentlichkeit in die

Anmerkung: Der Text basiert auf einem von der Österreichischen Akademie der Wissenschaften prämierten Essay (Hamann et al. 2019), der für dieses Lehrbuch grundlegend überarbeitet wurde.

https://doi.org/10.1515/9783110713800-011

Wissenschaft – und nebenbei auch das Vertrauen in die Wissenschaftspolitik: Sie legitimieren nicht zuletzt die Milliardensummen, die in allen Industrienationen in Forschung und Entwicklung investiert werden.

Während der Qualitätsdiskurs die Wissenschaft also in Bezug auf ihre wissenschaftliche Bedeutung bewertet (siehe auch Kapitel 10, Reinhart), zielt das Konzept der Relevanz darauf, die Wissenschaft nach ihrem gesellschaftlichen Nutzen und ihrer Problemlösungskapazität zu beurteilen (Rohe 2015). Wie aber kann dieser weitreichende Anspruch gesellschaftlicher Relevanzbestimmung eingelöst werden? Die Antworten auf diese Frage sind empirisch divers. Im Folgenden möchten wir zeigen, inwiefern sich die konkreten Bewertungsverfahren sowie die verschiedenen Indikatoren, Theorien und Methoden, auf denen sie fußen, in drei idealtypische Modi der Relevanzbewertung unterteilen lassen. Wir rekonstruieren, dass jeder dieser Modi der Relevanzbewertung jeweils andere Begriffe der gesellschaftlichen Relevanz von Wissenschaft unterstellt. Nach einer Betrachtung der Konsequenzen der Bewertung diskutieren wir, warum gerade diese Pluralität von Relevanzbegriffen eine notwendige Bedingung für die Förderung gesellschaftlich relevanter Wissenschaft ist.

Drei Modi der Bewertung gesellschaftlicher Relevanz

Exkurse in die aktuelle Wissenschaftsforschung und Wissenschaftspolitik bringen vielfältige Indikatoren, Theorien und Methoden zur Bewertung gesellschaftlicher Relevanz ans Tageslicht. Während einige Ansätze durch eine Vielzahl von Akteuren aus Wissenschaft und Politik mit breiter Expertise und zunehmender Professionalität laufend weiterentwickelt werden, laufen andere Ansätze zur Bewertung von gesellschaftlicher Relevanz – und auch die von ihnen mobilisierten Relevanzbegriffe – gewissermaßen unter dem Radar gegenwärtiger Diskussionen. Wir schlagen vor, diese diversen Ansätze idealtypisch in drei Modi einzuteilen. Urteile über die gesellschaftliche Relevanz von Forschung werden demnach (1) historisch-narrativ, (2) standardisiert-administrativ oder (3) demokratisch-partizipativ fundiert.

1. Der historisch-narrative Bewertungsmodus
Im historisch-narrativen Bewertungsmodus wird grundsätzlich *ex post* über die Relevanz von Forschung entschieden. Das Argument dahinter ist, dass die gesellschaftliche Anschlussfähigkeit von Forschungsprogrammen erst dann bewertbar ist, wenn sich gezeigt hat, dass und warum sie sich in der gesellschaftlichen Praxis als einflussreich erwiesen haben. Das Kriterium für Relevanz ist hier die historische Realität, die immer erst im Rückblick zugänglich ist. Konsequenterweise weist dieser

Bewertungsmodus schon die Möglichkeit einer *ex ante*-Bewertung von sich. Eine klassische Anekdote aus der Wissenschaftsgeschichte erzählt in diesem Sinne, wie Benjamin Franklin, der 1783 bei den ersten bemannten Flügen von Heißluftballons in Paris anwesend war, die Frage nach dem Nutzen solcher Erfindungen mit der rhetorischen Gegenfrage beantwortete: „What is the good of a newborn baby?" (Chapin 1985). Gemäß der Logik des historisch-narrativen Bewertungsmodus entscheidet also immer erst die Zukunft über die Relevanz der Forschung der Gegenwart: Heute können wir sagen, dass damals die Geschichte der Luftfahrt begann. Natürlich müssen dazu nicht immer Jahrzehnte oder gar Jahrhunderte vergehen; die Relevanz der Atombombe beispielsweise war den Zeitgenoss*innen schon einsichtig, bevor die erste Anwendung erfolgte. Doch auch in diesem Fall kann festgehalten werden, dass einige der physikalischen Grundlagen – etwa Albert Einsteins Erkenntnis der in der Masse enthaltenen und potenziell freisetzbaren Energie, Ernest Rutherfords Entwicklung des Kern-Hülle-Modells des Atoms oder Henri Becquerels Entdeckung der radioaktiven Strahlung des Urans – drei bis vier Jahrzehnte vor dem Manhattan Projekt gelegt wurden. Auch hier entscheidet also die historische Rückschau, auf wen der Schein gesellschaftlicher Relevanz strahlt.[1]

Am Beispiel der Luftfahrt und der Atombombe sehen wir, dass retrospektive Argumentationen die gesellschaftliche Relevanz von Forschung im Einzelfall sehr überzeugend begründen können. Die Grenzen des historisch-narrativen Bewertungsmodus werden jedoch mindestens in zweierlei Hinsicht deutlich: Durch seinen geringen Grad der Standardisierung ist dieser Modus erstens besonders anfällig für die nachträgliche Verzerrung von Bewertungen. So ist es möglich, dass es in der historischen Rückschau zum *confirmation bias* kommt (Wason 1968). Forschung würde dann rückblickend so bewertet, dass eigene Erwartungen, etwa an wichtige Studien, originelle Forschungsteams oder exzellente Universitäten, bestätigt werden. Die Psychologie zeigt, dass Verzerrungen dieser Art auch die Bewertung von Forschungsergebnissen beeinflussen können (Masnick & Zimmerman 2009). Die historische Distanz, die dieser Bewertungsmodus zwischen sich und die zu bewertende Forschung bringt, schützt den Rückblick also keinesfalls vor einer Färbung durch spezifische Interessen.

Eine zweite Beschränkung des historisch-narrativen Bewertungsmodus zeigt sich, sobald versucht wird, über anekdotische Evidenz hinaus die gesellschaftliche Relevanz von Grundlagenforschung systematisch zu erheben und methodisch kontrollierbare Indikatoren zu entwickeln. Sichtbar wurden diese Schwierigkeiten

---

[1] Dass dieser Bewertungsmodus durchaus hagiographische Züge annehmen kann, zeigt übrigens gerade die nachträgliche Darstellung des Manhattan-Projekts als Geniestreich einer kleinen Gruppe männlicher Physiker (Schwartz 2008).

beispielsweise in einer vielbeachteten Debatte in der U.S.-amerikanischen Wissenschaftspolitik der 1960er Jahre. Zwischen 1963 und 1967 hatte das U.S. Department of Defense eine Studie mit dem Titel „Project Hindsight" durchgeführt und dabei nachgewiesen, dass die Entwicklung wichtiger *high-tech* Waffensysteme nur zu einem sehr geringen Anteil auf Erkenntnissen der Grundlagenforschung aufbaut (Sherwin & Isenson 1967). Darauf antwortete die National Science Foundation (NSF) mit der eigenen, 1969 publizierten Studie TRACES (*Technology in Retrospect and Critical Events in Science*), die aufzeigte, welche Bedeutung die Grundlagenforschung für eine Reihe von wichtigen technologischen Innovationen im zivilen Bereich hatte (Thompson 1969). Dabei kam die Studie zu Schlussfolgerungen, die denen des Project Hindsight konträr gegenüberstanden: 70% der für eine erfolgreiche Innovation notwendigen wissenschaftlichen Durchbrüche seien auf anwendungsferne Grundlagenforschung zurückzuführen. Der Vergleich der Studien und ihrer entgegengesetzten wissenschaftspolitischen Empfehlungen verweist auf die unvermeidbaren methodischen Schwierigkeiten retrospektiver Argumentation. So erklärt sich die Differenz der beiden Studien unter anderem dadurch, dass die Hindsight-Studie einen Zeitraum von etwa 20 Jahren, die TRACES-Studie dagegen einen Zeitraum von bis zu 50 Jahren ansetzte. Für den historisch-narrativen Bewertungsmodus können wir daher festhalten, dass seine Resultate stark davon abhängen, mit welchen Annahmen und Erwartungen zurückgeblickt wird, was genau unter Grundlagenforschung verstanden wird, für welche Güter und Konzepte gesellschaftliche Relevanz beansprucht und welcher historische Zeitraum für die Bewertung herangezogen wird.

2. Der standardisiert-administrative Bewertungsmodus

Auch im standardisiert-administrativen Bewertungsmodus wird *ex post* über die Relevanz von Forschung entschieden. An die Stelle historischer Narrative treten allerdings standardisierte Bewertungsverfahren, die auf einheitlich verwendete Relevanzkriterien aufbauen. Impliziert ist in diesem Bewertungsmodus ein Bild von Wissenschaft als Gegenstand gesellschaftlicher Investitionen und Governance (Whitley et al. 2010). Erwartet werden messbare Erträge, sei es in Form von ökonomischen *pay-offs* oder allgemeiner in Form von positiven Effekten in anderen gesellschaftlichen Bereichen.

Einschlägige Beispiele sind nationale Bewertungsregime, wie das 2014 eingeführte britische *Research Excellence Framework* (REF) und das 2018 in Australien angelaufene *Engagement and Impact Assessment* (EI). In beiden Fällen basiert die Bewertung zwar auf *peer review* (Derrick 2018), wird aber zentral verwaltet und in ein standardisiertes Notensystem überführt. Die Kombination qualitativer und quantitativer Ansätze gilt für die Bewertung von gesellschaftlicher Relevanz bereits seit einiger Zeit als der *state of the art* (Donovan 2011).

Neben nationalen Bewertungsregimen sind auch die sogenannten *altmetrics* ein Anwendungsfall des standardisiert-administrativen Bewertungsmodus (Konkiel 2016; Williams 2017). Hier werden vor allem die von einzelnen Wissenschaftler*innen hinterlassenen digitalen Fußabdrücke in den sozialen Medien oder die von Publikationen generierten Downloadzahlen gemessen. Nationale Assessments und *altmetrics* unterscheiden sich erstens hinsichtlich des Objekts der Bewertung: Während nationale Assessments etwa organisationale Einheiten wie universitäre Fakultäten oder Departments evaluieren, bewerten *altmetrics* einzelne Forscher*innen oder Publikationen. Zweitens werden *altmetrics* in der Regel von privatwirtschaftlichen Dienstleistern und Verlagen angeboten und sind nicht an nationale Hochschulsysteme beziehungsweise an staatliche Wissenschaftspolitik gekoppelt. Drittens gibt es Hinweise darauf, dass *altmetrics* und nationale Assessments auf verschiedene Arten von *impact* zielen und die Korrelation zwischen beiden Bewertungsverfahren daher gering ist: Während *altmetrics* Relevanz in Form von medialer Aufmerksamkeit messen, stellt etwa die *impact*-Bewertung im REF auf die unmittelbare gesellschaftliche Problemlösungskompetenz von Forschung ab (Bornmann et al. 2019). Gemeinsam ist *altmetrics* und nationalen Assessments jedoch, dass die gesellschaftliche Relevanz vermessen und ausgezählt, verglichen und gerankt wird.

Durch ihre systematische Anwendung versetzen Verfahren des standardisiert-administrativen Modus verschiedene Forschungskulturen in eine Prüfungssituation, in der diese ihre gesellschaftliche Relevanz in einem einheitlichen Format nachweisen müssen. Dreh- und Angelpunkt dieses Modus ist eine als *impact* definierte Relevanz, also ein unmittelbarer und direkter Effekt auf gesellschaftliche Probleme und Interessen. Dass sich eine solcherart als *impact* verstandene Relevanz für bestimmte Arten von Forschung plausibler darstellen lässt als für andere, liegt nahe (Hazelkorn 2015). Es überrascht daher nicht, wenn etwa in den jüngsten Runden des britischen REF die Medizin und die Gesundheitswissenschaften ihren *impact* recht mühelos unter Beweis stellen konnten. Im Bereich der Genetik verweisen Forscher*innen beispielsweise darauf, die genetischen Grundlagen von Brustkrebs, Taubheit oder Insulinresistenz zu untersuchen und bringen damit die gesellschaftliche Relevanz ihrer Forschung *en passant* auf den Punkt. Andere Forschungsfelder können ihren *impact* nicht in der gleichen Unmittelbarkeit behaupten. So argumentieren beispielsweise Altphilolog*innen im REF, dass die Auseinandersetzung mit den griechischen Komödien dem zeitgenössischen Theaterbetrieb zugutekommt, während Philosoph*innen die gesellschaftliche Bedeutung ihrer Forschung in der Beantwortung der Frage sehen, ob wir in einer Computersimulation leben.[2]

---

2 Alle im Rahmen des REF evaluierten Impact-Fallstudien sind online abrufbar unter: http://im pact.ref.ac.uk/CaseStudies/; letzter Zugriff: 28. Februar 2023.

Es ist wohl kein Zufall, dass sich bei der Einführung des *impact*-Kriteriums in Großbritannien vor allem die Fachvertretungen zweier theoretisch fundierter Disziplinen besorgt zeigten: Die *London Mathematical Society* verwies in einem Statement darauf, dass die Mathematik benachteiligt sei bei der Bewertung ihres gesellschaftlichen *impact*, weil ihre Forschungsfragen der allgemeinen Öffentlichkeit nur schwer vermittelbar seien; die *British Philosophical Association* erinnerte daran, dass die gesellschaftliche Bedeutung von Philosophie langfristig angelegt, unvorhersehbar und deshalb schwer zu quantifizieren sei (British Philosophical Association 2009; London Mathematical Society 2011). Mittlerweile gibt es eine Reihe von Versuchen, den *impact* der Sozial- und Geisteswissenschaften auf eine Weise zu bestimmen, die diesen Fachkulturen gerecht wird (Budtz Pedersen et al. 2020). Die standardisiert-administrative Bewertung von Relevanz als *impact* bleibt jedoch gerade in diesen Fächern hoch umstritten. Das liegt nicht nur an der flächendeckenden Anwendung einheitlicher Kriterien, sondern auch an einem weiteren Charakteristikum des standardisiert-administrativen Bewertungsmodus: Es geht hier nicht nur darum, einen spezifischen Relevanzbegriff systematisch auf mitunter sehr verschiedene Forschungskulturen anzuwenden, sondern auch um eine im Vergleich zum historisch-narrativen Bewertungsmodus deutlich reduzierte Reichweite des Rückblicks. Als *impact* verstanden muss gesellschaftliche Relevanz innerhalb eines konkret definierten und kürzeren Zeithorizonts nachgewiesen werden: Im britischen REF sind es 20 Jahre, im australischen EI sogar nur 15 Jahre. Würde man hier stattdessen 3.000 Jahre ansetzen, könnte kaum jemand sinnvoll an der gesellschaftlichen Relevanz der Mathematik oder der Philosophie zweifeln.

3. Der demokratisch-partizipative Bewertungsmodus

Im Gegensatz zu sowohl dem historisch-narrativen wie auch dem standardisiert-administrativen Bewertungsmodus, welche die gesellschaftliche Relevanz der Wissenschaft jeweils *ex post* feststellen, integriert der demokratisch-partizipative Modus die Bewertung bereits *ex ante* in den Forschungsprozess. Die gezielte Einbeziehung von Repräsentant*innen verschiedener gesellschaftlicher Gruppierungen und insbesondere wissenschaftlicher Laien soll die Relevanz von zunehmend spezialisierter Forschung sicherstellen. Dieser Modus bemüht somit einen Relevanzbegriff, der sich in erster Linie auf die gesellschaftliche Einbettung der Wissenschaft bezieht und nicht, wie etwa beim standardisiert-administrativen Modus, über sachliche Indikatoren vermessen werden kann (Burget et al. 2017). Gesellschaftliche Relevanz von Forschung soll über kollaborative und partizipatorische Verfahren unmittelbar im Forschungsprozess hergestellt werden. Eine nachträgliche Bewertung ist dann im Idealfall gar nicht mehr nötig, da externe Relevanzsetzungen direkt in den Forschungsprozess integriert sind. Gesellschaftlich eingebettete Forschung ist dann immer schon gesellschaftlich relevant (Kitcher 2001).

Ein historisch frühes Beispiel für die demokratisch-partizipative Öffnung von Wissenschaft sind bürgerschaftlich getragene Vereine des 19. Jahrhunderts, in denen etwa Natur- oder Heimatkunde betrieben wurde (Daum 2002). Derartig demokratisierte Forschung konnte gesellschaftliche Relevanz beanspruchen, weil sie den Problemdefinitionen von Nicht-Wissenschaftler*innen folgte und teilweise von diesen (mit-)betrieben wurde. Über Konzepte wie *responsible research and innovation* (RRI), *citizen science* oder *open science* hat der demokratisch-partizipative Bewertungsmodus gerade in jüngerer Vergangenheit starken wissenschaftspolitischen Widerhall gefunden (de Saille 2015; kritisch: Mirowski 2018). Zahlreiche, inhaltlich nicht immer scharf voneinander abgrenzbare Formate von *citizens' juries* über *consensus conferences* bis hin zu *collective learning* belegen vor allem den wissenschaftspolitischen Enthusiasmus, die Perspektiven und Belange der demokratischen Öffentlichkeit in den Forschungsprozess zu integrieren und damit eine Wissenschaft „mit der und für die Gesellschaft" zu stärken (Owen et al. 2012).[3]

Die gesellschaftliche Öffnung kann auf verschiedenen Ebenen des Forschungsprozesses ansetzen (siehe auch Callon 1999). Bewertungsverfahren können erstens bereits auf eine Demokratisierung in der Ausarbeitung von Forschungsagenden abzielen. Die Demokratisierung der Forschung soll hier über die Festlegung der Forschungsfragen erfolgen – eine Forderung, die insbesondere Debatten um RRI sowie um die Bedeutung von Laienexpertise prägt. Das RRI-Konzept fordert hier, dass gesellschaftliche Belange positiv-konstruktiv die Formulierung von Forschungsfragen mitbestimmen sollten (siehe auch Fisher et al. 2006). Partizipation zielt in diesem Sinne darauf ab, „den richtigen Impact" zu definieren, der wiederum fest in „gesellschaftlichen Werten verankert ist" (Owen et al. 2012: 754). Die Literatur zu sogenannter Laienexpertise weist zudem darauf hin, dass wissenschaftliche Laien in bestimmten Kontexten über wichtige Forschungsperspektiven verfügen. Gerade in medizinischen und pharmazeutischen Forschungskontexten werden wissenschaftliche Laien über die eigene Betroffenheit zu wichtigen Expert*innen (Epstein 1996; Stilgoe et al. 2005).

Bewertungsverfahren des demokratisch-partizipativen Modus können zweitens auf eine Öffnung des Forschungsprozesses auf Ebene der Datenerhebung und -auswertung setzen. Unter dem Schlagwort der *Citizen Science* verweist die Literatur etwa sowohl auf unterschiedliche Möglichkeiten der aktiven Integration von Bürger*innen in den Forschungsprozess als auch auf den Abbau von Zugangshürden (Franzen 2016; Wenninger et al. 2019). Gerade jüngere technologische Entwicklungen

---

3 „Wissenschaft mit der und für die Gesellschaft" (*science with and for society*) beschreibt ein Einzelziel des EU »Horizon 2020« Programms: https://ec.europa.eu/programmes/horizon2020/en/ h2020-section/science-and-society; letzter Zugriff 28. Februar 2023.

haben die Möglichkeiten der Partizipation in diesem Bereich potenziert, so dass mit Hilfe des Internet große Datenmengen in Zusammenarbeit von Bürger*innen und Forscher*innen gesammelt und ausgewertet werden können. Die Verfechter*innen sehen hier das Potenzial einer „grundsätzlichen Infragestellung politischer Machtstrukturen" (Cavalier & Kennedy 2016: 117). Mit den neuen technischen Möglichkeiten ist allerdings auch eine Ernüchterung eingetreten: Während die partizipative Öffnung des Forschungsprozesses in den 1990er Jahren noch verheißungsvoll schien (Irwin 1995), sieht man in jüngerer Zeit deutlicher, dass die Beteiligung von Laien am Forschungsprozess zum Beispiel aufwändige Trainings notwendig machen kann.

Einige demokratisch-partizipative Bewertungsverfahren öffnen den Forschungsprozess drittens auf Ebene der Ergebniskommunikation. Methoden und Formate der Wissenschaftskommunikation dienen dabei nicht nur der Präsentation von Forschungserkenntnissen, sondern auch der Vermittlung von Kompetenzen in der Rezeption und Einordnung dieser Erkenntnisse. Sie zielen insofern auf die Kommunikation eines gesamtgesellschaftlichen Verständnisses von Forschungspraxis und wissenschaftlicher Arbeit ab (Burns et al. 2003). Zudem realisiert seit den frühen 2000er Jahren ein diverses Angebot an *Open Access*-Infrastrukturen die technischen Voraussetzungen für die freie Kommunikation von wissenschaftlichen Erkenntnissen, Forschungsdesigns und Datensätzen.

Auch der demokratisch-partizipative Bewertungsmodus hat es in der Praxis mit ungelösten Problemen zu tun. Eine zentrale Herausforderung liegt in der sozialen Repräsentation gesellschaftlicher Interessen: Wer genau kann und soll auf welche Weise in den Forschungsprozess einbezogen werden und wer bleibt am Ende dennoch exkludiert? In kritischer Perspektive zeigt sich hier das Problem der Repräsentativität der integrierten „Öffentlichkeit". Im Versuch, eine möglichst breite Öffentlichkeit in den Forschungsprozess zu integrieren, kann es zu Verzerrungen entlang sozialstruktureller Gruppenmerkmale kommen. Das Problem eines *ex ante* festgelegten Relevanzbegriffs wird dann lediglich verschoben auf das Problem, wer die Gesellschaft prozessual vertritt. Die sozialstrukturellen Voraussetzungen für eine demokratisch repräsentative Beteiligung am Forschungsprozess werden hier erstaunlicherweise kaum reflektiert.[4]

---

4 Es ist nur konsequent, dass sich damit im demokratisch-partizipativen Modus ein allgemeineres demokratietheoretisches Problem spiegelt (Schäfer & Schoen 2013).

Drei Modi der Bewertung gesellschaftlicher Relevanz
Zusammenfassend unterscheiden sich die drei skizzierten Modi darin, wie sie einerseits die Bewertung organisieren und welche Relevanzbegriffe sie dabei andererseits mobilisieren. Die historische Rückschau bemüht einen Relevanzbegriff, der sich erst im Zeitverlauf entwickeln muss und sich nur über die Distanz zwischen zwei Zeitpunkten entfalten kann. Standardisierte Bewertungen definieren Relevanz als den unmittelbaren *impact* von Forschungsergebnissen, die auf konkrete gesellschaftliche Probleme und Interessen bezogen sind. Dieser *impact*, so die Prämisse, kann eindeutig identifiziert und im Falle der *altmetrics* durch elaborierte Technologien algorithmisch bestimmt werden. Demokratischen Bewertungsverfahren schließlich liegt ein Relevanzbegriff zugrunde, der auf kommunikative Offenheit, Transparenz und soziale Inklusion abstellt. Im Vergleich erkennen wir also ein diachrones Verständnis von Relevanz im Fall des historischen Bewertungsmodus, einen ergebnisorientierten Begriff von Relevanz im Fall des standardisierten Bewertungsmodus und einen prozeduralen Relevanzbegriff im Fall des demokratischen Bewertungsmodus.

Was sind die Konsequenzen der Bewertung gesellschaftlicher Relevanz?

Die gesellschaftliche Relevanz der Wissenschaft ist also in verschiedener Hinsicht bewertbar. Es bleibt die Frage: Welche Konsequenzen haben diese Bewertungen? Die intendierten Effekte zielen im weitesten Sinn auf die Gemeinwohlorientierung der Wissenschaft – sie sind trotzdem keineswegs vor Kritik gefeit. Von geplanten Effekten der Relevanzbewertung sind nicht-intendierte Effekte zu unterscheiden.

Ein in der Wissenschaftsforschung viel diskutierter nicht-intendierter Effekt von Bewertungen ist das Problem der „Reaktivität". In einem klassischen Beitrag dazu beschreiben die Soziolog*innen Michael Sauder und Wendy N. Espeland das Phänomen, dass jede Messung von Leistungen bei der Erbringerin der Leistung dazu führt, die jeweils geltenden Kriterien zu antizipieren und sich ihnen strategisch – oft heißt das: oberflächlich – anzupassen (Espeland & Sauder 2007). Das kann im Fall der Wissenschaft bedeuten, dass Universitäten, Forschungsinstitute oder auch einzelne Forscher*innen ihre jeweiligen Forschungsprofile primär auf bewertungsrelevante Kriterien und Maßzahlen hin ausrichten. Im Extremfall kann es dabei zu einem „gaming the system" kommen, zu einer versteckten strategischen Manipulation der eigenen Kennziffern mit dem einzigen Zweck, positiv evaluiert zu werden. Hoffnungen auf eine relevantere Wissenschaft würden dann nur scheinbar erfüllt und die Forschungsleistung des Wissenschaftssystems bliebe die gleiche – oder würde sich sogar verschlechtern, weil Forscher*innen zusehends mit Anpassungs- und Signaling-Strategien beschäftigt wären.

Im Folgenden wollen wir uns einer weiteren Variante nicht-intendierter Effekte der Bewertung von gesellschaftlicher Relevanz widmen. Diese resultiert weniger aus gewissermaßen korrumpierten Reaktionen auf Bewertungsverfahren; nicht-intendierte Effekte treten nämlich auch dann auf, wenn Forscher*innen die Bewertungssysteme nicht aus strategischen Gründen manipulieren oder sich nur oberflächlich auf gesellschaftliche Erwartungen einlassen, sondern auch dann, wenn sie sich tatsächlich mit besten Absichten an etablierten Relevanzkriterien orientieren. Beispielhaft zeigen lässt sich das am nicht-intendierten Effekt des Diversitätsverlustes. Diversitätsverlust ergibt sich dadurch, dass die Menge an Fragestellungen, Gegenständen, Theorien und Methoden in den sich immer weiter ausdifferenzierenden Disziplinen und Forschungsfeldern notwendigerweise eine viel größere Vielfalt an Forschung repräsentiert als es Bewertungsmodi, Bewertungsverfahren und Relevanzkriterien je abzubilden vermögen. Genaugenommen handelt es sich bei der Evaluationsforschung selbst um nur eines von tausenden Forschungsfeldern, so dass notwendig ein Komplexitätsgefälle besteht zwischen der Vielfalt der Wissenschaft und der Vielfalt der Methoden, die diese Wissenschaft in ihrer gesellschaftlichen Relevanz bewerten. Auch das ausgefeilteste Bewertungssystem kann dann nicht jedem Forschungsprojekt und jeder disziplinären Perspektive gleichermaßen gerecht werden.[5] In den drei zuvor unterschiedenen Bewertungsmodi stellt sich das Problem des Diversitätsverlustes jeweils verschieden dar:

1. Die Verengung des Blicks auf historische Musterbeispiele
Da sie immer nur auf vergangene Forschung bezogen sind, wirken historisch-narrativ fundierte Relevanzurteile auf den ersten Blick nicht unmittelbar auf die Forschung zurück. Dennoch kann dieser Bewertungsmodus nicht-intendierte wissenschaftspolitische Folgen haben. Problematisch scheint in diesem Zusammenhang etwa, dass historisch-narrative Relevanzbewertungen meist auf besonders einschlägige, bahnbrechende und einer allgemeinen Öffentlichkeit einsichtige Fälle zurückgreifen – etwa die Luftfahrt oder die Atombombe – und so, wenn überhaupt, nur die Spitze des Eisbergs relevanter wissenschaftlicher Erkenntnisse in den Blick gerät. Die normalwissenschaftliche Forschung, die Fortschritte im Detail, die langsamen und auf den ersten Blick unscheinbaren Veränderungen, die die Wissenschaft in der Gesellschaft wirksam werden lassen, geraten hier kaum in den Blick (vgl. Shapin 2016). Es gehört damit zu den Besonderheiten des historisch-narrativen Bewertungsmodus, dass am Ende nur sehr wenige große Namen erinnert werden. Die zehntausenden Wissenschaftler*innen, die ebenfalls Forschungsleistungen erbringen, die zur gesellschaftlichen Relevanz von Wissenschaft beitragen, bleiben oft unsichtbar. Wenn nun

---

5 Vor diesem Hintergrund müssen wir selbstkritisch anmerken, dass die diesem Beitrag seinen Titel gebende Frage, wie die gesellschaftliche Relevanz *der Wissenschaft* zu bewerten sei, die Kurzsichtigkeit vieler Relevanzbewertungen reproduziert.

die Orientierung an historischen Musterbeispielen Anlass dazu geben sollte, die Arbeitsteilung und fortgeschrittene Spezialisierung in immer weiter ausdifferenzierte Forschungsgebiete mit einem negativen Stigma zu versehen, dann würde dem Gesamtsystem die notwendige Wissensbasis entzogen. Ein Eisberg, der nur noch aus einer Spitze besteht, würde immer weiter im Wasser versinken. Es liegt auf der Hand, dass die gesellschaftliche Relevanz der Wissenschaft auf lange Sicht auf den Erhalt der Diversität unzähliger kleiner Forschungsgebiete angewiesen ist.

2. Die systematische Ungleichbehandlung von Fachgebieten

Auch standardisiert-administrative Bewertungsverfahren konstatieren gesellschaftliche Relevanz *ex post* und greifen damit nicht unmittelbar in den Forschungsprozess ein. Sofern sie aber turnusmäßig oder dauerhaft stattfinden, können die verwendeten Relevanzkriterien auf die Forschung zurückwirken. Sobald Forschung auf Grundlage einer systematischen Evaluation finanziell und symbolisch prämiert wird, lohnt es sich für Universitäten und Forschungsinstitute, aber auch für einzelne Forscher*innen, sich auf zukünftige Assessments einzustellen. Je standardisierter und transparenter die Bewertungssysteme, desto schneller lernen alle beteiligten Akteure, welche Art von Forschung, welche Ergebnisse und welche Präsentationsformen in den Bewertungsverfahren gut abschneiden. Sie handeln nur rational, wenn sie ihre Forschung dann an den Relevanzkriterien ausrichten, die zukünftig an sie angelegt werden – was zurückführt zum Problem der Reaktivität, dass wir oben bereits angeschnitten haben. Wissenschaftler*innen sind dann unter Umständen gut beraten, das Forschungsfeld zu wechseln oder systematisch auf aktuell nachgefragte Forschungsthemen zu setzen.[6] Solche im Einzelfall gut begründeten Strategieentscheidungen können sich auf institutioneller Ebene zu einer systematischen Ungleichbehandlung innerhalb von Fachgebieten oder zwischen Forschungsfeldern aggregieren – und damit die Diversität der Forschung insgesamt beeinträchtigen. Entsprechende Entwicklungen innerhalb von Fächern sind etwa für die Erziehungswissenschaft (Marques et al. 2017), die Geschichtswissenschaft (Hamann 2016) und die Wirtschaftswissenschaften (Lee et al. 2013) gezeigt worden. Universitäten könnten durch die Antizipation von Relevanzbewertungen zur Streichung gesellschaftlich „nicht relevanter" Fächer verführt werden – die dann im Extremfall ganz von der Landkarte verschwänden.

---

6 Lange vor dem systematischen Einsatz standardisiert-administrativer Bewertungsverfahren beschreibt Bourdieu (1975) das als grundsätzliche Dynamik im wissenschaftlichen Feld: Die Tendenz von Forscher*innen, sich auf die Fragen zu konzentrieren, die für besonders wichtig gehalten werden, erkläre sich mit dem symbolischen Profit, die ein Beitrag zur Lösung dieser Fragen verspreche. Der sich daraus entwickelnde, intensivierte Forschungswettbewerb führe zu sinkenden Profitraten, die wiederum Teile der Forschungsgemeinschaft veranlassten, sich Fragen zuzuwenden, die weniger „wichtig" seien, aber auch weniger umkämpft und daher einen vergleichbaren symbolischen Profit versprächen.

3. Die populistische Verführung leicht verständlicher Wissenschaft

Demokratisch-partizipative Bewertungsverfahren bewerten nicht retrospektiv, sondern zielen darauf ab, die gesellschaftliche Relevanz bereits im Forschungsprozess
herzustellen. Vor dem Hintergrund der Diversitätsfrage zeigt sich hier schnell die Gefahr, dass solche gut gemeinten Verfahren zu Lasten der spezialisierten Tiefenschärfe
von Forschung gehen. Sofern die wissenschaftliche Wissensproduktion auf der Ebene
der Forschungspraxis für das Engagement von wissenschaftlichen Laien geöffnet
wird, entsteht unweigerlich ein Spannungsverhältnis mit spezialisierten Fachdis-
kursen, die einerseits den traditionellen Kern wissenschaftlichen Engagements aus-
machen, andererseits aber Laien *per definitionem* ausschließen. Die repräsentative
Integration einer demokratischen Öffentlichkeit in den Forschungsprozess er-
schwert nicht nur die Verwendung der unabdingbar anspruchsvollen Fachsprachen
und Forschungsmethoden, sondern schränkt auch die Aussagekraft und Genauigkeit
gesammelter Daten ein. In der Folge präferieren demokratisch-partizipative Bewertungsverfahren Forschungsprojekte, die den sehr spezifischen Anforderungen demokratischer Öffnung gerecht werden können (Bonney et al. 2014). Wenn zudem
Projekte mit leicht kommunizierbaren Zielsetzungen systematisch gefördert werden, kann das den Forschungsprozess auch für populistische Tendenzen öffnen. Die
Diversität von Forschung ist in diesem Fall reduziert durch die eingeschränkten
Anwendungsbereiche demokratisch-partizipativ organisierter Forschung.

Was heißt und wie bewertet man die gesellschaftliche Relevanz der Wissenschaft? Ein Vorschlag

Unser Beitrag hat gezeigt: Jede Bewertung gesellschaftlicher Relevanz geht von
eigenen Relevanzbegriffen aus, folgt eigenen Perspektiven und findet in je eigenen Grenzen statt. Wir haben vorgeschlagen, einen historisch-narrativen, einen
standardisiert-administrativen und einen demokratisch-partizipativen Bewertungsmodus zu unterscheiden. Bei allen Unterschieden besteht ihre Gemeinsamkeit darin,
dass jeder Bewertungsmodus, sobald er als universell verbindlicher Modus konzipiert
wird – und damit die flächendeckende Institutionalisierung entsprechender Bewertungsverfahren anleitet – auf die zu bewertende Forschung zurückwirkt und ihre Vielfalt einschränkt.

Von dieser Diagnose eines Diversitätsverlustes wissenschaftlicher Forschung ist
es nur ein kurzer Weg hin zu Argumenten gegen jegliche externe Bewertung der Wissenschaft: Verfechter*innen einer möglichst hohen Forschungsautonomie vertrauen

darauf, dass die Leistungsfähigkeit der Wissenschaft mit ihrer Autonomie korreliert und argumentieren in diesem Sinne für die Priorisierung der wissenschaftsinternen Bewertung von Qualität gegenüber einem Konzept von Relevanz, das systemfremde Kriterien in die Wissenschaft einführe: Die Bewertung von Forschung solle weiterhin ausschließlich der wissenschaftlichen Gemeinschaft überlassen werden, die hierfür immerhin seit Jahrhunderten über die Institution des *peer review* verfügt. Weil aber dieses klassische Autonomieideal wenig Raum für die empirisch gegebenen, unzähligen Inspirationen und Irritationen lässt, die die Forschung ihren gesellschaftlichen Anlehnungskontexten verdankt, erscheint es uns nicht als zielführend, wissenschaftliche Autonomie gegen eine dann als heteronom wahrgenommene Relevanzbewertung auszuspielen. Vielmehr wäre daran zu arbeiten, existierende Modi der Bewertung von Relevanz intern weiter auszudifferenzieren, um so eine möglichst breite Palette von konkreten Bewertungsverfahren zur Verfügung zu haben.

Die beschriebene Pluralisierung der Bewertungsverfahren ist deshalb nicht als ein Problem zu betrachten, sondern vielmehr als wichtiger Aspekt der Antwort auf die Frage, ob und wie die gesellschaftliche Relevanz der Forschung bewertet werden kann. Es käme dann allerdings darauf an, dass jeder Bewertungsmodus und jedes Bewertungsverfahren die ihm eingebaute Partialität innerhalb des gesamten Wissenschaftssystems berücksichtigt. Sinnvoll erscheint vor diesem Hintergrund ein Bewertungssystem, das, ähnlich der Wissenschaft selbst, eine Pluralität von Perspektiven in sich abbildet.[7] Die von uns unterschiedenen drei Bewertungsmodi und ihre vielfältigen Ausprägungen zeigen, dass wir dazu bereits heute über ein vielfältiges Instrumentarium verfügen.

Weiter ginge es darum, jede universell verbindliche Anwendung von Bewertungsmodi und Bewertungsverfahren zu unterlaufen, um stattdessen fallabhängig nur die jeweils angemessenen Relevanzbegriffe und -kriterien produktiv werden zu lassen. In einer idealen Welt hätten Wissenschaftler*innen die Möglichkeit, die eigene Forschung vor dem Horizont einer Vielfalt von Bewertungsmodi und Bewertungsverfahren zu spiegeln und zu verantworten. Zugleich hätten sie die Freiheit, Relevanzbegriffe und -kriterien immer dann zu ignorieren, wenn sie sich nicht als produktiv für die eigene Forschung erweisen. Gesellschaftliche Relevanz wäre dementsprechend nicht über spezifische Bewertungsverfahren zu diagnostizieren, sondern als sich immer weiter ausdifferenzierender Horizont von Relevanzperspektiven zu erschließen, die jeweils in ganz spezifischen Situationen einen produktiven und vielleicht nur momenthaften Anschluss wissenschaftlicher Erkenntnisse an gesellschaftliche

---

7 In der soziologischen Theorie fungiert dieses Motiv unter dem Begriff fraktale Differenzierung (Abbott 2001).

Problemlagen ermöglichen. Die Autonomie der Wissenschaft wäre so keine bloß negative „Freiheit von", sondern eine positive „Freiheit zu", das heißt eine Freiheit, sich immer dann auf Relevanzdiskurse einzulassen, wenn diese einen Gewinn für die Forschung und eine Horizonterweiterung bedeuten. Autonomie wäre dann, kurz gesagt, die Freiheit zur Heteronomie.

Empfehlungen für Seminarlektüren

Die Texte (1) und (2) bieten einen Überblick über die aktuelle Debatte zur gesellschaftlichen Relevanz der Wissenschaft, während sich die Texte (3) bis (5) auf die in diesem Kapitel unterschiedenen Bewertungsmodi der gesellschaftlichen Relevanz von Wissenschaft beziehen.

(1) Wolfgang Rohes Essay „Vom Nutzen der Wissenschaft für die Gesellschaft" (2015) skizziert zentrale Konfliktlinien, die sich um Forderungen nach einer gesellschaftlich relevanten Wissenschaft und deren Bestimmung entfachen.

(2) Der Aufsatz „Peer Review and the Relevance Gap: Ten Suggestions for Policy-Makers" von Paul Nightingale und Alister Scott (2007) zeigt das Spannungsverhältnis zwischen innerwissenschaftlichen Qualitäts- und gesellschaftlichen Relevanzdiskursen auf.

(3) Die klassische, vom US-Verteidigungsministerium beauftragte Studie „Project Hindsight" (Sherwin & Isenson, 1967) ist ein historisches Beispiel für die Anwendung eines historisch-narrativen Bewertungsverfahrens und zeigt eine mögliche Operationalisierung auf.

(4) Der Review-Artikel „Assessment, Evaluations, and Definitions of research impact" (Penfield et al. 2014) synthetisiert den Forschungsstand zum Impact-Diskurs und illustriert, wie gesellschaftliche Relevanz in Großbritannien gemessen wird und welche Schwierigkeiten sich dabei auftun.

(5) Der einflussreiche Beitrag „Responsible Research and Innovation: From Science in Society to Science for Society, with Society" (Owen et al., 2012) eröffnet einen Einblick in die wissenschaftspolitische Welt von RRI und die damit zusammenhängenden Anliegen.

Literatur

Abbott, A., 2001: *Chaos of Disciplines*. Chicago, IL: University of Chicago Press.

Blumenberg, H., 1987: *Das Lachen der Thrakerin. Eine Urgeschichte der Theorie*. Frankfurt am Main: Suhrkamp.

Bonney, R., J. L. Shirk, T. Phillips & A. Wiggins, 2014: Next Steps for Citizen Science. *Science* 343: 1436–1437.

Bornmann, L., R. Haunschild & J. Adams, 2019: Do altmetrics assess societal impact in a comparable way to case studies? An empirical test of the convergent validity of altmetrics based on data from the UK research excellence framework (REF). *Journal of Informetrics* 13: 325–340.

Bourdieu, P., 1975: The Specificity of the Scientific Field and the Social Conditions of the Progress of Reason. *Social Science Information* 14: 19–47.

British Philosophical Association., 2009: *Impact in the Research Excellence Framework*. London: BPA.

Budtz Pedersen, D., J. Gronvad & R. Hvidtfeldt, 2020: Methods for Mapping the Impact of Social Sciences and Humanities – A Literature Review. *Research Evaluation* 29: 4–21.

Burget, M., E. Bardone & M. Pedaste, 2017: Definitions and Conceptual Dimensions of Responsible Research and Innovation. A Literature Review. *Science and Engineering Ethics* 23: 1–19.

Burns, T. W., D. J. O'Connor & S. M. Stocklmayer, 2003: Science Communication. A Contemporary Definition. *Public Understanding of Science* 12: 183–202.

Callon, M., 1999: The Role of Lay People in the Production and Dissemination of Scientific Knowledge. *Science, Technology & Society* 4: 81–94.

Cavalier, D. & E. B. Kennedy (Hrsg.), 2016: *The Rightful Place of Science. Citizen science*. Tempe: Consortium for Science, Policy, & Outcomes.

Chapin, S. L., 1985: A Legendary Bon Mot? Franklin's „What Is The Good of a Newborn Baby?" *Proceedings of the American Philosophical Society* 129: 278–290.

Daum, A. W., 2002: *Wissenschaftspopularisierung im 19. Jahrhundert. Bürgerliche Kultur, naturwissenschaftliche Bildung und die deutsche Öffentlichkeit*. München: Oldenbourg.

de Saille, S., 2015: Innovating Innovation Policy. The Emergence of 'Responsible Research and Innovation'. *Journal of Responsible Innovation* 2: 152–168.

Derrick, G. E., 2018: *The Evaluators' Eye. Impact Assessment and Academic Peer Review*. Houndmills, Basingstoke: Palgrave Macmillan.

Donovan, C., 2011: State of the Art in Assessing Research Impact. Introduction to a Special Issue. *Research Evaluation* 20: 175–179.

Epstein, S., 1996: *Impure Science. AIDS, Activism, and the Politics of Knowledge*. Berkeley, CA: University of California Press.

Espeland, W. N. & M. Sauder, 2007: Rankings and Reactivity. How Public Measures Recreate Social Worlds. *American Journal of Sociology* 113: 1–40.

Fisher, E., R. Mahajan & C. Mitcham, 2006: Midstream Modulation of Technology. Governance From Within. *Bulletin of Science, Technology & Society* 26: 485–496.

Franzen, M., 2016: Open Science als wissenschaftspolitische Problemlösungsformel? In: Simon, D., A. Knie & S. Hornbostel (Hrsg.), *Handbuch Wissenschaftspolitik*. Wiesbaden: Springer VS, S. 279–298.

Hamann, J., 2016: The Visible Hand of Research Performance Assessment. *Higher Education* 72: 761–779.

Hamann, J., D. Kaldewey & J. Schubert, 2019: Ist gesellschaftliche Relevanz von Forschung bewertbar, und wenn ja, wie? *Forschung und Gesellschaft* 14. Wien: Österreichische Akademie der Wissenschaften, S. 13–27.

Hazelkorn, E., 2015: Making an Impact. New Directions for Arts and Humanities Research. *Arts and Humanities in Higher Education* 14: 25–44.

Irwin, A., 1995: *Citizen Science. A Study of People, Expertise and Sustainable Development*. Milton Park: Routledge.

Kitcher, P., 2001: *Science, Truth, and Democracy*. Oxford: Oxford University Press.

Konkiel, S., 2016: *Altmetrics. Diversifying the Understanding of Influential Scholarship*. Palgrave Communications 2: online.

Kuhn, T. S., 1962: *The Structure of Scientific Revolutions*. Chicago, IL: University of Chicago Press.

Lee, F. S., X. Pham & G. Gu, 2013: The UK Research Assessment Exercise and the narrowing of UK economics. *Cambridge Journal of Economics* 37: 693–717.

London Mathematical Society, 2011: *Impact in the Mathematical Sciences in REF2014. A discussion paper of the London Mathematical Society*. London: LMS.

Marques, M., J. W. Powell, M. Zapp & G. Biesta, 2017: How does research evaluation impact educational research? Exploring intended and unintended consequences of research assessment in the United Kingdom, 1986–2014. *European Educational Research Journal* 16: 820–842.

Masnick, A. M. & C. Zimmerman, 2009: Evaluating Scientific Research in the Context of Prior Belief. Hindsight Bias or Confirmation Bias? *Journal of Psychology of Science and Technology* 2: 29–36.

Mirowski, P., 2018: The Future(s) of Open Science. *Social Studies of Science* 48: 171–203.

Nightingale, P. & A. Scott, 2007: Peer Review and the Relevance Gap. Ten Suggestions for Policy-Makers. *Science and Public Policy* 34: 543–553.

Owen, R., P. Macnaghten & J. Stilgoe, 2012: Responsible Research and Innovation. From Science in Society to Science for Society, with Society. *Science and Public Policy* 39: 751–760.

Penfield T., M. J. Baker, R. Scoble & M. C. Wykes, 2014. Assessment, Evaluations, and Definitions of Research Impact. A review. *Research Evaluation* 23: 21–32.

Rohe, W., 2015: Vom Nutzen der Wissenschaft für die Gesellschaft. Eine Kritik zum Anspruch der transformativen Wissenschaft. *GAIA* 24: 156–159.

Schäfer, A. & H. Schoen, 2013: Mehr Demokratie, aber nur für wenige? Der Zielkonflikt zwischen mehr Beteiligung und politischer Gleichheit. *Leviathan* 41: 94–120.

Schües, C., 2008: Das Lachen der thrakischen Magd. Über die ‚Weltfremdheit' der Philosophie. *Bochumer Philosophisches Jahrbuch für Antike und Mittelalter* 13: 15–31.

Schwartz, R. P., 2008: *The Making of the History of the Atomic Bomb. Henry DeWolf Smyth and the Historiography of the Manhattan Project*. Dissertation, Princeton University.

Shapin, S., 2016: Invisible Science. *The Hedgehog Review* 18.

Sherwin, C. W. & R. S. Isenson, 1967: Project Hindsight. A Defense Department Study of the Utility of Research. *Science* 156: 1571–1577.

Stilgoe, J., B. Wynne & J. Wilsdon, 2005: *The Public Value of Science. Or How to Ensure That Science Really Matters*. London: Demos.

Thompson, P., 1969: TRACES. Basic Research Links to Technology Appraised. *Science* 163: 374–375.

Wason, P., 1968: Reasoning About a Rule. *Quarterly Journal of Experimental Psychology* 20: 273–281.

Wenninger, A., F. Will, S. Dickel, S. Maasen & H. Trischler, 2019: Ein- und Ausschließen. Evidenzpraktiken in der Anthropozändebatte und der Citizen Science. In: Zachmann, K. & S. Ehlers (Hrsg.), *Wissen und Begründen. Evidenz als umkämpfte Ressource in der Wissensgesellschaft*. Baden-Baden: Nomos, S. 31–58.

Whitley, R. D., J. Gläser & L. Engwall (Hrsg.), 2010: *Reconfiguring Knowledge Production. Changing Authority Relationships in the Sciences and their Consequences for Intellectual Innovation*. Oxford: Oxford University Press.

Williams, A. E., 2017: Altmetrics. An Overview and Evaluation. *Online Information Review* 41: 311–317.

Holger Wormer

12 Öffentliche Forschung: Von der Wissenschaftskommunikation zur evidenzbasierten Information

> Politik wirkt vorbehaltlos in die Öffentlichkeit. Sie ist extrovertiert, oft ist sie exhibitionistisch. Wissenschaft ist sich selbst genug. Ihre Öffentlichkeit ist das nicht selten narzißtische Spiegelkabinett der Fachwelt.

Was Horst Stern (1992: 83), einer der ersten deutschen Umweltjournalisten, in den 1970er Jahren anlässlich der Verleihung seiner Ehrendoktorwürde beobachtete, wirkt 50 Jahre später in mancherlei Hinsicht anachronistisch. Heute sind zumindest einige Bereiche der Wissenschaft soweit in den öffentlichen Raum vorgedrungen, dass man von öffentlicher Forschung sprechen könnte – und gerade aus der Politik ist vielfach die Erwartung zu spüren, dass Wissenschaft womöglich ähnlich „vorbehaltlos in die Öffentlichkeit" kommunizieren sollte wie die Politik selbst. Mehr noch: In der Corona-Pandemie drängte sich mitunter sogar der Eindruck auf, „die Wissenschaft", gerne in Gestalt prominenter Forschender, würde auch mal vorgeschickt, um unpopuläre politische Maßnahmen zu kommunizieren – quasi als Bauernopfer im professoralen Gewand.

Auch in der Wissenschaft selbst ist Wissenschaftskommunikation in Zeiten von Wettbewerb und New Public Management (siehe Kapitel 9, Hüther & Kosmützky), allgegenwärtigen Bewertungsprozessen (siehe Kapitel 10, Reinhart) sowie vielfältigen Relevanzerwartungen (siehe Kapitel 11, Hamann & Schubert) zu einem Lieblingswort der Wissenschaftspolitik avanciert. Rund 60 Jahre nach Erscheinen der ersten ganz der Wissenschaft gewidmeten Zeitungsseiten in der Bundesrepublik,[1] 30 Jahre nach Gründung der Fachzeitschrift *Public Understanding of Science*[2] und

---

[1] Die erste als solche ausgeflaggte Wissenschaftsseite der FAZ erschien 1958, die Süddeutsche Zeitung folgte 1968, das erste eigene Buch „Wissen" der ZEIT 1992.
[2] Siehe dazu das Special Issue der Zeitschrifft zum Thema "30 Years of PUS: Past and Future of 'Science & Public' – Scholarship, Social Context, Practice", Bd. 31, 3/2022, https://journals.sagepub.com/toc/pusa/31/3 (aufgerufen am 22.12.2022).

Anmerkung: Bei dem Kapitel handelt es sich um die überarbeitete und erweiterte Fassung eines Beitrags, der zuerst in „Aus Politik und Zeitgeschichte" (72. Jahrgang, 26–27/2022, 27. Juni 2022, S. 42–48) erschienen ist.

https://doi.org/10.1515/9783110713800-012

gut 20 Jahre nach dem sogenannten PUSH-Memorandum[3] ist man mit so vielen
Expert*innen für Wissenschaftskommunikation konfrontiert, dass diese gefühlt
fast an die Menge der Fußballfachleute oder der Hobbyvirolog*innen heranrei-
chen. Die Vorstellung mancher Forschenden folgt dabei einer simplen Logik: Ich
verstehe etwas von Wissenschaft – also verstehe ich auch etwas von Wissenschaftskommunikation! Dies mag für die wissenschaftsinterne Kommunikation etwa in
Fachzeitschriften und Fachbüchern sogar zutreffen, im Hinblick auf Kommunikation jenseits der Fachöffentlichkeit allerdings noch lange nicht. Dass ein öffentlicher Kommunikationsakt eigentlich erst dann gelungen ist, wenn die zu
transportierende Information in möglichst großer Breite verständlich und halb-
wegs korrekt ankommt und dass es eine Reihe von Regeln und Qualitätsstan-
dards für gute Kommunikation gibt, ist vielen Akteuren nicht bewusst. Auch auf
theoretischer und empirischer Seite gibt es vor der Selbsternennung zur Gruppe
der Medien- und Kommunikations-Fachleute einiges aus dem „Spiegelkabinett"
der Wissenschaftskommunikationsfachwelt zu berücksichtigen. Zu konstatieren
sind zum einen erhebliche Unterschiede zwischen den vielfältigen Formen und
Funktionen, die unter dem Oberbegriff „Wissenschaftskommunikation" firmieren
(etwa Wissenschaftsjournalismus und Wissenschafts-PR). Zum anderen findet man
aber auch unerwartete Parallelen zwischen den scheinbar disparaten Bereichen
Journalismus und Wissenschaft (und hier insbesondere der Soziologie).

Irgendwas mit Medien – und Wissenschaft

Dass sich so viele Akteure hinter dem Begriff der Wissenschaftskommunikation
versammeln, liegt nicht nur am akuten, in Pandemiezeiten besonders deutlich ge-
wordenen Bedarf an wissenschaftlichem Wissen und dem generell wachsenden
politischen Druck, Wissenschaftskommunikation in die breite Öffentlichkeit zu
betreiben.[4] Es ist auch der schieren Breite der akademischen Definition des Begriffs geschuldet. Vor noch nicht allzu langer Zeit, etwa im ersten gemeinsamen
Empfehlungspapier der deutschen Wissenschaftsakademien zum Thema, wurde

---

3 Am 27.05.1999 hatte der Stifterverband ein Symposium mit dem Titel „Public Understanding of
the Sciences and Humanities – International and German Perspectives" veranstaltet und in Kooperation mit den großen deutschen Wissenschaftsorganisationen ein Memorandum aufgesetzt,
das für die „Förderung des Dialogs von Wissenschaft und Gesellschaft" eintritt (Stifterverband
1999: 58–61). Das Kürzel „PUSH" erweitert das schon früher international etablierte Kürzel „PUS",
indem es neben den „sciences" auch die „humanities" aufführt.
4 Siehe etwa das Grundsatzpapier des BMBF (2019: 2) oder der Koalitionsvertrag zwischen SPD,
Bündnis 90/Die Grünen und FDP (2021: 19). Beide Dokumente werden unten nochmals aufgegriffen.

Wissenschaftskommunikation noch „im Sinne einer beständigen und aktiven Information der Öffentlichkeit durch die Forschungseinrichtungen, Universitäten
und andere Wissenschaftsorganisationen" verstanden, also begrifflich getrennt
vom Wissenschaftsjournalismus (Acatech et al. 2014: 9). Eine fast zeitgleich
formulierte und bis heute gängige Definition dagegen versteht unter Wissenschaftskommunikation „alle Formen von auf wissenschaftliches Wissen oder
wissenschaftliche Arbeit fokussierter Kommunikation, sowohl innerhalb als
auch außerhalb der institutionalisierten Wissenschaft, inklusive ihrer Produktion, Inhalte, Nutzung und Wirkungen" – und liefert die Konsequenz gleich mit,
dass „Wissenschaftskommunikation ... damit auch Wissenschaftsjournalismus,
wissenschaftsbezogene Massenkommunikation und einschlägige PR" umfasst
(Schäfer et al. 2015: 13).[5] Damit finden sich nicht nur zwei ansonsten möglichst
strikt getrennte Felder (wie PR und Journalismus) unter dem gleichen Dach wieder. Nach dieser Definition dürfte auch eine auf pures Marketing ausgerichtete
Kommunikation mit fragwürdigem Wahrheitsgehalt das Label „Wissenschaft"
im Namen tragen. Sogar der massenmedial gut organisierte Coronaleugner
wäre mit seiner – ja ebenfalls irgendwie „wissenschaftsbezogenen" – Desinformationskampagne bei wörtlicher Auslegung der Definition womöglich als Teil
der Wissenschaftskommunikation anzusehen.

Eine sinnvolle Betrachtung des Feldes unter dem allumfassenden Buzzword
kommt nicht ohne starke Differenzierung nach Akteuren und übergeordneten Zielen aus, wie sie unter anderem der klassische Überblick von Leyla Dogruel und
Klaus Beck skizziert (Abbildung 12.1). Hier ist zunächst die Unterscheidung zwischen *interner* und *externer* Wissenschaftskommunikation zu nennen. Zur internen
Wissenschaftskommunikation zählen traditionell die Kommunikation auf Fachkonferenzen sowie in sonstigen Fachvorträgen, vor allem aber Veröffentlichungen in
Fachzeitschriften und Fachbüchern. Nicht zuletzt im Zuge der Digitalisierung wird
diese interne Wissenschaftskommunikation – zumindest im Grundsatz – auch für
eine breitere Öffentlichkeit zugänglicher: Viele Fachvorträge können inzwischen
weltweit auf Youtube und anderen Plattformen angesehen, Fachpublikationen
ohne mühseligen Gang in eine Universitätsbibliothek in offenen Publikationsdatenbanken (wie pubmed.gov oder Google Scholar) recherchiert und immer häufiger
als *open access*-Publikationen heruntergeladen werden. Christoph Neuberger
spricht in diesem Zusammenhang von einer „Absenkung der Wissenschaftler

---

5 Interessanterweise unterscheidet die hier eine umfassende Definition anstrebende Fachgesellschaft DGPuK intern aber dann zwischen einer Fachgruppe Wissenschaftskommunikation und
einer Fachgruppe Gesundheitskommunikation – was insofern paradox erscheint, als auch die
Kommunikation von Erkenntnissen der medizinischen Forschung im Kern wohl der Wissenschaftskommunikation zuzuordnen ist.

Laien-Schwelle" (Neuberger 2015), wobei dies zunächst nur für das Übertreten der technischen Schwelle gilt; das Herunterladen eines Fachartikels bedeutet nicht, dass die Schwelle zum Verständnis des Inhalts für Nicht-Fachleute nicht weiterhin hoch bleibt.

Schematische Struktur der Wissenschaftskommunikation

Abbildung 12.1 zeigt eine traditionelle Systematisierung verschiedener Teilbereiche der Wissenschaftskommunikation, wie sie auch die deutschen Wissenschaftsakademien verwenden (Acatech et al. 2017). Wenngleich der digitale Medienwandel – wie im Fließtext erläutert – starre Grenzen (etwa zwischen Fach- und Publikumsöffentlichkeit) an vielen Stellen verwischt hat, bleibt die grobe Struktur weiterhin hilfreich für die Analyse. Denn nicht zuletzt durch die „Plattformisierung" der Medienlandschaft kommunizieren verschiedenste Akteure – aus dem Journalismus, Forschende, PR-Leute, aus Museen, NGOs oder Unternehmen ebenso wie interessierte Laien – oftmals auf den gleichen Portalen und Kanälen, ohne dass deren jeweils dominierende Rolle (z. B. bildend, aufklärend, interessengeleitet) sichtbar wird. Die Strukturierung zeigt also inzwischen weniger die Kanäle, auf denen kommuniziert wird, sondern erinnert vielmehr an die Notwendigkeit, die Rollen und Ziele zu hinterfragen, mit denen jeweils kommuniziert wird.

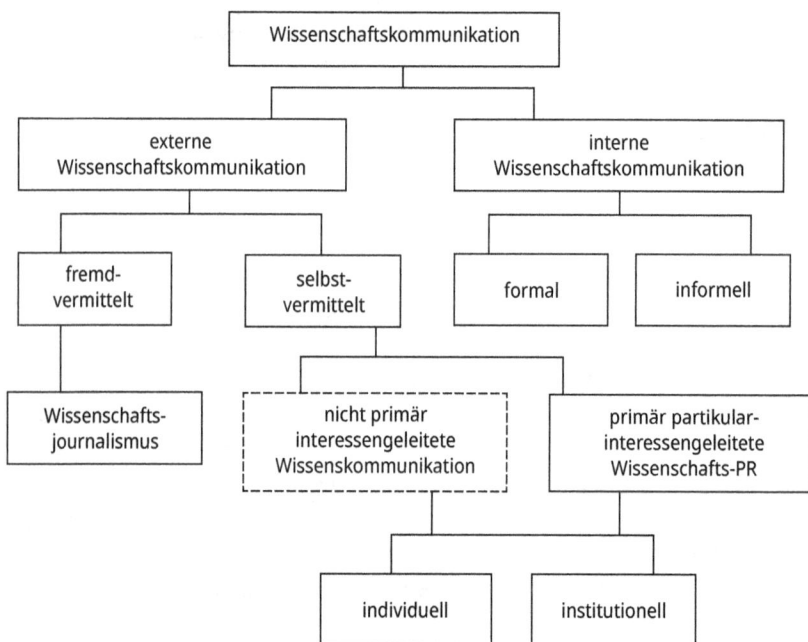

Abbildung 12.1: Klassischer Vorschlag zur Systematisierung der Wissenschaftskommunikation (Quelle: Dogruel & Beck 2017: 142).

Konsequenterweise müssten eigentlich auch die Fachmedien auf diese Entwicklung reagieren und einem stärkeren Erklärungsbedarf für öffentlich sichtbare Forschung Rechnung tragen, indem sie wissenschaftlichen Inhalte in Fachveröffentlichungen zumindest kurz in einen größeren gesellschaftlichen und gegebenenfalls politischen und wirtschaftlichen Kontext jenseits des eigenen Fachs einordnen (Serong et al. 2017). Eine solche, dann bereits in der internen Wissenschaftskommunikation verankerte Kontextualisierungsfunktion, wie sie im Wissenschaftsjournalismus als originäres Qualitätsmerkmal gilt, könnte nicht nur den Journalismus unterstützen, sondern wäre angesichts fortschreitender Spezialisierungen in Teildisziplinen auch für den weiteren innerwissenschaftlichen (interdisziplinären) Austausch gewinnbringend. Selbst in den medizinischen Wissenschaften, wo das Laieninteresse an Fachmedien naturgemäß als besonders hoch gelten kann, steht angesichts restriktiver Formatvorgaben jedoch meist nur wenig Raum für Kontextinformationen zur Verfügung (Serong et al. 2017).

Im Vergleich zur internen Wissenschaftskommunikation ist die *externe* Wissenschaftskommunikation bisher einem noch deutlicheren Wandel unterworfen. Musste Horst Stern in den 1970er Jahren Forschende und Forschungsinstitutionen – auch angesichts damals praktisch inexistenter Universitätspressestellen – noch ausdrücklich zu mehr Kommunikation ermuntern, bestehen entsprechende Abteilungen heute vielerorts aus einer zweistelligen Zahl von Mitarbeitenden. Hinzu kommen (z.B. über Social Media) direkt kommunizierende Forschende. Die immense Bedeutung des Wissenschaftsjournalismus für die externe Wissenschaftskommunikation ist nach der Pandemie in Deutschland wieder verstärkt ins Bewusstsein gerückt – wenn auch nicht mehr in einem Ausmaß wie zu seiner Blütezeit in den Nuller-Jahren (Elmer et al. 2008). Nicht zuletzt im Nachgang zu den in Deutschland intensiv geführten bioethischen politischen Debatten um das Klonen, die Stammzellforschung und die Genomprojekte war es damals zu einer Reihe von Neugründungen von Redaktionen und zu einer Ausweitung der Berichterstattung gekommen. In den vergangenen Jahren stellt sich indes vermehrt die Frage, wie sich journalistische Massenmedien insgesamt so finanzieren lassen, dass sie die ihnen zugewiesenen Aufgaben in der demokratischen Gesellschaft weiterhin ausreichend erfüllen können (Weingart et al. 2022: 49 ff.).

Die zentrale Rolle des (Wissenschafts-)Journalismus für einen wissensbasierten demokratischen Diskurs lässt sich ebenfalls anhand der schematischen Strukturierung (Abbildung 12.1) verdeutlichen. Demnach wird die externe Wissenschaftskommunikation ihrerseits in „primär interessengeleitete" und „nicht primär interessengeleitete" Kommunikation gegliedert – wobei die „Interessen" von Werbung für Studierende und wissenschaftlichen Nachwuchs, generelle Imageverbesserung im Kampf um Fördermittel bis hin zu politischen und kommerziellen Interessen reichen können. Sie mögen im Grundsatz oft legitim sein, es stellt sich jedoch die Frage, inwieweit diese „primär interessengeleiteten" Kommunikationsformen noch in Einklang zu bringen sind mit einem grundlegenden Wissenschaftsverständnis (etwa im Sinne von Merton 1985 [1942]), welches Wissenschaft im Kern als eine spezifische epistemische Praxis versteht, die eingebettet ist in Set von etablierten Normen. Hierzu zählen von Merton formulierte Imperative wie „Universalismus" wonach Wahrheitsansprüche „unpersönlichen Kriterien unterworfen werden müssen" oder vor allem auch „Uneigennützigkeit" (Merton 1985: 90, 96 f.). Betrachtet man ein solches Wissenschaftsverständnis als Grundlage, so bleibt als Wissenschaftskommunikation im eigentlichen Sinne streng genommen nur noch jene Kommunikation übrig, die sich deutlich an wissenschaftlichen Standards orientiert. Darunter könnte sich dann eine strikt auf eben diese Standards verpflichtete und verantwortungsvoll arbeitende Pressestelle ebenso wiederfinden wie die Gruppe der wissenschaftlich korrekt und doch unterhaltsam bloggenden Forschenden, aber auch qualifizierte und nach journalistischen Berufsstandards handelnde Wissenschaftsredaktionen – die das Wissenschaftssystem noch dazu aus einer möglichst unabhängigen und kritischen Perspektive der Fremd-Beobachtung analysieren und in die Öffentlichkeit kommunizieren.[6] Folgt man dieser Betrachtung, so rücken Wissenschaft und Journalismus plötzlich näher aneinander als vieles andere, was unter dem Label „Wissenschaftskommunikation" gerne mitsegelt, aber in Wahrheit eher andere Ziele verfolgt, als über wissenschaftliche Inhalte im eigentlichen Sinne zu kommunizieren und diese in den gesellschaftlichen Kontext einzuordnen.

Unterschätzte Verwandtschaft: Journalismus und Soziologie

In der Literatur sind mehrfach eine Reihe von Parallelen zwischen wissenschaftlichem und journalistischem Arbeiten beschrieben worden. Eine der wohl ältesten Aussagen dazu stammt von Walter Lippmann, einem der einflussreichsten US-

---

6 Der Vollständigkeit halber sei noch auf weitere Akteure verwiesen – etwa Museen, Unternehmen und NGOs oder schlicht interessierte Laien. Je nach Status und Berichterstattungsgegenstand können diese sowohl im Sinne einer Selbstbeobachtung (insbesondere Museen, Technologie-Unternehmen) oder Fremdbeobachtung (Laien, darunter z. B. Lehrkräfte an Schulen) Wissenschaftskommunikation betreiben, die ihrerseits wieder primär interessengeleitet oder nicht primär interessengeleitet sein kann. In ihrer Rolle entsprechen diese Akteure dann unter Umständen durchaus jener des Journalismus (einem im Deutschland kaum geschützten Begriff), können aber auch PR und Marketing-Aktivitäten ausüben.

Journalisten des 20. Jahrhunderts, vielen am ehesten bekannt als Vordenker der Nachrichtenwerttheorie. In seinem Buch „Public Opinion" plädierte er schon vor 100 Jahren dafür, Prinzipien wie wissenschaftliche Strenge und Sorgfalt auch im journalistischen Arbeiten anzuwenden – und forderte den Journalismus auf, bei seiner Wahrheitsfindung und -vermittlung objektive Methoden der Wissenschaft anzuwenden, „based on exact record, measurement, analysis and comparison" (Lippmann 1920: 138, zitiert nach Nguyen 2018: 5). Gerade weil Nachrichten komplex und flüchtig (wörtlich: *slippery*) seien, erfordere eine gute Berichterstattung die höchsten wissenschaftlichen Tugenden.

Vielfache „Verbindungen" zwischen Journalismus und speziell der empirischen Sozialforschung konstatiert zum Beispiel Bernd Klammer:

> Identisch oder zumindest doch in weiten Teilen sehr ähnlich ist auch das Vorgehen beider Professionen hinsichtlich der Methoden, um Informationen und Hintergründe über soziale Phänomene und Sachverhalte zu gewinnen. Journalisten wie Wissenschaftler beobachten Ereignisse und Verhaltensweisen von Menschen oder befragen Personen im Rahmen einer Recherche oder eines Forschungsprozesses. (Klammer 2005: 14)

Klammer erläutert dies am Beispiel der berühmten, bereits in den 1930er Jahren unternommenen Marienthal-Studie zu den Folgen von Arbeitslosigkeit am Beispiel des gleichnamigen Dorfes in Niederösterreich. Die damalige Forschungsgruppe (Jahoda et al. 1975 [1933]) begründete ihr Vorgehen bei dieser Studie mit einer „Lücke" zwischen den rein statistischen Daten zur Arbeitslosigkeit und der detaillierten Beschreibung der damit verbundenen Lebensrealität der Menschen, wie man sie – wenngleich nicht in streng wissenschaftlicher Form – erst durch eine Sozialreportage finden würde.

Weitere Beispiele für Parallelen zwischen journalistischen und wissenschaftlichen Ansätzen und Vorgehensweisen finden sich in den Ausführungen von Philip Meyer (1973) zum „Precision Journalism", letztlich einer frühen Form des Datenjournalismus. Während sich solche Parallelen dort oft vor allem auf die Vorgehensweisen bei der Recherche beziehungsweise Datenerhebung beziehen, gewinnt mit dem verstärkten Aufkommen des Online-Datenjournalismus auch die grafische und gegebenenfalls interaktive Aufbereitung von Daten mehr Gewicht. So identifizieren Stefan Weinacht und Ralf Spiller in einer der ersten systematischen Erhebungen zum Datenjournalismus in Deutschland folgende vier Kernmerkmale:

> Also handelt es sich 1) um eine spezielle Form der Recherche, die Geschichten aus Datensätzen lesen will; 2) eine spezielle Form der Interpretation von Rechercheergebnissen, die sich an statistischen Maßzahlen orientiert; und allzu häufig auch 3) um eine spezielle Darstel-

lungsform, die Kernbotschaften grafisch und insbesondere als interaktive Webanwendung anschaulich machen will. Vereinzelt wird zusätzlich 4) die Veröffentlichung von Datenherkunft und Rohdatensatz im Sinne des Open Data Ansatzes als elementarer Bestandteil des Datenjournalismus genannt. (Weinacht & Spiller 2014: 418)

Umgekehrt wird in der sozialwissenschaftlichen Forschung selbst auf eine zunehmende Nutzung von Visualisierungen verwiesen (Beck 2013). Erfolgreich an der Schnittstelle zur Öffentlichkeit arbeiten auch populäre Publikationen wie das Magazin *Katapult*, das sich selbst als „Magazin für ~~Eis~~, Kartografik und Sozialwissenschaft" bezeichnet.[7]

Jenseits dieser (zum Teil disziplinenspezifischen) Parallelen sind Wissenschaft und Journalismus auch normativ betrachtet in einer gemeinsamen Aufgabe vereint. Ihre gemeinsame Verantwortung für das demokratische Gemeinwesen wird von den deutschen Wissenschaftsakademien wie folgt zusammengefasst:

> Wissenschaft und Journalismus gehören zu den unverzichtbaren Eckpfeilern einer demokratischen Gesellschaft. Pressefreiheit und Freiheit der Wissenschaft werden deshalb in der Verfassung garantiert (Artikel 5 des Grundgesetzes). Trotz ihrer notwendigen gegenseitigen Unabhängigkeit und ihrer in weiten Teilen unterschiedlichen Aufgaben erfüllen beide auch ähnliche Funktionen. Sie versorgen Politik und Gesellschaft mit vielfältigen und möglichst zuverlässigen Informationen, stärken Bildung und Wissen der Bevölkerung, regen demokratische Diskurse an und sollen eine Basis für begründete politische, wirtschaftliche und technologische Entscheidungen liefern. (Acatech et al. 2014: 3)

Medienlogik oder die Grenzen wissenschaftlicher Kommunikation

Nun mag man einwenden, dass journalistische Medien ebenso wie die Wissenschaft diesem Anspruch ohnehin nur gerecht werden können, wenn sie die jeweils geltenden Regeln und Berufsstandards guter wissenschaftlicher und guter journalistischer Praxis erfüllen. Auch sollte bei all diesen (für viele angesichts des oft überbetonten Narrativs von den „zwei Welten" immer noch überraschenden) Parallelen zwischen dem Wissenschafts- und dem Mediensystem nicht der Eindruck entstehen, dass diese nicht auch deutliche Unterschiede aufweisen. Der von Helmut F. Spinner (1985) geprägte Begriff eines gegenseitigen „Komplements" von Wissenschaft und Journalismus bei der Generierung und Bereitstellung von Wissen erscheint daher bis heute gut geeignet. Generell aber müssen sich journalistische Medien viel stärker an dem orientieren, was gerade politisch und gesellschaftlich

---

7 Siehe https://katapult-magazin.de/de (aufgerufen am 27.12.2022).

relevant ist; Wissenschaft genießt zu Recht die Freiheit und das Privileg, auch Teil-
chen, Sterne und Phänomene untersuchen zu dürfen, die auf absehbare Zeit
vermutlich gesellschaftlich irrelevant bleiben dürften. Wissenschaft darf sogar
langweilig sein. Und mit ihrer öffentlichen Kommunikation muss sie kein Geld
verdienen. Öffentliche Kommunikation in Publikumsmedien dagegen muss zumindest so interessant, spannend oder unterhaltsam sein, dass sie ihr Publikum
in Konkurrenz mit unzähligen anderen Angeboten auch tatsächlich erreicht
(und dieses im besten Falle sogar noch dafür bezahlt). „Die Medien" müssen
daher auf Erzählstrategien achten, dürfen zuspitzen, auf Ausschnitte fokussieren. Oder sie können Unschärfen im Gesamtbild zulassen, solange dadurch
nichts falsch wird – etwa so wie der Inhalt eines Digitalfotos nicht falsch, sondern weiterhin erkennbar und nur unschärfer wird, wenn man mangels Spei-
cherplatzes seine Auflösung verringert. Gleichzeitig muss guter Journalismus
bei der Recherche von Studien und geeigneten Fachleuten aber für deren Auswahl Güte- und Evaluationskriterien mitberücksichtigen, wie sie in der Wissenschaft (und idealerweise auch ihrer eigenen Kommunikation) gelten.[8]

Zweifellos gibt es für derart (wissenschafts-)journalistisches Handwerk in vielen
Redaktionen noch Verbesserungs- und zunehmend auch zusätzlichen Finanzie-
rungsbedarf. Doch davon und von einer auf kommerziellen Krawall gebürsteten
Boulevardpresse abgesehen liegt das größte Qualitätsproblem der massenmedialen
Verbreitung von wissenschaftlichen Inhalten aber schon längst in den Social Media.
Dabei waren diese anfänglich geradezu euphorisch begrüßt worden: Endlich, so die
Verheißung, hatte die Wissenschaft selbst den eigenen massenmedialen Wissen-
schaftskanal, ohne lästige journalistische Gatekeeper, die doch viel zu oft alles falsch
verstanden oder zu kritisch hinterfragt hatten (Weingart et al. 2017).

Nun gibt es eine Vielzahl gut gemachter Angebote aus der Wissenschaft, die
in der digitalen Welt nur noch einen Mausklick entfernt sind. Allein: Mit der *massenmedialen* Reichweite ist es von Ausnahmen abgesehen so eine Sache, erreichen
doch viele, oft teuer produzierte Wissenschaftsvideos auf Youtube typischerweise
nur ein paar Hundert Aufrufe. Zudem ist das Potenzial der digitalen Plattformen
naturgemäß nicht nur von der Wissenschaft und von gut informierten Bloggenden für sich entdeckt worden, sondern auch von einer weitaus größeren Zahl von
Akteuren, denen es mit ihren Produkten um kommerzielle Kommunikation oder
gar Desinformation und Propaganda geht. Schon angesichts des gleichzeitig eben-

---

8 Diese Auswahl und Bewertung fällt im redaktionellen Alltag für die Life Sciences sowie die
Natur- und Ingenieurwissenschaften durchaus leichter als für die meisten Geistes- und Sozialwissenschaften, sodass die Entwicklung geeigneter alltagstauglicher Kriterien derzeit Gegenstand eigener Forschungsprojekte ist. Siehe dazu das Forschungsprogramm des Rhine Ruhr Center for
Science Communication Research: https://rhine-ruhr-research.de/ (aufgerufen am 22.12.2022).

falls gewachsenen medialen Grundrauschens aus Trash- und Zerstreuungsangeboten ist also eher anzunehmen, dass die Stimme der Wissenschaft im Digitalen nun trotz ihrer eigenen Anstrengungen in der Breite der Bevölkerung künftig weniger laut zu hören sein wird als bisher.

Dass seriöse gegenüber fehlerbehafteten oder bewusst irreführenden Angeboten tendenziell ins Hintertreffen geraten, deutet bereits eine Reihe von Forschungsarbeiten an. So kam eine Analyse am MIT zu dem Schluss, dass Falschinformationen auf der – lange gerade in Journalismus- wie Wissenschaftskreisen beliebten – Plattform Twitter stets mehr (in einigen Fällen sogar 1000 mal mehr) Menschen erreichte als korrekte Informationen; um eine Reichweite von 1500 Personen zu erreichen, benötigte eine wahre Information sechs Mal mehr Zeit als eine Falsch-Aussage (Vosoughi et al. 2018).[9] Diese plakativen Zahlen und die Problematik der *fake news* werden in der Literatur intensiv diskutiert (Kim et al. 2021), denn die kommunikationswissenschaftliche Forschung liefert hier nur Anhaltspunkte. Auch darf man sich von der scheinbaren Exaktheit nicht täuschen lassen – zumal die meisten Plattformen keinen Zugang zu ihren Daten gewähren, mit denen die Dimension des Problems überhaupt erst genauer quantifizierbar wäre. Einblicke in diese Problematik ergeben sich gelegentlich durch Insider-Berichte, wie beispielsweise die von der ehemaligen Facebook-Mitarbeiterin Frances Haugen geleakten Dokumente (The Wall Street Journal 2021; Hurtz et al. 2021). Dass Social Media auch „demokratiegefährdende Strategien" begünstigen können (Neuberger 2022: 25), dürfte inzwischen aber ebenso als sicher gelten wie die Tatsache, dass gängige Auswahlalgorithmen oft nicht gerade wissenschaftlich fundiertes Wissen begünstigen. Unterschieden sich die Logiken des Wissenschaftssystem und des alten Mediensystems bereits in vielerlei Hinsicht, so gilt dies für „neue Medien" also mehr denn je.

Das alles ändert nichts daran, dass unter dem Eindruck der Coronakrise die Begeisterung für eine selbstvermittelte Wissenschaftskommunikation eine Renaissance erlebt hat. Hierbei wird indes gerne übersehen, dass das intrinsische Vor-Interesse der Bevölkerung durch die alles bestimmende Pandemie so hoch war, dass viele Kommunikationsangebote aus der Wissenschaft Reichweiten erzielten, die im gesellschaftlichen Normalbetrieb undenkbar gewesen wären (Wormer 2020). Es ist also irreführend, wenn man den Erfolg einzelner Podcasts während der Coronakrise nun 1:1 auf künftige Formen der Wissenschaftskommunikation übertragen möchte, zumal da der Erfolg während der Pandemie entscheidend durch eine Verstärkung seitens klassischer journalistischer Medien begünstigt wurde. Das spricht auch für die Zukunft nicht gegen Initiativen Einzel-

---

9 Der Vollständigkeit halber sei angemerkt, dass Tweets der Kategorie Politik in der Untersuchung noch schlechter abschnitten als aus der Kategorie Wissenschaft & Technologie.

ner, aber sie werden das strukturelle Problem im digitalen Wettlauf zwischen wahrhaftiger und falscher Information (Lewandowsky 2021) nicht lösen.

Weg vom institutionellen Inseldenken in der Kommunikation

Nun ist es für den Umgang mit der digitalen Medienrealität (also nunmehr entscheidend algorithmen- und primär werbeumsatzgetrieben sowie meist ohne redaktionelle Qualitätskontrolle) zunächst unerheblich, dass diese im Vergleich zum alten Mediensystem wahrscheinlich eher schlechte Ausgangsbedingungen für Wissenschaftskommunikation in breite Bevölkerungsschichten bietet. Um aber für wissenschaftsbasierte Informationen im Digitalen ausreichende Reichweiten zu erzielen, darf man sich auf Seiten der Wissenschaft und Wissenschaftspolitik nicht der Illusion hingeben, dass dies im digitalen Grundrauschen – abgesehen von Einzelfällen – jeweils auf eigene Faust gelingen wird. Mit bisherigen institutionellen Insel-Strategien würde dies einen immensen zusätzlichen finanziellen Aufwand erfordern[10], der wohl kaum ohne Umschichtung von Mitteln aus der Forschungsförderung in die Förderung von Kommunikation möglich wäre.

De facto lassen sich dennoch Tendenzen erkennen, über eine entsprechende Förderpolitik die Forschenden direkt oder indirekt auf eine öffentliche Kommunikation von Wissenschaft zu verpflichten. So heißt es etwa in einem Grundsatzpapier des BMBF, dass Wissenschaftskommunikation inzwischen ein „Auswahlkriterium vieler Forschungsförderentscheidungen" sei (BMBF 2019: 2). Auch im Koalitionsvertrag zwischen SPD, Bündnis 90/Die Grünen und FDP wird öffentliche Wissenschaftskommunikation explizit als ein Kriterium für die Forschungsförderung genannt: „Wir wollen Wissenschaftskommunikation systematisch auf allen wissenschaftlichen Karrierestufen und bei der Bewilligung von Fördermitteln verankern" (Koalitionsvertrag 2021: 19). Viele Stiftungen verlangen bei Anträgen die Miteinreichung von Konzepten zur öffentlichen Kommunikation von Forschungsergebnissen; und bei der DFG können etwa bei Sonderforschungsbereichen „Teilprojekte Öffentlichkeitsarbeit" beantragt werden. Eine tatsächliche Verpflichtung zu öffentlichen Kommunikationsprojekten erscheint – angesichts der seitens der Antragstellenden realistischerweise erzielbaren öffentlichen Reichweiten – aber nicht nur recht ineffizient, sondern sie benachteiligt womöglich auch in der Öffentlichkeit weniger populäre Disziplinen oder für öffentliche Auftritte weniger talentierte

---

10 Schätzwerte für drei verschiedene Szenarien finden sich bei Dogruel & Beck (2017: 160 ff.).

Forschende. Zudem könnte eine öffentliche Kommunikationspflicht als Eingriff in die Wissenschaftsfreiheit gewertet werden – vom Wissenschaftsrat wird sie abgelehnt (Wissenschaftsrat 2019: 36).

Noch ist also offen, ob sich das seitens vieler Förderer favorisierte zusätzliche Rollenbild neben Forschung und Lehre, wie sie bisher als Kernaufgaben in den Hochschulgesetzen stehen, etablieren wird. Abgesehen von der letztlich auch politischen Frage einer möglichen Zwangsverpflichtung ist es aus der Perspektive der Wissenschaftsforschung zunächst wichtiger, die Rahmenbedingungen zu verstehen, in denen jegliche Form von medialer Kommunikation stattfindet. Ohne diese zu berücksichtigen, bleiben politische Forderungen nach „mehr" Wissenschaftskommunikation leere Phrasen. Diese Rahmenbedingungen standen im Mittelpunkt einer Arbeitsgruppe der Berlin-Brandenburgischen Akademie der Wissenschaften (BBAW), die ihren Blick auf die gesamte Medienlandschaft wie folgt begründet:

> Es erscheint zunehmend unrealistisch, dass das Ziel einer möglichst zuverlässig und wissenschaftsbasiert informierten Gesellschaft durch bloße Konzentration auf Binnenaspekte im Wissenschaftssystem selbst (wie etwa Förderanreize für Institutionen und Schulungen von Wissenschaftlern) erreicht werden kann. Es müssen auch die Kontextbedingungen untersucht werden, von denen die Realisierung einer qualitätsvollen Wissenschaftskommunikation abhängt. (Weingart et al. 2022: 9)

Mit Kontextbedingungen sind hier die politischen, ökonomischen, regulatorischen und technischen Rahmungen des Mediensystems insgesamt gemeint, da diese künftig einen weitaus größeren Einfluss auf den Erfolg öffentlicher Wissenschaftskommunikation haben werden als die bloßen Anstrengungen der Wissenschaft selbst. Die Politik, so empfiehlt das BBAW-Papier, sollte ihre Wissenschaftskommunikationsstrategie also vor allem darauf verwenden, die Rahmenbedingungen des Mediensystems so zu gestalten, gezielt zu fördern und in Teilen so zu regulieren, dass wissenschaftsbasierte Informationen bessere Chancen auf ansehnliche Reichweiten in der Bevölkerung haben (Weingart et al. 2022: 16 f.). Dazu gehört zum Beispiel eine Co-Regulierung großer Plattformen, die Förderung von offenen technischen Infrastrukturen, gemeinwohlorientierten Plattformen und selbstständigen journalistischen Organisationen sowie weiteren Maßnahmen, durch die seriöse Angebote im Digitalen besser aufgefunden werden können. Auch sollen Auswahlalgorithmen transparenter werden, damit Rezipierende nachvollziehen können, nach welchen Kriterien ihnen welche Informations- und Wissensangebote gemacht werden. Ähnlich wie zuvor schon im gemeinsamen Papier der Wissenschaftsakademien (Acatech et al. 2017: 8, 55) werden erneut eine (qualitätsorientierte) Journalismusförderung – unter Wahrung der Staatsferne und zum Beispiel nach dem Vorbild der Forschungsförderung – ebenso empfohlen wie Bildungsmaßnahmen zur Medien- und Quellenbewertungskompetenz (siehe auch Wellbrock 2021).[11] Solche Vorschläge schließen an medienökonomische Analysen von Dogruel und Beck an, die bereits zu dem Schluss kamen:

> Die Vorstellung, die von Wissenschaftlern beziehungsweise wissenschaftlichen Institutionen betriebene Wissenschaftskommunikation könne insbesondere mithilfe von Social Media und professionalisierter PR Mängel des Wissenschaftsjournalismus ausgleichen, erweist sich bei näherer Betrachtung als nicht realistisch (Dogruel & Beck 2017: 175).

Gleichwohl erscheinen zusätzlich auch grundlegende Reformen der (institutionellen) Wissenschaftskommunikation und ihrer Förderung notwendig. So ignoriert die bisherige, hier beschriebene Inselstruktur, die vorwiegend auf Einzelstrategien einer jeden Forschungseinrichtung beruht, die Medienwelt jenseits akademischer Kommunikationsblasen. Und gerade die „dezentrale Logik von Social Media" führt zu einem „deutlichen Anstieg des Kommunikationsaufwands für die institutionelle Wissenschaftskommunikation" (Dogruel & Beck 2017: 172).

Ein Vorschlag wäre daher, die institutionelle Wissenschaftskommunikation stärker zu bündeln – etwa nach dem Vorbild von Forschungsverbünden. „Kommunikationsverbünde" von mehreren Einrichtungen, in denen zum gleichen Oberthema geforscht wird, wären dann weniger der Selbstvermarktung Einzelner verpflichtet und würden so womöglich mehr inhaltliche Wissenschaftskommunikation im eigentlichen Sinne betreiben. Ganz generell empfiehlt die BBAW-Arbeitsgruppe den Akteuren der institutionellen Wissenschaftskommunikation, sich wieder stärker auf die qualitativ anspruchsvolle Unterstützung immer noch reichweitenstarker Intermediäre im Journalismus zu konzentrieren (Weingart et al. 2022: 60, 92), statt die Kommunikationsanstrengungen auf hunderte Einzelkanäle zu verteilen, die dann oft im Bereich von Mikroreichweiten verharren.

All dies setzt jedoch ein Umdenken vor allem in den Leitungsebenen voraus, sich von der wettbewerbsgetriebenen Reputationskommunikation für die eigene Forschungseinrichtung zu entfernen und zu einer Wissenschaftskommunikation zu bewegen, bei der die wissenschaftliche Forschung selbst wieder im Mittelpunkt steht. Wissenschaftspolitik und Förderorganisationen müssten ebenfalls entsprechende Förderanreize setzen. Derzeitige Fehlanreize, das Rennen um Forschungsfördermittel nun schlicht auf ein weiteres Rennen um Forschungskommunikationsmittel auszudehnen, werden dies dagegen nicht erreichen – davon

---

11 Eine 2022 gestartete Fördermaßnahme im o. g. Sinne ist der von der Wissenschaftspressekonferenz (wpk) mit Unterstützung verschiedener Stiftungen ausgeschriebene „Innovationsfonds Wissenschaftsjournalismus". Siehe https://innovationsfonds.wpk.org (zuletzt aufgerufen am 07.03.2023).

abgesehen, dass Anträge auf Fördermittel für Kommunikation oft wenig elaboriert sind und zu selten systematisch begutachtet werden.

Eine stärker gebündelte Kommunikation seitens der Wissenschaft, die Bildung und Information strikt von Werbung und bloßer Selbstvermarktung trennt und tatsächlich zum Dialog einlädt, dürfte auch in der Öffentlichkeit mehr Vertrauen finden als eine einrichtungszentrierte Hochglanzkommunikation, wie man sie sich von der Industrie abgeschaut hat. Wie erfolgreich seriöse Informationen über und aus der Wissenschaft tatsächlich in der Öffentlichkeit künftig ankommen werden, wird nicht zuletzt davon abhängen, wie gut die Wissenschaft selbst ihre eigenen Standards auch in der Kommunikation einhält. Vorschläge gibt es genug: So sollen etwa Übertreibungen von Forschungsergebnissen oder das Verschweigen von wichtigen Unsicherheiten, Widersprüchen und methodischen Problemen gegenüber der Öffentlichkeit als Verstoß gegen gute wissenschaftliche Praxis gewertet werden (Acatech et al. 2014: 21). Entsprechende Vorgaben sollten auch in die entsprechenden Codices aufgenommen werden (Weingart et al. 2022: 91 f.).

Plädoyer für eine Neudefinition des Begriffs Wissenschaftskommunikation

Die im Wissenschaftssystem zum Beispiel von den Akademien, dem Wissenschaftsrat und der Wissenschaftspolitik geführten Diskussionen zur Zukunft und Ausgestaltung der Wissenschaftskommunikation sind nicht nur von praktischem Interesse, sondern für die Wissenschaftsforschung und Wissenschaftskommunikationsforschung auch in theoretisch-konzeptioneller Hinsicht relevant. Denn letztlich könnte hieraus zugleich ein neues Verständnis des Begriffs „Wissenschaftskommunikation" entstehen, bei dem im Unterschied zu bisherigen Definitionen der tatsächlich wissenschaftsbasierte Inhalt wieder in den Mittelpunkt rückt. Wenn Wissenschaftskommunikation primär eine orientierende Funktion für Politik und Gesellschaft zukommt, so wäre darunter vor allem jene Art von Kommunikation zu verstehen, die sich neben einer guten Kommunikation stark an wissenschaftlichen Standards orientiert. Dies kann im Wissenschaftsjournalismus, der systematisch versucht, die bestmögliche Evidenz zu einem Thema zusammenzutragen, ebenso der Fall sein wie an einer wissenschaftlichen Institution, die in ihrer Kommunikation neben den eigenen Errungenschaften auch Vorarbeiten und Erfolge konkurrierender Forschungsgruppen mitkommuniziert. Als wenig wissenschaftlich und somit nicht als Wissenschaftskommunikation im Wortsinn wäre demnach all jene Kommunikation einzustufen, die basale wissenschaftliche Standards verletzt. Dazu zählt potenziell zum Beispiel eine Pressemitteilung, die einseitig eigene Forschungsergebnisse bejubelt, ohne deren Grenzen aufzuzeigen und die Resultate zumindest grob in die bisherige wissenschaftliche Literatur einzuordnen. Immerhin wäre das gezielte Weglassen anderer relevanter Ergebnisse oder Vorarbeiten nach den Regeln guter wissenschaftlicher Praxis bereits wissenschaftliches Fehlverhalten. Auch im Journalismus wäre eine solche versäumte Einordnung oder Einholung mindestens einer zweiten Einschätzung zum berichteten Ergebnis ein Verstoß gegen gute journalistische Berufspraxis.

Ein Weg zu so einem neuen Verständnis wären innerhalb der Wissenschaft auch Förderanreize zur Qualitätssicherung (Weingart et al. 2022: 91 f.). Hierzu gehört die Etablierung einer „Ethik der Wissenschaftskommunikation", die mit den Regeln guter wissenschaftlicher Praxis in der Ausbildung verankert werden müssen. Für die institutionelle Wissenschaftskommunikation wären Regeln zur Qualitätssicherung aufzustellen, deren Einhaltung durch Aufsichtsgremien (etwa den Senat einer Universität, Ombudsleute oder Kommissionen zur Sicherung guter wissenschaftlicher Praxis) überwacht werden sollte. Vorschläge zur Gestaltung eines redaktionellen Qualitätsmanagements, wie sie für Medienorganisationen vielfach beschrieben sind, können hier Anregungen geben (Wyss & Keel 2009). Für die praktische Umsetzung wurde auf Basis solcher Empfehlungen an der TU Dortmund Anfang 2023 ein Leitbild (siehe Box) veröffentlicht, das im Kontext mit bereits geltenden Regeln guter wissenschaftlicher Praxis sogar eine Ahndung von Verstößen vorsieht, für die man einen neuen Begriff wie „wissenschaftskommunikatives Fehlverhalten" einführen könnte.

Ein Leitbild zur Wissenschaftskommunikation

Die TU Dortmund hat zentrale Empfehlungen der Wissenschaftsakademien und des Wissenschaftsrats in ihren Regeln zur guten wissenschaftlichen Praxis sowie in einem eigenen Leitbild zur Wissenschaftskommunikation umgesetzt, das hier – im Sinne eines anwendungsorientierten Praxisbeispiels – in Auszügen zitiert ist:

Gute Wissenschaftskommunikation orientiert sich an den Standards guter wissenschaftlicher Praxis sowie an einschlägigen Kommunikationsleitlinien und -kodizes. Sie beschreibt bei der Darstellung eigener Forschungsergebnisse den Publikationsstatus (z. B. unveröffentlicht, preprint, peer reviewed paper), die Natur und den Grad wissenschaftlicher Evidenz, benennt Unsicherheiten und Einschränkungen und verzichtet auf Übertreibung und unangemessene Zuspitzung. Interessenkonflikte werden offengelegt, Quellen werden benannt und weitestmöglich zugänglich gemacht. Dabei sollten eigene Resultate in den Stand der Forschung eingeordnet werden, insbesondere wenn diese einschlägigen Ergebnissen anderer Forschungsgruppen in wesentlichen Punkten widersprechen.

Gute Wissenschaftskommunikation [...] ist für die jeweilige Zielgruppe verständlich und darf dazu auch Sachverhalte vereinfachen und unterhaltend darstellen. [...] Bei öffentlichen Äußerungen machen Forschende [...] gegenüber dem Publikum transparent, in welcher Rolle sie sich zu Wort melden (z. B. Expert*in, Interessenvertreter*in, Privatperson). [...]

Gute Wissenschaftskommunikation stellt sich dem Dialog und einer kritischen Auseinandersetzung. Sie sieht ihre Rolle insbesondere in der Aufklärung über die wissenschaftliche Fakten- und Kenntnislage und die dahinterliegenden Forschungsmethoden und -prozesse. Politische Forderungen sind in diesem Zusammenhang legitim, sie sind jedoch erkennbar abzugrenzen von wissenschaftlichen Aussagen. Schwere Verstöße gegen zentrale Prinzipien guter Wissenschaftskommunikation gegenüber der Öffentlichkeit können laut Ordnung zur guten wissenschaftlichen Praxis der TU Dortmund geahndet werden. [...] (abrufbar unter: www.tu-dort mund.de/storages/tu_website/Referat_1/Dokumente__Ordnungen/LeitbildguteWisskom_dt.pdf)

Womöglich bietet sich für diese Art der Wissenschaftskommunikation auch ein weiterer neuer Begriff an, etwa „evidenzbasierte Kommunikation" oder schlicht „Wissenschaftsinformation" – in Abgrenzung von jener primär interessengeleiteten Wissenschaftskommunikation, die wissenschaftliche Standards oft geradezu selbstverständlich ignoriert. Interessanterweise sind vergleichbare Forderungen nach einem „evidence-based journalism" in Literaturdatenbanken bereits vor vielen Jahren aufgetaucht (z. B. Swan 2005) und haben sich insbesondere für Medizinthemen in der journalistischen Qualitätsforschung etabliert (Anhäuser et al. 2021); für die öffentliche Kommunikation der Wissenschaft selbst sollten solche Ansätze 20 Jahre später selbstverständlich werden.

Herausforderungen für die Soziologie und Wissenschaftsforschung als Teil der Wissenschaftskommunikationsforschung

Speziell für die Soziologie ergeben sich zusammenfassend eine Reihe von Herausforderungen. Insgesamt fällt auf, wie spärlich die Forschungsliteratur zur Kommunikation der Sozialwissenschaften noch ist (Cassidy 2014). Selbst in einer sozialwissenschaftlich geprägten Wissenschaftskommunikationsforschung erschien es vielen Forschenden offenbar attraktiver, die Natur- und Technikwissenschaften als Kommunikationsgegenstand zu untersuchen als die Kommunikation der ihr näherstehenden sozial- und geistwissenschaftlichen Disziplinen und Kulturen (siehe auch Kapitel 4, Roth). Eine Herausforderung besteht also zunächst darin, forschungsbasiert bessere Wege der öffentlichen Kommunikation der eigenen Disziplin zu finden. Diese weist zwar einerseits viele Alltagsbezüge zur Lebenswirklichkeit in der breiten Öffentlichkeit auf, tritt aber mit ihren Ergebnissen nicht selten in Konkurrenz zum (vermeintlichen) Alltagswissen in der Bevölkerung – die so manche sozialwissenschaftliche Forschungsresultate mitunter als bereits allgemein bekannt ansieht, bevor sie tatsächlich wissenschaftlich nachgewiesen wurden. Wohl nicht zuletzt aus diesem Grund besitzt geistes- und sozialwissenschaftliches

Wissen oftmals eine geringere Autorität als etwa naturwissenschaftliches Wissen (Cassidy 2014). An dieser Stelle ist die Wissenschaftsforschung in besonderer Weise gefordert; denn sie selbst kann und sollte ihr Wissen und ihre Forschungsperspektiven öffentlich kommunizieren: Beispielsweise kann sie einen Beitrag leisten, Unterschiede im Evidenzgrad von wissenschaftlichem Wissen herauszuarbeiten, indem sie vermehrt das allgemeine Verständnis von Wissenschaft und dem Wissenschaftssystem (inklusive seiner Prüfprozesse) kommuniziert. Vor allem aber könnte es sich speziell die Wissenschaftssoziologie zur Aufgabe machen, durch eigene Studien wissenschaftspolitische Entscheidungsfindungsprozesse zu unterstützen – etwa darüber, welche Art von öffentlicher Wissenschaftskommunikation sinnvollerweise auch als Kernaufgabe von Forschenden und als „innerwissenschaftliches" Evaluationskriterium anerkannt werden sollte. Hier geht es immerhin um nicht weniger als die Frage, wie sich deren Rollenverständnis und die Vorstellungen über die „Wissenschaft als Beruf" (Weber 1968 [1921]) künftig ändern könnten. Hierzu zählt beispielsweise die Untersuchung des in diesem Kapitel gemachten Vorschlags, nur eine tatsächlich an evidenzbasierten Standards orientierte Information über wissenschaftliche Ergebnisse, Prozesse und Handelnde und eine Einordnung in den gesellschaftlichen Kontext als Wissenschaftskommunikationsleistung im eigentlichen Sinne anzuerkennen. Auch zu den oben geschilderten Aspekten einer besseren organisationalen Qualitätssicherung der öffentlichen Kommunikation von Forschungseinrichtungen und ihrer Forschenden kann die Wissenschaftsforschung wertvolle Beiträge liefern. Eine inhaltsarme „Schaut-wie-toll-wir-sind"-Reputationskommunikation in die Öffentlichkeit sollte von ihr indes nicht unwidersprochen bleiben, sondern mindestens ebenso kritisch hinterfragt werden, wie sie dies bisher für primär innerwissenschaftliche Fragestellungen tut.

Empfehlungen für Seminarlektüren

(1) Die Analyse und gemeinsamen Empfehlungen der deutschen Wissenschaftsakademien aus dem Jahr (Acatech et al. 2017) liefern einen breiten und gut verständlichen Überblick zu verschiedenen Aspekten der Wissenschaftskommunikation und das Spannungsfeld zwischen Wissenschaft, Medien und Öffentlichkeit (inklusive der Politik).

(2) Mike S. Schäfer, Silje Kristiansen und Heinz Bonfadelli liefern in ihrem einführenden Kapitel „Wissenschaftskommunikation im Wandel" (2015) des gleichnamigen Buches einen guten Überblick über die Historie und einige Grundmodelle des Feldes.

(3) Andrea Cassidy liefert in ihrem Aufsatz „Communicating the Social Sciences" (2014) einen kompakten Aufriss über Chancen und Fallstricke in der öffentlichen Kommunikation speziell sozialwissenschaftlicher Forschungsthemen. Gleichzeitig konstatiert sie ein Forschungsdefizit im Hinblick auf die Kommunikation der Sozial- und Geisteswissenschaften im Vergleich zu den Natur- und Technikwissenschaften.

Literatur

Acatech, Deutsche Akademie der Technikwissenschaften e.V., Union der deutschen Akademien der Wissenschaften e.V. & Deutsche Akademie der Wissenschaften Leopoldina e.V., 2014: *Zur Gestaltung der Kommunikation zwischen Wissenschaft, Öffentlichkeit und den Medien. Empfehlungen vor dem Hintergrund aktueller Entwicklungen*. München. www.leopoldina.org/uploads/tx_leopubli cation/2014_06_Stellungnahme_WOeM.pdf (aufgerufen am 22.12.2022).

Acatech, Deutsche Akademie der Technikwissenschaften e.V., Deutsche Akademie der Wissenschaften Leopoldina e.V. & Union der deutschen Akademien der Wissenschaften e.V., 2017: *Social Media und digitale Wissenschaftskommunikation. Analyse und Empfehlungen zum Umgang mit Chancen und Risiken in der Demokratie*. München. www.leopoldina.org/uploads/tx_ leopublication/2017_Stellungnahme_WOeM_web.pdf (aufgerufen am 22.12.2022).

Anhäuser, M., H. Wormer, A. Viciano, W. Rögener, 2021: Ein modulares Modell zur Qualitätssicherung im Medizin- und Ernährungsjournalismus. *Bundesgesundheitsblatt – Gesundheitsforschung – Gesundheitsschutz* 64: 12–20.

Beck, G., 2013: *Sichtbare Soziologie. Visualisierung und soziologische Wissenschaftskommunikation in der Zweiten Moderne*. Bielefeld: transcript.

BMBF, Bundesministerium für Bildung und Forschung, 2019: *Grundsatzpapier des Bundesministeriums für Bildung und Forschung zur Wissenschaftskommunikation*. Berlin.

Cassidy, A., 2014: Communicating the Social Sciences. In: Bucchi, M. & B. Trench (Hrsg.), *Routledge Handbook of Public Communication of Science and Technology*. Second Edition. London, Routledge, S. 186–197.

Dogruel, L. & K. Beck, 2017: Social Media als Alternative der Wissenschaftkommunikation? Eine medienökonomische Analyse. In: Weingart, P. et al. (Hrsg.), *Perspektiven der Wissenschaftskommunikation im digitalen Zeitalter*. Weilerswist: Velbrück, S. 123–187.

Elmer, C., Badenschier, F. & Wormer, H. (2008): Science for Everybody? *Journalism & Mass Communication Quarterly* 85: 878–893.

Hurtz, S., L. Kampf, T. Krause, A. Kreye, G. Mascolo & F. Obermaier, 2021: Das steht in den Facebook Files. *Süddeutsche Zeitung* (online), 25.10.2021, www.sueddeutsche.de/kultur/facebook-files-mark-zuckerberg-1.5448206 (aufgerufen am 22.12.2022).

Jahoda, M., P. Lazarsfeld & H. Zeisel, 1975 [1933]: *Die Arbeitslosen von Marienthal. Ein soziographischer Versuch*. Frankfurt am Main: Suhrkamp.

Kim, B., A. Xiong, D. Lee & K. Han, 2021: A Systematic Review on Fake News Research Through the Lens of News creation and Consumption. Research Efforts, Challenges, and Future Directions. *PLOS ONE* 16(12): e0260080.

Klammer, B., 2005: *Empirische Sozialforschung. Eine Einführung für Kommunikationswissenschaftler und Journalisten*. Konstanz: UVK.

Koalitionsvertrag zwischen SPD, Bündnis 90/Die Grünen und FDP, 2021. *Mehr Fortschritt wagen*. www.spd.de/fileadmin/Dokumente/Koalitionsvertrag/Koalitionsvertrag_2021-2025.pdf (aufgerufen am 22.12.2022).

Lewandowsky, S., 2021: The Race Between Science and Pseudoscience in the Digital World. The View From Cognitive Psychology. Akademievorlesung „Wissenschaftskommunikation digital – Chancen und Risiken bei der Vermittlung von Wissen", 28.10.2021, https://www.youtube.com/watch?v=sNVFFGC-s5g (aufgerufen am 22.12.2022).

Merton, R. K., 1985 [1942]: Die normative Struktur der Wissenschaft. In: *Entwicklung und Wandel von Forschungsinteressen. Aufsätze zur Wissenschaftssoziologie*. Frankfurt am Main: Suhrkamp, S. 86–99.

Meyer, P., 1973: *Precision Journalism*. Bloomington, IN: Indiana University Press.

Neuberger, C., 2015: Die neue Ära – Wie das Internet die Wissenschaftskommunikation verändert. Vortrag auf der Tagung „Zur Zukunft der Wissenschaftskommunikation – und die Rolle des idw" auf der 20-Jahres-Feier des idw, Humboldt-Universität Berlin, 11. März 2015. https://wissenschaftkommuniziert.wordpress.com/2015/03/24/die-neue-ara-wie-das-internet-die-wissenschaftskommunikation-verandert/ (aufgerufen am 22.12.2022)

Neuberger, C., 2022: Digitale Öffentlichkeit und Liberale Demokratie. *Aus Politik und Zeitgeschichte* 72 (Sonderheft Digitale Gesellschaft): 18–25.

Nguyen, A., 2018: Exciting Times in the Shadow of the 'Post-Truth' Era. News, Numbers and Public Opinion in a Data-Driven World. In: Ders. (Hrsg.), *News, Numbers and Public Opinion in a Data-Driven World*. London, New York: Bloomsbury, S. 1–15.

Schäfer, M. S., S. Kristiansen & H. Bonfadelli, 2015: Wissenschaftskommunikation im Wandel. Relevanz, Entwicklung und Herausforderungen des Forschungsfeldes. In: Schäfer, M. S. et al. (Hrsg.), *Wissenschaftskommunikation im Wandel*. Köln: Halem, S. 10–42.

Serong, J., B. Lang & H. Wormer, 2017: Wissenschaftskommunikation im Gesundheitsbereich. Vom Medienwandel zum Fachmedienwandel. In: Rossmann, C. & M. R. Hastall (Hrsg.), *Handbuch Gesundheitskommunikation*. Wiesbaden: Springer VS. Living Reference Work (continuously updated edition) DOI 10.1007/978-3-658-10948-6_7-1.

Spinner, H. F., 1985: *Das ‚wissenschaftliche Ethos' als Sonderethik des Wissens. Über das Zusammenwirken von Wissenschaft und Journalismus im gesellschaftlichen Problemlösungsprozeß*. Tübingen: Mohr Siebeck.

Stern, H., 1992: *Das Horst Stern Lesebuch*. München: dtv.

Stifterverband für die Deutsche Wissenschaft, 1999: Dialog Wissenschaft und Gesellschaft. Symposium „Public Understanding of the Sciences and Humanities – International and German Perspectives". https://stifterverband.org/file/7544/download?token=CuhL7pW6 (aufgerufen am 22.12.2022).

Swan, N., 2005: Evidence-Based Journalism. A Forlorn Hope? *The Medical Journal of Australia* 183: 194–195.

The Wall Street Journal, 2021: The Facebook Files. www.wsj.com/articles/the-facebook-files-11631713039 (aufgerufen am 22.12.2022).

Vosoughi, S., D. Roy & S. Aral, 2018: The Spread of True and False News Online. *Science* 359: 1146–1151.

Weber, M., 1968 [1919]: Wissenschaft als Beruf. In: Ders., *Gesammelte Aufsätze zur Wissenschaftslehre*. 3., erw. und verb. Aufl. Tübingen: Mohr, S. 582–613.

Weinacht, S. & R. Spiller, 2014: Datenjournalismus in Deutschland. Eine explorative Untersuchung zu Rollenbildern von Datenjournalisten. *Publizistik* 59: 411–433.

Weingart, P., H. Wormer, A. Wenninger, R. F. Hüttl, 2017: Zwischen Euphorie und erster Ernüchterung – Social Media in der Wissenschaftskommunikation. In: Weingart, P. et al. (Hrsg.), *Perspektiven der Wissenschaftskommunikation im digitalen Zeitalter*. Weilerswist: Velbrück, S. 17–21.

Weingart, P., et al., 2022: Gute Wissenschaftskommunikation in der digitalen Welt. Politische, ökonomische, technische und regulatorische Rahmenbedingungen ihrer Qualitätssicherung. (Wissenschaftspolitik im Dialog; 19). Berlin: BBAW.

Wellbrock, C.-M., 2021: Vier Säulen für den Journalismus. Grundlegende Ansätze zur Förderung der digitalen Transformation im Journalismus. *MedienWirtschaft* 18: 6–9.

Wissenschaftsrat (2021): *Wissenschaftskommunikation*. Positionspapier. Köln.

Wormer, H., 2020: German Media and Coronavirus. Exceptional Communication – Or Just a Catalyst for Existing Tendencies? *Media and Communication* 8: 467–470.

Wyss, V. & G. Keel, 2009: Media Governance and Media Quality Management. Theoretical Concepts and an Empirical Example from Switzerland. In: Czepek, A., M. Hellwig & E. Nowak (Hrsg.), *Press Freedom and Pluralism in Europe. Concepts and Conditions*. Bristol, Chicago: Intellect Books, S. 115–128.

Teil IV: **Methodologische Perspektiven**

Stephan Gauch

13 Territorien der Bibliometrie: Evaluation, Exploration, Kuration, Reflexion

Dieses Kapitel ist als eine Einführung in die Bibliometrie gedacht. Bei dieser handelt es sich um einen der wichtigsten Zweige einer quantifizierenden und damit in der Methodik stark an Idealen der „harten" Wissenschaften orientierten Wissenschaftsforschung. Andere quantifizierende Methodenstränge, etwa solche, die stark auf der Analyse fragebogenbasierter Daten aufbauen, können an dieser Stelle nicht behandelt werden. Vorweggenommen sei auch, dass das Kapitel nicht als ein umfassendes Nachschlagewerk für Indikatoren oder Verfahren gedacht ist. Dennoch werden exemplarisch Indikatoren und typische Verfahren vorgestellt, um bestimmte Problemzusammenhange zu beleuchten. Der Beitrag verfolgt mehrere Ziele. Erstens soll über die Diskussion ausgewählter Themen der Bibliometrie eine Lese- und Kritikfähigkeit trainiert werden, welche zum Beispiel bei der Lektüre eines Bundesberichts oder einer Organisationsevaluation hilfreich sein kann. Zweitens sollen auch diejenigen Leser*innen, denen die Bibliometrie bisher völlig fremd ist, einen Einblick in den epistemischen Kern der Bibliometrie erhalten, indem nicht nur aufgezeigt wird, was Bibliometriker*innen als wichtig erachten, sondern auch, wofür sie sich zuständig fühlen. Drittens soll ein Verständnis für die bibliometrische Forschung entwickelt werden. Zu diesem Zweck werden in diesem Kapitel Territorien der Bibliometrie unterschieden: die Bewertung von Wissenschaft (evaluative Bibliometrie), die Erkundung, Strukturierung und Kartierung von Wissenschaft (explorative Bibliometrie), die Herstellung und Pflege bibliographischer Datenbanken (kurative Bibliometrie) und schließlich die Verantwortung als Reflexionsinstanz für die Bibliometrie selbst (reflexive Bibliometrie). Der Beitrag ist so gestaltet, dass er sich gut skalieren lässt. Er kann sowohl als Diskussionsgrundlage für eine einzelne Seminarsitzung genutzt werden, in der eher Strömungen und Herausforderungen diskutiert werden, als auch als Ausgangspunkt und Struktur einer ganzen Vorlesung. Wir starten mit dem ersten Territorium der Bibliometrie, in dem die Art von Bibliometrie stattfindet, welche zum Bewerten genutzt wird.

Evaluative Bibliometrie

Ziel der evaluativen Bibliometrie ist es, mittels statistischer Auswertung bibliographischer Informationen zur Bewertung von Wissenschaft beizutragen. Sie ist

https://doi.org/10.1515/9783110713800-013

hierbei von zwei Grundfragen geprägt. Die Erste lautet: „Ist das viel oder wenig?" Die Zweite lautet: „Im Vergleich wozu?" Das klingt erst einmal trivial und unproblematisch. Dennoch erzwingen beide Fragen sofort Anschlussfragen: „Viel oder wenig wovon?" und „Was genau steckt hinter diesem ‚wozu' des Vergleichens?" Instruktiv ist hier die Unterscheidung von Bettina Heintz (2010), die numerisches Vergleichen auf zwei Momente reduziert. Zum einen die Gleichheitsunterstellung, also die Feststellung, dass sich (mindestens) zwei Objekte ausreichend viele Charakteristika teilen, um als „vergleichbar" akzeptiert zu werden. Zum anderen die Differenzbeobachtung, welche die akzeptierte Gleichheitsunterstellung voraussetzt, und dann die Unterschiede in Zahlenwerten zum Zwecke des Vergleichens heranzieht (zur Methodologie des Vergleichs siehe ausführlicher Kapitel 14, Kosmützky & Wöhlert).

Die evaluative Bibliometrie lässt sich grob in zwei Strömungen unterteilen. Zum einen finden sich Indikatoren, welche sich lose an Ideen von Produktivität, Kooperation oder Spezialisierung orientieren, und sich davon ausgehend auf das Publikationsvolumen konzentrieren. Zum anderen finden wir Indikatoren, welche sich an Ideen der Qualität, oder etwas vorsichtiger formuliert, Rezeptionswirkung orientieren, und zu diesem Zweck Zitatströme „auszählen".

Indikatoren des Publikationsvolumens

Zunächst zu den Indikatoren des Publikationsvolumens. In der einfachsten Form begegnen uns diese als Zeitreihen, welche die Anzahl an erstellten Publikationen einer Untersuchungseinheit für unterschiedliche Zeitpunkte oder Zeiträume, meist Jahre oder Quartale, in tabellarischer Form oder als Abbildung darstellen. Was dabei als Untersuchungseinheit gewählt wird, kann unterschiedlich sein. In Betracht kommen Länder, Regionen, Organisationen und Organisationsbestandteile wie Institute oder Abteilungen, Forschungsgruppen oder einzelne Wissenschaftler*innen. Bei Letzteren, also der Analyse auf Ebene von Einzelpersonen, existiert bis heute eine rege Debatte in der Bibliometrie, ob dies überhaupt sinnvoll und wünschenswert ist (siehe für die Ursprünge u.a. Cole 1989; Martin & Irvine 1983). Was nicht bedeutet, dass Analysen auf dieser Ebene nicht regelmäßig, etwa im Kontext von Berufungsverfahren, zum Einsatz kommen. Die Bewertung des „im Vergleich wozu" findet dabei auf unterschiedliche Arten statt. Zum einen über den zeitlichen Verlauf, also über die Bewegungen einer jeweiligen Zeitreihe: Nimmt die Anzahl an Publikationen zu oder ab? Gibt es auffällige Spitzen und Trends? In diesem Sinne sind dies Vergleiche einer Untersuchungseinheit zu sich selbst – nur eben zu unterschiedlichen Zeitpunkten. Eine andere Art des „Vergleichs wozu" findet statt, wenn mehrere Zeitreihen nebeneinandergestellt werden, zum Beispiel das Publikationsvolumen verschiedener Länder oder Organisationen. Hier wird der Vergleich problematisch: Macht es Sinn, das Publikationsvolumen der Vereinigten Staaten von Amerika mit dem Publikationsvolumen von Malta zu vergleichen? Sicherlich nicht! Oder doch? Ähnliches gilt für den Vergleich einer Forschungsorganisation, der Tausende von Forscher*innen angehören, wie zum Beispiel dem CERN (European Organization for Nuclear Research), und einer kleinen privaten Hochschule. Solche Vergleiche erscheinen „unfair".

Faires Zählen – fraktionierte und ganzzahlige Publikationsvolumina

Es existieren eine ganze Reihe solcher Vorstellung von „Fairness". Meist äußern sie sich im Hinterfragen von Gleichheitsunterstellungen und sind beizeiten auch Ausgangspunkt methodischer Innovationen. Ein Beispiel hierfür baut auf Charakteristiken der Einzelbeobachtungen auf, also der einzelnen Publikationen, aus denen sich das Publikationsvolumen ergibt: die Anzahl der Autor*innen, Affiliationen oder Ländern, welche sozusagen als Produktionseinheiten auf einer Publikation ausgewiesen sind. Es geht hier um das sogenannte fraktionierte Zählen. Das Grundargument des fraktionierten Zählens lautet in etwa so: Das Erstellen einer Publikation bedeutet Arbeit. Wenn sich diese Arbeit auf mehrere Autor*innen verteilt, weil man gemeinsam eine Publikation erstellt hat, dann ist das für jede einzelnen Autor*in anteilig weniger Arbeit als das Erstellen einer Publikation in Einzelautor*innenschaft. Dies stellt eine Verzerrung dar. Weil wir nicht genau wissen, was jede*r Autor*in beigetragen hat, teilen wir den Beitrag durch die Anzahl der Autor*innen.[1] Haben also beispielsweise vier Autor*innen gemeinsam eine Publikation erstellt und wollen wir auf Ebene der Autor*innen fraktionieren, dann erhält jede*r Autor*in 1/4 Publikation zugeschrieben. Dieses Argument wird nicht nur auf Ebene der Autor*innen vorgebracht, sondern zum Teil auch auf Ebene der Organisation, des Standorts oder des Landes, auf denen ebenfalls fraktioniert werden kann.

---

[1] Hier sei erwähnt, dass mit Einführung der sogenannten „Contribution Sections" bei einigen Zeitschriften, in denen die Beiträge und Zuarbeiten der einzelnen Autor*innen aufgeschlüsselt wird, sicher in Zukunft andere Verfahren Anwendung finden werden. Auch hier wieder: Eine Modifikation der Gleichheitsunterstellungen.

Zeitreihen vergleichbar machen – indexierte Trends

Wir haben nun eine Form der Normalisierung von Publikationsvolumina kennengelernt, welche die Idee von Produktivität aufgreift. Es gibt jedoch mit Bezug auf Zeitlichkeit noch eine weitere und in bibliometrischen Evaluationen übliche Vorgehensweise: die Indexierung von Zeitreihen. Die folgende Formel verdeutlicht die Berechnung eines indexierten Werts:

$$Index_{p_{tn}} = \left(\frac{p_{tn}}{p_{t0}}\right) * 100$$

Stellen wir uns als Beispiel eine Zeitreihe vor, die das Publikationsvolumen einer Organisation darstellt. Sie reicht von 2012 bis 2020 und beinhaltet für jedes Jahr die Anzahl der erschienenen Publikationen dieser Organisation. Aus dieser Zeitreihe wählen wir uns ein sogenanntes Basisjahr aus, zu dem wir alle anderen Werte „indexieren" wollen. In unserem Falle sei das der Wert zum Zeitpunkt t0, also das Publikationsvolumen der zu untersuchenden Organisation für das Jahr 2012. Das Indexieren der Zeitreihe verläuft dann folgendermaßen: Für jedes Jahr dividieren wir die jeweilige Ausprägung durch die Ausprägung des Basisjahrs, das heißt alle Werte der Zeitreihe werden zum Wert des Jahres 2012 in Verhältnis gesetzt. Dann multiplizieren wir jeden dieser Werte mit 100. Letzteres müsste man an sich nicht tun, es hat sich aber durchgesetzt, da dann die Ergebnistabellen mit ganzzahligen Werten aufgefüllt werden können und man mit passabler Genauigkeit Kommazahlen vermeiden kann.

Was bringt das nun? Zunächst erlaubt dieses Vorgehen, Zeitreihen mit sehr unterschiedlichen absoluten Ausprägungen zu vergleichen, zum Beispiel publikationsstarke und publikationsschwache Organisationen oder Länder. Visualisiert man mehrere indexierte Zeitreihen, beginnen alle, sofern man das erste Jahr als Basisjahr wählt, beim Wert 100 und weisen dann meist unterschiedliche Verläufe auf, die einfacher vergleichbar und interpretierbar sind. Indexierte Trends sind insbesondere dann nützlich, wenn es bei der Interpretation von Verläufen absoluter Werte mit sehr unterschiedlichen Größenordnungen zu Fehleinschätzungen kommt. Ein Beispiel hierfür findet sich in Abbildung 13.1.

Während in der linken Abbildung die beiden Zeitreihen in ihrem Wachstum recht unterschiedlich interpretiert werden könnten, zeigt sich durch Indexierung, dass beide Zeitreihen in ihrem Wachstum deutlich ähnlicher sind als zunächst auf Basis der absoluten Werte angenommen.

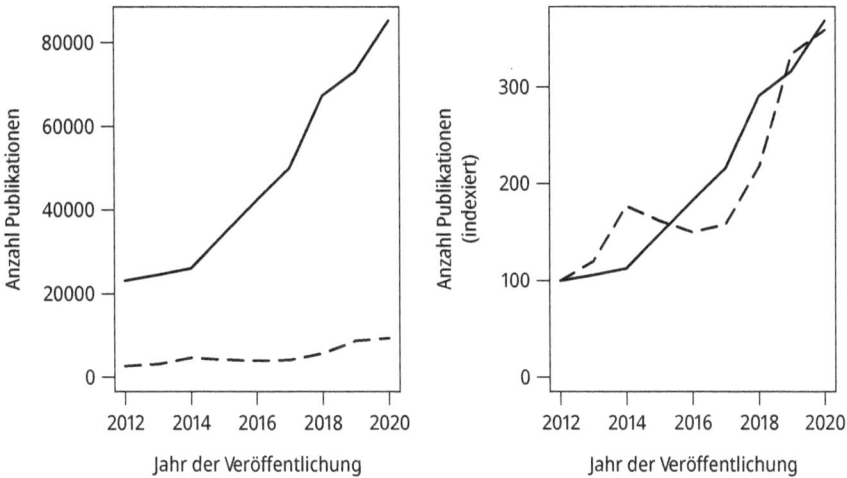

Abbildung 13.1: Verläufe des Publikationsvolumens zweier Länder für die Publikationsjahre 2012–2022 als absolute Werte (links) und als indexierter Trend (rechts, Basisjahr = 2012).

Spezialisierung und Wettbewerbsvorteile – der relative Literaturanteil

Bevor wir zur zweiten Strömung der evaluativen Bibliometrie übergehen, soll ein bibliometrisches Verfahren der Analyse des Publikationsvolumens aufgezeigt werden, welches mehrere Aspekte zusammenbringt und sich an der Idee von „Spezialisierung" orientiert: Der relative Literaturanteil (*revealed literature advantage*, RLA). Dieser hat seinen Ursprung in der wirtschaftswissenschaftlichen Handelstheorie und diente ursprünglich der Herausarbeitung komparativer, sektoraler Wettbewerbsvorteile im internationalen Güterhandel (Balassa 1965). Später wurde die Grundidee auf Patente und Publikationen als „Produkte" des Wissens- und Technologietransfers ausgeweitet (Grupp 1997). Anhand dieses Verfahrens werden auch einige Konstruktionsprinzipien aufgezeigt, welche wir bei Analysen der Rezeptionswirkung wieder antreffen werden. Die Formel des RLA lautet:

$$RLA_{fl} = 100 * tanh * ln\left[\left(\frac{P_{fl}}{\sum_f P_{fl}}\right) / \left(\frac{\sum_l P_{fl}}{\sum_{fl} P_{fl}}\right)\right]$$

P = Publikationsvolumen
f = Feld
l = Land

Hier gibt es nun einiges zu entfalten. Beginnen wir mit dem Formelbestandteil in der eckigen Klammer, welcher auch als Aktivitätsindex bezeichnet wird. Hier findet sich ein Doppelbruch, welcher den Kern der Metrik darstellt. Der obere Zähler dieses Bruches beschreibt, ebenfalls über ein Verhältnis, den Anteil des Publikationsvolumens eines Feldes am gesamten Publikationsvolumen eines Landes. Das gesamte Publikationsvolumen eines Landes ist dabei gedacht als die Summe der Publikationsvolumina eines Landes über alle Felder hinweg. Berechnet man diesen Bestandteil der Formel für das Feld des Maschinenbaus und das Land Deutschland, so könnte man zum Ergebnis kommen, dass in Deutschland der Anteil an Publikationen aus dem Maschinenbau an allen Publikationen aus Deutschland bei 20 Prozent liegt.[2] Nun stellen sich wieder die Eingangsfragen der evaluativen Bibliometrie. Ist dies viel oder wenig? Und im Vergleich wozu? Der Aktivitätsindex löst dieses Problem, indem dieser Wert, hier als Wert unter dem Bruchstrich, zu einer globalen Referenz in Beziehung gesetzt wird. Es wird also berechnet, wie hoch der Anteil des weltweiten Publikationsvolumens im Maschinenbau am gesamten weltweiten Publikationsvolumen ist. Nehmen wir einmal an, dieser läge bei 17 Prozent. Teilt man nun das Ergebnis für die Berechnung des Anteils an Maschinenbau in Deutschland durch die globale Referenz, erhalten wir, zumindest in diesem Falle, einen Wert der größer als 1 ist. Deutschland wäre damit in diesem Beispiel im Maschinenbau „überspezialisiert". Den Wert 1 würden wir dann erreichen, wenn beide Anteile exakt gleich sind. Der Wert 1 ist also in gewisser Weise die „neutrale Position" dieser Metrik. Werte unter 1 deuten auf „Unterspezialisierung" hin. Betrachten wir die weiteren Schritte. Auf den Aktivitätsindex wird nun der Logarithmus naturalis (ln) angewandt. Dies hat zwei Gründe. Zum einen wird über den Logarithmus die Idee eines abnehmenden Grenznutzens von Spezialisierung in das Maß eingebaut. Zum anderen wird die neutrale Stellung der Metrik auf 0 gesetzt, da bekanntermaßen der Logarithmus naturalis des Wertes 1 zum Ergebnis 0 hat. Wir haben nun ein Maß, welches bei positiven Werten auf Über- und bei negativen Werten auf Unterspezialisierung hindeutet. Der darauffolgend angewandte Tangens hyperbolicus (tanh), zugegebenermaßen eine im Alltag eher selten genutzte mathematische Transformation, begrenzt das Maß schließlich auf den Wertebereich −1 bis +1. Die Multiplikation mit 100 dient auch hier der einfacheren Lesbarkeit der Ergebnisse.

Man kann die Logik dieser Metrik auch völlig anders nutzen, indem man beispielsweise in der Berechnung das Aggregationsniveau verändert und die Länder durch eine Organisationsperspektive ersetzt. Man könnte auch, wenn es sich

---

2 Dieser Wert ist kein empirischer Wert. Er dient hier nur der Illustration des Konzepts.

sinnvoll argumentieren lässt, die Weltreferenz durch eine andere ersetzen. Es muss lediglich im Kontext des Erkenntnisinteresses Sinn ergeben und sich anhand der absoluten Werte der Publikationsvolumina in Bereichen bewegen, welche eine sinnvolle Berechnung erlauben.[3]

Warum nun diese eindringliche Beschäftigung mit der RLA-Metrik? Sie dient uns hier dazu, einige wichtige Dinge zum Verständnis von Indikatorenkonstruktionen zu illustrieren. Erstens sollte man immer auf die Verwendung von Brüchen achten. Oft sind diese ein Indiz dafür, dass in dem Maß eine Form der Normalisierung eingebaut ist – hier eine Normalisierung zu einer Art „Weltreferenz". Grundsätzlich finden sich also in den Nennern dieser Brüche Erwartungswerte, zu denen die meist auf absolute Auszählungen basierenden Zähler in Beziehung gesetzt werden. Die Erwartungswerte können dabei unterschiedlicher Natur sein; Aggregationen und Summen über Untersuchungseinheiten im Sinne von relativen Anteilen, statistische Zentralwerte wie arithmetisches Mittel oder Median, oder auch Vergleichswerte einer anderen Untersuchungseinheit, um eine Art „Benchmarklogik" zu erzeugen. In gewisser Weise geben sie damit Auskunft über die Gleichheitsunterstellungen, die bei der Definition der Metrik getroffen wurden. Bei der Logik des RLA sind alle Länder so „gleich", dass wir zur Normalisierung für jedes Land die Summe über alle Länder, also die Weltreferenz, heranziehen. Auch wenn es nicht für jede Metrik gilt, ist es ein guter erster Ausgangspunkt, bei verhältnisbasierten Metriken die Differenzbeobachtung im Zähler und zumindest erste Gleichheitsunterstellungen im Nenner zu vermuten. Zweitens sollte man sich immer fragen, ob gegebenenfalls eine in gewisser Weise „das Übliche" oder „das Normale" abbildende neutrale Ausprägung vorliegt. Dies dient nicht nur der Verbesserung der Interpretierbarkeit der Metrik, sondern lässt uns auch verstehen, welche Normalitätsvorstellungen in eine Metrik eingebaut wurden, zu der bei der Interpretation Bezug genommen werden könnte und die dadurch noch deutlicher performativ werden können. Der Aktivitätsindex zum Beispiel kann von 0 bis approximativ unendlich reichen. Neutral ist die Metrik bei 1. Alles darüber ist über-, alles darunter unterspezialisiert. Der aus dem Aktivitätsindex abgeleitete RLA hat einen ganz anderen und viel klarer abgesteckten Wertebereich. Er reicht von −100 (absolute Unterspezialisierung) bis + 100 (absolute Überspezialisierung) und ist neutral für die Ausprägung 0. Die Verwendung des Logarithmus in der Berechnung ist nicht die einzige Möglichkeit, die neutrale Ausprägung eine verhältnisbasierte Metrik auf den Wert 0 zu setzen. Manchmal wird in Formeln verhältnisbasierter Metriken auch

---

3 Ist dies einmal nicht der Fall, so kann man sich manchmal durch Streckung des Untersuchungszeitraums behelfen, zum Beispiel indem man mehrere Jahre bei der Analyse zu einer sogenannten „Zeitscheibe" zusammenfasst.

der Wert 1 subtrahiert. Die erläuterte Idee eines abnehmenden Grenznutzens ist dann jedoch, im Gegensatz zum Logarithmieren, nicht eingebaut. Natürlich lassen sich solche Aspekte auch bei der Konstruktion eigener Indikatoren einsetzen.

Indikatoren der Rezeptionswirkung

Kommen wir nun zur zweiten Strömung der evaluativen Bibliometrie. Diese Strömung orientiert sich grundsätzlich an Analysen von Zitationsvolumina, interessiert sich also dafür, wie oft eine Publikation zitiert wurde. Dazu gleich eine Sprachkonvention: Wenn in diesem Kapitel von *Zitaten* gesprochen wird, dann ist damit gemeint, dass „auf etwas gezeigt wird", wir also beispielsweise zählen, wie oft eine zu betrachtende Publikation von anderen Publikationen referenziert wurde. Dagegen verweist der Begriff der *Referenzen* auf die Perspektive eines „etwas zeigt auf", hier ist nicht zuletzt an die üblichen Literaturverzeichnisse zu denken. Die Art der Zählung ist dabei so, dass selbst wenn ein Artikel in einem anderen Artikel an mehreren Stellen erwähnt wird, dies immer nur als ein Zitat gezählt wird. Ein Artikel referenziert einen anderen Artikel – oder eben nicht. Ein Artikel wird von einem anderen Artikel zitiert – oder eben nicht. Weitere Schattierungen sind unüblich, wenn auch nicht undenkbar. Würde morgen eine Datenbank veröffentlicht, die auf Basis von Freitextprozessierung der Volltexte von Fachartikeln die Anzahl wiederkehrender Referenzen in diesen Artikeln bei hoher Güte und Abdeckung zur Verfügung stellte, dann fänden Bibliometriker*innen – selbstverständlich nach ausladender Diskussion auf den einschlägigen Fachkonferenzen – gute Gründe dafür, die konkrete Anzahl der Referenzierungen als einen Ausdruck der Stärke der Verbindungen zwischen Artikeln, zumindest komplementär zum bestehenden Verfahren, zu berücksichtigen. Was sagen solche Indikatoren aus der Perspektive der Bibliometrie aus? Dies ist nicht ganz einfach zu beantworten, ohne weiterführend auf unterschiedliche Zitationstheorien und deren unterschiedliche disziplinären Sichtweisen zurückzugreifen.

Theorien der Zitation

Indikatoren sind immer approximative Annäherungen. Sie stehen für etwas, das nicht oder nur schwierig zu beobachten ist, jedoch beobachtet werden soll. Besonders interessant ist dies bei Henk Moed (2005) diskutiert. Er identifiziert fünf disziplinäre Sichtweisen, welche sich mit dem Zitat auseinandersetzen und Implikationen dafür haben, was Zitate überhaupt „messen". Die soziologische Sichtweise legt die Basis für Zitate als Ausdruck von Qualität, beziehungsweise der normativen und institutionellen Erfordernisse der Prioritätszuschreibung und der Maxime „credit, where credit is due" (z. B. bei Merton 1957, 1968, 1993; Zuckerman 1987; Cole & Cole 1967, 1971), deren Befolgung in sorgsam ausgewählten Vergleichsgruppen etwas über „sozial definierte Qualität" aussagen (Martin & Irvine 1983). Diese Sichtweise wird jedoch auch kritisiert und es wird zum Beispiel vermutet, dass es nicht nur um Qualität, sondern auch um Rhetorik gehen könnte (Gilbert 1977; Cozzens 1989). Die geschichtswissenschaftliche Perspektive wiederum rahmt Zitate als Konzeptsymbole (Small 1978), deren Struktur und Verwebungen zu erkunden sind. Die psychologische Sichtweise zieht beides in Zweifel und sucht nach Motiven des Referenzierens, welche jedoch gar nicht in bibliographischen Daten zu finden seien, sondern eher auf Basis von Fragebögen erhoben werden müssten (Cronin 1984). Die physikalisierte Perspektive vereinfacht diese Diskussionen wieder: Zitate sind Ausdruck von Qualität und folgen den Gesetzen der Thermodynamik. Im Mittelmaß herrscht viel Rauschen, so dass man nur den oberen Teil der Verteilung betrachten sollte (van Raan 1998). Die informationswissenschaftliche Perspektive schließlich müht sich, all dies in einer übergeordneten und mehrschichtigen Theorie zu verbinden (Wouters 1999).

Üblicherweise werden in der Bibliometrie zitationsbasierte Indikatoren als ein Maß für „sozial definierte Qualität" beziehungsweise, in etwas moderaterer Sichtweise, als Basis für Indikatoren der „Rezeptionswirkung" interpretiert. Eine viel zitierte Publikation, so die Annahme, wird von vielen Leuten rezipiert und scheint demnach wohl irgendwie lesenswert zu sein.

Bevor wir uns den einzelnen Indikatoren zuwenden, muss noch eine wichtige Konvention der Bibliometrie erläutert werden: das sogenannte Zitationsfenster (*citation window*). Ein Zitationsfenster bezeichnet die Praxis, eingehende Zitate auf Artikel nur für eine bestimmte Zeitspanne nach Erscheinen des Artikels zu zählen. Alles, was nach dieser Zeitspanne an Zitationen eingeht, wird bei der Berechnung ignoriert. Wieso wird in dieser Weise vorgegangen und welche Folgen hat dies für die Verfügbarkeit von zitationsbasierten Indikatoren? Der erste Teil der Frage ist schnell erklärt, wenn wir uns die bereits oben erwähnte Idee der „Fairness" oder des „Messfehlers" bewusst machen. Angenommen, ein wissenschaftlicher Fachartikel (A) wurde im Jahre 1960 publiziert; ein anderer Fachartikel (B) dagegen im Jahre 2015. Fachartikel A hatte im Vergleich (sic!) zu B wesentlich mehr Zeit, Zitationen zu attrahieren. Betrachtet man alle eingehenden Zitate auf die jeweiligen Fachartikel, so stellt dies für die Bibliometrie eine Verzerrung dar, die sich darin äußern würde, dass man tendenziell ältere Fachartikel in ihrer Qualität oder Rezeptionswirkung überschätzt. Aus diesem Grund hat man sich in der evaluativen Bibliometrie auf die beschriebenen Zitatfenster geeinigt. Die Länge eines Zitatfensters kann unterschiedlich sein, üblich sind zwei bis fünf Jahre. Die Entscheidung für die Länge eines Zitatfensters impliziert jedoch etwas für die Verfügbarkeit entsprechender Indikatoren. Sie bildet eine Zeitspanne ab, die verstreichen muss, bis Indikatoren berechnet werden können; denn ein Fachartikel, der im Vorjahr publiziert wurde, kann ja noch kein vollständiges Zeitfenster von zwei Jahren bedienen.

Der Journal Impact Factor

Der wohl am häufigsten diskutierte Indikator, auch wenn er in der professionellen Bibliometrie fast keine Rolle als Evaluationsinstrument spielt, ist der *journal impact factor* (JIF). Bei diesem handelt es sich um eine zeitschriftenbasierte Metrik, das heißt er wird auf der Ebene einer Zeitschrift berechnet und symbolisiert – man kann es bereits ahnen – die Rezeptionswirkung oder Qualität einer wissenschaftlichen Fachzeitschrift. Berechnet wird der JIF jährlich durch den Datenbankanbieter Clarivate für den Science Citation Index Expanded (SCI-E) und den Social Science Citation Index (SSCI). Ob eine Zeitschrift im SCI-E oder SSCI indexiert ist, hängt zu einem wesentlichen Teil von deren potenziellem *impact factor* ab. Der JIF wird, sofern vorhanden, häufig von Zeitschriften in der Außendarstellung erwähnt, wobei dies gerne an recht prominenter Stelle auf deren Webpräsenz geschieht.

> **Die Relevanz von Zitatonsdatenbanken für die Bibliometrie**
> Mitte des 20. Jahrhunderts erdachte Eugene Garfield im Zuge des Versuchs, dem „Bibliothekar" den „Dokumentaristen" entgegenzustellen, ein System, um Referenzen von Fachartikeln so zu prozessieren, dass sie eindeutig auf den Korpus des Referenzierenden zurückzeigen können, sodass ein Fachartikel dahingehend indexiert werden konnte, welche anderen Fachartikel auf diesen zeigen (Garfield 1955). Dies klingt vielleicht einfacher als es ist. Noch heute stellt das sogenannte *citation matching* eine Herausforderung dar, trotz der zunehmenden Diffusion eindeutiger Identifikatoren, wie dem Digital Object Identifier (DOI). Als erste disziplinenübergreifende Datenbank, welche dieses Indexieren nach eingehenden Zitaten erlaubt, gilt der erstmals im Jahre 1964 durch das von Eugene Garfield geleitete Institute for Scientific Information (ISI) veröffentlichte Science Citation Index (SCI), später Science Citation Index Expanded (SCI-E). Später kamen weitere Indizes hinzu, wie der Social Science Citation Index (SSCI), der Arts & Humanities Citation Index (AHCI), der Conference Proceedings Citation Index-Science (CPCI-S), der Conference Proceedings Citation Index-Social Science & Humanities (CPCI-SSH) und schließlich der buchwerkbasierte Book Citation Index. Diese Indizes bilden gemeinsam die sogenannte Web of Science (WoS) Core Collection. Der JIF einer Zeitschrift kann, neben anderen zeitschriftenbasierten Indikatoren, im *Journal Citation Reports* (JCR) eingesehen werden. Neben der WoS Core Collection bildet der Emerging Sources Citation Index potentielle Beitrittskandidaten für SCI-E, SSCI und AHCI ab. Herausgeber der Datenquellen war zu Beginn das Institute for Scientific Information (ISI), später war es Thomson Reuters, seit 2016 ist Clarivate der Produzent.

Die Berechnung des JIF gestaltet sich einfach. Geht man davon aus, dass der JIF einer Zeitschrift (a) für ein bestimmtes Jahr (2020) berechnet werden soll, so ergibt sich folgende Formel:

$$JIF_a 2020 = \frac{\textit{Anzahl eingehender Zitate aus 2020 auf alle Dokumente in Zeitschrift a aus 2018/2019}}{\textit{Anzahl aller zitierbaren Dokumente (Article, Review, Letter) in Zeitschrift a in 2018/2019}}$$

Vorsicht bei der Berechnung ist wegen der unterschiedlichen Konstruktion des Zählers und des Nenners der Gleichung geboten: Bei der Anzahl eingehender Zitate (Zähler) wird nicht nach dem zitierten Dokumententyp differenziert. Bei der Normalisierung zur Anzahl an Dokumenten (Nenner) werden jedoch nur die sogenannten „zitierbaren" Dokumente (*citable items*) berücksichtigt, nämlich Fachartikel, Überblicksartikel und Briefe (*article, review, letter*).

Der JIF ist eine zeitschriftenbasierte Metrik. Warum spielt er dennoch eine Rolle, wenn Organisationen oder Personen statt Zeitschriften bewertet werden sollen? Das Kernargument lautet, dass es etwas über die Qualität eines Fachartikels aussagt, wenn dieser in einer „hochrangigen Zeitschrift" – und dafür steht der JIF ein – publiziert wurde. Zum Teil werden Manuskripte von den strategisch denkenden Autor*innen kaskadenhaft in absteigender Rangfolge des JIF bei Zeitschriften eingereicht, bis sie irgendwo „hängenbleiben". Eine weitere Praxis ist die Berechnung von Indikatoren wie dem sogenannten JIFSum, bei dem für eine Person oder eine andere Einheit der JIF jedes Fachartikels aufsummiert wird. Mal abgesehen davon, dass man in der Praxis zahlreichen Unachtsamkeiten in der Berechnung begegnet, zum Beispiel das Heranziehen des aktuellen JIF einer Zeitschrift im Gegensatz zum JIF des Publikationsjahrs eines Fachartikels, sehen professionelle Bibliometriker*innen von diesen Indikatoren eher ab. Dennoch wird der JIF häufig stellvertretend dafür herangezogen, was in der Bibliometrie falsch läuft. Wenden wir uns also erstmal einigen etablierten Alternativen zu: der Zitationsrate (*citation per paper*), der Zeitschriften- und Feldzitationsrate (*journal citation score* und *field citation score*), der feld-normalisierten Zitatrate (*field-normalized citation rate*), der Exzellenzrate (*ppTopX*) und schließlich dem Hirsch-Index (*h-index*).

Das einfache Verhältnis – die Zitationsrate

Die einfache Zitationsrate (*citation per paper*, CPP) ist eine besonders unkomplizierte Metrik. Wollte man etwa eine Organisation bewerten, so würde man für einen Zeitraum alle Fachartikel dieser Organisation in einem entsprechenden Index identifizieren und im Anschluss, ähnlich wie bei der Berechnung eines Notendurchschnitts, die Anzahl der auf diese Fachartikel eingegangenen Zitate durch die Anzahl der publizierten Fachartikel teilen. Das dies problematisch ist, dürfte nach der Lektüre der bisherigen Seiten bereits deutlich geworden sein. Es drängt sich nämlich die Frage nach Unterschieden in Zitationskulturen auf, welche zwischen Feldern unterschiedlich ausgeprägt sein können.

Vom einfachen Verhältnis zum Üblichen – die Feldzitationsrate

Die Feldzitationsrate (*field citation score*, FCS) ist für sich eigentlich kein evaluativer Indikator, sondern eher eine Möglichkeit, eine Referenz zu konstruieren, an der Zitationsraten normalisiert werden können. Sie bildet also die eingangs benannte Idee des „Im Vergleich wozu?" ab.

$$FCS_f = \frac{1}{P_f} \sum_{i=1}^{P_f} c(P_{if})$$

FCS_f = Feldzitationsrate für Feld f
P_f = Publikationsvolumen im Feld f
P_{if} = Publikation i im Feld f
$c(P_{if})$ = Anzahl eingehender Zitate auf Publikation i im Feld f

Analog zur Feldzitationsrate lässt sich auch eine Zeitschriftenzitationsrate (*journal citation score*, JCS) berechnen. In der Formel wird der Bestandteil für Feld lediglich durch Zeitschrift ersetzt. Bei dieser wird somit berechnet, wie oft im Durchschnitt eine Publikation aus einer Zeitschrift zitiert wird. Hier liegt also ein Muster vor, welches sich auf andere Indikatoren übertragen lässt: (1) Bestimme ein Objekt, welches bewertet werden soll. (2) Berechne für dieses Objekt einen statistischen Zentralwert wie den Median oder das arithmetische Mittel. (3) Nutze diese Zentralwerte als Basis eines Vergleichs.

Vom Üblichen zur Bewertung am Durchschnitt – die feld-normalisierte Zitatrate

Die Feldzitationsrate ist für sich genommen nur mäßig interessant. Sie ist jedoch wesentlicher Baustein einer anderen Metrik: der feld-normalisierten Zitatrate (*field-normalized citation rate*, FNCR). Die Formel für diese lautet:

$$FNCR_{o,f}^{field} = \frac{1}{P_{o,f}} \sum_{i=1}^{P_{o,f}} \frac{c(P_i)}{FCS_i^{field}}$$

$P_{o,f}$ = Publikationsvolumen für Untersuchungsobjekt o in Feld f
$c(P_i)$ = Anzahl eingehender Zitate auf Publikation i
FCS_i^{field} = Feldzitationsrate (erwartete Zitationsrate) im Feld f der Publikation i

Auch hier wird wieder ein arithmetisches Mittel berechnet. Wir erkennen dies an der Kombination aus Summenbildung über Publikationen und Division durch die Anzahl der Publikationen. Interessant ist, was hier aufsummiert wird, nämlich das Verhältnis der eingehenden Zitate auf jede Publikation zum jeweiligen FCS. So wird jede Zitatrate zu einer „erwarteten" oder „üblichen" Zitatrate in Beziehung gesetzt. Daraus ergibt sich auch der Wert, an dem dieses Maß neutral ist. Entspricht für jede Publikation die Anzahl der eingehenden Zitate exakt dem Erwartungswert für das Feld, dem FCS, so ergibt dieses Verhältnis immer exakt den Wert 1. Das wäre jedoch zugegebenermaßen ein statistisch gesprochen höchst ungewöhnlicher Umstand. Wieso wird dieses Maß nicht, analog zum relativen Literaturanteil (RLA), logarithmiert oder der Wert 1 in der Summe abgezogen, sodass das Maß bei 0 neutral ist? Dazu habe ich keine Antwort, beziehungsweise kann nur darauf verweisen, dass eben auch Metriken Pfadabhängigkeiten unterworfen sind. Das etwas nicht getan wird, bedeutet nicht, dass man dies nicht tun könnte. Um so wichtiger ist es daher, solche „neutralen" Ausprägungen einer Metrik zu kennen oder sich diese aus einer Formel erschließen zu können. Die Interpretation selbst, oft über die Zeit vorgenommen, zeigt auf, ob eine Untersuchungseinheit o, überdurchschnittlich, also FNCR > 1 oder unterdurchschnittlich, also FNCR < 1, rezipiert wird.

Vom Durchschnitt zur Spitze – die Exzellenzrate

Bevor wir zur nächsten Metrik kommen, der sogenannten Exzellenzrate, muss erwähnt werden, dass ich bisher einen Problemkomplex unterschlagen habe, dessen Verständnis für den Stellenwert der Exzellenzrate entscheidend ist: die Rechtsschiefe von Zitationsverteilungen. Relevant ist diese, weil durch eine ausgeprägte Schiefe einer Verteilung das arithmetische Mittel der zugrundeliegenden Werte verzerrt ist. Empirisch zeigt sich, dass sehr viele Publikationen gar nicht oder nur sehr selten zitiert werden und nur sehr wenige Publikationen sehr hohe Zitatraten aufweisen.[4] Genau dieser Umstand, dass die Schiefe der Verteilung von Zitationshäufigkeiten mittelwert-basierte Indikatoren unzuverlässig werden lässt, zusammen mit dem Argument, dass alles was im mittleren Bereich dieser Verteilung

---

4 Wenn Sie nun denken, dass man einfach den Median nehmen könnte, dann muss ich sie enttäuschen. Dieser ist häufig 0, 1 oder 2. Eine Normalisierung ist hier kaum noch sinnstiftend durchführbar.

geschieht eher wenig interessantes Rauschen darstellt, hat zur Entwicklung der
„Exzellenzrate" (ppTop10, ppTop5) geführt. Im Gegensatz zur Berechnung mittel-
wert-basierter Metriken, wie dem FNCR, geht man bei der Exzellenzrate anders
vor. In einem ersten Schritt werden alle Fachartikel eines Feldes identifiziert und
nach der Anzahl eingehender Zitate absteigend sortiert, selbstverständlich unter
Berücksichtigung des Zitationsfensters, und bezogen auf ein Publikationsjahr. In
einem zweiten Schritt bestimmt man die 10 Prozent aller Publikationen aus Schritt
1, die am häufigsten zitiert wurden (Top10). Im nächsten Schritt identifiziert man
die absolute Anzahl an Publikationen einer Untersuchungseinheit, also zum Beispiel einer Organisation, die in diesen identifizierten Top 10 Prozent an Publikationen zu finden sind (pTop10). Im letzten Schritt berechnet man, wie hoch der Anteil
dieser identifizierten Papiere am gesamten Portfolio der Organisation in diesem
Feld in diesem Publikationsjahr ist (ppTop10). Vereinfacht gesprochen beantwortet
der ppTop10 die Frage: „Wie hoch ist der Anteil an den hoch-zitierten Publikationen eines Portfolios einer Untersuchungseinheit (Organisation, Land, usw.) in Feld
X im Jahr Y?" Dieser Indikator kann selbstverständlich auch auf andere Anteile ausgeweitet werden, zum Beispiel als ppTop5, der die Top 5 Prozent eines Feldes zu
einem Publikationsjahr in den Blick nimmt, oder ppTop1, der die oberen 1 Prozent
der Zitationsverteilung markiert. Die Berechnung erfolgt dabei immer analog zum
dargestellten Vorgehen. Als eine Art „neutrale Exzellenzposition", wenn dies überhaupt Sinn ergibt, fungiert dabei immer der entsprechende Prozentanteil der Verteilung: also etwa ppTop10 von 10 Prozent oder ein ppTop5 von 5 Prozent. Dieser
Indikator ist wesentlich weniger anfällig für schiefe Verteilungen, da hier kein arithmetisches Mittel berechnet wird. Man muss dann aber eben auch die Perspektive
einnehmen, dass Exzellenz als ein Überschreiten eines recht arbiträren Schwellen-
werts und weniger als eigenständiges Phänomen operationalisiert wird.

Von der Spitze zur holistischen Breitenwirkung –
der Hirsch-Index

Wenden wir uns dem letzten hier besprochenen Indikator zu, welcher in zahlreichen bibliometrisch geleiteten Evaluationen eingesetzt wird, dem sogenannten
Hirsch-Index oder *h-index* (Hirsch 2005). Der Hirsch-Index stellt im Vergleich zu
den bisher genannten Maßen ein weit verbreitetes und auch in alltäglichen
Bewertungssituationen beliebtes Maß dar. Nicht zuletzt deshalb, weil er im Gegensatz zu den anderen genannten evaluativen Metriken, welche eher auf Ebene
von Ländern, Regionen oder Organisationen angewendet werden, in der Praxis
häufig auch zur Bewertung von Individuen eingesetzt wird. Der Grundgedanke
ist es, den Output individueller Forscher*innen ganzheitlicher zu sehen und so-

wohl Produktivität als auch Rezeption im Sinne einer „Breitenwirkung" in einer Metrik zu vereinen. Schauen wir uns die Definition an:

> A scientist has index h if h of his or her Np [number of] papers have at least h citations each and the other (Np − h) papers have fewer than ≤ h citations each. (Hirsch 2005: 16569)

Diese etwas spröde Definition lässt sich leicht in einen Algorithmus übersetzen. In einem ersten Schritt wird der gesamte Output an Fachartikeln einer Person nach Anzahl der eingegangenen Zitate absteigend sortiert. In einem nächsten Schritt wird jedem Fachartikel ein Rang zugewiesen. Dem höchstzitierten Fachartikel wird Rang 1 zugewiesen, dem am zweithöchsten zitierten Rang 2 usw. Im letzten Schritt identifizieren wir den höchsten Rang, für den noch gilt, dass die Anzahl der eingegangenen Zitate größer oder gleich dem zugehörigen Rang ist. Nehmen wir als Beispiel an, dass ein*e Autor*in 11 Publikationen vorgelegt hat, die über folgende Verteilung von Zitaten verfügen:

$$h = \{14, 4, 45, 23, 9, 25, 12, 16, 4, 2, 3\}$$

Sortieren wir diese absteigend und vergeben Ränge ergibt das:

Rang	1	2	3	4	5	6	7	8	9	10	11
h	45	25	23	16	14	12	9	4	4	3	2

Wendet man nun die besprochene Regel an, zeigt sich, dass der höchste Rang für den gilt h ≥ Rang, der Rang 7 ist. Damit definiert sich ein Hirsch-Index von 7. Ist das jetzt viel oder wenig? Das sieht man dem Indikator nicht ohne Weiteres an, da er nicht normalisiert ist und auch keine „neutrale" Position aufweist, wie dies zum Beispiel bei der Exzellenzrate oder der feldnormalisierten Zitatrate der Fall ist. Der Vorteil aber ist, dass er sehr einfach zu berechnen ist und vergleichsweise wenige Daten benötigt werden. Auch die Tatsache, dass Quantität und Qualität gleichzeitig betrachtet werden, sehen manche als positive Eigenschaft. Der Indikator weist jedoch auch Schwächen auf. Forscher*innen, die über wenige, aber sehr hoch zitierte Publikationen (h = {2000, 1000, 500}) verfügen, sind solchen die ebenso viele, aber deutlich weniger zitierte Publikationen (h = {5, 4, 3}) aufweisen, gleichgestellt – in beiden höchst hypothetischen Fällen wäre der Hirsch-Index 3. Denkt man dies ein wenig weiter, wird klar, dass er damit auch sehr ungeeignet ist, Wissenschaftler*innen verschiedener Karrierestufen miteinander zu vergleichen. Für einen Hirsch-Index von 10 braucht man eben erst einmal 10 publizierte Fachartikel. Weiterhin differenziert er bei renommierten Wissenschaftler*innen nicht besonders gut. Da der Hirsch-Index nicht zu einem Feld normalisiert ist, kann er auch kaum über Fach- und Zitationskulturen hinweg verglichen werden.

Explorative Bibliometrie

Neben der Nutzung zu Zwecken der Bewertung wird die Bibliometrie auch als Instrument des Erkundens von Wissenschaft eingesetzt. Im Gegensatz zur evaluativen Bibliometrie sind Fragen der explorativen Bibliometrie nicht in der zuvor dargestellten Weise vertikal orientiert. Es geht nicht so sehr um Fragen von „viel" oder „wenig", sondern eher um Fragen von Strukturen oder Verortung. Die Trennung zwischen Evaluation und Exploration ist dabei manchmal fließend. So kann beispielsweise eine Analyse der Dynamik von Akteursstrukturen eines Feldes als Exploration gesehen werden, aber eben auch als Analyse einer wissenschaftspolitisch gewünschten Herausbildung wissenschaftlicher Gemeinschaften, und damit auch, zumindest im Geiste, evaluativ. Es geht also um Grundtendenzen, welche durchaus changieren können. Dennoch erzeugt die unterschiedliche Zielsetzung auch Unterschiede in der Herangehensweise. Nehmen wir etwa das Zitatfenster, das bei der evaluativen Bibliometrie Sinn macht, um die Idee von Messfehlern oder unfairen Vergleichen zu integrieren. Bei der explorativen Bibliometrie dagegen macht es weniger Sinn – im Gegenteil! Denn diese will möglichst alle Referenzen und Zitate berücksichtigen, um Strukturen, die über Zitate aufgespannt werden, als Spiegel der Geschichte nutzen zu können. Es geht eben nicht mehr zentral ums Bewerten.

Kartierung von Strukturen

Die Datengrundlage der explorativen Bibliometrie basiert meist auf unterschiedlichen Strukturen, welche sich aus bibliographischen Daten herauslösen lassen und mittels strukturentdeckender Verfahren oder Verfahren der Visualisierung verarbeitet werden. Wenn hier von Strukturen gesprochen wird, dann sind diese konkret und realisiert gedacht. Selbstverständlich müssen diese Strukturen sinnbildlich wieder für etwas einstehen. Wofür sie genau einstehen, hängt im Wesentlichen davon ab, welche Elemente (Autor*innen, Fachartikel, Organisationen, usw.) betrachtet werden und welche Relationen zwischen diesen Elementen zur Verfügung stehen, beziehungsweise berücksichtigt werden sollen. So können wir beispielsweise Kooperationen als diejenigen Strukturen verstehen, die sich aus den vielfältigen Ko-Autor*innenschaften wissenschaftlicher Fachartikel ergeben. Ob wir dabei Autor*innen oder Organisationen heranziehen, ergibt sich aus dem Erkenntnisinteresse und der theoretischen Rahmung. Andere Strukturen können durch die Elemente des Fachartikels und der Relationen der Zitate oder der Referenz aufgespannt werden, was im Sinne der Herausarbeitung fachgeschichtlicher Zusammenhänge relevant sein kann. Wieder andere Elemente können Schlüsselworte auf Fachartikeln sein, die ebenfalls durch Kookkurrenz, also gemeinsames Auftreten, über viele Fachartikel eines Korpus hinweg, relationiert werden. Der Kanon an Methoden reicht von einfachen Kartierungsverfahren, bei denen Elemente und Relationen ohne weiteres Kondensieren visualisiert werden, hin zu mathematisch komplexen und rechenzeitaufwändigen Verfahren, wie *Text-mining* oder *Natural Language Processing*. Dabei entdecken unterschiedliche Verfahren nicht immer die gleichen Strukturen. Menschen als Interpretationsmaschinen solcher Strukturen, vor allem dann, wenn sie sich mit dem Beobachtungsgegenstand vertraut wähnen, plausibilisieren diese aus ihrer Perspektive. Im Folgenden wird, wie auch im vorherigen Kapitel, auf einzelne prominente Beispiele und Verfahren eingegangen.

Bibliographische Kopplung und Ko-Zitation

Sieht man Zitate als Konzeptsymbole an, so wie es Henry Small (1978) vorgeschlagen hat, kommt man schnell zu Fragen der Flussdynamiken des Wissens, also Fragen dazu, wie Flüsse aus Konzeptsymbolen zusammen- oder auseinanderfließen. Bedenkt man dabei auch, dass die Blickrichtung eine Rolle spielen kann, also ob man eher über ein „gemeinsam zitiert werden" oder „gemeinsam referenziert werden" nachdenkt, dann ergeben sich die beiden folgenden Konzepte fast zwangsläufig: Die bibliographische Kopplung (Kessler 1963) und die Ko-Zitation (Small 1973). Die bibliographische Kopplung orientiert sich dabei an der Analyse der Literaturlisten von Artikeln. Für jedes Paar von Artikeln eines Korpus wird erhoben, wie viele gemeinsame Referenzen in beiden Publikationen vorhanden sind. Finden sich in der Referenzliste zweier Artikel drei identische Einträge, so spricht man von einer bibliographischen Kopplung der Stärke 3 zwischen den beiden Artikeln. Vice versa betrachtet die Ko-Zitation das umgekehrte Phänomen, nämlich wie oft zwei zu betrachtende Artikel gemeinsam in Literaturlisten anderer Artikel zu finden sind.

> **Geistiges Erbe – statisch oder dynamisch**
> Quizfrage: Welche der beiden Verfahren (bibliographische Kopplung vs. Ko-Zitation) ist für eine eher dynamische und weniger statische Betrachtung der Veränderung geistigen Erbes besser geeignet?
> Die Antwort lautet: Die Ko-Zitation. Warum? Weil diese über die Zeit veränderlich ist, da immer neue referenzierende Artikel hinzukommen und sich damit neue Ko-Zitationen ergeben können. Die Referenzliste von Artikeln, die ja die Grundlage der bibliographischen Kopplung darstellen, ist fixiert. Literaturlisten ändern sich, zumindest üblicherweise, nicht mehr nach dem Erscheinen.

Was sagt dies nun aus? Ob das Verhältnis, das sich aus dem gemeinsamen Referenzieren oder aus dem gemeinsam Zitiert-Werden ergibt, auf eine Art „Denkschule" verweist, oder ob sich eine wissenschaftliche Gemeinschaft in dauerhaften Abgrenzungskämpfen bewegt, ist anhand einfachen bibliographischen Materials schwierig zu bewerten. Hier zeigt sich eine besondere Eigenheit dieser Art von Ansätzen, nämlich, dass sie ernsthaft interessierten Rezipierenden mehr Zuarbeit bei der Ausdeutung abverlangt als dies etwa bei den hypnotischen Rankings der Fall ist. Denkt man in den Kategorien von Marshall McLuhan (1994 [1964]), so sind diese Arten von Analysen daher eher „kühler" und „narrativer" als ihre evaluativ-rankingbasierten Verwandten.

Graph ist nicht gleich Graph – Gerichtetheit und Gewichtetheit von Graphen

Bibliographische Kopplung und Ko-Zitation sind in gewisser Weise Spezialfälle einer breiteren Gruppe von Verfahrensweisen, welche sich hauptsächlich aus der Verwendung von Matrixalgebra und Graphentheorie speisen. In der Soziologie ähneln sie am ehesten dem Methodenkanon der sozialen Netzwerkanalyse. Ich möchte an dieser Stelle nicht näher auf Grundlagen der Netzwerkanalyse eingehen,[5] sondern lediglich auf einige Spezifika und Fallstricke, welche bei der Anwendung solcher Verfahren auftreten können. Dabei sind insbesondere zwei Strukturmerkmale von Graphen zu nennen: Diese können erstens gerichtet oder ungerichtet und zweitens gewichtet oder ungewichtet sein.

Zunächst zur Gerichtetheit von Graphen. Liegt ein Graph gerichtet vor, so bedeutet dies, dass die Richtung der Relation eine Rolle spielt. Sofort plausibel wird dies, wenn man sich noch einmal den Unterschied von bibliographischer Kopplung und Ko-Zitation vergegenwärtigt. Ein anderes Beispiel: Ein Ko-Publikationsnetzwerk auf Ebene von Autor*innen ist in den meisten Fällen nicht gerichtet. Natürlich kann es hier Sonderformate geben, etwa wenn man es als sinnvoll erachtet, die Relation zwischen Erstautor*in und allen weiteren Autor*innen als eine Art „gerichtete Beziehung" zu begreifen. Ähnliches gilt für Netzwerke aus Schlüsselwörtern, welche über die Anzahl der gemeinsamen Nennungen auf wissenschaftlichen Artikeln als Relation aufgespannt werden oder für Netzwerke, die über Ko-Klassifikation aufgespannt werden – beide sind ungerichtet.

Von der Gerichtetheit ist die Gewichtetheit zu unterscheiden. Ob ein Graph gewichtet oder ungewichtet ist, entscheidet sich daran, ob eine Relation lediglich als „vorhanden" oder „nicht vorhanden" erhoben wird oder ob eine Art Stärke der Relation mitbedacht wird. Nehmen wir noch einmal das Beispiel der Zitationsnetzwerke zwischen Fachartikeln. Wie bereits am Beispiel evaluativer Indikatoren der Rezeptionswirkung ausgeführt, arbeitet die Bibliometrie nach der Logik

---

5 Siehe dazu Jansen (2003), Fuhse (2018) als allgemeine Einführungen und Wassermann & Faust (1994) als stärker mathematisch orientiertes Standardwerk.

der Literaturliste. Ein Artikel wird zitiert oder eben nicht – hier wird nicht weiter gewichtet. In explorativen Ansätzen könnte man, eine entsprechende Datenlage vorausgesetzt, auf Basis von Volltexten arbeiten und die Verweise in einem Artikel auf einen anderen Artikel aufsummieren – um sie dadurch zu gewichten. Hat man ein Zitationsnetzwerk vor sich, welches als Knoten einzelne Autor*innen hat, werden Netzwerke gewichtet vorliegen, da durchaus erhoben werden kann, wie oft Autor*in A auf Autor*in B verweist. Es sollte dabei auch klar sein, dass dieses Verhältnis darüber hinaus gerichtet ist.

An dieser Stelle könnte man jetzt eine Tabelle erwarten, welche die Gerichtet- und Gewichtetheit typischer Graphen in der Bibliometrie aufzählt. Ich möchte dies absichtlich nicht liefern, sondern eher dazu animieren, fallweise über diese substanziellen Unterscheidungen nachzudenken. Dabei sollte man sich immer die folgenden Fragen stellen. (1) Was sind in diesem Netzwerk die Knoten? (2) Was sind die Relationen beziehungsweise Kanten? (3) Wie wurde beides erhoben? Sind diese drei Fragen beantwortet, lässt sich mit nur wenig Übung die Gerichtet- und Gewichtetheit ableiten. Relevant sind diese beiden Unterscheidungen, weil sie bedingen, wie die Ergebnisse netzwerkanalytischer Verfahren interpretierbar sind und ob sie überhaupt zulässig angewendet werden können. Dies spielt bei der Auswahl strukturentdeckender Verfahren eine Rolle, also wenn Teilstrukturen wie Cluster oder Gruppen eines Netzwerks auf statistische Weise „entdeckt" werden sollen.[6]

Das Wollknäuelproblem bei der Visualisierung gewichteter Graphen

Da wir es in der Bibliometrie mit zahlreichen gewichteten Graphen zu tun haben, stellt sich auch in Bezug auf Visualisierungen ein Problem: Wie können diese gestaltet werden, damit sie auch für Akteure verständlich sind, die zwar fachlich mit dem jeweilig explorierten Tatbestand – der Fachdisziplin oder dem Thema – vertraut sind, jedoch kein „technisches Verständnis" der Netzwerkanalyse besitzen? Ein zentrales und häufig auftretendes Problem lässt sich als „Wollknäuelproblem" (*hairball problem*) bezeichnen. Es tritt insbesondere dann auf, wenn zwischen einer an sich überschaubaren Anzahl von Knoten (z. B. Organisationen), welche über Koautor*innenschaft verbunden sind, eine unüberschaubare Anzahl an Kanten realisiert sind. Bedenkt man, dass bereits eine einzelne Ko-Autor*innen-Relation dazu

---

6 Eine hervorragende Auflistung sogenannter „Community Detection Algorithms" und deren Voraussetzungen in Bezug auf Gewichtet- und Gerichtetheit findet sich bei Luke (2015).

führt, dass eine Kante visualisiert wird, dann kann man sich vorstellen, dass dies unübersichtlich werden kann. Selbstverständlich kann man versuchen dieses Problem auf einfache Weise zu lösen, zum Beispiel indem die Linienstärke einer Kante in der Visualisierung an die Stärke der Relation angepasst wird, aber auch dies verhindert nicht, dass man es mit recht vielen Kanten zu tun hat. Man könnte nun einen absoluten Schwellenwert wählen, indem man über die Verteilung der Kantengewichte einen zu definierten unteren Bereich aus der Visualisierung ausschließt.

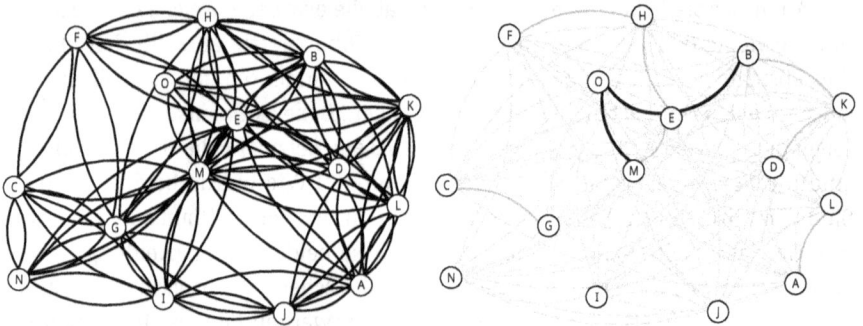

Abbildung 13.2: Kartierung eines Ko-Publikationsnetzwerks ohne Schwellenwerte der Kantengewichte (links) und gewichtet unter Verwendung des Salton-Kosinus und visualisiert über Deckkraft und Stärke der Kanten (rechts).

Jedoch kann auch dies problematisch sein. Man stelle sich zwei Organisationspaare A-B und C-D vor. Das eine Organisationspaar (A-B) weist ein Publikationsvolumen von A = 2000 und B = 3000 auf. Die Schnittmenge $A \cap B$, also die Anzahl der Publikationen in geteilter Autor*innenschaft, betrage 100 Publikationen. Nun stelle man sich das andere Organisationspaar (C-D) vor mit deutlich niedrigeren Publikationsvolumina, nämlich A = 200 und B = 300. Die Schnittmenge $C \cap D$ betrage hier ebenfalls 100 Publikationen. Würde man mit einem absoluten Schwellenwert 100 arbeiten und diese Relation ausschließen, beginge man im Falle des Organisationspaares C-D doch einen gewissen Fehler, da die 100 Publikationen im Kontext der absoluten Publikationsvolumina einen wesentlich höheren Stellenwert haben als dies beim Organisationspaar A-B der Fall ist. Es wäre also ratsam, hier eine Form der Normalisierung zu finden, die diesem Umstand Rechnung trägt. Um dieses Problem zu adressieren, wird in der explorativen Bibliometrie auf zwei Maße zurückgegriffen, die jeweils paarweise die Anzahl an Ko-Publikationen zu den beiden Publikationsvolumina der beteiligten Untersuchungseinheiten in Beziehung setzen: Der Jaccard Index und der Salton Index. Abbildung 13.2. veranschaulicht das Ergebnis der Verwendung einer solchen Normalisierung. Die linke Darstellung zeigt ein ungerichtet-gewichtetes Ko-Publikationsnetzwerk einzelner Einrichtungen ohne Nutzung von Schwellenwerten. Die rechte Darstellung dagegen verwendet mehrere Schwellenwerte basierend auf dem Salton Index (*Salton Cosine*).

Der Jaccard Index folgt einer Logik, die einigen bereits aus der Mengenlehre bekannt ist, indem eine Schnittmenge, also zum Beispiel die Anzahl an Ko-Publikationen zwischen zwei Untersuchungseinheiten, zur Vereinigungsmenge in Beziehung gesetzt wird:

$$Jaccard_{ij} = \frac{p_{ij}}{(p_i + p_j - p_{ij})}$$

Für unser Organisationsbeispiel A-B berechnet sich dies dann wie folgt als:

$$Jaccard_{AB} = \frac{100}{(2000 + 3000 - 100)} = 0.02$$

Der Salton Index verfolgt eine ähnliche Logik und ist definiert als:

$$Salton_{ij} = \frac{p_{ij}}{\sqrt{p_i * p_j}}$$

Oder wie in unserem Beispiel für das Organisationspaar A-B:

$$Salton_{AB} = \frac{100}{\sqrt{2000 * 3000}} = 0.04$$

An beiden Beispielen zeigt sich, dass ein Normalisieren von Werten nicht zwingend an einem statistischen Zentralwert erfolgen muss, sondern durchaus auch intelligente mathematische Kombinationen aus mehreren Werten als Referenz dienen können.

Wir haben nun zwei Territorien der Bibliometrie kennengelernt. Eine Variante, die sich auf das Bewerten von Wissenschaft konzentriert und eine weitere, die sich auf das Erkunden von Wissenschaft bezieht. Beides sind Spielarten der Bibliometrie, die mit Datenbanken arbeiten. Es gibt jedoch auch einen weiteren Zweig, welcher weniger „mit den Datenbanken", sondern eher „an den Datenbanken" arbeitet. Es geht damit um ein Forschungsstrang, die sich durch einen stärker informationswissenschaftlichen Fokus auszeichnet und im Folgenden als kurative Bibliometrie bezeichnet werden soll.

Kurative Bibliometrie

Während die evaluative Bibliometrie ihre Ursprünge in einer normativ-soziologischen Denktradition findet und die explorative Bibliometrie stärker einer historischen Logik folgt, bildet die Informationswissenschaft eine dritte wichtige Klammer für die Bibliometrie. So liegt die Geburtsstunde der Bibliometrie – oder mindestens die Geburtsstunde ihrer Datengrundlagen – in der Informationswissenschaft, genauer in der Verwissenschaftlichung des Managements im Bibliothekswesen, der Informationsversorgung und der Informationssuche. Häufig wird betont, dass diese Datengrundlagen ursprünglich gar nicht für die vorher genannten Zwecke des Bewertens und Entdeckens gedacht waren (Garfield 1955). Es ist daher nicht verwunderlich, dass auch in der Bibliometrie entsprechende Fragestellungen und Denkansätze weiterhin aktuell sind und zur Kultur der Bibliometrie nachhaltig beitragen. Hierzu gehört unter anderem die Auseinandersetzung mit Klassifikationen, mit Abdeckung und Spezifika der bibliographischen Datengrundlagen, mit Fragen der Datenqualität in Bezug auf diese Datengrundlagen, sowie die Simulation von Zitationsprozessen und die Ableitung von Gesetzmäßigkeiten.

Klassifikationen

Ein wesentlicher Aspekt von Datengrundlagen ist die Art und Weise, in der sie Klassifikationen zur Verfügung stellen. Auch wenn diese primär der Vereinfachung von Suchprozessen dienen, spielen sie auch in der Bibliometrie eine maßgebliche Rolle, etwa in der evaluativen Bibliometrie bei der Normalisierung von Metriken anhand von Feldern. Klassifikationen stehen dabei als Proxy für eine Vielzahl an Konzepten. Sie verweisen immer wieder auf ein Wechselspiel aus Konsistenz und Kontingenz wissenschaftlichen Wandels. Zu jedem Zeitpunkt verfestigen sie Struktur (Konsistenz), können aber auch immer wieder in Verdacht geraten, in Teilen bereits überholt zu sein (Kontingenz). Es macht also wenig Sinn, Klassifikationen als „falsch" oder „richtig" zu betrachten. Stattdessen sollten sie eher vor der Folie der Nützlichkeit für bestimmte Zwecke bewertet werden. Das bedeutet nicht, dass man beim Akt des Klassifizierens keine Fehler machen kann, aber eine Klassifikation selbst kann nicht „falsch" sein. Dies führt unter anderem in der Bibliometrie zu einer interessanten Konstellation. Auf der einen Seite finden sich Akteure, welche die Herstellung von Klassifikationen als genuin intellektuelle Aktivität verstehen. Auf der anderen Seite finden sich Akteure, welche Klassifikationen synthetisch generieren wollen, indem sie strukturentdeckende Verfahren anwenden.

Datenbanken und ihre Spezifika

Es existiert derzeit keine allumfassende bibliographische Datenbank, welche allen Anforderungen moderner Bibliometrie genügt, also zum Beispiel auf Ebene der Einzelpublikationen mit hoher Qualität alle Referenz-Zitations-Relationen für mehrere Disziplinen abbildet. Selbstverständlich stehen (mindestens) die Opportunitäten der Datengrundlagen und die methodischen Ausgestaltungen in einer starken Wechselwirkung, so dass jede neue Alternative sowohl im Sinne neuer Möglichkeiten als auch bestehender Praktiken und deren Anforderungen bewertet wird. Lange Zeit war es so, dass es für Datenbanken, die nach eingehenden Zitaten indexiert waren, wenig Alternativen gab. Bis Mitte der 2000er Jahre war das Arbeiten mit Web of Science, mit Ausnahme der Verwendung spezifischer Fachdatenbanken, um Sonderanalysen anzufertigen, nahezu synonym mit Bibliometrie. Mindestens war es das zentrale Arbeitsobjekt, um deren Möglichkeiten, Stärken und Unzulänglichkeiten sich die Fachgemeinschaft der Bibliometriker*innen organisierte. Erst 2008 trat mit der von Elsevier entwickelten Datenbank SCOPUS eine alternative, multidisziplinäre Datengrundlage hinzu. Jüngst kamen noch weitere Möglichkeiten dazu, wie die Datenbank *Dimensions*, die durch Verschränkung mit modernen Big Data Technologien besonders bei Datenwissenschaftler*innen zunehmend beliebt ist, sowie offene Datengrundlagen wie openALEX, eine zum jetzigen Zeitpunkt noch im Aufbau begriffene offene Plattform unter gemeinfreier (*public domain*) Lizenz. So ist es auch nicht verwunderlich, dass mit jeder neuen und potenziell fruchtbaren Datenbank eine Kaskade aus Prüfungen unternommen wird, um das Neue in den Kanon von Stärke- und Schwächevorstellungen einzusortieren. Für Wissenschaftsforscher*innen sind diese Prüfungen doppelt interessant. Zum einen zum Verständnis der Bibliometrie und ihrer Vorstellungen darüber, was eine „gute Datenbank" ausmacht, zum anderen als Grundlage des aktiven Gebrauchs bibliometrischer Methoden. Forschungspraktisch verhält es sich allerdings meist so, dass die Verfügbarkeit einer Datenbank – es handelt sich schließlich oft um kommerzielle und kostspielige Produkte, die lizenziert werden müssen – die Auswahl vorwegnimmt: selbst einige prestigeträchtige Universitätsbibliotheken haben entweder einen Zugang zu Web of Science oder zu SCOPUS, nicht aber zu beiden. Um so wichtiger ist es, sich mit den Unterschieden vertraut zu machen (Mongeon & Paul-Hus 2016; Stahlschmidt & Stephen 2020).

Datenqualität

„All data is dirty all the time!" So lässt sich die Situation zusammenfassen, welche insbesondere bei Neuankommenden in der Bibliometrie zu nachhaltiger Verwirrung führen kann. Dabei ist es wichtig zu unterscheiden, wie „verunreinigt" bibliographische Daten sind und ob und in welcher Weise dies problematisch sein kann und ob Eingriffe notwendig sind. Ein Beispiel für einen solchen Eingriff ist die sogenannte Disambiguierung. Hierunter versteht man, dass durch verschiedenste Verfahren der Harmonisierung und Prozessierung un- oder teilstrukturierter Freitextdaten eine Eindeutigkeit von Bezeichnungen hergestellt wird. Ein klassisches Beispiel in der Bibliometrie ist die Disambiguierung von Organisationsnamen. Die Herausforderung besteht dabei darin, dass teilweise zahlreiche Varianten von Schreibweisen in Adressnennungen wissenschaftlicher Publikationen vorliegen, welche die eindeutige Zuweisung von Adressen zu Organisationen erschweren. Zwar werden Adressen auch von den Datenbankanbietern schon bereinigt, jedoch zeigt sich bei genauem Hinschauen, dass dieses Problem keinesfalls großflächig beseitigt ist und man auch für prominente Organisationen immer wieder neue Schreibweisen identifizieren kann. Das deutsche Kompetenznetzwerk Bibliometrie löst dieses Problem mit Hilfe von ca. 50.000 positiven und negativen Mustersuchen mittels sogenannter regulärer Ausdrücke (*regular expressions*) für Organisationen mit Sitz in Deutschland. Dabei spielt auch Zeitlichkeit eine Rolle, so kommt es ab und an zu Aufspaltungen oder Zusammenschlüssen von Organisationen, so dass solche Disambiguierungen nicht nur synchron zu einem jeweiligen Zeitpunkt, sondern auch diachron, also die Historie einer Organisation Rechnung tragend, umgesetzt werden müssen. Was sich schon bei Organisationen schwierig gestaltet, ist bei der Disambiguierung der Namen von Autor*innen noch schwieriger. Nicht zuletzt, wenn auch Namen aus dem asiatischen Raum disambiguiert werden sollen, welche eine höhere Konzentration von Nachnamen aufweisen. Zwar werden auch hier von den einschlägigen Datenbankanbietern Autor*innen–IDs vergeben, jedoch sind diese bestenfalls mit Vorsicht zu genießen.

Neuere Entwicklungen wie die flächendeckende Diffusion von Konzepten wie ORCiD werden vielleicht in Zukunft Abhilfe schaffen. Hier kehrt sich das Verhältnis der Sorge um saubere Daten in gewisser Weise um: Den Nutzer*innen wird für die Qualität der sie betreffenden Daten ein Selbstverpflichtungsangebot gemacht, was hauptsächlich darin besteht, dass man sich bei den Datenbankanbietern melden könne, sollte man auf Unstimmigkeiten stoßen. In jedem Fall ist es ratsam, Identifikatoren mit einer gewissen Skepsis zu begegnen und immer wieder den Blick in die „Wurstfabrik" der Rohdaten zu wagen – besonders dann, wenn man sich aufgrund des verstärkten Einsatzes von Algorithmen und Programmierverfahren zeitliche Freiräume geschaffen hat.

Die Liste mit Herausforderungen, die sich an Datenqualität richten, lässt sich fortsetzen. Der Abgleich von Referenzlisten mit bestehenden bibliographischen Daten, also das Identifizieren, worauf denn nun gezeigt wurde, und ob sich dieses Datum in der Datenbank befindet, ist selbstverständliche Grundlage aller Analysen, die sich auf Referenzen und Zitate beziehen. Auch sind biblio-graphische Datenbanken nicht statisch. Zunehmend werden sie durch die An-bieter angereichert, zum Beispiel mit Informationen über *acknowledgments* Sektionen von Zeitschriftenartikeln, aus denen versucht wird, auf Fördergeber oder sogar einzelne geförderte Projekte zu schließen. Mittlerweile stellt sich die Situation sogar so dar, dass einige Bibliometriker*innen sich für diese Unzu-länglichkeiten nicht mehr verantwortlich sehen und diese Art der Beschäftigung am liebsten als „Prä-Bibliometrie" an Andere delegieren würden. Darauf reagie-ren dann insbesondere Vertreter*innen der Datenwissenschaften, die sich um-gekehrt zunehmend mit diesem Thema beschäftigen.

Wir kennen nun Territorien der Bibliometrie, die zu Zwecken des Bewertens und Erkundens „mit den Datenbanken arbeiten", sowie die kurative Bibliometrie, welche auch „an den Datenbanken arbeitet". Abschließend soll eine vierte Vari-ante vorgestellt werden, die „an der Bibliometrie" und damit an sich selbst arbeitet.

Reflexive Bibliometrie

Im Gegensatz zu den anderen dargestellten Territorien der Bibliometrie ist die reflexive Bibliometrie ein junges Phänomen. Selbstverständlich denkt die Biblio-metrie schon immer und ständig im Rahmen ihrer Fragestellungen und Heraus-forderungen über sich selbst nach. Vielen Bibliometriker*innen ist auch bewusst, dass ihre Praktiken und Produkte Folgen haben. Spätestens mit dem Leiden-Manifest (Hicks et al. 2015) wurde diese Problematik auch einer breiteren wissen-schaftspolitisch interessierten Öffentlichkeit kommuniziert. Aus der defizitären Diagnose, dass es zumindest um die evaluative Bibliometrie schlecht stehe, da sie unsachgemäß angewendet werde, werden dort zehn Regeln abgeleitet, mit welchen die gute von der schlechten Bibliometrie unterschieden werden kann. Dieser Katalog an „Zunftregeln" führt zu einem Motiv, das sich bis zum heutigen Tage diskursiv fortschreibt: die Verantwortung der Bibliometrie für ihre Ver-wendung. Dies ergießt sich in Anforderungen an den professionellen Ethos der Bibliometriker*innen: Man soll nur messen, was relevant ist und Metriken sorg-sam verwenden – sie sollen Einschätzungen von Expert*innen unterstützen, nicht überformen (DORA 2013; Hicks et al. 2015; European Commission 2018, 2019). Man soll über nicht-intendierte Folgen des eigenen Handelns sinnieren und produktiv zur Unterbindung negativer Folgen beitragen (Hicks et al. 2015). Das ist eine Menge Verantwortung. Zieht man dabei noch in Betracht, dass die Bibliometrie die Tendenz hat, ontologische Fragen konsequent in die Hoffnung auf, und den Selbstanspruch nach besseren Methoden und Verfahren zu verschieben (Gauch 2021), so lässt sich durchaus argumentieren, dass man „die Bibliometrie" dabei durchaus unterstützen könnte.

Kenner*innen der Soziologien der Bewertung und Quantifizierung beschleicht vielleicht schon die Ahnung, dass genau diese Perspektive interessante Anschlussmöglichkeiten bietet (siehe auch Kapitel 10, Reinhart). Ist reflexive Bibliometrie also einfach nur eine Wissenschaftsforschung der Bibliometrie? Geht es hier nur um das alte Problem, dass die Wissenschaft zu ihrem eigenen Untersuchungsgegenstand wird (siehe auch Kapitel 1, Kaldewey & Schauz)? Fast, aber nicht ganz, da sie das Paradoxon des Immer-Eingebettet-Seins der Wissenschaftsforschung nicht als Desiderat wendet oder versucht dies in positionale oder relationale Objektivierungsprojekte aufzulösen. Reflexive Bibliometrie betrachtet diese Einbettungen eher als erfreulichen Vorteil und versucht gar nicht, sie aufzulösen, sondern sie zu intensivieren. Sie versucht in diesem Sinne, Gesprächsangebote zu machen. Aber was heißt das überhaupt – Gesprächsangebote machen? Es bedeutet in jedem Fall, sich selbst als Wissenschaftsforschung zu ironisieren und vor den eigenen etablierten Wissenskanon zu treten (Gauch 2021) und das „noch-gegenüber" im Gegenstand dazu zu motivieren, das Gleiche zu tun. Sie muss folglich, will sie ehrlich sein, einen ausgeprägten Todestrieb haben, in dem Sinne, dass das, worüber man sich zu Beginn in komplizierten Situationen noch mit hohem Aufwand austauschen wollte, als auch genau diese Situationen selbst zu Selbstverständlichkeiten geworden sein werden. Das mag für einige nach epistemischer Kolonialisierung klingen. Für andere klingt es vielleicht eher wie Marketing und Selbst-Immunisierung, die es der Bibliometrie erlauben, es im Lichte berechtigter Kritik bei einem „Wir haben verstanden" bewenden zu lassen. Wovon handeln denn nun diese Gespräche? Es hat sich aber herausgestellt, dass einige Themen sich besser eigenen als andere.

Gespräche über das Methodische

Ein erster Themenbereich, über den man gut ins Gespräch kommen kann, ist im weitesten Sinne das „Methodische". Etablieren sich zum Beispiel neue Kommunikationsmedien, so ist auch die Bibliometrie schnell interessiert. Dies lässt sich für die Anfangszeit des Internets genauso zeigen wie für das Aufkommen sozialer Medien oder für *open science* (Blümel & Gauch 2020). Es ergeben sich dann Fragen wie: „Was bedeutet dieses neue Medium für innerwissenschaftliche Kommunikation oder die Kommunikation von Wissenschaft in die Gesellschaft?" „Ist das relevant?" „Muss man sich hier kümmern?" Eine typische Strategie der Bibliometrie, um diesem vermeintlich Neuen zu begegnen, ist die Verwendung einfacher Korrelationsanalysen, um neue Indikatoren in den Kanon der Bibliometrie einzubauen.[7] Ein aktuelles Beispiel ist die Diskussion um sogenannte alternative Metriken oder *altmetrics*, welche auf das Teilen von Publikationen und anderen wissenschaftlichen Erzeugnissen auf sozialen Medien aufbaut (siehe auch Kapitel 11, Hamann & Schubert). Als sich diese Mitte der 2010er Jahre etablierten, wurden zahlreiche Korrelationsstudien durchgeführt (Erdt et al. 2016; Blümel & Gauch 2021) und es bestand die Hoffnung, dass sich über diese alternativen Metriken Zitationszahlen prognostizieren lassen könnten.

Die reflexive Bibliometrie schlägt andere Wege vor. Um die Frage nach Bedeutung und Bedeutsamkeit einer neuen Metrik zu beurteilen, verlässt sie sich nicht allein auf Korrelationsanalysen, sondern rekonstruiert auch qualitativ, wie sich Kombinationen aus Positionierungen durch etablierte und potentielle Metriken auf diskursive Positionen abbilden, also was sich finden lässt, wenn Fachartikel sowohl hoch zitiert, als auch oft in den sozialen Medien geteilt werden oder eben selten zitiert und oft geteilt. Was sagen die Autor*innen selbst über solche, ihr metrisches Abbild strukturierenden, Fachartikel? Wie erklären sie sich besonders hohe oder niedrige Ausprägungen von Indikatoren? Was sagen andere Forscher*innen über diese Fachartikel? Was wird auf sozialen Medien über diese Papiere gesagt? Handelt es sich bei der angenommenen Wirkung um eine „relevante Wirkung", deren Metrifizierung das Versprechen impliziert, argumentative Leerstellen in Zukunft durch Zahlenmaterial zu schließen? Ist sie ein diskursiv gerahmtes Angebot im Lichte bestehender Steuerungserfordernisse oder ist die Zuschreibung aus theoretischen Überlegungen oder empirischen Belegen erwachsen? Sollten neue Metriken bestehende Metriken substituieren oder komplementieren? Sind sie semiotisch eng oder breit angelegt? Bei der Bearbeitung all dieser Fragen passiert *en passant* noch etwas ganz anderes: Die explorative Bibliometrie, die ohnehin schon einen Hang zur Narrativierung der Ergebnisse in sich trägt, wird, angeregt durch die reflexive Bibliometrie, methodisch erweitert, und informiert damit perspektivisch auch eine weniger summativ als eher formativ gedachte evaluative Bibliometrie.

Gespräche über das Performative

Damit befinden wir uns bereits mitten im zweiten Diskussionsstrang, nämlich die Rück- und Wechselwirkungen von Metriken auf und mit Forschungspraktiken und

---

7 Damit steht sie nicht alleine. Ähnliches findet sich auch im Handbuch zur Erarbeitung von Kompositindikatoren der OECD (2008).

wissenschaftspolitischen Imperativen. Hierzu ein Beispiel. Nehmen wir zwei typische wissenschaftspolitische Imperative, nämlich „Kollaboriere!" und „Produziere!" und führen uns nochmal vor Augen, was wir im Zusammenhang mit der evaluativen Bibliometrie zu Fraktionierung diskutiert haben. Die Fraktionierung sollte ja einem Fairnessgedanken folgen, indem sie das Publikationsvolumen auf die beitragenden Autor*innen verteilt. Was aber, wenn der Imperativ „Kollaboriere!" überaus ernst genommen wird? In diesem Falle kann es dazu kommen, dass fraktionierte Publikationsvolumina relativ zur ganzzahligen Zählweise reduziert werden, schließlich finden sich ja potenziell auch mehr Autor*innen und Organisationen auf den Publikationen wieder. Was also im Zeitverlauf bei fraktionierter Zählung wie Stagnation oder Leistungsrückgang aussehen könnte, ist vielleicht eher Ausdruck von Gefolgschaft zu organisationalen Zielen. Die reflexive Bibliometrie spürt solchen Phänomenen nach.

Gespräche über Verantwortung

Ein dritter Diskussionsstrang ist die Reflexion aktueller Debatten im Umfeld der Bibliometrie. Zumindest die evaluative Bibliometrie steht zunehmend in der Kritik (European Commission 2017, 2018, 2019; Adams et al. 2019; European University Alliance, 2022). Der Vorwurf lautet etwa, dass ihre Metriken – insbesondere der *h-index* und der *impact factor* – Qualitätsvorstellungen simplifizieren und Diversität verdrängen. Tatsächlich sind diese Metriken, wie oben dargestellt, auch aus Sicht der Bibliometrie kaum oder nur unter sehr kontrollierten Vergleichsbedingungen dafür geeignet, Bewertungen auf Individualebene vorzunehmen. Weiterhin wird die Bibliometrie dafür kritisiert, dass sie nur für eine Art von Output spricht, nämlich für den wissenschaftlichen Zeitschriftenartikel. Sie wird also sowohl in ihrer Anwendung als Kontrolltechnologie, als auch, akzeptiert man diese Zuschreibung, folgerichtig in der Wahl ihrer Mittel kritisiert. An die Stelle weniger Metriken, so eine in diesen Debatten geäußerte Position, soll eine Diversität von Metriken treten. Das klingt, bedenkt man, dass zugleich auf das Problem einer Metrikenflut verwiesen wird (Wilsdon et al. 2015), nach einer schwierigen Aufgabe. Zumal zunehmend Deklarationen und Manifeste, in gewisser Weise spiegelbildlich zum Leiden-Manifest, ein mehr an Verantwortung auch von den Organisationen einfordern, welche bibliometrische Verfahren zur Steuerung und Selektion nutzen wollen (z. B. European University Alliance, 2022). Es scheint, dass sich die vertikal-positionierend organisierte evaluative Bibliometrie zunehmend zu einer horizontal-verortenden explorativen Bibliometrie verschiebt, welche stärker den Anspruch an eine metrikenbasierte Narrativierung genügen kann. Schließlich geht es in der explorativen Bibliometrie nicht zuletzt um kreative Ausdeutung statt um strenge Bewertung. Im Zuge dieser Debatten kommen Fragen auf, die auch für das weitere Feld der Wissenschaftsforschung relevant sind (siehe auch Kapitel 10, Reinhart; Kapitel 11, Hamann & Schubert): Wie soll die eingeforderte Diversität von Metriken organisiert sein und wie wirkt sie sich dann auf verschiedenen Bewertungsverfahren aus? Welche intendierten und nicht-intendierten Folgen sind zu erwarten? Führt eine zunehmende Narrativierung vielleicht zu neuen Spaltungen, nämlich zwischen den Organisationen, die sich in Rankings vermessen lassen müssen, ohne einen Einfluss auf die Bewertungskriterien zu haben, und solchen, die die Freiheit haben, auf alternative Selbstbeschreibungen und Bewertungssysteme auszuweichen? Letztere können sich gegebenenfalls professionelle Bibliometriker*innen leisten, die in spezifischen auf eine Organisation zugeschnittenen, explorativen Sonderauswertungen und aufwendigen qualitativen Detailanalysen datengetriebene Narrative entwickeln. Welche Rolle kann und will die bibliometrische Gemeinschaft in diesen Debatten spielen?

Schlussbemerkungen

Zum Ende möchte ich noch ein paar praktische Anmerkungen machen. Man hätte in diesem Kapitel sicher noch einen Abschnitt einfügen können, in dem es um die „handwerkliche Perspektive" der Bibliometrie geht. Um dies ein wenig abzukürzen, sei Folgendes empfohlen. Setzen Sie sich mit mindestens einer Programmiersprache auseinander. Momentan empfehlen sich aufgrund der hohen Beliebtheit in den Datenwissenschaften R oder Python. Welche der beiden Sie am Ende wählen, ist nicht so wichtig. Setzen Sie sich auch mit Datenbanktechnologien auseinander. SQL, SPARQL, API, JSON sollten langfristig keine Fremdworte sein. Auch erleichternde Werkzeuge finden sich in ausreichender Zahl entweder bei den kommerziellen Datenbankanbietern oder als freie Software, wie das Paket bibliometrix, das für die Programmiersprache R entwickelt wurde, oder die an der Universität Leiden entwickelten Werkzeuge VosViewer und CitNetExplorer. Auch der Duktus der Vermittlung dieser handwerklichen Fähigkeiten spielt eine Rolle. Der oft erweckte Eindruck, dass kompetente Programmierer*innen über ein nahezu allumfassendes Wissen aller Möglichkeiten einer Programmiersprache verfügen und diese in einem irritationsfreien Programmierfluss fehlerfrei umsetzen, ist eine didaktisch gefährliche Illusion, welche in keiner Weise realistischen Umständen entspricht, sondern eher zu Verunsicherung auf Seiten der Studierenden führt, statt sie zu einem kompetenten Umgang zu ermächtigen. Stattdessen schlage ich das Durchlaufen der folgenden Stufen vor, die von etablierten Methoden der Wissensvermittlung in der Informatik abweichen und dazu dienen, gerade auch solche Studierenden anzusprechen, die keine ausgeprägte Affinität zur Informatik aufweisen.

Auf der ersten Stufe erlernen Studierende grundlegende Aspekte einer Programmiersprache, zum Beispiel mittels Workflowvideos, um Programmcode überhaupt erst einmal auszuführen zu können. Dies erfordert, dass der Programmcode auf akribische Weise zunächst durch Dozierende, später durch Studierende, kommentiert wird. Die zweite Stufe hat das Ziel, Studierenden die Nachnutzung von Code näherzubringen. Sie werden dazu aufgefordert, darüber nachzudenken, ob bereits ein ähnliches Problem gelöst wurde, in dem entsprechenden Programmcode die fragliche Passage zu identifizieren und diesen Code auf das vorliegende Problem anzupassen. Die dritte Stufe besteht in der Darstellung einer einfachen Problemstellung und der Anweisung, dieses Problem mit klar abgegrenzten Befehlen zu lösen. In der vierten Stufe werden Problemstellungen von Dozierenden ohne Eingrenzung auf bestimmte Befehle dargestellt. Studierende werden dazu motiviert, auf einschlägigen Plattformen (z. B. stackoverflow.com) nach Lösungsansätzen zu recherchieren. Hierzu wird gemeinsam technischer Sprachgebrauch eingeübt, sodass Studierende lernen, in zukünftigen Projekten eigenständig entsprechende Suchen im Internet umzusetzen und geeignete Programmierschritte oder Funktionen zu erarbeiten.

Empfehlungen für Seminarlektüren

(1) Wie bereits zu Anfang dieses Beitrags erwähnt, kann hier nur ein exemplarischer Beitrag zum Verständnis der Bibliometrie geleistet werden. Eine vertiefte Diskussion, welche auch wesentlich stärker auf mathematische Aspekte eingeht, findet sich in den Kursunterlagen „Bibliometrics as a Research Field" von Wolfgang Glänzel (2013).

(2) Ein zentraler Text, der dazu einlädt, die oft beschworene Theorieferne der Bibliometrie zu diskutieren, ist das Kapitel über Zitationstheorien in Henk Moeds Werk *Citation Analysis in Research Evaluation* (2005: 209–219). Als Kontrastmittel und zusätzlicher Diskussionsstoff eignet der Artikel von Terttu Luukkonen (1997), der sich darüber wundert, wieso Bruno Latours Theorie der Zitation immer vergessen wird. Übrigens auch im Text von Moed.

(3) Eine interessante Grundlage für eine kritisch-reflexive Diskussion zum Stellenwert von Klassifikationen liefert die Lektüre des Aufsatzes „Categories All the Way Down" von Marion Fourcade and Kieran Healy (2017).

(4) Eine weitere spannende Diskussion zur reflexiven Bibliometrie und der Erzeugung von Bedeutung und Bedeutsamkeit von Metriken liegt in der Rolle politischer Kommunikationen und Manifeste. Max Leckert arbeitet in seinem Aufsatz „(E-)Valuative Metrics as a Contested Field" (2021) die Unterschiede des Leiden Manifesto und des Altmetrics Manifesto heraus.
(5) Zu einer Diskussion um den Stellenwert neuer Metriken eignen sich der Überblicksartikel von Cassidy R. Sugimoto et al. (2017) und als kritische Einordnung der Beitrag „The Ecstasy and the Agony of the Altmetric Score" von Christian Gumpenberger et al. (2016).

Literatur

Adams, J., M. McVeigh, D. Pendlebury & M. Szomszor, 2019: Profiles, Not Metrics. *Clarivate Analytics Working Paper*. https://clarivate.com/webofsciencegroup/wp-content/uploads/sites/2/dlm_uploads/2019/07/WOS_ISI_Report_ProfilesNotMetrics_008.pdf (aufgerufen am 23.12.2022).

Balassa, B., 1965: Trade Liberalisation and 'Revealed' Comparative Advantage. *The Manchester School* 33: 99–123.

Blümel, C. & S. Gauch, 2021: History, Development and Conceptual Predecessors of Altmetrics. In: Ball, R. (Hrsg.), *Handbook Bibliometrics*. Berlin, Boston: de Gruyter, S. 191–200.

Blümel, C. & S. Gauch, 2020: The Valuation of Online Science Communication. A Study Into the Scholarly Discourses of Altmetrics and Their Reception. *SSRN Electronic Journal*, 2020. https://doi.org/10.2139/ssrn.3539133 (aufgerufen am 23.12.2022).

Cole, S., 1989: Citations and the Evaluation of Individual Scientists. *Trends in Biochemical Sciences* 14: 9–13.

Cole, S. & J. R. Cole, 1967: Scientific Output and Recognition. A Study in the Operation of the Reward System in Science. *American Sociological Review* 32: 377–390.

Cole, S. & J. R. Cole, 1971: Measuring the Quality of Sociological Research. Problems in the Use of the 'Science Citation Index.' *The American Sociologist* 6: 23–29.

Cozzens, S. E., 1989: What Do Citations Count? The Rhetoric-First Model. *Scientometrics* 15: 437–447.

DORA, 2013: *The San Francisco Declaration on Research Assessment* (DORA). http://www.ascb.org/dora/ (aufgerufen am 23.12.2022).

Erdt, M., A. Nagarajan, S.-C. J. Sin & Y.-L. Theng, 2016: Altmetrics. An Analysis of the State-of-the-Art in Measuring Research Impact on Social Media. *Scientometrics* 109: 1117–1166.

European Commission, 2019: *Indicator Frameworks for Fostering Open Knowledge Practices in Science and Scholarship*. Luxembourg: Publications Office of the European Union.

European Commission, 2018: *Mutual Learning Exercise. Open Science: Altmetrics and Rewards*. Luxembourg: Publications Office of the European Union.

European Commission, 2017: *Next-Generation Metrics. Responsible Metrics and Evaluation for Open Science*. Report of the European Commission Expert Group on Altmetrics. Brüssel.

European University Alliance, 2022: *Agreement On Reforming Research Assessment*. https://coara.eu/app/uploads/2022/09/2022_07_19_rra_agreement_final.pdf (aufgerufen am 23.12.2022).

Fourcade, M. & K. Healy, 2017: Categories All the Way Down. *Historical Social Research* 42: 286–296.

Fuhse, J., 2018: *Soziale Netzwerke. Konzepte und Forschungsmethoden*. 2., überarbeitete Auflage. Konstanz: UVK.

Garfield, E., 1955: Citation Indexes for Science. A New Dimension in Documentation through Association of Ideas. *Science* 122: 108–111.

Gauch, S., 2021: The Ironic Becomings of Reflexivity – The Case of Citation Theory in Bibliometrics. *Historical Social Research* 146: 155–177.

Gilbert, N. G., 1977: Referencing as Persuasion. *Social Study of Science* 7: 113–22.

Glänzel, W., 2003: *Bibliometrics as a Research Field. A Course on Theory and Application of Bibliometric Indicators*. (Course Handouts). https://www.researchgate.net/publication/242406991_Bibliomet rics_as_a_research_field_A_course_on_theory_and_application_of_bibliometric_indicators (aufgerufen am 23.12.2022).

Grupp, H., 1997: *Messung und Erklärung des Technischen Wandels. Grundzüge einer empirischen Innovationsökonomik*. Berlin, Heidelberg: Springer.

Gumpenberger, C., W. Glänzel & J. Gorraiz, 2016: The Ecstasy and the Agony of the Altmetric Score. *Scientometrics* 108: 977–982.

Heintz, B., 2010: Numerische Differenz. Überlegungen zu einer Soziologie des (quantitativen) Vergleichs. *Zeitschrift für Soziologie* 39: 162–181.

Hicks, D., P. Wouters, L. Waltman, S. de Rijcke & I. Rafols, 2015: Bibliometrics. The Leiden Manifesto for Research Metrics. *Nature* 520: 429–431.

Hirsch, J. E., 2005: An Index to Quantify an Individual's Scientific Research Output. *Proceedings of the National Academy of Sciences* 102: 16569–16572.

Jansen, D., 2003: *Einführung in die Netzwerkanalyse. Grundlagen, Methoden, Forschungsbeispiele*. 2., erw. Aufl. Opladen: Leske + Budrich.

Leckert, M., 2021: (E-) Valuative Metrics as a Contested Field. A Comparative Analysis of the Altmetrics- and the Leiden Manifesto. *Scientometrics* 126: 9869–9903.

Luke, D. A., 2015: *A User's Guide to Network Analysis in R*. Cham: Springer.

Luukkonen, T., 1997: Why Has Latour's Theory of Citations Been Ignored by the Bibliometric Community? Discussion of Sociological Interpretations of Citation Analysis. *Scientometrics* 38: 27–37.

Martin, B. R. & J. Irvine, 1983: Assessing Basic Research. Some Partial Indicators of Scientific Progress in Radio Astronomy. *Research Policy* 12: 61–90.

Merton, R. K., 1968: The Matthew Effect in Science. The Reward and Communication Systems of Science Are Considered. *Science* 159: 56–63.

Merton, R. K., 1957: Priorities in Scientific Discovery. A Chapter in the Sociology of Science. *American Sociological Review* 22: 635–659.

Merton, R. K., 1993: *On the Shoulders of Giants. A Shandean Postscript*. Post-Italianate ed., Chicago, IL: University of Chicago Press, 1993.

Moed, H. F., 2005: *Citation Analysis in Research Evaluation*. (Information Science and Knowledge Management; 9). Dordrecht: Springer.

McLuhan, M., 1994 [1964]: *Understandig Media. The Extensions of Man*. 1st MIT Press ed. Cambridge, MA: MIT Press, 1994.

Mongeon, P. & A. Paul-Hus, 2016: The Journal Coverage of Web of Science and Scopus. A Comparative Analysis. *Scientometrics* 106: 213–228.

OECD, 2008: *Handbook on Constructing Composite Indicators. Methodology and User Guide*. Paris: OECD.

Small, H. G., 1973. Co-Citation in the Scientific Literature. A New Measure of the Relationship between Two Documents. *Journal of the American Society for Information Science* 24: 265–69.

Small, H. G., 1978: Cited Documents as Concept Symbols. *Social Studies of Science* 8: 327–340.

Stahlschmidt, S. & D. Stephen, 2020: *Comparison of Web of Science, Scopus and Dimensions Databases*. Berlin: Deutsches Zentrum für Hochschul- und Wissenschaftsforschung, October 2020.

Sugimoto, C. R., S. Work, V. Larivière & S. Haustein, 2017: Scholarly Use of Social Media and Altmetrics. A Review of the Literature. *Journal of the Association for Information Science and Technology* 68: 2037–2062.

van Raan, A. F. J., 1998: In Matters of Quantitative Studies of Science the Fault of Theorists Is Offering Too Little and Asking Too Much. *Scientometrics* 43: 129–139.

Wasserman, S. & K. Faust, 1994: *Social Network Analysis. Methods and Applications*. Cambridge: Cambridge University Press.

Wilsdon, J., et al., 2015: *The Metric Tide. Report of the Independent Review of the Role of Metrics in Research Assessment and Management*. https://doi.org/10.13140/RG.2.1.4929.1363 (aufgerufen am 23.12.2022).

Wouters, P., 1999: *The Citation Culture*. (Academisch Proefschrift). Amsterdam: Universiteit van Amsterdam.

Zuckerman, H., 1987: Citation Analysis and the Complex Problem of Intellectual Influence. *Scientometrics* 12: 329–338.

Anna Kosmützky und Romy Wöhlert

14 Methodologie vergleichender Wissenschaftsforschung

Gegenstand dieses Kapitels ist die Einführung in die Methodologie vergleichender Forschung und die Reflektion ihrer Anwendung in der Wissenschaftsforschung. Vergleichende Forschung ist Forschung, die systematisch empirische Erkenntnisse aus dem Vergleich unterschiedlicher Vergleichseinheiten generiert. Sie ist keine eigenständige Methode, sondern bedient sich etablierter Methoden der quantitativen und qualitativen empirischen Sozialforschung und kann daher als Meta-Methode, Forschungslogik oder auch Forschungsdesign bezeichnet werden (Schriewer 2003). Studien, die Forschungsobjekte in zwei oder mehreren makro-sozialen Vergleichseinheiten (z. B. Ländern) vergleichen, werden oft als international vergleichende Forschung bezeichnet. Vergleichende Forschung kann aber auch diachron-historisch oder synchron-gegenstandsbezogen vergleichend sein. Wir stellen in diesem Kapitel diese drei Arten des Vergleichs dar.

Welche Art von Vergleichen in den sozialwissenschaftlichen Disziplinen, Subdisziplinen und Forschungsfeldern, die komparativ forschen, primär angewendet werden und welches dabei die bevorzugten Methoden sind, unterscheidet sich zum Teil erheblich. Die Wissenschaftsforschung hat bisher keinen eigenen vergleichenden Teilbereich, der sich als *Comparative Science Studies* bezeichnen ließe, hervorgebracht. Aber es lassen sich bevorzugte Vergleichsarten, -einheiten und -methoden in den Teilbereichen der Wissenschaftsforschung (z. B. quantitative Wissenschaftsforschung, qualitative Wissenschaftsforschung, Policy-orientierte Wissenschaftsforschung) erkennen.[1] Diese werden in diesem Kapitel ebenfalls diskutiert. Zudem argumentieren wir, dass vergleichende Forschung generell – ob synchron gegenstandsvergleichend, diachron-historisch vergleichend oder auch international vergleichend – gemeinsame methodologische Besonderheiten aufweist, die sie von

---

1 Wir verstehen die Wissenschaftsforschung im umfassenden Sinn als Forschungsgebiet, das die Wissenschaftssoziologie, die Science and Technology Studies (STS) und Science Policy Studies (SPS) umfasst und an die Wissenschaftsgeschichte, an die Wissenschaftsphilosophie und an kommunikationswissenschaftliche Wissenschaftsforschung angrenzt (z. B. Besselaar 2001; Martin et al. 2012; Göbel et al. 2013). Ebenso weist die Wissenschaftsforschung, insbesondere in Deutschland, enge Schnittstellen zur Hochschulforschung auf (Krücken 2012). Da die vergleichende Hochschulforschung – anders als die vergleichenden Wissenschaftsforschung – bereits viel diskutiert wurde (für Überblicke siehe: Kosmützky & Nokkala 2014, 2020), widmet sich dieses Kapitel vornehmlich der Reflektion der Anwendung vergleichsmethodologischer Fragen in der Wissenschaftsforschung.

https://doi.org/10.1515/9783110713800-014

nicht-vergleichender Forschung unterscheidet (Hantrais 2009; Smelser 2013 [1976]). Hauptsächlicher Grund für diese Besonderheiten ist, dass vergleichende Forschung empirische Daten aus unterschiedlichen Kontexten vergleichbar machen, aber zugleich kontextangemessen erheben und analysieren will.

Wir starten das Kapitel mit Erläuterungen zur intellektuellen Vergleichsoperation und den Zielen vergleichender Forschung, unterscheiden drei Arten vergleichender Forschung (Gegenstandsvergleich, diachron-historischer Vergleich und internationaler Vergleich) und diskutieren deren Verwendung und Verbreitung in der Wissenschaftsforschung und in ihren Teilbereichen. Darauf aufbauend fokussieren wir auf die Besonderheiten der Vergleichsmethodologie und stellen methodologische Kerncharakteristika vergleichender Forschung vor, die sie von nicht-vergleichender Forschung unterscheiden und die für ihre Anwendung zentral sind. Abschließend diskutieren wir Chancen und Grenzen der Anwendung vergleichender Forschung in der Wissenschaftsforschung sowie den Nutzen einer Vergleichsmethodologie als Verbindung zwischen den Teilbereichen der Wissenschaftsforschung sowie der Wissenschafts- und Hochschulforschung.

Die intellektuelle Vergleichsoperation und Ziele vergleichender Forschung

Vergleichen lässt sich basal als Beobachtungstechnik bezeichnen, die eine Beziehung zwischen Einheiten herstellt und der gleichzeitigen Beobachtung von Ähnlichkeiten und Unterschieden dient (Luhmann 1995; Heintz 2010). Das heißt, vergleichende Forschung ist immer daran interessiert, sowohl Unterschiede als auch Ähnlichkeiten zwischen Einheiten festzustellen. Die drei Arten empirisch vergleichender Forschung – der „einfache" Gegenstandsvergleich, der diachron-historische Vergleich und der internationale Vergleich – unterscheiden sich im Zugriff auf ihren Gegenstand und in ihrer grundlegenden Vergleichskonstellation. Alle drei Vergleichsarten führen dabei jedoch Prozesse der Datenerhebung und Datenanalyse für mindestens zwei Vergleichseinheiten durch und vollziehen im Kern die gleiche intellektuelle Vergleichsoperation.

Diese intellektuelle Vergleichsoperation lässt sich analytisch in drei Schritte zerlegen: Im ersten Schritt steht die Wahl von mindestens zwei Einheiten, die verglichen werden sollen, und damit die Konstatierung einer (partiellen) Gleichheit und gleichzeitigen Verschiedenheit. Für diese Kombination von Gleichheitsunterstellung und Differenzbeobachtung bedarf es im zweiten Schritt der Abstraktion einer gemeinsamen Vergleichsebene beziehungsweise eines Vergleichskriteriums – eines *tertium comparationis* – anhand dessen man dann, im dritten Schritt, Diffe-

renzen und Ähnlichkeiten des partiell Gleichen in unterschiedlichen Vergleichshin-
sichten beobachten kann (vgl. Przeworski & Teune 1970; Smelser 1976; Ragin 1987).
Ein Beispiel hierfür wäre der Vergleich von Universitäten und außeruniversitären
Forschungseinrichtungen (Schritt 1), die als spezifische wissenschaftsproduzierende
Organisationen in Deutschland unter das *tertium comparationis* der Forschungsorganisation subsumiert werden (Schritt 2) und damit zum Beispiel hinsichtlich ihrer
Forschungsbedingungen, Governance und Karrierepfade (Schritt 3) vergleichbar
werden. Dementsprechend kann man das Vergleichen auch als Beziehungsdenken
bezeichnen, dass zwischen zwei oder mehreren Einheiten „derselben Art" ein Be-
ziehungsverhältnis herstellt, um Gleichheit (Kongruenz), Ähnlichkeit (Äquivalenz)
oder Verschiedenartigkeit (Diskrepanz) zu beobachten (Hilker 1962). Umgekehrt
würde gelten, dass Einheiten, die keine Gemeinsamkeiten haben, auch nicht miteinander verglichen werden können, also inkommensurabel sind (Heintz 2010). Dies
war über lange Zeit eine der methodologischen Prämissen im Kern der vergleichsmethodologischen Diskussion, die stark quantitativ geprägt war (Krause 2016).

Diese Prämisse wurde in den letzten Jahren durch vielzählige qualitative
Vergleichsstudien aufgebrochen und relativiert, insbesondere durch Studien,
die ethnographisch oder historisch arbeiten, oder eine kritisch-realistische oder
konstruktivistische erkenntnistheoretische Basis haben (z. B. die Beiträge in Niewöhner & Scheffer 2008, 2010). Die Vergleichbarkeit von Einheiten, mit denen
sich die empirische Sozialforschung auseinandersetzt, ist demnach kein a priori
Merkmal, dass diesen Einheiten inhärent ist. Vielmehr wird Vergleichbarkeit in
Bezug auf die jeweilige Forschungsfrage und die Vergleichseinheiten im For-
schungsverlauf hergestellt. Als vergleichbar gilt, was wir vergleichbar machen
beziehungsweise vergleichen (Kosmützky et al. 2020). Darüber hinaus hat sich
auch eine methodologische Position verbreitet, der zufolge nicht nur der Vergleich von *like with like*, also von Gleichem oder Ähnlichem, angestrebt werden
sollte. Vielmehr sieht diese auch asymmetrische oder abweichende Fälle als instruktiv für den Vergleich an, da man über sie zu neuen Erkenntnissen über seinen Forschungsgegenstand kommt. Während der symmetrische Vergleich in
der Analyse alle Fälle gleich gewichtet, stellt der asymmetrische Vergleich einen
Fall in den Mittelpunkt und will über den Vergleich seine Besonderheiten herausstellen (Krause 2016).

Im interdisziplinären Gebiet der Wissenschaftsforschung findet viel Forschung
statt, die mehr oder weniger systematisch empirische Vergleiche zur Erkenntnisge-
nerierung nutzt. Jedoch wird diese häufig nicht explizit als vergleichende Forschung
bezeichnet. Aus einer methodologischen Meta-Perspektive sieht man jedoch, dass
der Vergleich in einer instrumentellen Beziehung zum Ziel der Forschung steht und
Mittel zum Zweck beziehungsweise das methodologische Mittel zur Erreichung des
Forschungsziels ist. Mit Bezug auf Tillys (1984) klassische Unterscheidung von vier

Typen vergleichender Forschung und Schriewers (2003) Problemdimension des
Handlungs- und Orientierungswissens unterscheiden wir analytisch fünf Ziele vergleichender Forschung, die in der Forschungspraxis aber oft kombiniert werden:

(1) *Kontrastierung*: Der Vergleich von Ähnlichkeiten und Unterschieden von
Einheiten ermöglicht es, diese durch die „Linse" der jeweils anderen zu betrachten. Durch eine derartige Kontrastierung können wir Besonderheiten
der Einheiten und zugleich auch allgemeine Muster, die die Einheiten gemeinsam haben, identifizieren.

(2) *Typenbildung*: Ein weiteres Ziel vergleichender Forschung mit entsprechend vielen Vergleichseinheiten kann die Unterscheidung oder Bildung von Typen sein.

(3) *Erklärung*: Darüber hinaus können aus der Beobachtung von Gemeinsamkeiten und Unterschieden Erklärungen für Zusammenhänge und Wirkungen abgeleitet werden. Beim diachron-historischen Vergleich kann das Ziel sein,
Veränderung und Wandel zu verstehen oder zu erklären. Vergleiche können
auch zeigen, dass ähnliche Phänomene unterschiedliche Ursachen haben,
oder umgekehrt erklären, wie ähnliche Entwicklungen zu unterschiedlichen
Ergebnissen führen.

(4) *Generalisierung*: Vergleiche ermöglichen die Bildung neuer konzeptioneller
Überlegungen und theoretischer Annahmen, und die Prüfung weiterer Generalisierung theoretischer Annahmen.

(5) *Handlungsvorschläge*: Die vergleichende Analyse von Fällen kann zudem der
Bewertung der Leistungsfähigkeit oder Beschreibung von *best practices* die-
nen, um auf dieser Basis Handlungsvorschläge, alternative Szenarien oder
Prognosen für weitere Fälle zu entwickeln.

Drei Arten des Vergleichs und ihr Einsatz in der Wissenschaftsforschung

Bevor wir auf die methodologischen Besonderheiten vergleichender Forschung
eingehen, charakterisieren wir in diesem Kapitel nochmals genauer die drei
Arten des Vergleichs, also den synchronen Gegenstandsvergleich, den diachron-
historischen Vergleich und den internationalen Vergleich, und diskutieren deren
Einsatz und Verbreitung in der Wissenschaftsforschung.

Als Gemeinsamkeit der drei Vergleichsarten (also deren *tertium comparationis)*,
lässt sich neben dem Vergleich von Einheiten der Kontextbezug herausstellen (siehe
Abbildung 14.1). Die Komplexität des Kontextbezuges unterscheidet sich je nach ange-
strebter Art des Vergleiches dann wiederum. So berücksichtigt der „einfache" Gegenstandsvergleich in der Regel den jeweiligen lokalen Kontext der Vergleichseinheiten.

Dies können in einer Untersuchung von Forschungspraktiken oder Karrierewegen beispielsweise unterschiedliche disziplinäre Kontexte oder Labor- und Organisationskontexte sein. Bei einem internationalen Vergleich haben wir es mit unterschiedlichen räumlichen (z. B. nationalen, kulturellen oder geographischen) Kontexten zu tun, die über den Forschungsgegenstand hinaus adäquat berücksichtigt werden müssen. Schließlich finden sich bei einem diachron-historischen Vergleich unterschiedliche zeitliche Kontexte. Die „Beobachtungstechnik Vergleich" ist also eine simultane Zwei-Ebenen-Beobachtung (Ragin 1987): Es werden zugleich Gemeinsamkeiten und Unterschiede von Vergleichseinheiten (Beobachtungsebene 1) und deren Kontexte (Beobachtungsebene 2) betrachtet, wobei zumeist versucht wird, aus den Kontexten Dimensionen für Erklärungen von Gemeinsamkeiten und Unterschieden zu gewinnen. In einer diachron und international vergleichenden Untersuchung von Karrierewegen in unterschiedlichen Wissenschaftssystemen haben wir es dann sogar mit unterschiedlichen disziplinären, organisationalen, zeitlichen und nationalen Kontexten, in denen wir Daten erheben, und dementsprechend mit einer simultanen Mehrebenen-Beobachtung zu tun.

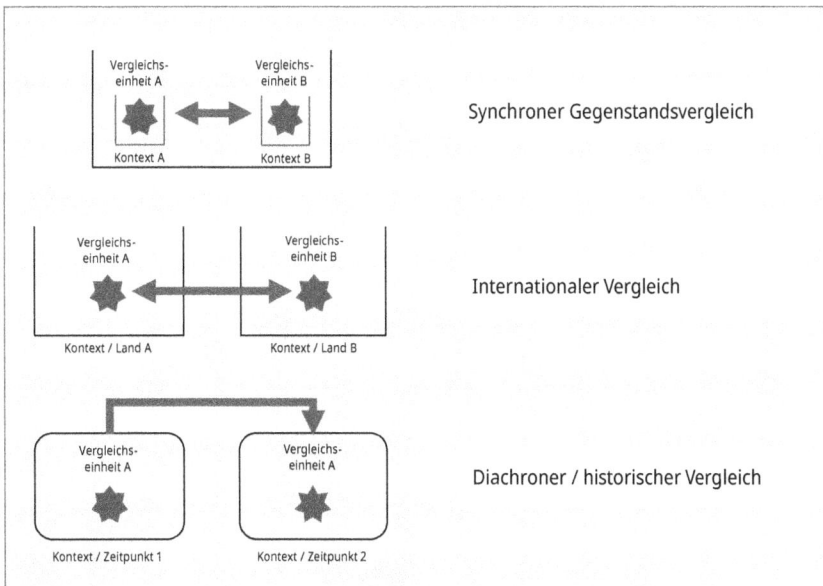

Abbildung 14.1: Arten des Vergleichs.

1. Synchroner Gegenstandsvergleich

Als synchronen Gegenstandsvergleich bezeichnen wir Forschung, die Praktiken, Prozesse oder Policies etc. auf Mikro-, Meso- oder Makroebene vergleicht und dabei jeweils die Kontexte dieser Einheiten berücksichtigt. Grundsätzlich vergleicht jede Art von empirischer Datenanalyse, wenn sie sich nicht auf die reine Auflistung von Daten und Ereignissen beschränken will. Entscheidend ist jedoch die Berücksichtigung des Kontextes der Vergleichseinheiten, die auch den synchronen Gegenstandsvergleich zu einer simultanen Zwei-Ebenen-Beobachtung macht. Ein Beispiel wäre der Vergleich von Berufungsprozessen in unterschiedlichen Organisationen oder Disziplinen. Verglichen werden die Gemeinsamkeiten und Unterschiede der Berufungsprozesse, deren unterschiedliche organisationale Kontexte würden beim Vergleich jedoch systematisch berücksichtigt und zur Erklärung von Gemeinsamkeiten und Unterschieden herangezogen. Die Methoden, die dabei zum Einsatz kommen können, sind vielfältig. Aber es lassen sich zur Anleitung von synchronen Gegenstandsvergleichen nur allgemeine Methodologie-Debatten identifizieren. Diese findet man insbesondere in der *Case Study Methodology*, die traditionell Fälle und ihre Kontexte unterscheidet und vergleicht, in der *Grounded Theory Methodology* (GTM), für die der konstante Vergleich grundlegend ist, oder in der Diskursforschung, der ethnographischen Forschung oder in der *Qualitative Comparative Analysis (QCA)*. Auch die quantitative *Multi-Level-Analysis* (MLA), die sich mit Zusammenhängen zwischen Individual- und Kollektivmerkmalen befasst und Datenstrukturen entsprechend hierarchisch (*nested*) aufbaut, um die Wechselwirkung von Fall- und Kontexteffekten zu modellieren, kann instruktiv sein. Zudem zeichnen sich in jüngster Zeit interessante Entwicklungen bei qualitativen Multi-Level Ansätzen ab.

Beispielstudien – Synchroner Gegenstandsvergleich

- Die Studie akademischer Karrierewege und Karriere-Gatekeeping-Praktiken von Hamann und Beljean (2021) vergleicht akademische Karrierewege mit Karrierewegen im Kulturbereich (im Stand-Up Comedy Metier), um darüber Einblicke in das Handeln von Karriere-Gatekeepern und in die soziale Organisation von Karriere-Gatekeeping-Prozessen zu bekommen. Sie kontrastiert und verallgemeinert damit über das Wissenschaftssystem hinaus.
- Die Studie von Laudel und Gläser (2014) zu Projekten mit ERC-Finanzierung vergleicht epistemische Eigenschaften von Forschungsprozessen in drei Fachdisziplinen, identifiziert notwendige und günstigen Bedingungen für Forschung und überprüft, inwieweit diese durch die institutionellen Bedingungen, die durch ERC-Grants entstehen, ermöglicht oder behindert werden.
- Die Studie von Beyer (2021) vergleicht die Habitus-Formation amerikanischer Wissenschaftler*innen in der Chemie und der Soziologie und zeigt auf dieser Basis generalisierend, wie der sich verschärfende Reputations- und Drittmittelwettbewerb den *homo academicus* zum *homo prestigious* werden lässt.

2. Internationaler Vergleich

International vergleichend ist Forschung dann, wenn über räumliche Grenzen (z. B. nationale, geographische und kulturelle) hinweg in mindestens zwei solcher Entitäten Daten erhoben oder Beobachtungen gemacht werden und diese in einer vergleichenden Analyse systematisch zueinander in Beziehung gesetzt werden.[2] International vergleichende Studien werden durchgeführt, wenn vermutet wird, dass die Makro-Einheit – zum Beispiel der Nationalstaat – Einflüsse auf beobachtete Unterschiede hat. Diese können dann entsprechend zur Erklärung von Unterschieden oder für Generalisierungen über die Fälle hinaus herangezogen werden (Kosmützky 2018). Die epistemologischen und methodologischen Zugänge zum internationalen Vergleich und die bevorzugten Methoden und Datenarten unterscheiden sich dabei erheblich zwischen den sozialwissenschaftlichen Disziplinen und komparativen Forschungsfeldern (Schriewer 2003). Entsprechend haben sich in den Gebieten unterschiedliche methodologische Kernkompetenzen entwickelt, auf die sich vergleichende Wissenschaftsforschung in methodologischer Hinsicht stützen kann (Kosmützky & Wöhlert 2015). So liefert die politikwissenschaftliche Komparatistik gute Anleitungen für quantitative Vergleichsstudien, sowie für Vergleichsstudien auf Basis der *Qualitative Comparative Analysis* (QCA) und *Comparative Historical Analysis* (CHA), die auch international vergleichend arbeitet. Die Sozial- und Kulturanthropologie thematisiert Methodologie-Probleme qualitativer Forschung, die vergleichende Erziehungswissenschaft hat Stärken in Bezug auf den Transfer von Ergebnissen vergleichender Forschung. Aus der Soziologie kommen wegweisende Beiträge zum methodologischen Nationalismus und dessen Reflexion und Überwindung, die sozialwissenschaftliche international vergleichende Forschung gleichermaßen betrifft. Disziplinen-übergreifende oder interdisziplinäre Methodologie-Debatten sind nach wie vor eine Ausnahme (z. B. Kaelble & Schriewer 2003; Pickel et al. 2009; Borchert & Lessenich 2012).

Beispielstudien – Internationaler Vergleich
- Die international vergleichende Studie von Musselin (2010) vergleicht akademische Arbeitsmärkte in Deutschland, Frankreich und den USA (auf Basis von Interviews mit Fakultätsmitgliedern und Verwaltungsangestellten in der Geschichte und Mathematik) und zeigt für die drei Kontexte jeweils unterschiedliche (historisch tradierte) Modelle der Rekrutierung von Fachkollegen*innen.

---

2 Wie sich sozialwissenschaftliche vergleichende Forschung, die Analysen über unterschiedliche geographische Räume hinweg unternimmt, selbst bezeichnet, variiert oft mit der (Makro-)Einheit des Vergleichs, die gewählt wird (Land, System, Kultur etc.). Meist ist von einem „internationalen" oder „interkulturellen" Vergleich die Rede, der im Englischen dann zu *inter-/cross-national comparison* oder *inter-/cross-cultural comparison* wird.

- Die Studie von Flink und Schreiterer (2010) entwickelt auf Basis eines Vergleiches von programmatischen Stilen und Organisationsmustern der Wissenschaftsdiplomatie (*Science Diplomacy*) in sechs Ländern eine Typologie unterschiedlicher nationaler wissenschaftsdiplomatischer Ansätze.
- Die Studie von Laudel (2006) zur Forschungsfinanzierung in Australien und Deutschland analysiert auf der Basis von Interviews mit deutschen und australischen Experimentalphysiker*innen, wie diese Forschungsmittel einwerben und generalisiert auf dieser Basis über die Kontexte hinweg förderliche und hinderliche Bedingungen für die Einwerbung von Forschungsmitteln.

3. Diachron-historischer Vergleich

Diachron-historisch vergleichende Forschung umfasst eine oder beide der anderen Vergleichsarten und untersucht diese im Zeitverlauf. Sie analysiert Einheiten dabei nicht nur in unterschiedlichen Kontexten, sondern vergleicht diese auch zu unterschiedlichen Zeitpunkten, oder betrachtet Entwicklungen und Prozesse im Längsschnitt oder historisch zurück. Auch hier gibt es unterschiedliche Forschungsrichtungen: So wird die Methodologie historischer Vergleiche in der vergleichenden Geschichtswissenschaft, der historischen Soziologie und von historischen Institutionalist*innen in den Politikwissenschaften unter dem bereits gefallenen Stichwort *Comparative Historical Analysis* (CHA) vorangetrieben (z. B. Spohn 1998; Mahoney & Thelen 2015; Kaelble 2021). Gemeinsam ist den drei Forschungsgebieten im Kern die Annahme der Kontextualität und Historizität sozialer Phänomene und Prozesse, das heißt ihrer Raum- *und* Zeitgebundenheit. Darüber hinaus unterscheiden sie sich im gesellschaftstheoretischen und methodischen Zugriff auf ihren Gegenstand sowie in den Zielen des Vergleiches in unterschiedlichen Dimensionen. Das Spektrum reicht hier von Generalisierung bis Kontexttiefe, von (Gesellschafts-)Theorieorientierung bis zur empirisch-historischen (Gesellschafts-)Beschreibung. So zielt der Ansatz der vergleichenden Geschichtswissenschaft auf Kontexttiefe ab und hat in der Regel keine starke Theorieorientierung und keine übergreifende Gesellschaftstheorie. Demgegenüber sind Vergleiche in der historischen Soziologie eher auf Generalisierung ausgerichtet, legen kontextübergreifende Gesellschaftstheorien an und arbeiten mit gegenstandsbezogenen theoretischen Konzepten. In der Mitte angesiedelt ist der Ansatz der CHA; dieser definiert sich durch ein allgemeines Konzept zur Analyse von Prozessverläufen und eine starke Methodenorientierung. Debatten quer zu diesen Forschungsgebieten sind (bisher) nicht erkennbar. Für die diachron-historisch arbeitende Wissenschaftsforschung bieten alle drei Forschungsrichtungen immer dann großes Anregungspotential, wenn es beim Vergleich um die gleichzeitige Berücksichtigung von räumlichen und zeitlichen Kontexten geht und nicht bloß ein kontextfreier Vergleich von Gegenständen zu unterschiedlichen Zeitpunkten (t_1, t_2, t_3 etc.) angestrebt wird.

Beispielstudien – Diachron-historischer Vergleich

- Heinze und Münch (2012) untersuchen in ihrer Studie anhand von disziplinär wie historisch differenten Fällen (der physikalischen Chemie in den USA, der Molekularbiologie in Manchester/ UK, der Teilchenphysik am SLAC National Accelerator Laboratory/USA und der Akademie der Wissenschaften in der DDR), wie institutioneller Wandel soziale und technische Neuerungen hervorbringt.
- Die Studie von Powell und Dusdal (2017) vergleicht auf Basis von Publikationsdaten Muster der wissenschaftlichen Wissensproduktion in Deutschland, Frankreich, Belgien und Luxemburg seit 1900 und interpretiert diese vor dem Hintergrund der institutionellen Kontexte und institutionellen Entwicklung von Forschungsorganisationen in den jeweiligen Ländern.
- Die Studie von Kaldewey (2018) verfolgt die Geschichte des wissenschaftspolitischen Konzeptes der *„Grand Challenges"* über mehr als zwei Jahrhunderte und rekonstruiert eine langfristige konzeptionelle, semantische Verschiebung der Art und Weise, wie wissenschaftliche Wissensproduktion im wissenschaftspolitischen Diskurs behandelt wird.

Zwischenfazit

Grundsätzlich sind alle drei Arten des Vergleiches – der synchrone Gegenstands-vergleich, der internationale Vergleich und der diachrone oder historische Ver-gleich – für die Wissenschaftsforschung von Interesse. Dabei sind in der Analyse oft mehrere Arten von Kontexten zu berücksichtigen, die sich überlagern oder in-einandergreifen. Schaut man sich den Einsatz und die Verbreitung der drei Ver-gleichsarten in der Wissenschaftsforschung an, kann man folgendes beobachten:

Erstens sind Disziplinen und Forschungsgebiete (siehe auch Kapitel 4, Roth) in der Wissenschaftsforschung eine zentrale Vergleichseinheit – sowohl als Analyse-einheit von synchronen Gegenstandsvergleichen, als auch als Analyseeinheit inner-halb von internationalen oder diachronen oder historischen Vergleichen. Dieser Fokus auf Disziplinen ist ein Spezifikum (vergleichender) Wissenschaftsforschung, was sich aus deren kognitiver (und institutioneller) Konfiguration erklärt, da es sich bei dieser um ein am Gegenstand Wissenschaft orientiertes interdisziplinäres Forschungsgebiet handelt. Forschung im Gebiet bezieht sich entsprechend auf Praktiken, Normen, Personen, Organisationen, Strukturen, Policies etc. des Wissen-schaftssystems, in dem disziplinäre Differenzierung der basale Mechanismus der Selbstorganisation ist. Autonome Disziplinen, die jeweils auf spezifische Wirklich-keitsausschnitte fokussieren, definieren ihre jeweiligen Objekte nach eigenen, selbsterzeugten Kriterien und untersuchen sie mit je spezifisch passenden Me-thoden (Stichweh 1984). Entsprechend sind disziplinäre Unterschiede für Gegen-standsvergleiche konstitutiv und eine Untersuchung, die beispielsweise Forschende,

Forschungsprojekte, Forschungsinstitute oder Förderprogramme in unterschiedlichen disziplinären Feldern vergleicht.

Zweitens bestehen zwischen den Teilbereichen deutliche Unterschiede des Einsatzes der Vergleichsarten. So sind in der quantitativen Wissenschaftsforschung, wie man sie in Journalen wie *Research Policy* oder *Scientometrics* findet, und die oft mit bibliometrischen Methoden arbeitet und damit Aspekte der wissenschaftlichen Wissensproduktion untersucht (siehe auch Kapitel 13, Gauch), internationale Vergleiche sehr verbreitet – auch da diese auf Basis von Publikationsdaten einfach durchzuführen sind. Häufig fallen in diesen Studien allerdings Kontextunterschiede nationaler Wissenschaftssysteme der Vergleichbarkeit zum Opfer.[3] Ähnlich verbreitet sind in diesem Forschungszweig aber auch (sub-)disziplinäre Vergleiche, vorwiegend in STEM + Forschungsfeldern, die über bibliometrische Daten gut abbildbar sind. In der qualitativen Wissenschaftsforschung hingegen vermisst man oft den Bezug zum nationalen Kontext der Datenerhebung und findet auch seltener internationale Vergleiche. Da die wissenschaftliche Wissensproduktion und disziplinäre Entwicklungen in kognitiver Hinsicht universalistisch sind, werden zwar disziplinäre Wissenschaftskulturen, aber nicht nationale Wissenschafts- oder Forschungskulturen unterschieden. Entsprechend sind Studien, beispielsweise zu unterschiedlichen Aspekten der Forschungspraxis, zu Praktiken der Bewertung von Forschung, oder zum Wandel der wissenschaftlichen Wissensproduktion, zwar disziplinär vergleichend (oder auf interdisziplinäre Forschungsgebiete bezogen), zielen jedoch tendenziell auf globale beziehungsweise universelle Gültigkeit und relativieren ihre Reichweite nicht für bestimmte Kontexte. Lokale, zum Beispiel organisationale, Unterschiede kommen erst dann ins Spiel, wenn es beispielsweise um die Governance von Wissenschaft oder andere institutionelle Konfigurationen (wie Karrierewege oder Bewertungsprozesse) geht. Studien zu Wissenschafts- und Forschungskulturen unterschiedlicher nationaler Wissenschaftssysteme oder geographischer Regionen sind bislang Mangelware.

Methodologische Besonderheiten vergleichender Forschungsprozesse

Wie wir mit Blick auf die drei Arten des Vergleiches bereits herausgestellt haben, liegt eine gemeinsame methodologische Besonderheit darin, dass sie sowohl die Ver-

---

3 Für eine kritische Diskussion der Vergleichbarkeit nationaler Leistungsvergleiche von Forschungsperformanz siehe Sørensen & Schneider (2017).

gleichbarkeit ihrer Einheiten als auch Besonderheiten der jeweiligen Kontexte dieser Einheiten berücksichtigen müssen. Damit stehen im Zentrum einer Methodologie vergleichender Forschung sowohl Überlegungen zur Adäquanz (d. h. zur Kontextangemessenheit) der jeweiligen Kontextbesonderheiten aller Fälle als auch zur Äquivalenz (d. h. zur Vergleichbarkeit) der Einheiten über deren Kontexte hinweg. Der Großteil vergleichsmethodologischer Literatur fokussiert jedoch bisher auf die Herstellung von Vergleichbarkeit von Einheiten und von Äquivalenz, also einer partiellen Gleichheit, großen Ähnlichkeit, Kommensurabilität, funktionalen oder anderen Art von Äquivalenz (z. B. Bachleitner et al. 2014).[4] Demgegenüber rücken qualitative vergleichende Forschungsperspektiven zunehmend Fragen der Kontextangemessenheit beziehungsweise Adäquanz ins Zentrum vergleichsmethodologischer Überlegungen und fragen, wie die Besonderheiten von Fällen adäquat gefasst und die Fälle dennoch vergleichbar gemacht werden können (Kosmützky et al. 2020).

Das Spannungsverhältnis zwischen gleichzeitiger Berücksichtigung der Vergleichbarkeit der Fälle und ihrer Kontextangemessenheit durchzieht den gesamten vergleichenden Forschungsprozess von der Entwicklung des Forschungsdesigns bis hin zur Datenauswertung (siehe Abbildung 14.2). Dies erfordert in jedem Schritt zusätzlich zu den „normalen" theoretischen und methodischen Überlegungen eine Reflexion der konzeptionellen, operationalen und interpretativen Äquivalenz und Adäquanz des vorgenommenen Vergleichs. Insbesondere bei Vergleichen, die eine internationale und historische Vergleichsdimension beinhalten, bezieht sich die Frage der Kontextangemessenheit dabei nicht nur auf Aspekte der Datenerhebung und Datenanalyse, sondern auch auf die Passung (und entsprechend die Adaption) von Theorien für unterschiedliche räumliche und zeitliche Kontexte (Collier & Mahoney 1993). Für quantitative Forschung sind dabei in der Regel Aspekte der Äquivalenz einfacher zu berücksichtigen, in der qualitativen Forschung eher Aspekte der Kontextangemessenheit. Nichtsdestotrotz muss auch qualitative Forschung ein methodologisches Augenmerk auf Vergleichbarkeit richten, und quantitative Forschung sollte auch die Spezifik von Fällen nicht vernachlässigen.

Eine zweite methodologische Besonderheit vergleichender Forschung liegt in der Bestimmung von Vergleichskriterien. Hier unterscheiden sich quantitative und qualitative vergleichende Forschung in einem weiteren methodologischen Aspekt: Erstere zielt auf das Finden allgemeiner Regeln ab und arbeitet deduktiv; demnach steht die Bestimmung von Vergleichskriterien (den *tertii comparationis*) am Anfang der Forschung und diese stehen somit zu Beginn des Forschungspro-

---

4 Für eine Diskussion unterschiedlicher Arten von Äquivalenz, siehe Johnson (1998), der in einer Literaturdurchsicht mehr als 50 spezifische Begriffe für unterschiedliche Arten von Äquivalenz in der vergleichsmethodologischen Literatur herausgearbeitet hat.

zesses fest (Kosmützky et al. 2020). Demgegenüber sind in einer qualitativ vergleichenden Forschungsperspektive, die auf ein umfassendes Verständnis von Fällen abzielt, die Vergleichskriterien zu Beginn der Forschung oft nur provisorisch abgesteckt (als versuchsweise *tertii comparationis*) und werden erst im Lauf der vergleichenden Analyse entwickelt, modifiziert oder verfestigt (z. B. Sørensen 2010). Sie sind entsprechend nicht Ausgangspunkt vergleichender Forschung, sondern ihr Ergebnis. Somit kann man den vergleichenden Forschungsprozess entlang einer quantitativen und einer qualitativen Forschungslogik unterscheiden, in der die Vergleichskriterien zu unterschiedlichen Zeitpunkten festgelegt werden (siehe Abbildung 14.2).[5]

Weitere vergleichsmethodologische Überlegungen ergeben sich aus den Zielsetzungen von Vergleichsanalysen und betreffen vor allem das Sampling der Vergleichseinheiten in Bezug auf ihre Beziehung untereinander und ihre Anzahl (siehe Abbildung 14.2). Wenngleich, wie bereits erwähnt, vergleichende Forschung immer daran interessiert ist, sowohl Unterschiede als auch Ähnlichkeiten zwischen Fällen festzustellen, tut sie dies mit unterschiedlichem Ziel (Kontrastierung, Typenbildung, Erklärung, Generalisierung, Handlungsempfehlungen, siehe oben). Diesem Ziel entsprechend sollten dann auch die Vergleichseinheiten gewählt werden. Hier lassen sich drei grundlegende Strategien zur Wahl der Vergleichsfälle unterscheiden: So werden zentral *Most-Similar-Cases* (MSC)-Designs und *Most-Different-Cases* (MDC)-Designs unterschieden.[6] In Ersteren werden möglichst ähnliche Vergleichseinheiten gewählt, um dann vor allem aus der Differenz der Fälle Erkenntnisse zu gewinnen. In Letzteren werden möglichst unterschiedliche Vergleichseinheiten gewählt, um darüber Gemeinsamkeiten in Bezug auf das untersuchte Phänomen zu analysieren. Beispiele hierfür wären Vergleiche von Publikationsstrategien in der Biologie und Chemie, die als Vergleich von zwei Naturwissenschaften ein MSC wären, im Unterschied zu einem Vergleich von Publikationsstrategien in der Geschichtswissenschaft und der Physik, die als Geistes- und Naturwissenschaft ein MDC wären. In der vergleichenden Forschungspraxis werden beide Strategien zur Fallauswahl häufig kombiniert beziehungsweise die methodologische Stichhaltigkeit der Fall-

---

5 Vergleichende Forschung, in der *Mixed-Methods*-Designs zum Einsatz kommen, durchläuft die zwei Säulen entsprechend nacheinander – je nachdem, wie die genutzten methodischen Verfahren und ihre Ergebnisse miteinander in Beziehung gesetzt werden (Baur et al. 2017).

6 Diese klassische vergleichsmethodologische Vorgehensweise bei der Fallauswahl geht auf John Stuart Mills Überlegungen in seinem Werk „A System of Logic" (2011 [1881]) zurück. In der vergleichsmethodologischen Literatur werden einige weitere Strategien der Fallauswahl diskutiert, so zum Beispiel die Auswahl typischer Fälle, extremer Fälle oder auch devianter Fälle (Seawright & Gerring 2008).

auswahl sowohl mit Gemeinsamkeiten als auch Differenzen in unterschiedlichen Aspekten des Falles begründet (Kosmützky 2016).

Eine weitere Strategie zur Wahl der Vergleichsfälle, die vor allem für die historische vergleichende Forschung grundlegend ist, besteht darin, dass man Entwicklungen, Phänomene oder Prozesse vergleicht, da diese nur zu bestimmen Zeiten oder in bestimmen Kontexten stattfanden. Ein bekanntes Beispiel aus der Wissenschaftsforschung hierfür ist die Studie von Kuhn (1976), welche wissenschaftliche Revolutionen in unterschiedlichen Disziplinen und zu unterschiedlichen Zeitpunkten vergleicht.

Während die vorherigen Samplingstrategien die Falllauswahl an den Anfang der Analyse setzen, kann diese auch erst während der Untersuchung erfolgen. Vergleichende Studien können entsprechend auf einem theoretischen Sampling basieren, zunächst einen Fall untersuchen und die weiteren Fälle dann nach dem Prinzip der maximalen Kontrastierung auswählen (Glaser & Strauss 1967). Dies kann vor allem für qualitative Studien zielführend sein. Darüber hinaus wird in der vergleichsmethodologischen Literatur aus qualitativer Richtung in jüngster Zeit der asymmetrische Vergleich (mit einem ungleichen oder ungewöhnlichen Vergleichsfall) oder der hypothetische Vergleich von Einheiten diskutiert, wie er schon in den klassischen vergleichenden Arbeiten von Max Weber zum Einsatz kam (Krause 2016). Parallel finden sich aus quantitativer Richtung in neuerer Zeit auch experimentelle vergleichende Forschungsdesigns (z. B. Azoulay et al. 2019). Mit solchen Vergleichsanordnungen können neue, bisher unbekannte Formen möglicher Ähnlichkeiten und Unterschiede gefunden oder ersonnen werden.

In Bezug auf die Größe des Vergleiches gilt, dass mit steigender Anzahl an Vergleichseinheiten in der Regel das Abstraktionsniveau einer Vergleichsstudie steigt. Im Umkehrschluss gilt, je geringer die Anzahl der verglichenen Einheiten ist, desto stärker können fallspezifische Kontexte berücksichtigt werden. Diese Unterscheidung ist eng mit der Wahl des methodischen Zugangs verknüpft und mündet entweder in variablenzentrierten, generalisierenden oder individualisierenden, fallzentrierten Vergleichsansätzen (Ragin 1987). In Vergleichsstudien mit vielen Fällen kommen in der Regel quantitative Methoden oder Mixed-Methods zum Einsatz, während Vergleichsstudien mit wenigen Fällen auch qualitative Methoden anwenden können (Landman 2008; Kosmützky 2016).

Schließlich ergeben sich aus der Gleichzeitigkeit von Vergleichbarkeit und Kontextanpassung methodologische Besonderheiten hinsichtlich der Datenerhebung und Datenanalyse – in Bezug auf die Harmonisierung der Datenerhebung in unterschiedlichen Kontexten sowie mit Blick auf den Ausgleich unterschiedlichen Kontextwissens in international vergleichenden, aber zum Teil auch in disziplinär und historisch vergleichenden Studien (siehe Abbildung 14.2).

Zur Harmonisierung der Datenerhebung in unterschiedlichen Kontexten lassen sich verschiedene Strategien auf einem Spektrum zwischen den Polen Adoption und Adaption verwenden (Wirth & Kolb 2003). Hat man das Ziel höchstmöglicher Äquivalenz, wählt man die Strategie der Adoption. Hierbei wendet man in den verschiedenen Erhebungs- und Vergleichskontexten die gleiche Datenerhebungsmethode in exakt der gleichen Weise an, und verfolgt dabei eine möglichst genaue Übernahme von Interviewfragen, Beobachtungspunkten, Items etc. in den unterschiedlichen Vergleichskontexten. Hat man hingegen das Ziel großer Kontextangemessenheit, wählt man die Strategie der Adaption, das heißt in den verschiedenen Erhebungs- und Vergleichskontexten wird die gewählte Datenerhebungsmethode so angepasst, dass kontextuelle Besonderheiten und Charakteristika berücksichtigt werden. Ziel ist dann beispielsweise die Anpassung einzelner Interviewfragen, Beobachtungspunkte, Items etc. an die jeweiligen Kontexte, um diese adäquat zu berücksichtigen.

Asymmetrisches Kontextwissen über die analysierten Vergleichsfälle liegt insbesondere bei international vergleichenden Studien, aber auch bei disziplinär oder historisch vergleichenden Studien vor. Forschende haben zum Beispiel mehr Kontextwissen über das „eigene" Wissenschaftssystem, zu einer Disziplin aus dem „eigenen" Fächerspektrum, oder zu einem zeitgenössischen Fall. Dies kann zu asymmetrischen Interpretationen führen, da die jeweils „anderen" Fälle möglicherweise nicht ausreichend oder passend rekonstruiert und interpretiert werden. Zum Ausgleich fehlenden Kontextwissens können verschiedene Strategien herangezogen werden. Kontext-Expert*innen können konsultiert und zur Datenanalyse (auch partiell) hinzugezogen werden; oder man forscht mit einem Forschungsteam mit jeweiliger Kontext-Expertise, das international oder interdisziplinär zusammengesetzt sein kann. In der international vergleichenden Forschung wird zwischen einem sogenannten „Safari"-Zugang und einem „Komitee"-Zugang zur Datenerhebung unterschieden (Wirth & Kolb 2003; Hantrais 2009). Beim „Safari"-Zugang übernehmen Forschende die Datenerhebung in allen internationalen Kontexten selbst. Im „Komitee"-Zugang arbeiten Forschende in internationalen Teams zusammen und Forscher*innen vor Ort erheben als Kontext-Expert*innen die zentralen Daten und stellen Datensätze zusammen. Diese erweiterte Kontextexpertise durch das Forschungsteam bringt jedoch zusätzliche Kollaborationskosten mit sich (Kosmützky 2018; Wöhlert 2020). Ebenso kann man die Perspektive des „Anderen" in methodologischer Hinsicht als Verfremdungsstrategie begreifen und für die Analyse nutzen, indem man die eigene Sichtweise über die Perspektive der „fremden" Fällen bricht und die Analyse mit diesen beginnt (Verfremdung als Forschungsstrategie wird traditionell bei Schütz, Goffman und Garfinkel diskutiert; siehe dazu Hirschauer 2010).

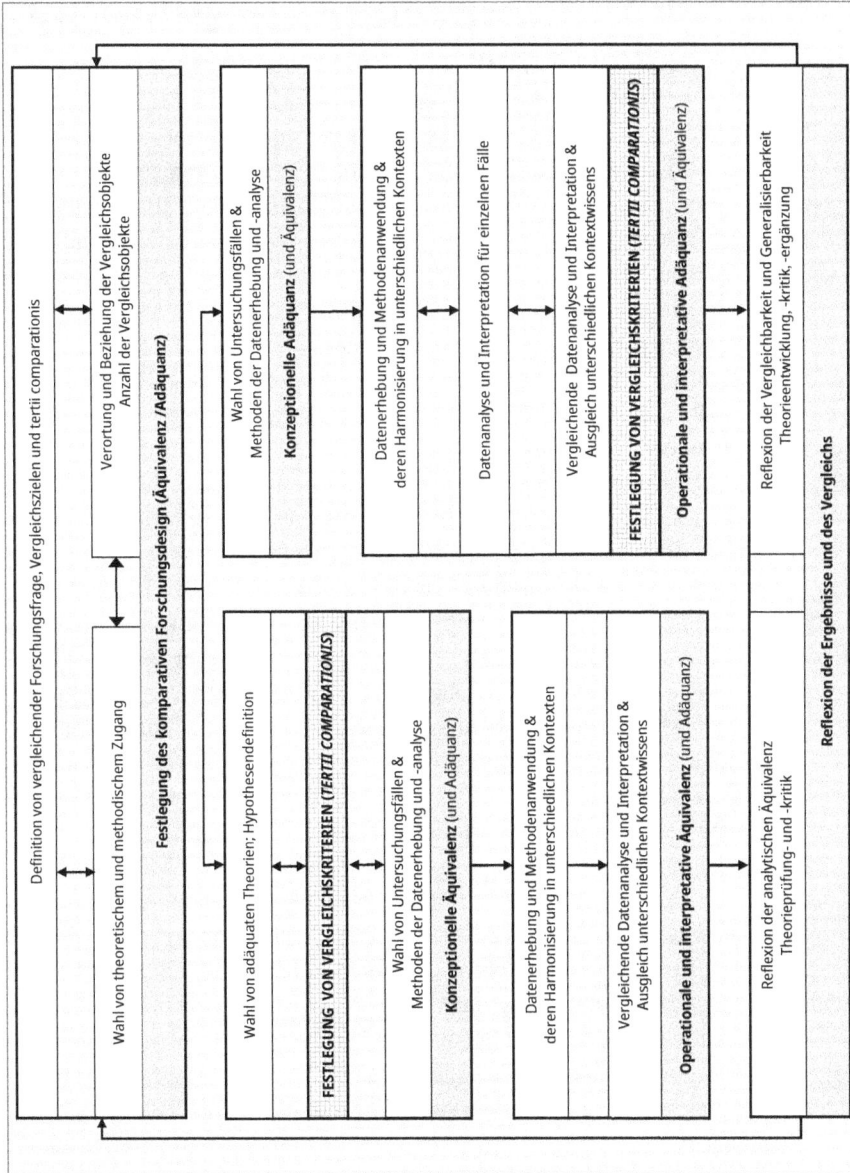

Abbildung 14.2: Methodologische Besonderheiten im vergleichenden Forschungsprozess.

Potenzial und Weiterentwicklung vergleichender Wissenschaftsforschung

Vergleichende Forschungsdesigns werden in der Wissenschaftsforschung vielfach genutzt, aber oft nicht explizit als solche reflektiert. Dabei bieten sowohl vergleichende Forschungsdesigns als auch deren methodologische Reflexion erhebliches Potenzial für die Wissenschaftsforschung, ggf. in Richtung der Entwicklung eines eigenen vergleichenden Subfeldes der *Comparative Science Studies*. Dazu müssten Forschungseinheiten jedoch methodologisch expliziert und systematischer als bisher nach lokalen, nationalen, historischen, disziplinären und intersektoralen Aspekten strukturiert und in Relation zueinander gesetzt werden (Hamann et al. 2018). Ein traditionell starker Vergleichsfokus liegt in der Wissenschaftsforschung auf Vergleichen ihrer „Basiseinheiten" – den Disziplinen, Forschungsfeldern und Netzwerken. Diese sind insbesondere in der qualitativen Wissenschaftsforschung mit ihrem vertieften Blick in die Forschungspraxis verbreitet. Internationale Vergleiche sind darüber hinaus in der quantitativen Wissenschaftsforschung und in den *Science Policy Studies* verbreitet. Diachron und historisch vergleichende Studien finden sich, wenn auch nur vereinzelt, in der qualitativen und quantitativen Wissenschaftsforschung sowie in den *Science Policy Studies*. Hier sehen wir auch besonderes Potential für die Herstellung von Querbezügen von vergleichsmethodologischen Fragen über diese Subfelder der Wissenschaftsforschung (siehe Fußnote 1) hinweg, die zu fruchtbaren Weiterentwicklungen führen können. Das Lehrbuchkapitel will dazu betragen, dieses Potenzial nutzbar zu machen und entsprechende methodologische Diskussionen anzuregen.

Erstens können unserer Ansicht nach die Subfelder der Wissenschaftsforschung über einen Austausch und die stärkere Verbindung qualitativer und quantitativer Vergleichsansätze voneinander lernen. Wie skizziert haben die Subfelder in dieser Hinsicht unterschiedliche „blinde Flecken": So tendiert die quantitative (oft bibliometrische) Wissenschaftsforschung dazu, Unterschiede in den Kontexten nationaler Wissenschaftssysteme zugunsten der Vergleichbarkeit unterschiedlicher Fälle zu opfern und vergleicht diese nahezu kontextfrei in Bezug auf unterschiedliche Aspekte der Wissenschaftsentwicklung und Leistungsfähigkeit der Systeme. Demgegenüber blendet die qualitative Wissenschaftsforschung Differenzen unterschiedlicher geographischer Wissenschaftskulturen tendenziell aus. Beide Seiten laufen damit Gefahr, in einen methodologischen Nationalismus zu verfallen (für eine ausführliche Diskussion siehe Weiß 2010). Zwar findet man traditionell einzelne Studien, die zeigen, dass nicht nur Karrierepfade international variieren, sondern auch die Interaktion mit Kolleg*innen – die ebenfalls die wissenschaftliche Wissensproduktion beeinflusst – national-kulturell variiert. Ein Beispiel ist die Studie von Traweek (1988), die die Forschungspraxis in Hochenergiephysiklaboren in Japan und den USA vergleicht und Unterschiede in der Arbeitsweise der Physik in beiden Ländern betrachtet, die sich eher durch Unterschiede im kulturellen Hintergrund der Physiker*innen als durch Unterschiede in den technologischen Grundlagen ihrer Physikgemeinschaften erklären lassen. Ein weiteres Beispiel ist die Studie von Haraway (1990), die Prozesse der Wissensproduktion von Primatolog*innen in Indien, Japan und westlichen Forschungsgemeinschaften vergleicht und zeigt, wie unterschiedliche kulturelle Wissenschaftsstile theoretische Begriffe, Methoden und die Wahl des Gegenstandsbereichs beeinflussen. Darüber hinaus hat sich aber keine vitale Forschungslinie entwickelt und ein vergleichender Fokus auf Wissenschaftskulturen über unterschiedliche Teile der Welt hinweg ist in der Wissenschaftsforschung insgesamt ein Forschungsdesiderat, zu dem man nur vereinzelt neuere Studien findet (z. B. Yair 2019).

Zweitens sehen wir nicht unerhebliches Potential für vergleichende Forschung und die Weiterentwicklung einer gegenstandsspezifischen Vergleichsmethodologie an der Schnittstelle der Hochschul- und Wissenschaftsforschung (siehe Fußnote 1). Die Hochschulforschung hat seit Beginn ihrer Institutionalisierung in den 1960er Jahren einen starken Vergleichsfokus (Kosmützky & Krücken 2014), bei dem nicht nur Systemvergleiche, sondern insbesondere Organisationsvergleiche im Mittelpunkt stehen. Hier kann die Wissenschaftsforschung von der Hochschulforschung lernen. Häufig wird in der Wissenschaftsforschung bisher der „Ort" der wissenschaftlichen Wissensproduktion in Studien ausgeblendet (siehe auch Kapitel 5, Hölscher & Marquardt). In der Hochschulforschung hingegen wird der Fokus auf disziplinäre Unterschiede vernachlässigt, und Universitäten werden oft unterschiedslos miteinander vergleichen, ohne ihre disziplinären Profile zu berücksichtigen. Hier kann im Umkehrschluss die Wissenschaftsforschung mit ihrem starken Fokus auf disziplinäre Besonderheiten einen Beitrag leisten.

Drittens kann das interdisziplinäre Feld der Wissenschaftsforschung erheblich davon profitieren, vergleichsmethodologische Diskussionen im Austausch mit anderen vergleichsmethodologisch starken Disziplinen zu verstärken. Hier kommt insbesondere die historische Soziologie, die vergleichende Politikwissenschaft, aber auch die (vergleichende) Anthropologie in den Fokus, in der derzeit interessante qualitative vergleichsmethodologische Debatten geführt werden. Als interdisziplinäres Feld mit unterschiedlichsten Quelldisziplinen ist die Wissenschaftsforschung für einen solchen Austausch prädestiniert.

Empfehlungen für Seminarlektüren

(1) Neil Smelser geht im Standardwerk *Comparative Methods in the Social Sciences* (2013 [1976]) auf die Logik der „einfachen" Forschungskonstellation und der vergleichenden Forschungskonstellation mit zwei ungleichen sozialen Einheiten ein und erläutert deren Besonderheiten sehr anschaulich (Kapitel 6). Darüber hinaus erläutern die Kapitel 4 und 5 (zu den Begründern der quantitativen und qualitativen Vergleichstradition, Emile Durkheim und Max Weber) die Unterschiede von variablenzentrierten und fallzentrierten Vergleichen sehr gut.

(2) Das vierte Kapitel in Charles Tillys *Big Structures, Large Processes, Huge Comparisons* (1984) stellt die mittlerweile klassische Typologie von Vergleichszielen – individualisierende, Variationen-findende, umfassende und universalisierende Vergleiche – vor und grenzt diese anhand von zwei Dimensionen (erstens Multiplizität von Formen und zweitens Anteil an allen Instanzen) voneinander ab. Die Kapitel 5 bis 8 vertiefen diese Ziele dann jeweils individuell.

(3) Jürgen Schriewers Beitrag „Problemdimensionen sozialwissenschaftlicher Komparatistik" (2003) geht auf die Ursprünge vergleichender Geistes- und Sozialwissenschaften im ausgehenden 18. und frühen 19. Jahrhundert ein und diskutiert davon ausgehend drei Grundprobleme vergleichender Forschung, die die Vergleichsmethodologie als grundlegende Spannungsverhältnisse auch aktuell noch prägen – Vergleich als Relationierung von Relationen, die Annahme der Unabhängigkeit von Vergleichseinheiten, und die Transferierbarkeit von Vergleichswissen. Eine Abbildung am Ende des Aufsatzes spannt zudem sehr anschaulich ein Spektrum an Vergleichsstrategien in unterschiedlichen geistes- und sozialwissenschaftlichen Disziplinen entlang von drei Dimensionen auf.

(4) Monika Krauses Aufsatz „Comparative Research: Beyond Linear-Causal Explanation" (2016) analysiert und kritisiert die Auswirkungen der größtenteils von quantitativen Vergleichen geprägten Vergleichsmethodologie – das vorherrschende Vergleichen von Gleichem mit Gleichem und das Vergleichen mit dem Ziel linear-kausaler Erklärungen – und diskutiert alternative Formen des Vergleichens.

(5) In ihrem Aufsatz zu „International vergleichende(r) Forschung" führen Anna Kosmützky und Romy Wöhlert (2015) eine interdisziplinäre Metaanalyse zur methodologischen Reflexion des internationalen Vergleichens in den Methodenlehrbüchern der Soziologie, Erziehungswissenschaft, Politikwissenschaft und der Kommunikations- und Medienwissenschaft durch. Sie überprüfen und vergleichen dabei systematisch die Grundlagen und etablierten Wissensbestände in den Disziplinen daraufhin, welche theoretischen, methodologischen, methodischen und praktischen Anleitungen sie für die Planung und

Durchführung international vergleichender Untersuchungen beitragen. Die Autorinnen betonen in ihrem Fazit, dass international vergleichende Forschungsdesigns von einer Disziplinenübergreifenden methodologischen Reflexion sehr profitieren können, und liefern dazu eine gute Übersicht relevanter Methodenlehrbücher für Einsteiger in die international vergleichende sozialwissenschaftliche Vergleichsforschung.

Literatur

Azoulay, P., C. Fons-Rosen & J. S. Graff Zivin, 2019: Does Science Advance One Funeral at a Time? *American Economic Review* 109: 2889–2920.

Baur, N., U. Kelle & U. Kuckartz, 2017: Mixed Methods – Stand der Debatte und aktuelle Problemlagen. *Kölner Zeitschrift für Soziologie und Sozialpsychologie* 69: 1–37.

van den Besselaar, P., 2001: The cognitive and the social structure of STS. *Scientometrics*, 51: 441–460.

Beyer, S., 2021: *The Social Construction of the US Academic Elite. A Mixed Methods Study of Two Disciplines*. Abingdon: Routledge.

Borchert, J. & S. Lessenich (Hrsg.), 2012: *Der Vergleich in den Sozialwissenschaften. Staat – Kapitalismus – Demokratie*. Frankfurt, New York: Campus.

Collier, D. & J. E. Mahoney, 1993: Conceptual „Stretching" Revisited. Adapting Categories in Comparative Analysis. *The American Political Science Review* 87: 845–855.

Flink, T. & U. Schreiterer, 2010: Science Diplomacy at the Intersection of S&T Policies and Foreign Affairs. Toward a Typology of National Approaches. *Science and Public Policy* 37: 665–677.

Glaser, B. G. & A. L. Strauss, 1967: *The Discovery of Grounded Theory. Strategies for Qualitative Research*. Chicago, IL: Aldine Atherton.

Göbel, C., M. Winterhager & M. Wolgemuth, 2013: *Material zu einem bibliometrischen Profil der Wissenschaftsforschung*. Universität Bielefeld, Institute for Interdisciplinary Studies of Science (I2SoS). https://pub.uni-bielefeld.de/record/2703208 (aufgerufen am 23.12.2022).

Hamann, J., et. al. 2018: Aktuelle Herausforderungen der Wissenschafts- und Hochschulforschung. Eine kollektive Standortbestimmung. *Soziologie* 47: 187–203.

Hamann, J. & S. Beljean, 2021: Career Gatekeeping in Cultural Fields. *American Journal of Cultural Sociology* 9: 43–69.

Hantrais, L., 2009: *International Comparative Research. Theory, Methods and Practice*. New York, NY: Palgrave Macmillan.

Haraway, D. J., 1990: *Primate Visions. Gender, Race, and Nature in the World of Modern Science*. Abingdon: Routledge.

Heintz, B., 2010: Numerische Differenz. Überlegungen zu einer Soziologie des (quantitativen) Vergleichs. *Zeitschrift für Soziologie* 39: 162–181.

Heinze, T. & R. Münch, 2012: Institutionelle Erneuerung der Forschung. Eine Analyse wissenschaftshistorischer Beispiele zur Transformation von Disziplinen und Forschungsorganisationen. In: Müller, H. & F. Eßer (Hrsg.), *Wissenskulturen. Bedingungen wissenschaftlicher Innovation*. Kassel: Kassel University Press, S. 19–41.

Hilker, F., 1962: *Vergleichende Pädagogik. Eine Einführung in ihre Geschichte, Theorie und Praxis*. München: Huber.

Hirschauer, S., 2010: Die Exotisierung des Eigenen. Kultursoziologie in ethnografischer Einstellung. In: Wohlraab-Sahr, M. (Hrsg.), *Kultursoziologie*. Wiesbaden: VS, S. 207–225.

Johnson, T. P., 1998: Approaches to equivalence in cross-cultural and cross-national survey research. In: Harkness, J. (Hrsg.), *Cross-cultural survey equivalence*. Band 3. Mannheim: Zentrum für Umfragen, Methoden und Analysen ZUMA, S. 1–40.

Kaelble, H., 2021: *Historisch Vergleichen. Eine Einführung*. Frankfurt, New York: Campus.

Kaelble, H. & J. Schriewer (Hrsg.), 2003: *Vergleich und Transfer. Komparatistik in den Sozial-, Geschichts- und Kulturwissenschaften*. Frankfurt, New York: Campus.

Kaldewey, D., 2018: The Grand Challenges Discourse. Transforming Identity Work in Science and Science Policy. *Minerva* 56: 161–182.

Kosmützky, A., 2016: The Precision and Rigor of International Comparative Studies in Higher Education. In: Huisman, J. & M. Tight (Hrsg.), *Theory and Method in Higher Education*. Bingley, UK: Emerald, S. 199–221.

Kosmützky, A., 2018: A Two-Sided Medal. On the Complexity of International Comparative and Collaborative Team Research. *Higher Education Quarterly* 72: 314–331.

Kosmützky, A. & G. Krücken, 2014: Growth or Steady State? A Bibliometric Focus on International Comparative Higher Education Research. *Higher Education* 67: 457–472.

Kosmützky, A. & T. Nokkala, 2014: Challenges and Trends in Comparative Higher Education. *Higher Education* 67: 369–380.

Kosmützky, A. & T. Nokkala, 2020: Towards a Methodology Discourse in Comparative Higher Education. *Higher Education Quarterly* 74: 117–123.

Kosmützky, A., T. Nokkala & S. Diogo, 2020: Between Context and Comparability. Exploring New Solutions for a Familiar Methodological Challenge in Qualitative Comparative Research. *Higher Education Quarterly* 74: 176–192.

Kosmützky, A. & R. Wöhlert, 2015: International vergleichende Forschung. Eine interdisziplinäre Metaanalyse disziplinärer Zugänge. *SWS-Rundschau* 4: 279–307.

Krause, M., 2016: Comparative Research. Beyond Linear-Casual Explanation. In: Deville, J., M. Guggenheim & Z. Hrdličková (Hrsg.), *Practising Comparison: Logics, Relations, Collaborations*. Manchester: Mattering Press, S. 45–67.

Krücken, G., 2012: Hochschulforschung. In: Maasen, S. et al. (Hrsg.), *Handbuch Wissenschaftssoziologie*. Wiesbaden: Springer VS, S. 265–276.

Kuhn, T. S., 1976: *Die Struktur wissenschaftlicher Revolutionen*. Frankfurt am Main: Suhrkamp.

Landman, T., 2008: *Issues and Methods in Comparative Politics. An Introduction*. Milton Park, New York, NY: Routledge.

Laudel, G., 2006: The Art of Getting Funded. How Scientists Adapt to their Funding Conditions. *Science and Public Policy* 33: 489–504.

Laudel, G. & J. Gläser, 2014: Beyond Breakthrough Research. Epistemic Properties of Research and their Consequences for Research Funding. *Research Policy* 43: 1204–1216.

Luhmann, N., 1995: Kultur als historischer Begriff. In: Ders., *Gesellschaftsstruktur und Semantik. Studien zur Wissenssoziologie der modernen Gesellschaft*. Band 4. Frankfurt am Main: Suhrkamp, S. 31–54.

Mahoney, J. & K. A. Thelen (Hrsg.), 2015: *Advances in Comparative-Historical Analysis*. Cambridge: Cambridge University Press.

Martin, B. R., P. Nightingale & A. Yegros-Yegros, 2012: Science and Technology Studies. Exploring the Knowledge Base. *Research Policy* 41: 1182–1204.

Mill, J. S., 2011 [1881]: *A System of Logic Ratiocinative and Inductive. Being a Connected View of the Principles of Evidence and the Methods of Scientific Investigation*. Oxford: Benediction Classics.

Musselin, C., 2010: *The Market for Academics*. New York, London: Routledge

Niewöhner, J. & T. Scheffer, (Hrsg.), 2008: Thick Comparison – How Ethnography Produces Comparability. Special Issue in: *Comparative Sociology* 7(3).

Scheffer, T., & J. Niewöhner, (Hrsg.), 2010: *Thick Comparison. Reviving the Ethnographic Aspiration.* Leiden, Boston: Brill.

Pickel, S., G. Pickel, H.-J. Lauth & D. Jahn (Hrsg.), 2009: *Methoden der vergleichenden Politik- und Sozialwissenschaft.* Wiesbaden: VS.

Powell, J. J. & J. Dusdal, 2017: Science Production in Germany, France, Belgium, and Luxembourg. Comparing the Contributions of Research Universities and Institutes to Science, Technology, Engineering, Mathematics, and Health. *Minerva* 55: 413–434.

Przeworski, A. & H. Teune, 1970: *The Logic of Comparative Social Inquiry.* Wiley-Interscience.

Ragin, C.C., 1987: *Comparative Method. Moving Beyond Qualitative and Quantitative Strategies.* Oakland, CA: University of California Press.

Schriewer, J., 2003: Problemdimensionen sozialwissenschaftlicher Komparatistik. In: Kaelble, H. & J. Schriewer (Hrsg.), *Vergleich und Transfer. Komparatistik in den Sozial-*, Geschichts- *und Kulturwissenschaften.* Frankfurt, New York: Campus, S. 9–52.

Seawright, J. & J. Gerring, 2008: Case Selection Techniques in Case Study Research. A Menu of Qualitative and Quantitative Options. *Political Research Quarterly* 61: 294–308.

Smelser, N., 2013 [1976]: *Comparative Methods in the Social Sciences.* New Orleans, LA: Quid Pro Books.

Sørensen, E., 2010: Producing Multi-Sited Comparability. In: Scheffer, T. & J. Niewöhner (Hrsg.), *Thick Comparison.* Leiden, Boston: Brill, S. 43–77.

Sørensen, M. P. & J. W. Schneider, 2017: Studies of National Research Performance. A Case of 'Methodological Nationalism' and 'Zombie Science'? *Science and Public Policy* 44: 132–145.

Spohn, W., 1998: Kulturanalyse und Vergleich in der historischen Soziologie. *Comparativ* 8: 95–121.

Stichweh, R., 1984: *Zur Entstehung des modernen Systems wissenschaftlicher Disziplinen. Physik in Deutschland 1740–1890.* Frankfurt am Main: Suhrkamp.

Tilly, C., 1984: *Big Structures, Large Processes, Huge Comparisons.* New York, NY: Russell Sage Foundation.

Traweek, S., 1988: *Beamtimes and Lifetimes. The World of High Energy Physicists.* Cambridge, MA: Harvard University Press.

Weiß, A., 2010: Vergleiche jenseits des Nationalstaats. Methodologischer Kosmopolitismus in der soziologischen Forschung über hochqualifizierte Migration. *Soziale Welt* 61: 295–311.

Wirth, W. & S. Kolb, 2003: Äquivalenz als Problem. Forschungsstrategien und Designs der komparativen Kommunikationswissenschaft. In: Esser, F. & B. Pfetsch (Hrsg.), *Politische Kommunikation im internationalen Vergleich. Grundlagen, Anwendungen, Perspektiven.* Wiesbaden: VS, S. 104–131.

Wöhlert, R., 2020: Communication in International Collaborative Research Teams. A Review of the State of the Art and Open Research Questions. *Studies in Communication and Media* 9: 151–217.

Yair, G., 2019: Culture Counts More Than Money. Israeli Critiques of German Science. *Social Studies of Science* 49: 898–918.

Désirée Schauz und David Kaldewey

15 Diskursanalyse und Historische Semantik in der Wissenschaftsforschung

„Wissenschaft" und „Forschung" sind nicht nur Grundkategorien der Wissenschaftsforschung, sondern auch selbstverständliche Begriffe unserer Alltagssprache. Ihre Bedeutung wird weitestgehend als bekannt vorausgesetzt und doch fällt es schwer, sie genau zu bestimmen. Schon die Frage, wie die beiden Begriffe zusammenhängen oder sich unterscheiden, ist in der Wissenschaftsforschung nur selten explizit erläutert. Die Lage verkompliziert sich, wenn zusätzlich andere Sprachen in den Blick geraten. Das englische „science" etwa ist weder mit „Wissenschaft" noch mit „Naturwissenschaft" eindeutig übersetzt; „research" hat eine weitere Bedeutung als „Forschung" und ein Ausdruck wie „academia" ist immer nur kontextabhängig ins Deutsche übertragbar. Der Vieldeutigkeit der Begriffe ist grundsätzlich nur schwer mit Definitionen beizukommen, und seien sie noch so präzise. Sie sind einem ständigen Deutungs- und Umdeutungsprozess unterworfen und sie kommunizieren Ansprüche über die Autorität spezifischer Wissensformen und Praktiken der Wissensproduktion. Gleichzeitig werden mit ihnen Fragen über die Organisation oder Finanzierung ebenso wie über die gesellschaftliche Relevanz und die Ziele wissenschaftlicher Unternehmungen ausgehandelt. Was auf den ersten Blick als neutrale Bezeichnung für einen Teilbereich unserer Gesellschaft erscheint, verweist – einer klassischen Formulierung Robert Mertons (1985 [1942]) folgend – auf eine historisch gewachsene und kulturell geprägte „normative Struktur der Wissenschaft". Begriffe und mehr noch Grundbegriffe transportieren Werte, sind also nie rein analytisch definierbar, sondern immer auch in ihrer kontextabhängigen Wertgeladenheit zu betrachten.

Begriffe, Diskurse und Narrative

Das vorliegende Kapitel möchte aufzeigen, wie die sprachliche „Oberfläche" dieser oft implizit bleibenden normativen Struktur mit Hilfe von Diskursanalyse und historischer Semantik untersucht werden kann. Im weitesten Sinne geht es im Folgenden also um das Verhältnis von Wissenschaft und Sprache. In den Blick geraten dabei semantische Felder, die die Bedeutung der einzelnen Begriffe prägen, und es zeigt sich, dass viele in den Feldern verknüpfte Begriffe nicht nur vieldeutig, sondern sys-

https://doi.org/10.1515/9783110713800-015

tematisch umkämpft sind. Darüber hinaus sind Grundkategorien wie Wissenschaft und Forschung in übergreifende gesellschaftliche Diskurse, mithin in Metanarrative eingebettet. Die Erwartungen darüber, welche Möglichkeitsräume einerseits Forschung für die Zukunft eröffnet und wo sich andererseits Risiken oder ethische Dilemmata in einer wissenschaftlich-technisch gestalteten Welt ergeben können, sind dabei ganz entscheidend von den historisch gemachten Erfahrungen geprägt.

Eines der langlebigsten Metanarrative seit Beginn der Moderne ist das des „Fortschritts", als dessen zentrale Antriebskräfte Wissenschaft und Technik gelten (Koselleck 1975). Es beinhaltet unter anderem die Annahme, dass die Erforschung der Natur, ihrer Kräfte, Stoffe und Gesetzmäßigkeiten die Grundlage schaffe, um technologische Neuerungen hervorzubringen. Obwohl diese Annahme empirisch verschiedentlich korrigiert wurde, etwa weil technische Erfindungen oftmals dem naturwissenschaftlichen Wissensstand vorausgehen oder sich das Verhältnis von Wissenschaft und Technik sowie der gesamte Prozess der Technologieentwicklung als wesentlich komplexer gestalten, ist das Fortschrittsnarrativ bis heute prägend geblieben für den öffentlichen Diskurs (siehe auch Kapitel 8, Böschen). Ganz generell gilt, dass sich der Glaube an den wissenschaftlich-technischen Fortschritt als recht persistent erwiesen hat. Weder die Risikodiskurse zu Wissenschaft, Technik und menschlich verursachten Umweltkatastrophen im Zeitalter des Anthropozäns, noch die Kritik am Wachstumsimperativ in der zweiten Hälfte des 20. Jahrhunderts haben daran grundsätzlich etwas geändert. Letztlich überwiegt die Überzeugung, dass auch die selbstinduzierten Probleme der wissenschaftlich-technischen Welt nur durch weitere neue Erkenntnisse und Technologien überwunden werden können. „Innovation" ist dabei inzwischen selbst zu einem Metanarrativ aufgestiegen, in dessen Folge die Phrase „Forschung und Innovation" die alte Paarung „Forschung und Entwicklung" weitgehend ersetzt hat.

Neben Metanarrativen des wissenschaftlich-technischen Fortschritts und der Innovation lassen sich weitere Diskurse mit jeweils spezifischen Vokabularien identifizieren, die für die Kommunikation von und über Wissenschaft von Bedeutung und damit ebenso von Interesse für die Wissenschaftsforschung sind. Gerade in den letzten Jahren kamen viele neue Konzepte hinzu, die unter anderem das aktuelle forschungspolitische Bedürfnis ausdrücken, Wissenschaft gesellschaftlich inklusiver zu gestalten und stärker demokratisch einzuhegen (Flink & Kaldewey 2018): „transdisciplinary research", „translational research", „citizen science", „open science" oder „responsible research and innovation" sind Beispiele jüngster sprachlicher Neuschöpfungen, zu denen die Wissenschaftsforschung selbst beigetragen hat. Neben diesen Neologismen der aktuellen Forschungspolitik haben sich weite Teile des semantischen Feldes über lange historische Phasen hinweg entwickelt und stabilisiert. Grundbegriffe wie „Wissenschaft", „Erkenntnis" oder die Unterscheidung von „Theorie und Praxis" lassen sich bis in die Antike zurückverfolgen. Über die

Zeit weisen solche langlebigen Begriffe allerdings vielfältige semantische Verschiebungen auf.

Gemeinsam ist den bisher erwähnten Narrativen und Begriffen, dass sie in allgemeinerer Form auf Wissenschaft Bezug nehmen und damit Teil eines metawissenschaftlichen Diskurses sind – der Wissenschaftshistoriker Steven Shapin (2001: 100–102) spricht von „metascientific statements". Wenn man die Praxis dieses metawissenschaftlichen Diskurses in seinen verschiedenen Kontexten verfolgt, dann zeigen sich viele Bezüge zur politisch-gesellschaftlichen Sphäre. Oder anders formuliert: Was hier in den Blick gerät, ist nicht einfach die analytisch-metawissenschaftliche Begrifflichkeit der Wissenschaftsforschung, sondern eine *wissenschaftspolitische Sprache*, die von Akteuren an den Schnittstellen von Wissenschaft und anderen gesellschaftlichen Bereichen gesprochen und mehr oder weniger bewusst strategisch eingesetzt wird.[1] Damit ist nicht gemeint, dass sich die Begriffe auf Wissenschaftspolitik im engeren Sinne des modernen Politikfeldes beschränken. Vielmehr zielt die Bezeichnung auch und gerade auf die Mikropolitiken der alltäglichen Aushandlungsprozesse zwischen Wissenschaft und anderen sozialen Entitäten (siehe auch Kapitel 2, Kaldewey).

Von diesem metawissenschaftlichen Diskurs lassen sich die *Fachsprachen* einzelner Disziplinen und Forschungsfelder abgrenzen, die sich durch sehr spezifische Termini auszeichnen. Im Fachdiskurs gibt es freilich ebenso strategische Momente disziplinärer Aushandlungsprozesse. Ein Großteil der Fachtermini besitzt vorrangig Relevanz für den Expertendiskurs. Mitunter können Fachtermini aber auch für die überfachliche Kommunikation Bedeutung erlangen, weil Wissenschaftler*innen sie nutzen, um öffentliche Aufmerksamkeit und Ressourcen für ihre Arbeit zu mobilisieren, oder weil sie im gesellschaftlichen Diskurs sinnbildlich für das stehen, was Wissenschaft zur jeweiligen Zeit auszeichnet. Mit „Atomforschung" und „Genforschung" sind beispielsweise zwei sich ablösende Leitwissenschaften des 20. Jahrhunderts nach Fachbegriffen benannt, die großes öffentliches und politisches Interesse auf sich zogen. Und in der Corona-Pandemie erlebten wir, dass etwa die „Virologie" und die „Epidemiologie" nicht mehr nur als beliebige Disziplinen neben anderen erschienen, sondern auf besondere Weise die Bedeutung wissenschaftlichen Wissens im Horizont einer großen Krise symbolisierten und damit Teile ihrer Fachsprache nahtlos in den öffentlichen Diskurs integriert wurden.

---

1 Gewählt ist diese Bezeichnung in Anlehnung an das Standardwerk „Geschichtliche Grundbegriffe: Historisches Lexikon zur politisch-sozialen Sprache in Deutschland", das von Reinhart Koselleck, Werner Conze und Otto Brunner herausgegeben wurde und zwischen 1972 und 1997 in acht Bänden erschien.

Ansätze, die sich mit Diskursen und Begriffen auseinandersetzen, eröffnen der interdisziplinären Wissenschaftsforschung verschiedene Perspektiven. Es lassen sich sowohl Fragen zu epistemischen Entwicklungen verfolgen, die traditionell im Fokus der Wissenschaftsphilosophie und Wissenschaftsgeschichte stehen, als auch solche, in denen es darum geht, Wissenschaft gesellschaftlich zu verorten und sie als Gegenstand politischer Aushandlungsprozesse zu erfassen. Das beinhaltet insbesondere die Grenzziehungs- und Identitätsarbeit von Wissenschaftler*innen in Auseinandersetzung mit Akteuren und Institutionen in der gesellschaftlichen Umwelt (Rijswoud 2014). Dazu gehören die Diskurse, in denen die Rahmenbedingungen für die Wissensproduktion, die Wissensvermittlung und Wissensanwendung ausgehandelt werden (Kaldewey 2013). Über das analytische Interesse hinaus leisten diskursanalytische und begriffsgeschichtliche Ansätze einen Beitrag zur methodisch-theoretischen Reflexivität der Wissenschaftsforschung selbst: Sie gleichen Begriffe und Narrative der zu betrachtenden Akteure mit all ihren normativen Aufladungen und kontextspezifischen Ausprägungen mit der analytischen Sprache der Wissenschaftsforschung ab.

Ein Plädoyer für die Diskursanalyse und Begriffsgeschichte in der Wissenschaftsforschung

Diskursanalyse und historische Semantik sind keine spezifischen oder gar exklusiven Ansätze der Wissenschaftsforschung. Die Begriffsgeschichte beziehungsweise Historische Semantik ist zwar in den Sozialwissenschaften bislang wenig gebräuchlich, hat aber in den Geistes- und Kulturwissenschaften eine lange Tradition und erlebt gerade in der Wissenschaftsgeschichte seit einigen Jahren eine Renaissance (Schauz 2015). Die Diskursforschung ist dagegen in den Sozialwissenschaften seit langem etabliert und gehört zum gängigen Methodenrepertoire. Umso auffälliger ist, dass zumindest im einflussreichen Feld der *Science and Technology Studies* (STS) das Interesse an sprach- und diskursbezogenen Themen und Methoden in den letzten 25 Jahren stark nachgelassen hat.[2]

---

2 Zeigen lässt sich das beispielsweise an den sich verlagernden Schwerpunkten des *Handbook of Science and Technology Studies*. In der zweiten Auflage (Jasanoff et al. 1995) finden sich im Index noch einige Einträge zu „discourse*" (12), „language*" (11), „rhetoric*" oder „text*" (10). In der dritten Auflage (Hackett et al. 2008) gibt es nur zwei Verweise, einen zu „textbooks, scientific" und einen zu „language, as a cultural artifact for communication". In der aktuellen vierten Auflage (Felt et al. 2017) finden sich keinerlei solcher sprachbezogener Einträge mehr im Index.

Unabhängig von der unterschiedlichen Verbreitung dieser Methoden in den verschiedenen Fachkulturen lassen sich die beiden Ansätze nach den inzwischen überwundenen Grabenkämpfen zwischen Vertreter*innen diskursanalytischer und hermeneutischer Zugänge gut miteinander verbinden. Sie können in der Wissenschaftsforschung eine wichtige Nischenfunktion erfüllen und ergänzen die etablierten Theorien und Methoden (von der Praxistheorie und Ethnographie bis hin zur Szientometrie und Bibliometrie). Ohne hier eine allgemeine Einführung in die Ansätze und ihre Methodik geben zu können, legt das Kapitel im Folgenden den Fokus darauf, zu zeigen, welche Perspektiven diskursanalytische und begriffsgeschichtliche Ansätze auf den Gegenstandsbereich der Wissenschaft eröffnen.[3] Vorgestellt werden Ansätze zum wissenschaftlichen *boundary work* und Weiterentwicklungen hin zum wissenschaftlichen *identity work*. Diese beiden Ansätze wenden sich primär der wissenschaftspolitischen Sprache zu. Des Weiteren werden Zugänge präsentiert, die sich auf Metaphern der wissenschaftlichen Fachsprachen konzentrieren. Schließlich diskutiert das Kapitel die Relevanz des kulturwissenschaftlichen Ansatzes der *travelling concepts*. Die Frage nach semantischen Unterschieden entspringt nicht nur der transkulturellen Perspektive, sondern auch der generellen Notwendigkeit einer methodischen Reflexivität auf sprachlicher Ebene. Abschließend wird am Beispiel der Begriffe „Grundlagenforschung" und „angewandte Forschung" aufgezeigt, wie sich die hier vorgestellten Ansätze in der empirischen und historischen Forschung einsetzen lassen.

Diskursforschung und *Boundary Work*

Ein in der Wissenschaftsforschung bis heute besonders einflussreicher diskursanalytischer Zugang ist im *boundary work*-Konzept von Thomas F. Gieryn angelegt (1983; 1999).[4] Gieryn untersucht professionsbezogene und jeweils kontextabhängige Grenzziehungen, die, bewusst oder unbewusst, in einer alltäglichen diskursiven Praxis (re-) produziert werden. Im Anschluss an Michel Foucault erkennt Gieryn im *boundary work* eine Form von Wahrheitskämpfen, bei denen Wissenschaftler*innen versuchen, die Autorität ihres eigenen Wissens und ihrer Forschungspraktiken festzuschreiben und gegenüber anderen Akteuren oder gesellschaftlichen Institutionen abzusetzen. In gesellschaftstheoretischer Hinsicht bildet die diskursive Grenzarbeit

---

3 Für allgemeinere Einführungen siehe Angermuller et al. (2014); Müller & Schmieder (2020).
4 Siehe ähnlich Charles auch Alan Taylor (1996), der von „rhetoric of demarcation" spricht.

soziale Differenzierungsprozesse ab; sowohl hinsichtlich der gesellschaftlichen Ausdifferenzierung der modernen Wissenschaft wie auch hinsichtlich ihrer Binnendif-
ferenzierungen in verschiedene Disziplinen und Kulturen (siehe auch Kapitel 4,
Roth).

In seinen Fallstudien behandelt Gieryn ganz unterschiedliche Grenzziehungsdiskurse, die er an historischen und zeitgenössischen Beispielen aufzeigt. Ein
erster Typus von *boundary work* bezieht sich auf die Abgrenzung wissenschaftlicher Wahrheitsansprüche gegenüber religiösen Weltdeutungen oder gegenüber
„Pseudowissenschaften" – entscheidend ist hier also die Verhandlung der Grenze
von wissenschaftlichem und nicht-wissenschaftlichem Wissen. Ein zweiter Typus
von *boundary work* betrifft das Verhältnis zwischen Disziplinen, wie Gieryn am
historischen Beispiel der Grenzziehungen zwischen Naturwissenschaften und
Ingenieurwissenschaften illustriert. Gieryn macht deutlich, dass die diskursiven Grenzziehungen nicht notwendigerweise institutionell verfestigte Grenzen
abbilden müssen, vielmehr begreift er das *boundary work* als situativ flexibel und
durchaus umkämpft. Es gestaltet sich dynamisch, und zwar entlang der sich ändern-
den inner-wissenschaftlichen Ordnung und den gesellschaftlichen, mitunter konflikthaften Auseinandersetzungen mit Fragen der Wissenschaft.

Die von Gieryn untersuchten Grenzziehungsdiskurse formieren sich um
sprachlich artikulierbare Unterscheidungen und asymmetrische Begriffspaare
wie „Wissenschaft" und „Pseudowissenschaft", mit denen unterschiedliche Wer-
tigkeiten verbunden sind. Während sich Diskursanalysen üblicherweise auf Aus-
sagemuster konzentrieren und die begriffliche Ebene der Sprache vernachlässigen,
lassen Gieryns Studien zum *boundary work* durchaus bereits Konturen des semantischen Feldes, das das Sprechen über Wissenschaft strukturiert, erkennen. Die
damit einhergehende methodischen Herausforderung durch die begriffliche Vieldeutigkeit wurde jedoch weder von Gieryn noch von Nachfolgestudien reflektiert,
die stärker konkrete Unterscheidungsbegriffe – wie zum Beispiel „basic research"
(Calvert 2006) oder „pure science" und „applied science" (Kline 1995) – in den Mittelpunkt rückten.

Die von Gieryn vorgebrachte Grenzproblematik wurde letztlich in zweifacher
Hinsicht erweitert: Auf der einen Seite – und im Kontext des *material turn* – gerieten *boundary objects* in den Blick der Wissenschaftsforschung (Star & Griesemer
1989). Deren Funktion liegt allerdings weniger in der Abschließung als in der Ermöglichung von Übersetzungen über Grenzen hinweg. Komplementär dazu, aber nun
wieder stärker auf Sprache abhebend, wurde auf die Relevanz von *boundary concepts* hingewiesen, die möglichst unbestimmt bleiben müssen, um Kooperationen
über disziplinäre Grenzen und Forschungsbereiche hinweg zu ermöglichen (Löwy
1992). Das *boundary concept* der Resistenz beispielsweise bezeichnet in der medizinischen Forschung ein verbindendes Problemfeld, doch der Begriff wird je nach

methodisch-theoretischem Zugang in der Immunologie, Pathologie, Physiologie oder klinischen Medizin ganz unterschiedlich ausgedeutet. Ansätze, die sich explizit mit der Semantik und kommunikativen Funktion von Begriffen auseinandersetzen, wurden allerdings auch von Löwy nicht herangezogen. Obwohl beide Erweiterungen stärker die Überbrückung der von der Wissenschaft gezogenen Grenzen hervorhoben, blieb bei den neuen „boundary somethings" die Funktion der Abgrenzung im Vordergrund. Gerade was die inklusive Funktion von Sprache jenseits der wissenschaftlichen Binnenkommunikation betrifft, gerät das *boundary work*-Konzept an seine Grenzen. Insbesondere die grenzüberschreitenden, Übersetzungen leistenden und heterogene Momente inkludierenden Möglichkeiten der Sprache können mit dem Konzept definitionsgemäß nicht gut erfasst werden.

Historische Semantik und *Identity Work*

Beim *boundary work* geht es, wie im letzten Abschnitt gezeigt, primär um Abgrenzungen, insbesondere zwischen der Wissenschaft und anderen gesellschaftlichen Bereichen beziehungsweise zwischen Wissenschaftler*innen und anderen gesellschaftlichen Akteuren. Demgegenüber verstehen wir im Folgenden unter *identity work* jene Diskurse und Vokabulare, die nicht allein auf die Konstruktion von Differenz, sondern auf die Konstruktion von Einheit zielen. Der Begriff *identity work* ist in der Wissenschaftsforschung nicht gleichermaßen etabliert wie derjenige des *boundary work*, drängt sich aber als Komplementärbegriff auf (z. B. Rijswoud 2014). Wichtige Vorarbeiten finden sich in der systemtheoretischen Wissenschaftssoziologie (Luhmann 1990). Diese baut auf der Annahme, dass dem Wissenschaftssystem seine eigene, operativ hergestellte „Einheit" nicht zugänglich ist, es aber mit Hilfe von Selbstbeschreibungen und Reflexionstheorien permanent eine imaginäre Identität herstellt, an der sich die Operationen des Systems faktisch orientieren (Kaldewey 2013: 107).

Vor dem Hintergrund vielfältiger gesellschaftlicher Erwartungen an Wissenschaft sowie professionsspezifischer und anderweitiger Partikularinteressen ist es also wichtig, etablierte Grenzen auch wieder überbrücken zu können. *Identity work* betont damit – im Unterschied zum *boundary work* und den Mechanismen der Exklusion – stärker die inklusiven Momente von Sprache. Einen ganz entscheidenden Beitrag dazu leisten Begriffe durch ihre Mehrdeutigkeit, die es erlaubt, unterschiedliche Diskurse miteinander zu verknüpfen. Der Ansatz des *identity work* setzt daher bei den Begriffen der wissenschaftspolitischen Sprache an und verfolgt davon ausgehend die damit verknüpften Diskurse und einheitsstiftenden Narrative. Er greift dabei auf das Instrumentarium der Historischen

Semantik zurück, mit dem sich sowohl die Vieldeutigkeit der Begriffe als auch die Dynamik und historische Veränderlichkeit der wissenschaftspolitischen Sprache erfassen lassen.

Das Vokabular der Identitätsarbeit umfasst viele und unterschiedliche Begriffe:[5] Zu berücksichtigen sind erstens „semantische Superkategorien" (im Sinne von Harris 2005: 8–12) wie Wissenschaft und Forschung, aber auch Innovation (Godin 2015), Technologie (Schatzberg 2018) und Medizin (Roth 2022). Diese Grundbegriffe erfahren daneben ihre Spezifizierung in Form von Unterscheidungen (z. B. Forschung und Entwicklung) oder mit Hilfe qualifizierender Attribute (z. B. Grundlagenforschung, angewandte Forschung, translationale Forschung). Zweitens enthält das Vokabular der Identitätsarbeit eine Vielzahl an Kategorien professionsbezogener Identitäten (z. B. Wissenschaftler*innen, Ingenieur*innen, Expert*innen, Akademiker*innen usw.), institutioneller Zuordnungen (z. B. Universitäten, Akademien, Industrieforschung, Ressortforschung), Bezeichnungen von Disziplinen oder Forschungsfeldern (z. B. Lebenswissenschaften, Biomedizin, Nano-technologie) sowie Zuschreibungen, die sich auf das Verhältnis dieser verschiedenen Gruppen und Felder beziehen (z. B. Interdisziplinarität und Transdisziplinarität). Schließlich lassen sich Begriffe hinzuzählen, die zwar nicht exklusiv mit der Sphäre der Wissenschaft verbunden sind, aber gerne als zentrale Charakteristika angeführt werden (z. B. Objektivität, Rationalität, Empirismus). Im Gegenzug sind natürlich auch Begriffe relevant, die eine kritische Haltung gegenüber der Wissenschaft ausdrücken wie Szientismus (Schöttler 2012) oder die Metapher des Elfenbeinturms (Shapin 2012).

Die wissenschaftspolitische Sprache ist historisch gewachsen und unterliegt Veränderungen. Nur selten ist in der diskursiven Praxis ein Bewusstsein für das historische Vermächtnis und die Bedeutungsverschiebungen, die damit einher-gingen, vorhanden. In die Begriffe sind verschiedene semantische Zeitschichten eingeschrieben, das heißt ältere und neuere Bedeutungen können sich in ein und demselben Begriff überlagern (Koselleck 2003: 21–22, 150–176). Mit begriffsge-schichtlichen Zugängen soll dieser historischen Dimension nachgegangen wer-den. Die historische Perspektive ist dabei nicht Selbstzweck, sondern dient als eine Heuristik, um Veränderungen im Bereich der Forschung sowie in der gesell-schaftlichen Wahrnehmung von Umbrüchen in Bezug auf die Wissenschaft nach-zuspüren und die zeitliche Bedingtheit unserer wissenschaftspolitischen Sprache sichtbar zu machen. Für die Begriffsgeschichte ist Sprache gleichermaßen Indika-tor der vorgefundenen Realität als auch Faktor der Konstitution von Realität. Sie

---

5 Die folgende Klassifizierung wurde im Rahmen des Forschungsnetzwerkes „Conceptual Ap-proaches to Science, Technology, and Innovation" (CASTI) von den Autor*innen dieses Textes ge-meinsam ausgearbeitet mit Robert Bud, Benoît Godin und Eric Schatzberg.

steckt den gesellschaftlichen Erfahrungsraum ab, wie sie auch den Erwartungshorizont bestimmt (Koselleck 2006: 99).

Metaphern zwischen Fachsprache und öffentlicher Kommunikation

Ein weiterer Literaturstrang zielt nicht oder nur indirekt auf die Grenz- und Identitätsarbeit der Wissenschaft, sondern setzt unmittelbar auf der Ebene der Fachsprachen an. Besonders einflussreich ist hier die Untersuchung der Bedeutung von Metaphern für das Fachvokabular, das heißt der Verbildlichung von wissenschaftlichem Wissen und dessen Rolle in der (internen und externen) Wissenschaftskommunikation. In der Wissenschaftsphilosophie und historischen Epistemologie (Rheinberger 2007) wurde in den letzten Jahren vor allem an ältere Arbeiten des französischen Philosophen George Canguilhem (1979) und an die Metaphorologie Hans Blumenbergs (1960) angeknüpft.[6]

Die Metaphorologie Blumenbergs setzt streng genommen im vorsprachlichen Bereich an und geht der Frage nach, wie aus Metaphern wissenschaftliche Begriffe werden. Im Zentrum des Interesses stehen bislang sprachliche Fassungen epistemischer Objekte aus den Naturwissenschaften wie Moleküle, Zellen oder das Atom. Die kommunikative Qualität der Metaphern wird dabei in deren epistemischer Unschärfe ausgemacht, durch welche die Grenzen zwischen Wissen und Nicht-Wissen verwischen. Gerade in der Mehrdeutigkeit von Metaphern, so die Annahme, liegt das erkenntnistheoretische Potenzial, das dann etwa zur Etablierung neuer Forschungsfelder am Rande etablierter Disziplinen beitragen kann.

Über die erkenntnistheoretische Perspektive hinaus besitzen fachwissenschaftliche Metaphern aber ebenso Relevanz für die Wissenschaftskommunikation gegenüber der Öffentlichkeit und damit für den sogenannten transdisziplinären Diskurs.[7] Die Wissenschaftshistorikerin Christina Brandt (2010) beispielsweise hat die Karriere der Metapher des Klons aufgearbeitet, um die herum sich die Genforschung formierte und mit der im öffentlich-politischen Diskurs sowohl Visionen wie Risiken der Biotechnologie kommuniziert wurden. Auch hier liegt das entscheidende Potenzial der Metapher in ihrer Mehrdeutigkeit und der Eingängigkeit der Bildsprache, durch die Fachbegriffe anschlussfähig für politische oder andere ge-

---

6 Vgl. zur jüngeren Rezeption Borck (2013) und Danneberg et al. (2009).

7 Vgl. exemplarisch für die Verknüpfung von Fragen der historischen Epistemologie und der transdisziplinären Kommunikation in den Biowissenschaften Keller (1995) und Brandt (2004).

sellschaftliche Diskurse werden. Das macht Metaphern zugleich attraktiv für sozial-wissenschaftliche Fragestellungen in der Wissenschaftsforschung. Bislang haben vor allem Metaphern aus dem Kontext der Lebenswissenschaften, die seit dem ausgehenden 20. Jahrhundert die Physik als Leitwissenschaft abgelöst haben, die Aufmerksamkeit der Wissenschaftsforschung auf sich gezogen (Maasen et al. 1995; Maasen & Weingart 2000). Anders als bei wissenschaftstheoretischen Fragestellungen wurden hier Anregungen vorrangig aus der sprachwissenschaftlichen Metaphernforschung geholt.

Travelling concepts als methodologische Herausforderung

Vor dem Hintergrund kulturwissenschaftlicher Literatur lassen sich fachwissenschaftliche Metaphern zugleich als *travelling concepts* beschreiben (Bal 2002; Neumann & Nünning 2012). Sie „wandern" zwischen verschiedenen Sphären, zwischen wissenschaftlichen Disziplinen und Kulturen, sowie zwischen der Öffentlichkeit und der Wissenschaft. *Travelling concepts* setzen damit einen Prozess des semantischen Transfers in Gang, bei dem sich Bedeutungen immer wieder verändern können. Erfolgreiche Begriffe wie der des Klons weisen darüber hinaus meist eine beeindruckende internationale Karriere auf. Auf ihren „Reisen" breiten sich die Begriffe in anderen Kulturen und Sprachen aus; und in den neuen Kontexten werden sie mit neuen Bedeutungen aufgeladen. Auch die sich im 20. Jahrhundert globalisierende wissenschaftspolitische Sprache ist geprägt durch *travelling concepts* (Kaldewey & Schauz 2018a). Der kulturübergreifende Transfer der wissenschaftspolitischen Sprache wird insbesondere dadurch befördert, dass Forschung ein wichtiger Faktor im globalen Wettbewerb ist und sich Wissenschaftsnationen gegenseitig beobachten und miteinander vergleichen.

Mit den *travelling concepts* weisen die Kulturwissenschaften in zweierlei Hinsicht auf die methodische Herausforderung von Sprache hin. Erstens geht es darum, die kulturelle Bedingtheit der eigenen Sprache und damit mögliche Bedeutungsdifferenzen zu beachten, wenn sich Studien mit verschiedenen Gesellschaften, Kulturen und Sprachen beschäftigen. Vergleichende Studien und transnationale Perspektiven sind in der Wissenschaftsforschung keine Seltenheit. Wurden bis in die 1990er Jahre noch vor allem die Wissenschafts- und Innovationsysteme der damals führenden Industrienationen USA und Japan mit denen Europas verglichen, reicht der Blick längst weit darüber hinaus nach China, Indien oder in Länder Südamerikas und Afrikas. Hierbei gilt es, die eigene sprachliche Standortgebundenheit und das lange Zeit eurozentrisch geprägte Wissenschaftsverständnis zu hinterfragen und ein

Bewusstsein für semantische Unterschiede und spezifische kulturelle Aneignungen bei zentralen Begriffen des Wissenschafts-, Technik- und Innovationsdiskurses zu entwickeln.

Die Kulturwissenschaften problematisieren zweitens, dass viele dieser mehrdeutigen *travelling concepts* nicht nur Gegenstand komplexer, konfliktreicher gesellschaftlicher Aushandlungsprozesse sind, sondern ebenso Teil unserer beschreibenden, analytischen Sprache. Für die Begriffe der wissenschaftspolitischen Sprache trifft dies mehrheitlich zu. Ein Beispiel, an dem die konflikthafte Aufladung besonders klar hervortritt, ist die Übernahme des Begriffs der Ökonomisierung als Diagnosekategorie für aktuellere Transformationsprozesse in Wissenschaft und Hochschule. Bedeutung erlangte „Ökonomisierung" vor allem in der Kritik am sogenannten Neoliberalismus als einer alle Lebensbereiche durchdringenden Ideologie. Als Protestbegriff ist er inzwischen nicht mehr nur bei Studierenden, sondern auch bei Forschenden populär. Im deutschsprachigen Kontext hat sich der Begriff insbesondere in der sozialwissenschaftlichen Literatur, die sich mit den Hochschulreformen der letzten Jahre beschäftigt, etabliert. Vor dem Hintergrund der länderspezifischen Umsetzung von Reformen – wie der Bologna-Reform und den verschiedenen Exzellenzinitiativen in Europa sowie den strukturellen Unterschieden des Hochschulwesens und der Wissenschaftsorganisation auf nationaler Ebene – treten bei den Debatten um die Ökonomisierung der Wissenschaft ebenso klar die semantischen Differenzen hervor (Schauz 2019).

Mitunter bringt die Wissenschaftsforschung selbst neue Begriffe hervor, die dann in den öffentlichen Diskurs diffundieren und dabei vielfältigen Umdeutungsprozessen unterliegen. Spätestens wenn es darum geht, der Politik in Fragen von Forschung und Innovation Expertise bereitzustellen, ist die Wissenschaftsforschung mit ihrer eigenen Begriffs- und Sprachpolitik konfrontiert. Das Konzept „frontier research" etwa wurde von Expert*innen aus dem STS-Kontext in die europäische Forschungspolitik eingeführt, um den älteren Begriff „basic research" zu ersetzen (High-Level Expert Group 2005). Dabei wurde die Metapher der „frontier", die in der US-amerikanischen Wissenschaft in Referenz auf die eigene Pioniergesellschaft des 19. Jahrhunderts bereits eine längere Tradition hat, auf die Forschungspolitik der EU und damit in einen anderen historisch-kulturellen Kontext übertragen (Ceccarelli 2013; Flink & Peter 2018). Fachbegriffe als *travelling concepts* zu verstehen, erhöht insgesamt das methodische Bewusstsein nicht nur für politische Überformungen der analytischen Sprache, sondern es ist eine unabdingbare methodische Voraussetzung, um unterschiedliche nationale Wissenschaftssysteme vergleichen oder grenzübergreifende Transferprozesse innerhalb der Wissenschaft untersuchen zu können.

Ein Anwendungsbeispiel mit ergänzenden quantitativen Semantikanalysen: „basic research" als historischer Begriff

Diskursanalyse und begriffsgeschichtliche Zugänge basieren im Kern auf qualitativen Methoden. Sie lassen sich allerdings sinnvoll ergänzen durch quantitative Analysen, etwa durch Häufigkeitsverteilungen bestimmter Wörter über die Zeit in ausgewählten digital verfügbaren Korpora. Wie qualitative und quantitative Zugänge kombiniert werden können, illustrieren abschließend Studien zur forschungspolitischen Vokabel „basic research".[8] In der Wissenschaftsforschung wurde der Begriff lange Zeit mit dem älteren Ausdruck „pure science" gleichgesetzt. Die Genese des jüngeren Begriffs sowie die Art und Weise, wie sich beide über die Zeit entwickelten, verdeutlichen jedoch, dass es im 20. Jahrhundert zu einer zweifachen Bedeutungsverschiebung in der wissenschaftspolitischen Nomenklatur kam: Auf lange Sicht wurde nicht nur das Attribut „pure" durch „basic", sondern auch das Substantiv „science" durch „research" ersetzt. Beide Verschiebungen geben Aufschlüsse darüber, wie sich das Verhältnis von Wissenschaft, Politik und Öffentlichkeit veränderte. Die historische Perspektive korrigiert dabei nicht nur die weit verbreitete Kontinuitätsannahme, wonach „basic research" nur eine neuere Version des Ideals der reinen Wissenschaft ist; sie rückt auch die seit den 1990er Jahren geäußerte Kritik an der Kategorie der Grundlagenforschung und dem darauffolgenden forschungspolitischen Anwendungsimperativ in ein anderes Licht.

„Pure science" und „basic research" lassen sich als *travelling concepts* beschreiben, deren Verbreitung in unterschiedlichen Sprachen und nationalen Kontexten zu beobachten ist, ohne dass dabei immer exakt bestimmt werden kann, wo die Begriffe zuerst aufkamen und auf welchen Wegen sie diffundierten. Feststellbar ist jedoch, dass Stellenwert und Bedeutung je nach nationalem Wissenschaftssystem variieren. An der Wende vom 19. zum 20. Jahrhundert tauchten „fundamental research" und „basic research" als neue Konzepte in der wissenschaftspolitischen Sprache auf. Erste Nennungen lassen sich fast zeitgleich sowohl im britischen als auch im US-amerikanischen Kontext finden. Der englische Ausdruck „pure science" war im Vergleich zu seinem deutschsprachigen Pendant der „reinen Wissenschaft" lange Zeit kaum verbreitet. Es hatte zwar begriffliche Unterscheidungen zwischen „abstract science" und „practical science" gegeben, aber mit ihnen war nicht in glei-

---

8 Siehe dazu ausführlicher Pielke (2012), Schauz (2014) sowie die Beiträge in Kaldewey & Schauz (2018a). Die im Folgenden abgebildeten Diagramme sind dem Essay von Kaldewey & Schauz (2017) entnommen.

chem Maße eine normative Ordnung mit entsprechendem *boundary work* verbunden wie im Deutschen mit der Unterscheidung von „reiner" und „angewandter" Wissenschaft (Schauz 2014). In den USA erlangte „pure science" erst im letzten Drittel des 19. Jahrhunderts mehr Relevanz, als der Physiker Henry Rowland (1883) sich gegen das verbreitete utilitaristische Wissenschaftsverständnis zur Wehr setzte. Vor dem Hintergrund der puritanischen Kultur in den USA erfuhr das wissenschaftliche Ethos mit dem neuen Reinheitsideal darüber hinaus eine religiöse Überhöhung (Kaldewey & Schauz 2018b).

Der Google Ngram Viewer

Für Abbildung 15.1 wurde der *Google Ngram Viewer* verwendet, ein von Google seit 2010 zur Verfügung gestelltes und 2020 nochmal aktualisiertes Tool, mit dem Häufigkeitsverteilungen von „ngrams" – Phrasen mit bis zu fünf Wörtern – in verschiedenen Korpora untersucht werden können (Michel et al. 2010). Diese Korpora sind unter anderem nach Sprachen sortiert und basieren alle auf dem umfassenden Korpus von *Google Books*, der eine Großzahl weltweit digitalisierter Texte aus ganz unterschiedlichen Genres enthält und damit mehr als nur wissenschaftliche Fachliteratur abdeckt. Der *Ngram Viewer* erfordert keine eigene Datenerhebung und ist daher ein beliebtes, schnell einsetzbares Instrument für ad-hoc Analysen (siehe auch Chumtong & Kaldewey 2017). Da die genaue Zusammenstellung des Korpus nicht transparent ist, sind die damit generierten Resultate allerdings mit Vorsicht zu interpretieren (Pechenick et al. 2015).

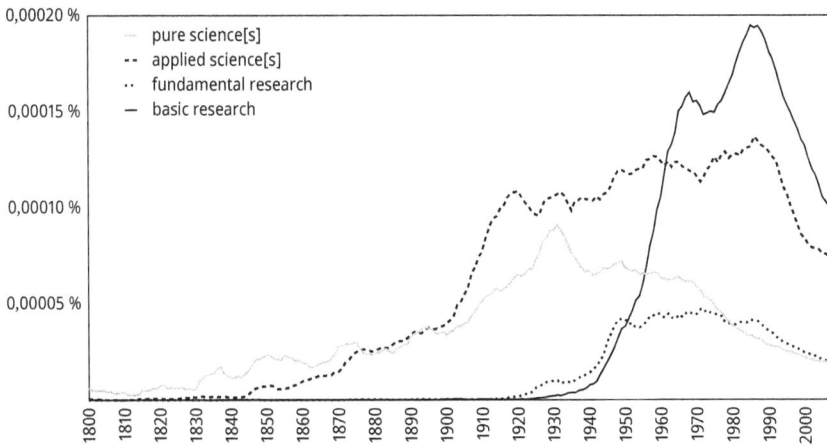

Abbildung 15.1: Relative Begriffshäufigkeiten, Google Ngram Viewer, 1800–2008, Korpus: English (2012), case-insensitive, smoothing = 3 (Quelle: Kaldewey & Schauz 2017).

An Abbildung 15.1 lässt sich ablesen, dass „pure science" in den ersten Jahrzehnten des 20. Jahrhunderts schrittweise an Bedeutung gewann. In der naturwissenschaftlichen Fachliteratur, die in Abbildung 15.2 durch die Zeitschrift *Science* repräsentiert ist, spielte der Begriff allerdings nie eine zentrale Rolle. Von den neuen Kategorien lässt sich zunächst ein Bedeutungszuwachs für „fundamental research" im Zuge des Ersten Weltkrieges beobachten. Die Interpretation dieser Häufigkeitsverteilungen als Indizien für eine Verschiebung in der wissenschaftspolitischen Sprache selbst erfordert im nächsten Schritt die Lektüre der konkreten Quellen und deren historische Einordnung; oft kann hierfür aber auch auf vorliegende wissenschaftshistorische Studien zurückgegriffen werden. So zeigt Clarke (2010), wie in Großbritannien die Regierung das Konzept „fundamental research" nutzte, um für eine Kooperation von Industrie und akademischer Wissenschaft zu werben. In den USA dagegen wurde mit dem gleichen Begriff zunächst der Ausbau der agrarwissenschaftlichen Forschung an den *Land-grant Colleges* sowie die Forschung in der Industrie und den Technikwissenschaften propagiert. Den britischen und den amerikanischen Fall verbindet erstens, dass mit dem neuen Begriff die moralische Konnotation von „pure science" und „applied science" vermieden werden konnte. Zweitens bezog sich „fundamental research" nicht allein auf die universitäre Wissenschaft und drittens zeigte sich in beiden Kontexten die explizite Erwartung, dass aus neu gewonnenen Erkenntnissen technologische Entwicklungen hervorgehen. Während „fundamental research" sich in der Folge vor allem für die Ingenieur- und Technikwissenschaften zu einer attraktiven Kategorie entwickelte, bevorzugten die Naturwissenschaften auf lange Sicht den alternativen Ausdruck „basic research". Seit den 1940er Jahren setzte sich diese Grundkategorie der Forschungspolitik mehr und mehr durch.

Quantitative Semantikanalysen im Archiv wissenschaftlicher Zeitschriften
Für Abbildung 15.2 ist das Online-Archiv der Zeitschrift *Science* darauf hin ausgewertet worden, in wie vielen Artikeln pro Jahr die ausgewählten Begriffe genannt werden. Die Grundgesamtheit der hier durchsuchten Artikel umfasst nicht nur Fachartikel, sondern auch andere Textgattungen (Editorials, News, Leserbriefe). Für die hier interessierende Fragestellung ist dies methodologisch gut begründbar, da gerade in diesen anderen Textgattungen häufig wissenschaftspolitische Fragen diskutiert werden. Für die Auswertung der Häufigkeitsverteilung steht allerdings kein Instrument zur Verfügung; sie muss „händisch" selbst vorgenommen werden (siehe auch Chumtong & Kaldewey 2017). Grundsätzlich sind ähnliche Analysen je nach Fragestellungen auch mit beliebigen anderen digital verfügbaren Zeitschriftenarchiven durchführbar. Im Unterschied zu den groben Ad-hoc-Analysen, die der Google Ngram Viewer ermöglicht, hat man hier eine Kontrolle über den Korpus und kann diesen gezielter auswählen.

Die in den Diagrammen nachvollziehbare semantische Verschiebung in der wissenschaftspolitischen Sprache verweist erstens darauf, dass angesichts der wachsenden wirtschaftlichen und militärischen Nachfrage nach wissenschaftlichen Erkenntnissen das Ideal, Wissenschaft nur um ihrer selbst willen zu betreiben, sich nicht mehr dafür eignete, um die gesellschaftliche Relevanz und die Förderung wissenschaftli-

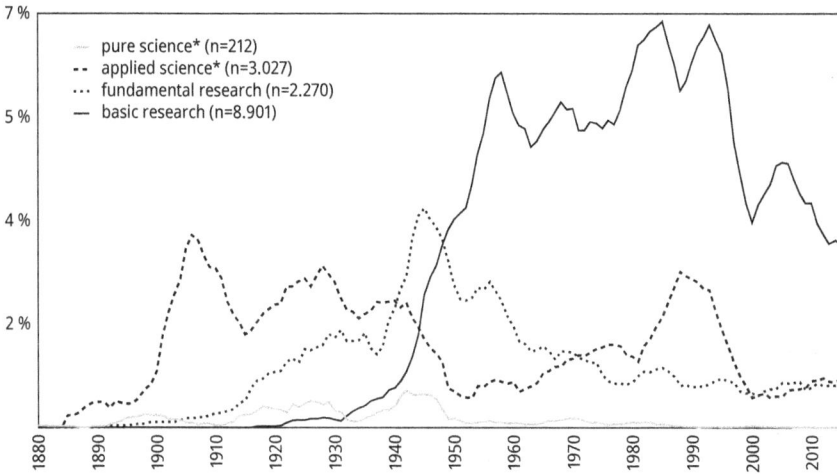

Abbildung 15.2: Relative Anzahl von Publikationen im Archiv von Science, die die entsprechenden Begriffe enthalten, 1880–2015, n = 242.774, smoothing = 3 (Quelle: Kaldewey & Schauz 2017).

cher Forschung öffentlich angemessen zu kommunizieren (siehe auch Kapitel 11, Hamann & Schubert). Ältere Kategorien wie „pure science" repräsentierten mehr als nur einen methodisch abgesicherten Wissensbestand. Mit ihnen wurden epistemische, soziale und moralischen Normen kommuniziert, mit denen die professionalisierte Wissenschaft als eine Sphäre fernab von materiellen Interessen erschien – eine Bedeutung, die früher gerne auch mit dem Bild des Elfenbeinturms ausgedrückt wurde (Shapin 2012).

Zweitens zeigt die begriffliche Verschiebung von Wissenschaft („science") hin zu Forschung („research") den veränderten Fokus der Wissenschaftspolitik auf. Während Wissenschaft primär mit Universitäten assoziiert wurde, besaß der Begriff der Forschung nicht mehr diese institutionelle Exklusivität. Mit der wachsenden Zahl von industriellen Laboratorien und staatlichen Versuchsanstalten sowie ersten außeruniversitären Forschungseinrichtungen richteten neue forschungspolitische Einrichtungen wie der 1917 in den USA gegründete National Research Council ihr Interesse auf „research as whole" (Godin & Schauz 2016). Damit konnte eine Vielzahl von Forschungsaktivitäten in diversen institutionellen Kontexten und mit unterschiedlichen Zielsetzungen unterschieden werden.

Drittens gibt die mit dem Begriff „basic research" verbundene Kommunikationsstrategie zu erkennen, dass die wachsenden gesellschaftlichen Erwartungen, mit denen die Wissenschaft seit Beginn des 20. Jahrhunderts konfrontiert wurde, sich nicht nur positiv auf die staatliche Förderung auswirkten, sondern auch den Legitimationsdruck erhöhten. Zwar hatte sich während des Zweiten Weltkrieges insbesondere für die USA die Koppelung von Forschung und technologischer Innovation als sehr effizient erwiesen, doch gerade die technologischen Erfolge der Forschung erwiesen sich letztlich als nur schwer kalkulierbar. Während Forschende das während des Krieges massiv gesteigerte Engagement des Staates zu schätzen wussten, fürchteten sie nach 1945 zugleich, dass die vollständige Ausrichtung der Forschung an technologischen Zielen eine nachhaltige Wissensproduktion in Gefahr bringe (Schauz 2014).

Mit der Nachkriegsforderung, dass zumindest die universitäre Forschung wieder mehr Autonomie erlangen sollte, schrieben sich Teile der alten Reinheitssemantik in den Begriff „basic research" ein und gemeinsam mit dem Differenzbegriff „applied research" etablierte sich eine auf Arbeitsteilung ausgerichtete Forschungspolitik, für die die USA unter den westlichen Industrienationen Modellcharakter hatte (Krige 2006). Der damit verbundene Erfolg des Begriffs der „basic research" lag in seiner metaphorischen Verwendung begründet. Mit ihm konnte einerseits gegenüber der Öffentlichkeit das Versprechen kommuniziert werden, durch die staatliche Förderung naturwissenschaftlicher Forschung das Fundament für zukünftige technologische Innovationen zu legen. Andererseits versprach die Förderung von „basic research", dass damit der Erkenntnisfortschritt in den reputierten Naturwissenschaften, den sogenannten „basic sciences" wie Physik, Chemie, Biologie usw. gesichert würde. Kurz gesagt, der kommunikative Mehrwert von „basic research" bestand darin, zwischen wissenschaftlichem Nützlichkeitsversprechen und der Ungewissheit des wissenschaftlichen Erkenntnisfortschritts zu vermitteln. Damit stand „basic research" nicht mehr einfach in Differenz zu „applied research" (*boundary work*), sondern erfüllte einheitsstiftende Funktionen (*identity work*).

Quantitative Semantikanalysen mit Web of Science
Grundlage von Abbildung 15.3 ist die Literaturdatenbank *Web of Science (Core Collection)* von Clarivate Analytics (davor Thomson Reuters). Diese Datenbank wird in der Wissenschaftsforschung normalerweise für bibliometrische Analysen verwendet (siehe Kapitel 13, Gauch), insofern ist die hier vorgeschlagene quantitative Semantikanalyse eine Art „Off Label"-Verwendung. Zu diesem Zweck wurde die auf der Plattform verfügbare „Topic"-Suche verwendet, die die Suchbegriffe in den Kategorien Titel, Abstract und Schlagwort abfragt. Die Erhebung ist auf den Zeitraum 1991 bis 2015 beschränkt, da erst für Veröffentlichungen ab 1991 Abstracts und Schlagworte durchsucht werden können. Der Vorteil dieser Datenquelle ist die Masse an verfügbarer Literatur aus allen Disziplinen; für den hier verwendeten Suchzeitraum waren dies über 37 Mio. Publikationen. Im Blick auf die Reproduzierbarkeit der Ergebnisse ist aber zu berücksichtigen, dass dieser Korpus, dessen primärer Zweck nicht die historische Wissenschaftsforschung, sondern die „ganz normale" Recherche wissenschaftlicher Literatur ist, laufend erweitert wird. Verglichen mit kleineren Archiven ist der Nachteil dieser Quelle, dass keine Volltexte durchsucht werden können und auch Abstracts erst ab 1991 verfügbar sind, so dass aus begriffshistorischer Sicht nur die jüngste Vergangenheit untersucht werden kann.

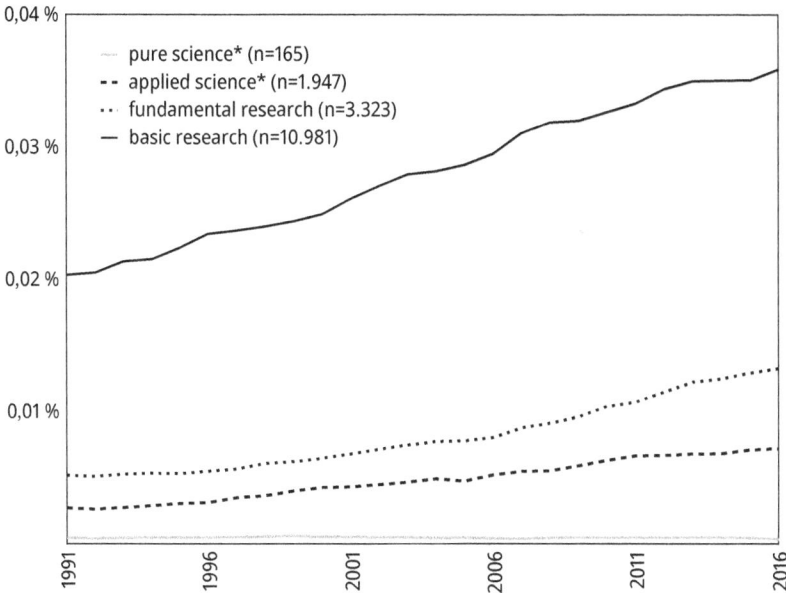

Abbildung 15.3: Relative Anzahl von Publikationen im Web of Science (Core Collection), die die entsprechenden Begriffe in Titel, Abstract oder Keywords enthalten, 1991–2016, n = 37.430.739, smoothing = 3 (Quelle: Kaldewey & Schauz 2017).

Die langanhaltende Dominanz der forschungspolitischen Nomenklatur bedeutete nicht, dass die kategoriale Unterscheidung zwischen „basic research" und „applied research" unumstritten war. Seit den 1990er Jahren verdichtete sich die Kritik an den Begriffen und den dazugehörigen forschungspolitischen Strategien jedoch zusehends, sodass sie auch in der Wissenschaftsforschung als überholte Kategorien galten (Pielke 2012; Flink & Kaldewey 2018). Während die Ablehnung einerseits damit begründet wurde, dass sich das institutionelle Setting der Forschung und ihre Praktiken verändert hätten (Gibbons et al. 1994), wurde andererseits argumentiert, dass alle Differenzbegriffe – ob nun „pure and applied science" oder „basic and applied research" – letztlich immer schon den Blick auf die hybriden Netzwerke und Praktiken der Wissenschaft verstellt hätten (Latour 1995 [1991]). Tatsächlich waren weder „pure science" noch „basic research" ihrer Genese nach analytische Kategorien, mit denen Wissenschaft und Forschung möglichst akkurat beschrieben werden sollten. Sie besaßen immer schon eine diskursive Funktion und waren normativ aufgeladen. Es bleibt allerdings die Frage, ob „basic research" inzwischen seine kommunikative Funktion – sei es im Sinne von *boundary work* oder von *identity work* – eingebüßt hat. Während die Auswertungen des *Google Ngram Viewers* (Abbildung 15.1) und des *Science*-Archivs (Abbildung 15.2) nahelegen, dass die Bedeutung des Begriffs abnimmt, bestätigt die Analyse der wissenschaftlichen Literatur, die im *Web of Science* erfasst ist, den abnehmenden Trend nicht – im Gegenteil (Abbildung 15.3). Trotz der vielen begrifflichen Neuschöpfungen scheint die Entwicklung der wissenschaftspolitischen Sprache im 21. Jahrhundert also offener und schwerer zu fassen zu sein als im 20. Jahrhundert. Das richtige Erwartungsmanagement wird aber aller Wahrscheinlichkeit nach auch für die zukünftige Forschungs- und Innovationspolitik sowie für die wissenschaftliche Identitätsarbeit eine Herausforderung bleiben.

Empfehlungen für Seminarlektüren

(1) Einer der einflussreichsten Texte für die besprochenen Problemzusammenhänge ist Thomas F. Gieryns „Boundary-Work and the Demarcation of Science from Non-Science" (1983). Ausgangspunkt ist eine ideologiekritische und antiessentialistische Perspektive, die den semantischen Raum der Wissenschaft nicht als universell gegeben, sondern als kontextabhängig hergestellt begreift.

(2) Benoît Godin arbeitet in seinem ideengeschichtlichen Aufsatz „The Linear Model of Innovation" (2006) zwar nicht explizit mit Methoden der Diskursanalyse und historischen Semantik, zeigt aber dennoch auf, wie im Verlauf des 20. Jahrhunderts der Leitbegriff der Innovation als ein bis heute einflussreiches Metanarrativ stabilisiert wurde.

(3) Die Studie „Zeitschichten des Klons" von Christina Brandt (2010) arbeitet die Karriere der weitverbreiteten Metapher des Klons auf, um die sich die Genforschung formierte und mit deren Hilfe im öffentlich-politischen Diskurs die Visionen des neuen Feldes der Biotechnologie kommuniziert wurden.

(4) In ihrem Beitrag „What is Basic Research?" (2014) rekonstruiert Désirée Schauz die Geschichte dieses Begriffs mit Mitteln der historischen Semantik. Es wird erläutert, dass und warum der Begriff nicht einfach ein Synonym für „pure science" ist, sondern in der Mitte des 20. Jahrhunderts auftaucht in einem Kontext, in dem sich die Wissenschaft vielfältigen gesellschaftlichen Erwartungen ausgesetzt sieht.

(5) Tim Flink und David Kaldewey untersuchen in ihrem Aufsatz „The New Production of Legitimacy" (2018) die Konzepte „frontier research", „grand challenges" und „responsible research and innovation" mit Hilfe von Begriffsgeschichte und Metaphernanalyse. Es wird die These aufgestellt, dass die wissenschaftspolitische Sprache des 21. Jahrhunderts weniger durch Metanarrative, sondern durch eine Pluralisierung von Diskursen abgelöst wurde, deren Konsolidierung noch abzuwarten bleibt.

Literatur

Angermuller, J., M. Nonhoff, E. Herschinger, F. Macgilchrist, M. Reisigl, J. Wedl, D. Wrana & A. Ziem (Hrsg.), 2014: *Diskursforschung. Ein interdisziplinäres Handbuch*. Bielefeld: transcript.
Bal, M., 2002: *Travelling Concepts in the Humanities. A Rough Guide*. Toronto: University of Toronto Press.
Blumenberg, H., 1960: *Paradigmen zu einer Metaphorologie*. Bonn: Bouvier.
Borck, C. (Hrsg.), 2013: *Hans Blumenberg beobachtet. Wissenschaft, Technik und Philosophie*. Freiburg: Karl Alber.
Brandt, C., 2004: *Metapher und Experiment. Von der Virusforschung zum genetischen Code*. Göttingen: Wallstein.
Brandt, C., 2010: Zeitschichten des Klons. Anmerkungen zu einer Begriffsgeschichte. *Berichte zur Wissenschaftsgeschichte* 33: 123–146.
Calvert, J., 2006: What's Special about Basic Research? *Science, Technology, & Human Values* 31: 199–220.
Canguilhem, G., 1979: *Wissenschaftsgeschichte und Epistemologie*. Frankfurt am Main: Suhrkamp.
Ceccarelli, L., 2013: *On the Frontier of Science. An American Rhetoric of Exploration and Exploitation*. East Lansing, MI: Michigan State University Press.
Chumtong, J. & D. Kaldewey, 2017: Beyond the Google Ngram Viewer. Bibliographic Databases and Journal Archives as Tools for the Quantitative Analysis of Scientific and Meta-Scientific Concepts. *FIW Working Paper* 8. Bonn.
Clarke, S., 2010: Pure Science with a Practical Aim. The Meanings of Fundamental Research in Britain, circa 1916–1950. *Isis* 101: 285–311.
Danneberg, L., C. Spoerhase & D. Werle (Hrsg.), 2009: *Begriffe, Metaphern und Imaginationen in Philosophie und Wissenschaftsgeschichte*. Wiesbaden: Harrassowitz.
Felt, U., R. Fouché, C.A. Miller, & L. Smith-Doerr (Hrsg.), 2017: *The Handbook of Science and Technology Studies*. Fourth Edition. Cambridge, MA: MIT Press.
Flink, T. & D. Kaldewey, 2018: The New Production of Legitimacy. STI Policy Discourses Beyond the Contract Metaphor. *Research Policy* 47: 141–146.
Flink, T. & T. Peter, 2018: Excellence and Frontier Research as Travelling Concepts in Science Policymaking. *Minerva* 56: 431–452.
Gibbons, M., C. Limoges, H. Nowotny, S. Schwartzman, P. Scott & M. Trow, 1994: *The New Production of Knowledge. The Dynamics of Science and Research in Contemporary Societies*. London: Sage.
Gieryn, T. F., 1983: Boundary-Work and the Demarcation of Science from Non-Science. Strains and Interests in Professional Ideologies of Scientists. *American Sociological Review* 48: 781–795.
Gieryn, T. F., 1999: *Cultural Boundaries of Science. Credibility on the Line*. Chicago, IL: University of Chicago Press.
Godin, B., 2006: The Linear Model of Innovation. The Historical Construction of an Analytical Framework. *Science, Technology, & Human Values* 31: 639–667.
Godin, B., 2015: *Innovation Contested. The Idea of Innovation over the Centuries*. New York, NY: Routledge.
Godin, B. & D. Schauz, 2016: The Changing Identity of Research. A Cultural and Conceptual History. *History of Science* 54: 276–306.
Hackett, E., O. Amsterdamska, M. Lynch & J. Wajcman (Hrsg.), 2008: *The Handbook of Science and Technology Studies*. Third Edition. Cambridge, MA: MIT Press.
Harris, R., 2005: *The Semantics of Science*. London, New York, NY: Continuum.

High-Level Expert Group, 2005: *Frontier Research. The European Challenge*. High-Level Expert Group Report. Brüssel: European Commission.

Jasanoff, S., G. E. Markle, J. C. Petersen & T. Pinch (Hrsg.), 1995: *Handbook of Science and Technology Studies*. Second Edition. Thousand Oaks, CA: Sage.

Kaldewey, D., 2013: *Wahrheit und Nützlichkeit. Selbstbeschreibungen der Wissenschaft zwischen Autonomie und gesellschaftlicher Relevanz*. Bielefeld: transcript.

Kaldewey, D. & D. Schauz, 2017: 'The Politics of Pure Science' Revisited. *Science and Public Policy* 44: 883–886.

Kaldewey, D. & D. Schauz (Hrsg.), 2018a: *Basic and Applied Research. The Language of Science Policy in the Twentieth Century*. New York, NY: Berghahn Books.

Kaldewey, D. & D. Schauz, 2018b: Transforming 'Pure Science' into 'Basic Research'. The Language of Science Policy in the United State. In: Dies. (Hrsg.), *Basic and Applied Research. The Language of Science Policy in the Twentieth Century*. New York, NY: Berghahn Books, S. 104–140.

Keller, E. F., 1995: *Refiguring Life. Metaphors of Twentieth-Century Biology*. New York, NY: Columbia University Press.

Kline, R., 1995: Construing 'Technology' as 'Applied Science'. Public Rhetoric of Scientists and Engineers in the United States, 1880–1945. *Isis* 86: 194–221.

Koselleck, R., 1975: *Fortschritt*. In: Brunner, O., W. Conze & R. Koselleck (Hrsg.), *Geschichtliche Grundbegriffe. Historisches Lexikon zur politisch-sozialen Sprache in Deutschland*. Stuttgart: Klett-Cotta, S. 351–432.

Koselleck, R., 2003: *Zeitschichten. Studien zur Historik*. Frankfurt am Main: Suhrkamp.

Koselleck, R., 2006: *Begriffsgeschichten. Studien zur Semantik und Pragmatik der politischen und sozialen Sprache*. Frankfurt am Main: Suhrkamp.

Krige, J., 2006: *American Hegemony and the Postwar Reconstruction of Science in Europe*. Cambridge, MA: MIT Press.

Latour, B., 1995 [1991]: *Wir sind nie modern gewesen. Versuch einer symmetrischen Anthropologie*. Aus dem Französischen von Gustav Roßler. Berlin: Akademie Verlag.

Löwy, I., 1992: The Strength of Loose Concepts – Boundary Concepts, Federative Experimental Strategies and Disciplinary Growth. The Case of Immunology. *Historia Scientiarum* 30: 371–396.

Luhmann, N., 1990: *Die Wissenschaft der Gesellschaft*. Frankfurt am Main: Suhrkamp.

Maasen, S., E. Mendelsohn & P. Weingart (Hrsg.), 1995: *Biology as Society, Society as Biology: Metaphors*. (Sociology of the Sciences Yearbook, 18). Dordrecht: Kluwer.

Maasen, S. & P. Weingart, 2000: *Metaphors and the Dynamics of Knowledge*. New York, NY: Routledge.

Merton, R. K., 1985 [1942]: Die normative Struktur der Wissenschaft. In: *Entwicklung und Wandel von Forschungsinteressen. Aufsätze zur Wissenschaftssoziologie*. Frankfurt am Main: Suhrkamp, S. 86–99.

Michel, J.-B. et al., 2011: Quantitative Analysis of Culture Using Millions of Digitized Books. *Science* 331: 176–182.

Müller, E., & F. Schmieder, 2020: *Begriffsgeschichte zur Einführung*. Hamburg: Junius.

Neumann, B. & A. Nünning (Hrsg.), 2012: *Travelling Concepts for the Study of Culture*. Berlin: de Gruyter.

Pechenick, E. A., C. M. Danforth & P. S. Dodds, 2015: Characterizing the Google Books Corpus. Strong Limits to Inferences of Socio-Cultural and Linguistic Evolution. *PLOS ONE* 10: e0137041.

Pielke, R., 2012: 'Basic Research' as a Political Symbol. *Minerva* 50: 339–361.

Rheinberger, H., 2007: *Historische Epistemologie. Zur Einführung*. Hamburg: Junius.

Rijswoud, E. V., 2014: Shifting Expert Configurations and the Public Credibility of Science. Boundary Work and Identity Work of Hydraulic Engineers (1980–2009). *Science in Context* 27: 531–558.

Roth, P. H., 2022: Medicine as Science. The Making of Disciplinary Identity from Scientific Medicine to Biomedicine. (Wissenschafts- und Technikforschung, 22). Baden-Baden: Nomos.

Rowland, H., 1883: A Plea for Pure Science. *Science* 2: 242–250.

Schauz, D., 2014: What is Basic Research? Insights from Historical Semantics. *Minerva* 52: 273–328.

Schauz, D., 2015: Wissenschaftsgeschichte und das Revival der Begriffsgeschichte. *N.T.M.* 22: 53–63.

Schauz, D., 2019: Umstrittene Analysekategorie – erfolgreicher Protestbegriff. Debatten über Ökonomisierung der Wissenschaft in der jüngsten Geschichte. In: Graf, R. (Hrsg.), *Ökonomisierung. Debatten und Praktiken in der Zeitgeschichte*. Göttingen: Wallstein, S. 262–296.

Schöttler, P., 2012: Szientismus. *N.T.M.* 20: 245–269.

Schatzberg, E., 2018: *Technology. Critical History of a Concept*. Chicago, IL: The University of Chicago Press.

Shapin, S., 2001: How to be Antiscientific? In: Labinger, J. A. & H. M. Collins (Hrsg.), *The One Culture? A Conversation about Science*. Chicago, IL: The University of Chicago Press, S. 99–115.

Shapin, S., 2012: The Ivory Tower. The History of a Figure of Speech and its Cultural Uses. *The British Journal for the History of Science* 45: 1–27.

Star, S. L. & J. R. Griesemer, 1989: Institutional Ecology, 'Translations' and Boundary Objects. Amateurs and Professionals in Berkeley's Museum of Vertebrate Zoology, 1907–39. *Social Studies of Science* 19: 387–420.

Taylor, C. A., 1996: *Defining Science. A Rhetoric of Demarcation*. Madison, WI: University of Wisconsin Press.

Teil V: **Lehre**

Martin Reinhart

16 Wissenschaftsforschung lehren: Erfahrungen aus der Lehrpraxis

Wissenschaftsforschung kann man lehren und studieren wie jedes andere Fach.[1]
Wie in jeder Studien- und Prüfungsordnung eines Studiengangs sind Module mit
Lehrinhalten, Lernzielen sowie Lehr- und Prüfungsformaten festgelegt, die mit
Leistungspunkten hinterlegt von den Lehrenden angeboten und den Studierenden absolviert werden. Es mag zwar sein, dass die Wissenschaftsforschung bisher
keine eigene Fachdidaktik hat, aber solange es Lehrbücher (wie das vorliegende)
und motivierte Studierende und Lehrende gibt, wird sich entlang allgemeiner
Hochschuldidaktik ein Weg finden, zertifizierte Wissenschaftsforscher*innen
auszubilden.[2] Nachdem ich aber seit zehn Jahren für einen solchen Masterstudiengang verantwortlich bin und unter anderem die Einführungsveranstaltungen
unterrichte, scheint es mir nicht mehr ganz so klar, ob es sich mit der Wissenschaftsforschung als Studienfach so einfach verhält, wie eben dargestellt. Es lässt
sich zwar nicht leugnen, dass die Wissenschaftsforschung, wie die meisten anderen Studiengänge auch, Absolvent*innen produziert – aber eine Reihe von wie-
derkehrenden irritierenden Erfahrungen aus der Lehrpraxis lassen für mich die
Frage, *wie* die Wissenschaftsforschung gelehrt werden soll, manchmal umschla-
gen in die Frage, *ob* sie überhaupt gelehrt werden kann.[3]

Anlass für diesen etwas dramatischen Umschlag in der Fragerichtung ist eine
vorerst harmlos anmutende Lehrerfahrung. Eines der zentralen Lernziele für

---

1 Ich werde Wissenschaftsforschung im Folgenden ohne begriffliche Schärfe als Fach, Disziplin,
Feld, Interdisziplin, etc. bezeichnen, um den im Feld selbst umkämpften Status deutlich zu machen. Wissenschaftsforschung verwende ich großzügig als Überbegriff für jede Art von Forschung über den Gegenstand Wissenschaft, die dafür wissenschaftliche Zugänge verwendet
(siehe auch Kapitel 1, Kaldewey & Schauz).
2 Der Idee, die gesamte Hochschuldidaktik als Bestandteil der Wissenschaftsforschung zu betrachten (Huber 1995), soll hier nicht weiter nachgegangen werden.
3 Das mag dramatischer klingen, als es sich in der Folge darstellen wird. Trotzdem gilt es in
Rechnung zu stellen, dass gerade die Sozialwissenschaften ein hohes Maß an Verunsicherung gegenüber den eigenen kanonischen Lehrinhalten und Lehrformen zeigen. So hat Andrew Abbott
mit offensichtlicher Freude an der Provokation argumentiert, dass sich die Soziologie kaum sicher sein kann, dass der Erfolg ihrer Absolvent*innen erkennbar mit dem vermittelten Kanon
zusammenhängt als vielmehr mit dem fachunspezifischen psycho-sozialen Moratorium der Stu-
dienzeit und dem Statussignal eines universitären Abschlusses (Abbott 2002). Mag sein, dass der
im Fach zeitweilig zu beobachtende Eifer um die Definition eines Kanons eine Reaktion auf diese
Art der Verunsicherung darstellt.

https://doi.org/10.1515/9783110713800-016

meine Einführungsveranstaltungen ist, dass die Studierenden ein Verständnis von dem gewinnen sollen, was man die disziplinäre Binnendifferenzierung der Wissenschaft, oder einfacher: die Vielfältigkeit von Fachkulturen nennt (siehe auch Kapitel 4, Roth). In der Lehrpraxis wurde mir schnell klar, dass die Studierenden dieses Verständnis vor allem dann internalisieren, wenn sie die Erfahrung machen, dass ihre Mitstudierenden in Seminardiskussionen von sehr anderen Vorstellungen dessen ausgehen, was Wissenschaftlichkeit ausmacht. Diese Vorstellungen sind meist disziplinenspezifisch und stammen aus dem vorangegangenen Studium. Auf die Irritation des für selbstverständlich Erachteten folgen dann oft Sätze, die mit „Aber Wissenschaft ist doch ..." beginnen. Als Lehrender freut mich das ungemein, weil es sich didaktisch gezielt nutzen lässt, beispielsweise indem ich die Studierenden nach Fällen von wissenschaftlichem Fehlverhalten aus ihrem ursprünglichen Studienfach recherchieren lasse. Wenn wir diese Fälle dann vergleichend diskutieren, stellt sich meist schnell heraus, dass die Vorstellungen von guter Forschung sehr unterschiedlich sein können und den anschließenden Aha-Effekt kann ich in den Gesichtern oft direkt ablesen. Ebenso ablesbar ist aber oft auch die darauf folgende dekonstruktive (oder gar: destruktive?) Einsicht: Vielleicht ist Wissenschaftlichkeit gar nicht so erstrebenswert, wie ursprünglich angenommen?

Aus der Perspektive der Planung eines gesamten Studiengangs sind damit zwei folgenreiche Fragen aufgeworfen. Erstens stellt sich die Frage, was wir den Studierenden am Anfang des Studiums als Identifikationsmoment mit dem Fach, welches für jegliche Motivation zum Studium notwendig ist, anbieten. Die Hoffnung auf eine bessere Welt durch mehr Wissenschaftlichkeit nützt sich durch die ersten Dekonstruktionsmomente schnell ab und der Reiz, eine hehre Institution wie die Wissenschaft soziologisch dekonstruieren zu können, bleibt als Identifikationsmoment meist ambivalent. Zweitens stellt sich die Frage, wie denn die Zulassungsvoraussetzungen zum Studium gestaltet sein sollen, wenn wir zwar ein vorgängiges (BA-)Studium voraussetzen müssen, dieses aber weniger für das fachbezogen mitgebrachte Wissen und mehr für die habituelle Prägung brauchen, die wir dann auch gleich noch durch Interdisziplinaritätserfahrungen irritieren. Beide Fragen betreffen offensichtlich nicht nur die Inhalte, sondern auch die Formate und die Formalia des Studiums.

Während man derartige Fragen sicher zufriedenstellend entlang allgemeiner Einsichten zur Hochschullehre diskutieren und in funktionierende Lehrprogramme einbringen kann, so geht es mir im Folgenden eher darum, nach dem Besonderen der Wissenschaftsforschung zu fragen und nach dem, was sich vielleicht nur schwer in die üblichen Lehr- und Lernpraktiken an Hochschulen einfügen lässt. Das passt in dem Sinne zum Fach, als die Wissenschaftsforschung gerne für sich in Anspruch nimmt, als Beobachterin der Wissenschaft immer auch an der Grenze oder gar außerhalb der Wissenschaft situiert zu sein. Gerade mit Bezug auf die Lehre gelingt es aber hoffentlich, diesen Aspekt nicht über Gebühr zu strapazieren, da es einerseits etablierte Studienfächer wie beispielsweise die Philosophie gibt, deren Verhältnis zur Wissenschaft ebenfalls ambivalent ist. Andererseits kennen insbesondere die Sozialwissenschaften das oben beschriebene Problem der Identifikation mit dem Fach ebenso wie die Frage nach der Positionierung im, am oder außerhalb des eigenen Forschungsgegenstands.[4] Vor diesem Hintergrund wird es im Folgenden um einige grundlegende und aus der Lehrpraxis gewonnene Einsichten zur Wissenschaftsforschung als Studienfach gehen.

Die Subjekte der gelehrten Wissenschaftsforschung

Betrachtet man die Wissenschaftsforschung von der Seite des forschenden und lehrenden Personals, so stellt man fest, dass dessen Diversität schwer zu fassen ist. In einer „Interdisziplin" ist schwer zu bestimmen, wer dazugehört und wer nicht. Als Kern ließe sich zwar sicher eine Gruppe von Forschenden beschreiben, die sich selbst primär als Wissenschaftsforscher*innen bezeichnen und die mit entsprechend benannten Institutionen oder Studiengängen verbunden sind. Aber schon dieser Kern ist geprägt von Grenzziehungen entlang einer Vielzahl von Fachbezeichnungen, die nur für Eingeweihte wirklich bedeutsam erscheinen (Wissenschaftsforschung, *Science and Technology Studies*, *Science of Science*, Innovationsforschung, Szientometrie, bis hin zu Wissenschaftskommunikation oder Wissenschaftsmanagement).[5] Daneben finden sich aber noch zwei weitere prominente Gruppen, die sich nicht selbst primär als Wissenschaftsforscher*innen bezeichnen würden. Einerseits sind das angestammte Fächer, die eine eigene Spezialisierung zur Beforschung von Wissenschaft ausgebildet haben, etwa die Wissenschaftsgeschichte, Wissenschaftsphilosophie und Wissenschaftssoziologie. Andererseits finden sich in den meisten sonstigen Fächern auch Forschungstraditionen, die aus der Beschäftigung mit dem eigenen Fach

---

4 Lisa Kressins Arbeit (2022) zum Selbstverständnis von Lehrenden in der Soziologie zeigt eindrücklich, wie die Identifikation mit dem eigenen Fach dauerhaft ambivalent bleiben und zu einer durchaus problematischen Einstellung gegenüber der Lehre und den Studierenden führen kann.

5 Abbott (2001) hat das als Hyperfraktionalisierung der Wissenschaftsforschung bezeichnet. Ob es sich dabei eher um das Resultat heftiger Konkurrenz um Deutungshoheit in einem noch unbestimmten Feld handelt oder ob dafür vor allem die dem Fach inhärenten reflexiven Fragestellungen ursächlich sind, lässt sich hier leider nicht weiter erörtern. Das Reflexivitätsmoment wird aber im Folgenden eine zentrale Rolle spielen.

zur Forschung über das eigene Fach und dann zur Forschung über Wissenschaft kommen (aktuell z. B. die Lebenswissenschaften mit *Meta Research* als domänenspezifischer Form von Wissenschaftsforschung). Wenn die Zuordnung des forschenden und lehrenden Personals zu einer Fachidentität derart variabel erscheint, dann dürfte es auch nicht überraschen, dass allenfalls eine Minderheit einen Studienabschluss mit einschlägiger Bezeichnung vorweisen kann. Die meisten Wissenschaftsforscher*innen sind gemäß akademischer Biografie zuerst Historiker*innen, Soziolog*innen, Physiker*innen, etc. Was heißt das im Umkehrschluss für die Lehre? Gilt es, Studierende mit einer stabilen Fachidentität auszubilden, sprich: im engeren Sinne zu disziplinieren, oder gilt es, die Diversität des Feldes zu erhalten?

Beginnt man die Betrachtung umgekehrt von der Seite der Studierenden her, so stellt sich diese Frage leicht anders. Primär relevant scheint hier weniger das Verhältnis zur Wissenschaftsforschung als vielmehr das Verhältnis zur Wissenschaft insgesamt. Vereinfacht gesagt kommen Studierende meist mit einer von zwei sehr unterschiedlichen Motivationen ins Studium. Entweder sie bringen eine große Begeisterung für die Wissenschaft mit oder diese Begeisterung wurde in irgendeiner Form schon enttäuscht und hat zu einer ambivalenten Haltung gegenüber der Wissenschaft geführt. Erstere wollen meist verstehen, was Wissenschaft besonders macht und wie sie in der Lage ist, wahres Wissen zu produzieren. Zweitere wolle eher verstehen, inwiefern Wissenschaft gerade nicht besonders ist, sondern problematisiert werden kann wie andere gesellschaftliche Bereiche auch. Erstere tendieren eher zu epistemischen, zweitere eher zu sozialen Fragestellungen. Für beide gilt in meiner Erfahrung, dass ihre Motivationen nicht in dem Maße naiv sind, wie das hier aufgrund der einfachen Dichotomie klingen mag. Meist können beide Gruppen auf ein sehr differenziertes Verständnis von Wissenschaft zurückgreifen und stellen von da aus reflexiv anspruchsvolle Fragen. Beide verbindet zudem der oft beobachtbare normative Anspruch, zur Verbesserung von Wissenschaft beitragen zu wollen.

Um den verschiedenen Gruppen von Studierenden gerecht zu werden, macht es deshalb Sinn, in der Lehre von diesen Gemeinsamkeiten auszugehen, sprich: Lerninhalte zu favorisieren, die über reflexive Fragestellungen zu normativen Beiträgen führen. Themenbereiche, die sich dafür eignen, gibt es in großer Zahl: Man denke an *open science*, Replizierbarkeit von Forschung oder wissenschaftliches Fehlverhalten. Mit dem Studienfortschritt sollte es dann zunehmend möglich sein, Einsichten zu vermitteln, die quer zu den ursprünglich unterschiedlichen Motivationslagen verlaufen. Schließlich liefert die Wissenschaftsforschung genügend Theorieangebote, die über Dichotomien entlang von epistemisch/sozial oder Wahrheit/Interesse hinausweisen. Eine derartige zeitliche Staffelung kann den unterschiedlichen Motivationslagen der Studierenden begegnen, schließt aber vermutlich jene aus, die mit sehr ausgeprägtem Szientismus oder sehr ausgeprägter Wissenschaftsskepsis ins Studium kommen. Davon gibt es erfahrungsgemäß sehr wenige, was aber mit Blick auf die gegenwärtige Polarisierung öffentlicher Diskurse um Wissenschaft nicht notwendigerweise so bleiben muss.

Schließlich stellt sich die Frage nach den Motivationen für die weitere berufliche Zukunft, die die Studierenden während des Studiums gewinnen. Dabei ergeben sich mindestens zwei Dilemmata: Einerseits müsste spätestens seit der Bologna-Reform klar sein, dass auch an Hochschulen nicht mehr exklusiv für einen akademischen Arbeitsmarkt ausgebildet wird, aber gerade als kleine Interdisziplin könnte die Wissenschaftsforschung mehr einschlägig Ausgebildete für Forschung und Lehre gebrauchen. Andererseits ist spätestens mit den Debatten um Arbeitsbedingungen in der Wissenschaft (Stichwort #IchBinHanna) auch öffentlich bekannt geworden, dass akademische Karrieren durch Wissenschaftsbegeisterung meist in einem zu positiven Licht gesehen wurden. Aber gerade diese Einsicht stellt einen traditionellen Wissensbestand der Wissenschaftsforschung dar, der hier sowohl zu einer besser informierten als auch abgeklärteren Debatte führen könnte.

Aufzuklären gilt es bezüglich dieses zweiten Dilemmas vor allem die Studierenden über realistische Karrierechancen, was sich wiederum gut mit Lehrinhalten zu akademischen Karriereverläufen oder akademischen Selektions- und Steuerungsprozessen verbinden lässt (siehe auch Kapitel 9, Hüther & Kosmützky; Kapitel 10, Reinhart). Dies ermöglicht im besten Fall eine informiert getroffene Entscheidung für eine eigene akademische Karriere – und auch eine gegenteilige Entscheidung kann dann als positives Studienergebnis gesehen werden. Auch das erste Dilemma lässt sich nicht wirklich lösen, unter anderem weil wir nicht einfach für etablierte Arbeitsmärkte ausbilden. Ob mehr Wissenschaftsforscher*innen in Forschung und Lehre gebraucht werden, hängt hauptsächlich davon ab, wie erfolgreich neue Institute und Studiengänge eingerichtet werden, deren Erfolg aber wiederum an die Fähigkeiten der Absolvent*innen geknüpft ist. Ebenso hängt der Bedarf an Wissenschaftsforscher*innen in wissenschaftsnahen Bereichen (Wissenschaftsmanagement, Wissenschaftspolitik, etc.) davon ab, inwiefern es gelingt, genügend qualifizierte Absolvent*innen in diesen Bereichen zu etablieren. Gerade letzteres scheint mir wichtig, weil es in diesen Bereichen erkennbar an Verständnis für das alltägliche Funktionieren von Wissenschaft über die verschiedenen disziplinären Kulturen hinweg mangelt. Ein solches generelles Verständnis von Wissenschaft scheint – ergänzend zum allgemeinen Verwaltungswissen zur Verbesserung von Karriere- und Arbeitsbedingungen respektive zur Verbesserung der Qualität von Forschung und Lehre – dringend nötig.

Die Inhalte der gelehrten Wissenschaftsforschung

Fragt man nach den Lehrinhalten, so scheint klar, dass für die Wissenschaftsforschung kaum auf einen einfach verfügbaren Kanon zurückgegriffen werden kann. Natürlich werden in der Lehre bestimmte Texte als Klassiker ausgewiesen und andere in klassischer Grenzarbeit in eine Vorgeschichte oder gar ganz außerhalb des Fachs positioniert. Das spiegelt aber erstmal nur den Zustand des Fachs als Interdisziplin und stellt sich nur für jene als Problem dar, die auf Disziplinenbildung durch die Definition eines Kanons hinarbeiten wollen. Alle anderen müssen sich vor allem mit der Frage beschäftigen, welche Kompetenzen die Studierenden brauchen, um sich die sehr unterschiedlichen Forschungskulturen innerhalb der Wissenschaftsforschung erschließen zu können. Man könnte darauf vorschnell antworten, dass deshalb ein breites Methoden- und Theorienspektrum gelehrt werden müsste. Das scheint mir nicht prinzipiell falsch, aber verkennt unter Umständen die dahinter liegende Zielsetzung. Das Mittel kann nicht nur sein, möglichst viele Methoden und Theorien zu lehren, sondern Methoden und Theorien als Instrumente wissenschaftlichen Arbeitens und insbesondere als epistemische Infrastrukturen von Disziplinen verstehen zu lernen. Das ermöglicht zweierlei: Erstens ist ein derartiges pluralistisches Verständnis notwendig, um sich im Feld der Wissenschaftsforschung zurechtzufinden und zu positionieren. Schließlich sind hier eine breite Palette von positivistisch-szientistischen bis konstruktivistisch-kulturalistischen Ansätzen vorzufinden, auf die wir die Studierenden nicht vorschnell festlegen, sondern ihnen Möglichkeiten der produktiven Bezugnahme bieten sollten. Zweitens ist es für das wissenschaftsforscherische Verständnis von Forschungskulturen notwendig, die Rolle von Methoden und Theorien in diesen Kulturen begrifflich fassen zu können. Über den eigenen Umgang mit Methoden und Theorien kommt im besten Fall ein Verständnis dessen zustande, was Methoden und Theorien in verschiedenen Fächern leisten, beispielsweise bei der Schulenbildung oder Grenzarbeit.

Für die Lehrinhalte kann man daraus als mögliche Konsequenz ziehen, die Methoden und Theorien eher instrumentalistisch aus thematischen Schwerpunktsetzungen abzuleiten. Also nicht mit spezifischen Methoden oder Theorien anzufangen (Einführung in die Ethnografie, Bibliometrie, etc.), sondern mit Themen wie den oben schon genannten (*open science*, Replizierbarkeit, Fehlverhalten, etc.), um von diesen her dann relevante Theorien und Methoden zu erarbeiten. Das entspricht eher dem gegenwärtigen Status der Wissenschaftsforschung als Interdisziplin, die sich mindestens ebenso stark über Themen wie über Theorien und Methoden koordiniert. Derartig inhaltlich strukturierte Lehre führt in meiner Erfahrung nicht nur zu mehr interdisziplinärer Kooperation zwischen Lehrenden, sondern motiviert auch eine diversere Gruppe von Studierenden zur Teilnahme.

Gerade dieser letzte Punkt sollte in Bezug auf das eingangs angeführte Beispiel nicht unterschätzt werden. Fragestellungen der Wissenschaftsforschung werden oft mit einer spezifischen Form von Reflexivität identifiziert, die nicht nur in den sogenannten *science wars* als Relativismus problematisiert wurden. Mindestens zwei solcher Relativierungen lassen sich unterscheiden: Die eine Relativierung findet zwischen den Disziplinen statt, indem nach den Unterschieden zwischen Forschungskulturen gefragt wird. Die Wissenschaftsforschung enthält sich dann jeweils einem evaluativen Urteil darüber, ob beispielsweise die Natur- oder die Geisteswissenschaften objektiveres Wissen produzieren. Die andere Relativierung findet zwischen Wissenschaft und anderen gesellschaftlichen Bereichen statt, indem nach Unterschieden zwischen gesellschaftlichen Wissenskulturen gefragt wird. Auch hier enthält sich die Wissenschaftsforschung oft einem evaluativen Urteil darüber, ob beispielsweise wissenschaftliches oder religiöses Wissen gesellschaftlich nützlicher sei. Ob und wann man diesen Enthaltungen eines evaluativen Urteils zustimmt, ist bekanntlich der Gegenstand von zentralen Debatten der Wissenschaftsforschung. Eine Kompromissformel in diesen Fachdebatten war die Argumentation, dass diese Art der Reflexivität zumindest methodologisch nützlich sei. Ob das für die Forschung zutrifft, muss hier offenbleiben, aber in der Lehre scheint mir die Nützlichkeit offensichtlich.

Die methodologische Notwendigkeit, mit der Wissenschaft eine zentrale gesellschaftliche Institution auf verschiedene Weisen in Frage stellen zu müssen, kann in der Lehre zu mindestens zwei Arten von Relativierung von Autoritäten führen. Einerseits lässt sich der gesellschaftliche Geltungsanspruch von Wissenschaft und wissenschaftlichem Wissen und andererseits die Autorität der Lehrenden gegenüber den Studierenden zum Thema machen beziehungsweise explizit als Lernziele definieren. Weshalb genießt Wissenschaft so hohes gesellschaftliches Ansehen und worin besteht der Wissensvorsprung von Lehrenden gegenüber Studierenden, wenn dieser Vorsprung in einem „mehr" von wissenschaftlichem Wissen gründet, das in der Wissenschaftsforschung methodologisch zu hinterfragen wäre? Diese Art von Fragen lassen sich in der Lehre immer wieder für Rollenwechsel zwischen Studierenden und Lehrenden nutzen, die zu einem egalitäreren Lernumfeld beitragen können.[6] Weil die Wissenschaft und damit auch die Lehrenden der Wissen-

---

6 Ein eindrückliches Beispiel dafür waren für mich die Seminardiskussionen während einer Institutsbesetzung durch Studierende. Auch in aufgeheizter und politisch polarisierter Stimmung war es möglich, reflektierte Diskussionen über Machtverhältnisse an Universitäten zu führen, die trotz Suspendierung der eigentlich geplanten Lerninhalte problemlos als Kerninhalte der Wissenschaftsforschung gedeutet werden konnten.

schaftsforschung ihr Wissen immer als vorläufig und positional relativieren müssen, liefern sie Antworten immer nur unter Vorbehalt. Studierende mit einem starken Bedürfnis nach abschließenden Antworten tun sich damit anfangs oft schwer, aber für gegenseitige Wertschätzung und Diversität in den Lernsettings sind diese Relativierungen wertvoll.

Auch hier stellt sich die Frage nach der zeitlichen Staffelung. Eine starke Relativierung von Wissenschaft eignet sich meines Erachtens am Anfang des Studiums und ist dann im Verlauf der Zeit mit Fragen danach aufzufangen, wie belastbare Antworten auf diese Relativierungen aussehen können. Absolvent*innen der Wissenschaftsforschung sollten in der Lage sein, sowohl kontextspezifisch zu begründen, wann wissenschaftliche Autorität gesellschaftlich gerechtfertigt ist, als auch außerhalb des Studiums zu erklären, dass wissenschaftliche Wissensproduktion von Unsicherheit und Revidierbarkeit geprägt ist. An dieser Art von Verständnis mangelt es vielen Akteuren in allen gesellschaftlichen Bereichen und besonders in der öffentlichen Diskussion, so dass die Wissenschaftsforscher*innen hier besonders auf ihre zukünftigen Rollen und Berufsfelder vorzubereiten sind. Schaut man sich an, in welchem Maße Wissenschaft zu einem politisch verfügbaren Reputations- und Handlungsbereich geworden ist, so läge es auch an zukünftigen Absolvent*innen der Wissenschaftsforschung, hier auf wissenschaftsadäquate Arbeits- und Forschungsbedingungen hinzuwirken. Wissenschaftspolitische Struktur- und Förderprogramme, aber auch die Kritik an diesen, zeugen oft von einem Wissenschaftsverständnis, das dem der Studienanfänger nicht ganz unähnlich ist: Es pendelt zwischen übermäßiger Wissenschaftsbegeisterung und enttäuschter Skepsis. Dieses Wissenschaftsverständnis bildet dann gerne die Grundlage für wissenschaftspolitische Programme, die naiv nach mehr Wettbewerb, mehr Offenheit oder mehr Integrität rufen. Wissenschaftsforscher*innen sollten nicht nur kompetent und selbstsicher auf solche Programme und Debatten reagieren können, sondern auch in der Lage sein, Vorschläge zu erarbeiten, die der Diversität von Fach- und Organisationskulturen in der Wissenschaft gerecht werden.

Die Formalia der gelehrten Wissenschaftsforschung

Mit Blick auf die Diversität von Fachkulturen und jene der Studierenden lässt sich abschließend auch noch die Zulassung zu einem Studium der Wissenschaftsforschung thematisieren. Wenig sagen kann ich zur Frage, ob eine Zulassung nur zum MA oder schon zum BA sinnvoll ist, da sich meine Lehrerfahrung auf einen reinen Masterstudiengang beschränkt. Deutlich wurde aber aus den bisherigen

Ausführungen, dass ein vorgängiges Bachelorstudium in einem beliebigen Fach den Studierenden ein vertieftes Wissenschaftsverständnis und eine fachkulturelle Sozialisation mitgibt. Beides ist, wie oben schon erläutert, äußerst gewinnbringend und verträgt sich auch gut damit, einzelne Veranstaltungen zur Wissenschaftsforschung im BA schon einzubauen. Insofern bin ich aber eher skeptisch gegenüber einem Studium, das schon im BA zu einem Abschluss in Wissenschaftsforschung führen soll. Die Motivationen zum Studium wären bei den Studierenden vermutlich homogener und die Wahrscheinlichkeit, dass Fachidentitäten ausgebildet würden, die sich in einer stärkeren Disziplinbildung niederschlagen würden, grösser. Eines reines Masterstudium wäre umgekehrt gerade dann zu befürworten, wenn man die Interdisziplinarität des Fachs für gewinnbringend hält. Als Interdisziplin ist das Fach zudem äußerst klein und ein „zweites Standbein" durch einen Bachelorabschluss für Studierende empfehlenswert.

Lässt man zum MA zu, so sind es vor allem die Zulassungsvoraussetzungen, die sich diskutieren lassen. Mit Blick auf das vorliegende Lehrbuch wäre es naheliegend, insbesondere Studierende aus sozialwissenschaftlichen Fächern zuzulassen. Zum schnelleren Verständnis der Inhalte scheint dies sicherlich geboten, auch weil ein viersemestriges Curriculum – inklusive Praxisbezug – mehr als knapp bemessen ist. Diese vorsichtige Formulierung entspringt wiederum daraus, dass mir ein echter Vergleich aus der Praxis fehlt. Im von mir verantworteten Studiengang haben wir die Zulassungsvoraussetzung schrittweise gesenkt und erwarten „nur noch" eine fachspezifische Methodenausbildung der Studienanfänger*-innen. Diese Entwicklung ergab sich über die Jahre aus den Erfahrungen bei der Zulassung, da wir immer wieder Studierende nicht zulassen konnten. Beispielsweise waren Studierende der Geschichtswissenschaften oft dadurch ausgeschlossen, dass sie keine Kurse in Statistik vorweisen konnten. Mit Blick auf die zentrale Rolle der Wissenschaftsgeschichte in der Wissenschaftsforschung schien das jedoch problematisch. Solche und ähnliche Fälle nahmen wir zum Anlass, Zulassungsvoraussetzungen vermehrt fachneutral zu gestalten und zu beobachten (zeitweilig unter Absicherung mit einem Numerus Clausus), inwiefern sich die Kohorten und der Studienverlauf veränderten. Ergebnis war, dass sich trotz geringerer Voraussetzungen vor allem Studierende bewarben, die mit hoher Motivation für das Fach ankamen. Insgesamt scheint bei der Studienwahl ein hohes Maß an Selbstselektion zu greifen, das vermutlich darauf zurückzuführen ist, dass die Wissenschaftsforschung ein hinreichend „kleines" und spezifisches Fach ist.[7]

---

7 Dass sich dies auch für den Standort Berlin sagen lässt, der oft auch Studierende mit unspezifischer Fachmotivation anzieht, war für mich überraschend.

Schluss

Zusammenfassend lässt sich festhalten, dass das Lehren der Wissenschaftsforschung Fragen aufwirft, die typisch sind für kleine, interdisziplinäre Fächer. In
einer Interdiszplin ist das lehrende Personal ähnlich heterogen wie das Fach
selbst und es stellt sich die Frage, ob durch die Lehre disziplinierend eine stärkere Fachidentität erzeugt werden soll und kann, die sich über die Zeit auch als
stärkere Disziplinierung des Faches niederschlagen dürfte. Ebenso typisch für
eine kleine Interdiszplin dürfte die immer wieder virulente Frage sein, wie das
Verhältnis zwischen Forschungs- und Praxisbezug zu gestalten ist. Schließlich
gibt es die fachspezifische Frage danach, wie mit der epistemischen Ambivalenz
zwischen Reflexivität/Relativität und Szientismus produktiv umgegangen werden
kann. Aufgrund meiner Lehr- und Koordinationserfahrungen der letzten zehn
Jahre für einen Masterstudiengang Wissenschaftsforschung habe ich hier eher
für den Erhalt als Interdiszplin, für mehr Praxisbezug und für einen zeitlich ge-
staffelten Umgang mit Reflexivität (am Anfang mehr, im Verlauf des Studiums
dann weniger) argumentiert.

Unklar bleibt, wie sich ein repräsentativerer Blick auf die Lehre der Wissenschaftsforschung im deutschsprachigen Raum und darüber hinaus darstellen würde.
Einerseits ist das Fach an Universitäten nur selten strukturell eingebunden, und
zwar nicht nur, weil es sich um ein kleines Fach handelt, sondern auch, weil es sich
schwer in Fakultäts- und Institutsstrukturen einfügen lässt. Lehrangebote schaffen
die Schwelle zum eigenständigen Studiengang deshalb oft nicht. Andererseits hat
sich in den letzten Jahren die Wissenschaftsforschung an mehreren deutschen Universitäten strukturell soweit verankert, dass neue Lehrangebote entstanden sind
oder noch entstehen werden.[8] Bisher geschieht dies noch ohne fachinterne Diskussion und die jeweiligen Studiengänge scheinen vor allem durch lokale Bedarfe und
Überlegungen geprägt. Das Fach hat daher nicht nur keine eigene Fachdidaktik, sondern auch keine öffentliche Lehrkultur.[9] Auf eine solche hinzuarbeiten, scheint mir
ein sinnvoller Schritt, der wohl aber auch etwas mehr Disziplinierung des Fachs mit
sich bringen wird. Positiv auswirken könnte sich das für die Studierenden, weil die
Wahl des Studienganges und der beruflichen Perspektiven mit etwas weniger
Unsicherheiten behaftet wäre. Für die Studiengänge böte sich die Möglichkeit
einer gezielteren Profilierung und damit vielleicht auch der Kooperation mit an-

---

[8] Es entbehrt nicht einer gewissen Ironie, dass die Exzellenzinitiative, die in der Wissenschaftsforschung oft in kritischer Absicht aufgerufen wird, dafür eine entscheidende Voraussetzung war.
[9] Durchaus Ähnliches lässt sich auch über viel größere Fächer wie die Soziologie sagen. Siehe
dazu Kressin (2022: 103 ff.).

deren Studiengängen (z. B. durch Austausch von Modulen). Schließlich ließe sich auf diesem Weg auch eine stärkere Internationalisierung der Lehre voranbringen, von der nicht nur die Lehre, sondern das gesamte Fach profitieren würde.

Literatur

Abbott, A., 2001: *Chaos of Disciplines*. Chicago, IL: University of Chicago Press.

Abbott, A., 2002: The Aims of Education Address. *University of Chicago Record* (November 21, 2002): 4–8.

Huber, L., 1995: Hochschuldidaktik als Theorie der Bildung und Ausbildung. In: Lenzen, D. (Hrsg.), *Enzyklopädie Erziehungswissenschaft. Ausbildung und Sozialisation in der Hochschule* (Band 10). Stuttgart, Dresden: Klett-Cotta, S. 114–138.

Kressin, L., 2022: *Disziplinierung durch Methode. Zur Bedeutung der Methodenlehre für das Fach Soziologie*. Bielefeld: transcript.

Autor*innen

Stefan Böschen, Dr. phil. Dipl.-Ing., ist Professor für Technik und Gesellschaft am Human Technology Center der RWTH Aachen University. E-Mail: stefan.boeschen@humtec.rwth-aachen.de

Stephan Gauch, Dr. rer. oec., ist wissenschaftlicher Mitarbeiter am Robert K. Merton Zentrum für Wissenschaftsforschung der Humboldt-Universität zu Berlin. E-Mail: stephan.gauch@hu-berlin.de

Matthias Groß, Dr. rer. soc., ist Professor am Helmholtz-Zentrum für Umweltforschung (UFZ) in Leipzig sowie am Institut für Soziologie der Friedrich-Schiller-Universität Jena. E-Mail: matthias.gross@ufz.de

Julian Hamann, Dr. rer. pol., ist Juniorprofessor für Hochschulforschung an der Humboldt-Universität zu Berlin. E-Mail: julian.hamann@hu-berlin.de

Michael Hölscher, Dr. phil., ist Professor für Hochschul- und Wissenschaftsmanagement an der Deutschen Universität für Verwaltungswissenschaften Speyer. E-Mail: hoelscher@uni-speyer.de

Otto Hüther, PD Dr. phil., leitet ein DFG-Projekt an der Universität Hamburg. E-Mail: otto.huether@uni-hamburg.de

David Kaldewey, Dr. phil., ist Professor für Wissenschaftsforschung und Politik am Forum Internationale Wissenschaft (FIW) der Rheinischen Friedrich-Wilhelms-Universität Bonn und Co-Sprecher des Rhine Ruhr Center for Science Communication Research (RRC). E-Mail: kaldewey@uni-bonn.de

Anna Kosmützky, Dr. phil., ist Professorin für Methodologie der Hochschul- und Wissenschaftsforschung am Leibniz Center for Science and Society (LCSS) and der Leibniz-Universität Hannover. E-Mail: anna.kosmuetzky@lcss.uni-hannover.de

Editha Marquardt, Dr. phil., ist Senior Researcher am Geographischen Institut der Universität Heidelberg. E-Mail: editha.marquardt@uni-heidelberg.de

David Meier-Arendt, M.A., ist Wissenschaftlicher Mitarbeiter am Fachgebiet Kultur- und Wisssoziologie an der Technischen Universität Darmstadt. E-Mail: meier-arendt@ifs.tu-darmstadt.de

Tanja Paulitz, Dr. phil., ist Professorin für Kultur- und Wissenssoziologie an der Technischen Universität Darmstadt. E-Mail: paulitz@ifs.tu-darmstadt.de

Martin Reinhart, Dr. phil., ist Professor für Wissenschaftsforschung und Direktor des Robert K. Merton Zentrum für Wissenschaftsforschung an der Humboldt-Universität zu Berlin. Email: martin.reinhart@hu-berlin.de

Phillip H. Roth, Dr. phil., ist Postdoc und Eventkoordinator am Käte Hamburger Kolleg „Cultures of Research" (c:o/re) der RWTH Aachen University. E-Mail: phillip.roth@khk.rwth-aachen.de

https://doi.org/10.1515/9783110713800-017

Désirée Schauz, PD Dr. phil., ist Privatdozentin für Wissenschafts- und Technikgeschichte der TU München und Assoziierte Forscherin am Leibniz-Zentrum für Zeithistorische Forschung Potsdam. E-Mail: desiree.schauz@zzf-potsdam.de

Julia Schubert, Dr. phil., ist Postdoc am Lehrstuhl für Hochschul- und Wissenschaftsmanagement der Deutschen Universität für Verwaltungswissenschaften Speyer. E-Mail: schubert@uni-speyer.de

Romy Wöhlert, Dr. phil., ist Projektkoordinatorin in einem BMBF-Projekt im Bereich digitaler Transformationsprozesse in der sozialen Arbeit bei der KINDERVEREINIGUNG Leipzig e.V. E-Mail: woehlert.r@kv-leipzig.de

Holger Wormer, Dipl.-Chem., ist Professor für Wissenschaftsjournalismus am Institut für Journalistik der Technischen Universität Dortmund und Co-Sprecher des Rhine Ruhr Center for Science Communication Research (RRC). E-Mail: holger.wormer@tu-dortmund.de

Abbildungsverzeichnis

https://doi.org/10.1515/9783110713800-018

Tabellenverzeichnis

https://doi.org/10.1515/9783110713800-019

Register

https://doi.org/10.1515/9783110713800-020